海派文献丛录

主编 张伟

咖啡文录

孙莺 编

上海大学出版社

图书在版编目（CIP）数据

咖啡文录／孙莺编. —上海：上海大学出版社,2020. 8
（海派文献丛录／张伟主编）
ISBN 978 - 7 - 5671 - 3895 - 7

Ⅰ. ①咖…　Ⅱ. ①孙…　Ⅲ. ①咖啡 - 文化史 - 上海 -
近代　Ⅳ. ①TS971. 23

中国版本图书馆 CIP 数据核字(2020)第 111844 号

上海大学海派文化研究中心
"310 与沪有约——海派文化传习活动"项目支持

海派文献丛录

咖 啡 文 录

孙 莺 编

上海大学出版社出版发行
（上海市上大路 99 号　邮政编码 200444）
（http://www. shupress. cn　发行热线 021 - 66135112）

出版人：戴骏豪

*

江苏句容排印厂印刷　各地新华书店经销
开本 890mm×1240mm　1/32　印张 15.25　字数 396 000
2020 年 8 月第 1 版　2020 年 8 月第 1 次印刷
ISBN 978 - 7 - 5671 - 3895 - 7/TS·13　定价：58.00 元

拓宽海派文化研究的空间

（代丛书总序）

  中华文明源远流长,绵延有序;各地域文化更灿若星汉,诸如中原文化、吴越文化、齐鲁文化、巴蜀文化、闽南文化、关东文化等,蓬勃兴旺,精彩纷呈。到了近代,随着地域特色的细分,各种文化特征潜质越来越突出。以上海为例,1843 年开埠以后,迅速发展成为西方文化输入中国的最大窗口和传播中心。这里集中了全国最早、最多的中外文报刊和翻译出版机构,也是中国最大的艺术活动中心,电影、美术、音乐、戏剧、舞蹈等,均占全国的半壁江山。它们在这里合作竞争、交汇融合,共同构建了上海文化的开放格局。从 19 世纪末开始,上海已是整个中国,乃至整个亚洲区域内最繁华、最有影响力的文化大都会,并与伦敦、纽约、巴黎、柏林等城市并驾齐驱,跻身于国际性大都市之列。

  一部近代史,上海既是复杂的,又是丰富的。从理论上讲,上海不仅在地理上处于东西方文化碰撞的边缘,在思想上也处于儒家文化与商业文化的边缘,因而它在开埠后逐渐形成了各种文化交融与重叠的"海派文化"。那种放眼世界,海纳百川,得风气之先而又民族自强的独特气质,正是历史奉献给上海人民的一份宝贵的文化遗产。近代上海是典型的移民城市,移民不仅来自全国的 18 个行省,也来自世界各地。无论就侨民总数还是国籍数而言,上海在所有中国城市中都独占鳌头,而且和其他城市受到相对单一的外来族群文化影响有所不同(如香港主要受英国文化影响,哈尔滨主要受俄罗斯文化影响,大连主要受日本文化影响,青岛主要受德国文化影响),作为世界多国殖民势力争相聚集之地的上海,它所接受的外来文化影响是最具综合性的。

当时的上海，堪称一方融汇多元文化表演的大舞台，不同肤色的族群在这里生存共处，不同文字的报刊在这里出版发行，不同国别的货币在这里自由兑换，不同语言的广播、唱片在这里录制播放，不同风格流派的艺术门类在这里创作演出。这种人口的高度异质化所带来的文化来源的多元性，酿就出了自由宽容的文化氛围，并催生出充满活力的都市文化形态，上海也因此成为多元文化的摇篮。若具体而言，上海的万国建筑，荟萃了世界各国重要的建筑样式——殖民地外廊式、英国古典式、英国文艺复兴式、拜占庭式、巴洛克式、哥特复兴式、爱奥尼克式、北欧式、日本式、折中主义式、现代主义式……形成了世界建筑史上罕见的奇观胜景；戏曲方面，上海既有以周信芳、盖叫天为代表的"南派"京剧，又有以机关布景为特色的"海派京剧"；文学方面，上海既是"左翼文学"的大本营，又是鸳鸯蝴蝶派文学的活跃场所；就新闻史而言，上海既是晚清维新派报刊大声鼓呼的地方，又是泛滥成灾的通俗小报的滋生地。总而言之，追求时尚，兼容并蓄，是近代上海发达的商品经济社会中一种突出的社会心态，它反映在社会的方方面面，戏剧、文学、美术、音乐等领域无不如此。回顾这段历史，我们应该有更准确、更宽容的认识。

绵远流长的江南文化，为海派文化提供了营养滋润，而海派文化的融汇开放，又为红色文化的诞生提供了特殊有利的发展环境。近年来，有关海派文化的研究发展迅速，成果丰富，宏文巨著不断涌现。我们觉得，在习惯宏观叙事之余，似乎也很有必要对微观层面予以更多的关注，感受日常生活状态下那些充满温度的细节，并对此进行深度挖掘。如此，可能会增加许多意外的惊喜，同时也更有利于从一个新的维度拓宽近代上海城市文化的研究空间。我们这套丛书愿意为此添砖加瓦，尤其愿意在相关文献的整理研究方面略尽绵力。学术界将论文、论著的写作视为当然，这自然不错，但对史料文献的整理却往往重视不够，轻视有余，且在现行评价体系上还经常不算成果，至少大打折扣。其实，整理年谱、注释著作、编选资料、修订校勘等事项，是具有公益性质的学术基础建设工作,所花费的时间和精力,若论投入产出,似乎属于亏本买卖,没有多少人愿意做;且若没有辨伪存真的学术功底,是做不来也做不好的。就学术研究而言,一些基础性的工作必不可少,所谓"兵马未动,粮草先行"。我们真正需要的是沉下心来,做好史料工作,在更多更丰富的材料的滋润下才可能有更大的突破。情愿燃尽青春火焰,在给自己带来快乐的同时,更为他人提供光明,这应该是我们今天这个社会大力提倡的!

是为序,并与有志者共勉。

张　伟

2020 年 7 月 9 日晨于宛华轩

序

　　记得鲁迅说过：哪里有天才，我是把别人喝咖啡的工夫都用在工作上的。但鲁迅不拒饮咖啡。早在北京时期，鲁迅就上过咖啡馆，1923年8月1日鲁迅日记云："上午往伊东寓治齿，遇清水安三君，同至加非馆小坐。"到了上海时期，鲁迅上咖啡馆的次数就更多了，1930年2月16日鲁迅日记云："午后同柔石，雪峰出街饮加菲。"同年4月16日记云：下午"侍桁来，同往市啜咖啡"；同年6月5日又记云："午后同柔石往公啡喝咖啡"，等等。当然，这些都不是单纯的喝咖啡消遣，但至少可以说明，鲁迅也视咖啡馆为会友谈事的一种较理想的场所。

　　近代以来，咖啡馆在上海作家的日常生活和文学创作中占据越来越重要的位置，应是不容置疑的。咖啡文化在上海现代都市文化中所扮演的特别角色，我在20多年前写的《咖啡馆》《"公啡"咖啡馆》《"上海珈琲"》《上海的咖啡香》等文中就有所论及。然而，那时由于资料搜集手段有限，难以丰富、全面和多样，论述就难免提襟见肘，不够深入。因此，当我读到这部新编的《咖啡文录》时，真是喜出望外。

　　《咖啡文录》主要汇集1887—1949年间，中国特别是上海作家、文化人和普通作者所写的关于咖啡和咖啡馆的各类文字，分为"海上咖啡馆""域外咖啡馆""春宵咖啡馆""印象咖啡馆"和"文艺咖啡馆"五大类。围绕咖啡和咖啡文化这个话题，该书所收可谓古今中外，无所不谈，琳琅满目，令人目不暇接，虽然还不敢说已经一网打尽，八九不离十却是肯定的了。

　　当时上海的作家和艺术家，尤其是留过洋受过咖香熏陶的，如何描述上海大大小小的咖啡馆，如何呈现上海的咖啡文化，这是我最感兴趣的。本书作者中,不仅有我所已知的现代文学史上写咖啡的高手,如田汉、张若谷、马国亮、周瘦鹃、曹聚仁、史蟫(周楞伽)、何为、冯亦代等,田汉就有剧本《咖啡店之一夜》,张若谷一本散文集干脆以《珈琲座谈》命名,更有林语堂、庐隐、张竞生、王搏今(王礼锡)、邵洵美、刘薰宇、华林、徐仲年、柯灵、戈宝权等,也均有关于咖啡的文字存世,这是我以前所不知道的。

从20世纪20年代末到40年代末,上海北四川路上的"公啡咖啡"和"上海珈琲"、老西门的"西门咖啡"、霞飞路上众多白俄开设的咖啡馆如"文艺复兴"和DDS,亚尔培路上的"巴塞隆那"和"塞维纳"等都是新文学作家经常光顾之地。已经公布的作家傅彦长日记中一再记下他到咖啡馆广交文友的情景,而鲁迅与左翼作家多次在"公啡"开会筹备成立左翼作家联盟,邵洵美记他在巴黎"别离咖啡馆"结识另一位诗人徐志摩,畅销小说家张资平开设的蒋光慈、叶灵凤等常去的"上海珈琲",张若谷、曹聚仁等先后出没的"文艺复兴",还有冯亦代写夏衍在静安寺路DDS里疾书他的"蚯蚓眼"杂文……都已在新文学史上记录在案。咖啡馆不仅是"都市摩登生活的一种象征",同时也是推动新文学发展的一个有力的孵化器。

不仅是新文学家,擅长旧体诗的文人墨客也青睐咖啡馆,不妨照录一诗一词以见一斑。诗为"小报状元"高唐(唐大郎)1947年写的七律《咖啡座上》:

花气烟香互郁蒸,今来静坐对娉婷。

三冬恒似中春暖,一饮能教百虑乘。

枉以诗名称跌宕,已专殊色况飞腾。

当时欲说心头事,而我心如录重刑。

词为旧体诗词名家写于1933年的《浣溪沙·霞飞路上的咖啡座》:

雨了残霞分外明,柏油路畔绿盈盈,往来长日汽车声。

破睡咖啡无限意，坠香茉莉可怜生，夜归依旧一灯莹。

总之，《咖啡文录》是迷人的。它咖香氤氲，忠实地记录了 20 世纪上半叶以上海为中心的国人对舶来品的咖啡这种饮料的认知、接受和喜爱，展现了文学艺术如何与咖啡和咖啡馆结缘，成为海派文化不可或缺的重要组成部分，具有很高的史料价值、赏读价值和研究价值。一卷在手，能与前人共享咖啡的芬芳浓郁，领略近代以来的中国咖啡文化史，不能不使作为读者的我欣喜。故特写此文感谢"海派文献丛录"的主编张伟兄和《咖啡文录》的编者孙莺小姐，并郑重向爱好咖啡的广大朋友推荐。

陈子善

2020 年 6 月 1 日于海上梅川书舍

咖啡之译名（代前言）

乾隆二十二年（1757），清政府实行“一口通商”，广州成为唯一的对外通商口岸。外国商人来华交易，都要找指定的行商作为贸易代理，这些指定行商所开设的对外贸易行店，就是“十三行”即洋行的伊始。名为“十三行”，实则并无定数。故而广州方言与英语之间，有着最直接最密切和最早的接触过程，自然就有外来词的产生，比如“咖啡”。自广州港口而入的舶来品咖啡豆和舶来词 Coffee，就译名而言，从音译到书写形式都和广州方言有关，如“架啡”“喋啡”“架非”“架飞”等译名。

中国人用与 coffee 读音相近的汉字去书写时，写法往往不一，经整理发现 coffee 译名有 20 多个，如架啡、喋啡、咖啡、架非、架飞、加菲、加灰、枷榧、加啡、咵啡、考非、珈琲、加非、珈啡、噶霏、高馡、磕肥、佳妃、茄啡、茄菲、羔丕、高丕、戈丕等。

下面分述 coffee 各译名之文献来源与出处，文中并非以译名之先后顺序编排，而是以译名之音近以及通行地区分述之。例如 coffee 目前所见最早的译名就是“咖啡”，出自马礼逊所编纂的《华英字典》之《五车韵府》第一卷，于 1819 年刊行；“架啡”之译名亦出自马礼逊所编纂的《广东省土话字汇》中，于 1828 年刊行。故“咖啡”虽作为 coffee 最后的固定译名，但并非我们理解意义上的最后出现的译名。

一、架啡与喋啡

1757 年，广州作为中国唯一对外开放的港口，各国商品均由此口岸输入，随之而来的是西方的宗教、文化和语言。1807 年，罗伯特·马礼逊来中国传教,第一站就是广州。作为西方派到中国的第一位基督新教传教士,马礼逊在中国居留二十五年,在中西文化交流的许多方面都有首创之功,比如编纂第一部汉英字典《华英字典》,创办第一份中文月刊《察世俗每月统记传》,创办第一所教会学校"英华书院"等。1828年,马礼逊编纂的第一部汉语方言词典《广东省土话字汇》出版。在这部词典中,收录有coffee的音译词,其注释顺序为:英语coffee、广州话译音词"架啡"和广州话读音Ka fe等三个内容。

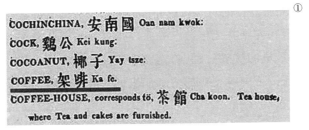

当时的广州人模拟英语发音,把coffee注音为Ka fe,用"架啡"这两个汉字表示。其中,"架"是广州音的同音字,"啡"是表示第二个音节所造的俗字。

此后,"架啡"一词频频出现在与广东有关的各类文献著作与报刊中,如《澳门新闻纸》《广州新报》《古巴杂记》《红十字会救伤第一法》《广九铁路旅行指南》等文献资料中。

1839年,林则徐以钦差大臣的身份到广东禁烟。为了掌握"夷情",派人潜入澳门搜集外国人出版的外文报纸,聘用翻译人员,将有关鸦片贸易、西方各国对中国禁烟的态度以及其他方面的消息和评论译成中文,抄送给广东督抚衙门作为禁烟和备战的参考。这种随译随送的手抄译报,被人们称为"澳门新闻纸"。美国传教士俾治文亦为林则徐的译员之一。《澳门新闻纸》第四册(1840年2月8日至4月25

---

① 罗伯特·马礼逊:《广东省土话字汇》,澳门,1828年。

日）中提到了"喋啡"与"喋啡树"：

> 若有两家合栽种喋啡树，数至六万株者算是头等，即赏银八千圆；能栽四万五千株者为次等，每家赏银六千圆；能栽三万株者为三等，每家赏银四千圆，其银在收成后照数给发。所栽喋啡树必须株株皆有结实，若有人如此奉行，株株皆有结实，除赏银之外，仍将所出产之喋啡，于出口时免其税饷。①

林则徐还在《澳门新闻纸》的基础上，选择了其中的部分内容，按不同性质的问题，亲自加工、润色，编为《澳门月报》五辑，后来被魏源收录《海国图志》之中，署为"侯官林则徐译"。

1839 年，林则徐以钦差大臣身份赴广州查禁鸦片，同时亦积极探求域外大势，当他看到英国人慕瑞所著的《世界地理大全》一书时，甚为惊叹，组织幕僚及译员将此书全文译出，采加润色，名为《四洲志》。《四洲志》译述世界四大洲三十多国的地理、历史、政情，是当时中国第一部系统的世界地理志，具有开创意义。

1841 年，林则徐因鸦片战争之累，被发配新疆，途经镇江，遇到魏源，将自己存留的大量海外资料和《四洲志》的手稿交予魏源，嘱其完成自己未竟之业。魏源以此为基础，将当时搜集到的其他文献书刊等资料进行扩编，初刻于 1842 年，为五十卷。1847 年增补刊刻为六十卷。随后，又辑录徐继畬 1848 年所成的《瀛环志略》及其他资料，补成一百卷，于 1852 年刊行于世。

或许是因《四洲志》为林则徐幕僚多人共同翻译而成，故文中涉及 coffee 之词，所采用的译名不一，有"加非""架非""架啡""架飞"等多个，魏源的《海国图志》中亦如此。倘若要追溯此后书刊报纸中 coffee 译名纷呈之源，与《四洲志》不无关系。

---

① 林则徐全集编辑委员会编：《林则徐全集（第 10 册）：译编卷》，福州：海峡文艺出版社，2002 年。

1871 年《中国教会新报》①第 137 期刊载的《曾侯用西国架啡磨为穀磨》一文,原载于《广州新报》②:

> 曾侯见西人所用架啡磨,心善其用,揣计军营得此,可资军营磨穀之需,爰命造三百架。西人初未知其所用也,以为华人近喜架啡茶,故仿磨之制,迨知其所用,方叹,同物异用者,惟各视其心思所向焉。西国之架啡者,形如炒焦之蚕豆,磨为粉,入热水,西人以之当茶。

曾侯即曾国藩,与李鸿章、左宗棠、张之洞并称"晚清四大名臣",官至两江总督、直隶总督、武英殿大学士。曾国藩用西洋咖啡机磨穀,真是脑洞大开。

1879 年 9 月 12 日,广东顺德人谭乾初随使古巴,充任英文翻译。1890 年,谭乾初任古巴总领事,随使行员包括廖恩焘(廖后来升任中国驻古巴马丹萨领事)。谭乾初将自己在古巴任职期间记下的工作日记集结成书,名《古巴杂记》,据其《跋尾》及书中张荫桓《序》,成书时间为 1887 年。1891 年被王锡祺收入"小方壶斋舆地丛钞"丛书,由上海著易堂刊行。《古巴杂记》向被视为研究华人华侨史的重要资料,书中谈及古巴的种植贸易,提到 coffee 时,用"架啡"一词:

> 种植贸易种植以蔗、烟、架啡、粟、椰子、百果等物为最美,贸易以糖、烟为大宗,而所用之银,有银,有银纸,每元银纸约值银四五角,兹就光绪四年之出口货物登录,约略测其大数,均以实银申算,以昭划一。③

① 美国传教士林乐知(Young John Allen)创办并主编出版的教会刊物,1868 年 9 月在上海创刊。周刊,25 开本,每期 4 张 8 页,约六七千字。由林华书院刻发。1872 年 8 月从第 201 期起,改名为《教会新报》,期数续前。1874 年 9 月自第 301 期起,再改名为《万国公报》。
② 《广州新报》创办于 1868 年,这是中国第一份用中文向国人介绍西医知识的周刊,创办人为嘉约翰。分为中文版、日文版、英文版三种形式,后改名为《西医新报》。
③ 陈兰彬、谭乾初:《使美纪略·古巴杂记》,长沙:岳麓书社,2016 年。

1897年，《红十字会救伤第一法》由伦敦红十字会初版发行，这是孙中山唯一的一部译著。原书为伦敦红十字会总医生柯士宾用英文所撰救治伤者的讲义，曾被译成法、德、意、日四种文字出版，应柯士宾之请，孙中山将1894年在伦敦出版的英文本第三版译成中文。"架啡"一词见于第四章《论受伤》一文中："若病人已醒而能吞物，宜投以热茶、架啡或罢兰地酒等。但未醒切不宜用，恐加水量于肺也。"对于中毒者的"救治之法，宜急施吐剂，并速延医并带吸胃筒至。须将病人扶起走动，用冻巾击面，饮以浓架啡，用电震体，宜尽用善法，使病人常醒；若昏迷已深，宜施助呼吸之法"①。

让中毒者饮用浓咖啡使其保持清醒之方法，在当时屡见诸报端，如1875年11月10日《申报》第3版上所刊《轻生说》一文："服后，继以温水二三十大碗，总以吐尽为度，吐尽后，用二人扶掖而走，不可使睡渴，则饮以浓茶，如有咖啡茶则更好，须历一昼夜，方保无虞。仆因每见服毒之人往往迟而不救，故发此论，而附此方。"此处用了"咖啡"之译名，后文再叙。在1916年的《广九铁路旅行指南》②"餐车食品价目单"中，亦可见"架啡"之身影："牛奶西冷茶每壶一毫半，牛奶西冷茶每杯一毫正，牛奶架啡每壶一毫半，牛奶架啡每杯一毫正。"广九铁路即英国殖民者所称的九广铁路，1906年始建，1911年全线通车。这张"餐车食品价目单"不仅说明此时火车上已有咖啡供应，咖啡进入了广州人的日常饮食生活中，而且菜单用"架啡"之译名，足以证明这个词在广东、香港一带已普遍运用。

① 《孙中山全集·第1卷（1890—1911）》，北京：中华书局，1981年。
② 本路车务处：《广九铁路旅行指南》，1916年。

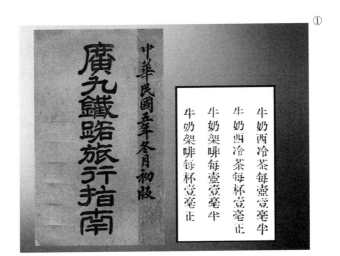

"喫啡"之译名,始见于《广东方言撮要》(*Chinese Chrestomathy in the Canton Dialect*)。1830 年,美国公理会传教士裨治文到达广州,跟随马礼逊学习了两年汉语。1832 年,裨治文创办了中国第一份英文期刊《中国丛报》(*The Chinese Repository*),旧译为《澳门月报》。1839 年裨治文担任林则徐的译员,与林则徐的幕僚们一同编译《四洲志》。1841 年,裨治文出版了由他编纂的《广东方言撮要》②,这本书每页分为三栏,左边一栏是一连串的句言和段落,中间是广州话的短语或句子,右边则是用罗马字标注的中文读音。书中亦收录了 coffee 的音译词,但不是"架啡",而是给"架"字加了个"口"字旁,写作"喫啡",见下图。"喫啡炒焦致好"是指咖啡以炒制成焦黄色为好。外来音译词往往以原有汉字加"口"旁创制为新词,如嘟、啫、啯等,表示这类字只表发音,没有意义,佛经翻译中较为常见。

---

① 《广九铁路旅行指南》及餐车菜单。
② 《广东方言撮要》,澳门,1841 年。除了"导言"之外,全书共分为十七章,描述了中国人在文艺、科技和生活等方面的情况。该书由益智会资助出版,是益智会赞助出版的最后一部作品。

迟至1908年，"喫啡"之译名在上海出现，一家名叫"合珍楼酒馆"的广东饭店在1908年4月12日的《时报》上刊登开市广告：

上洋十六铺里新开广东合珍楼酒馆，本号包办酒席、宵夜当便、随意小酌、零拆碗菜，清燉冬菇、鸭粥鸭饭、喫啡牛奶茶、莲子羹、杏仁茶、送礼罐头食物、诸色腊味俱全。铺在上洋十六铺里，协兴街口，坐东朝西门面，择于三月十五日开市，仕商赐愿请移玉步一试，方知价廉物美，此布。

"上洋"即上海，"十六铺"现为地名，在清咸丰年间，"铺"是指上海各大商号之间联保联防的机构，主要负责本区的治安。原本计划分27个铺，后来只划分了16个铺（即从头铺到十六铺），第十六铺是其中区域最大的，包括上海县城大东门外，西至城濠，东至黄浦江，北至小东门大街与法租界接壤，南及万裕码头街及王家码头街。清末时，十六铺码头为埠际贸易的中心，闽粤商人尤多，此广东"合珍楼酒馆"的开市广告，即为明证，由此可以想见"喫啡"之译名是随广东商人传播至上海的。

1909年第57期的《广东劝业报》上刊登了《喫啡之种植及制法》一文："喫啡为西人饮料之一大宗，近来我国人亦多趋嗜此品。年中之输入甚夥，亦漏卮之一也。查广东地近热带，气候甚宜于种植咖啡。若能广行种植，不独挽回漏卮，且可行销于欧洲各国，而开莫大之利源

---

① 《广东方言撮要》中"喫啡"之译名。

也。"①此文同时用"㗎啡"与"咖啡"两个译名。如果说《四洲志》因多名译员翻译导致译名不一尚可理解,而此文出现这种情形则颇为奇怪。可能在当时的广东地区,"架啡""㗎啡"与"咖啡"已成为通行之译名,兼以作者未考虑同一文中译名一致的要求,行文随意所致。

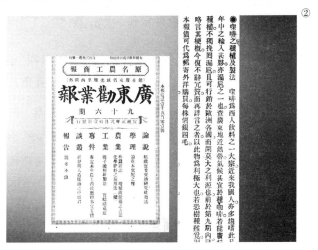

二、咖啡与枷榧

"咖啡"之译名,始见于马礼逊所编纂之《华英字典》(*A Dictionary of the Chinese Language in Three Parts*),全书共有三部分,分别为《字典》(1815 年刊行)、《五车韵府》(共两卷,分别为 1819 年、1820 年刊行)和 *A Dictionary of the Chinese Language*(为英汉—汉英字典,1822 年刊行)。在 1819 年刊行的《五车韵府》第一卷中:"咖 this character is in vulgar use. Kea fei 啡 coffee.",此为 coffee 对应"咖啡"之译名目前所见最早文献。

① 《咖啡之种植及制法》,刊于《广东劝业报》,1909 年,第 57 卷,第 36 – 39 页。
② 1909 年第 57 期《广东劝业报》上所刊登的《㗎啡之种植及制法》。

"咖啡"之译名见诸报纸杂志书籍中极多,据目前所搜集之资料,以 1833 年《东西洋考每月统记传》(*Eastern Western Monthly Magarine*,以下简称《东西洋考》)为最早。1833 年 8 月 1 日,普鲁士传教士郭实猎在广州创办了《东西洋考》,1834 年迁到新加坡,1838 年停刊。《东西洋考》虽为宗教期刊,但其所刊载的内容包括政治、经济、地理、历史、文化、民俗、自然等诸多方面,影响甚大。《东西洋考》在介绍呀瓦(即爪哇)物产时,用了"咖啡"这个译名:

呀瓦大洲附麻刺甲三大洲之至盛,为呀瓦,米胜用,胡椒、燕窝、翠羽、白糖、棉花、咖啡、苏木木头等货,各样果实,焦子、椰子、槟榔、石榴、柚子、菠萝子、芒果、橙桔等果。①

据统计,魏源《海国图志》引用《东西洋考》的文字达 28 处,故学术界有说 coffee 之"咖啡"译名始见于《海国图志》,此说法亦可理解,想必是魏源引用《东西洋考》中文字所致,但实则"咖啡"之译名始自 1819 年马礼逊之《华英字典》。

---

① 爱汉者等编:《东西洋考每月统记传》,北京:中华书局,1997 年。

"咖啡"之译名,就上海而言,目前最早见于 1862 年 10 月 25 日《上海新报》所载丰裕行的拍卖广告:"启者本月廿六十一点本有拍卖下开各件,牛肉五十桶、猪肉五十桶……吕宋咖啡五百磅……如有贵客须买者届时请至本行拍定可也。"吕宋咖啡即菲律宾咖啡,亦为当时知名之咖啡。

就新闻报道而言,"咖啡"之译名目前可见最早为 1872 年《中国教会新报》第 188 期上所刊登的一则"美国近事"之讯息:

电报云美国兹免茶叶及咖啡,又云英国之属国曰加乃大,其国与美国交界,亦免此税。

此后,"咖啡"这一译名频频出现于上海各大报刊的社会新闻中。如 1895 年 8 月 23 日的《申报》上所载:

昨晨六点钟,时晓梦初回,忽闻捕房蒲牢怒吼,急起推窗四望,并不见火光半点,及出探访,知火起于英大马路①老旗昌转角之福利公司后屋,一时烟雾迷漫。幸救火西人闻声毕集,竭力灌救,不至成灾,仅焚毁厨房门窗什物等件,房屋则依然无恙。至其起火之由,据言,因隔夜在内炒咖啡,未将火灰收拾净尽,致有此事。

文中有"炒咖啡"之述,说明上海已出现了生的咖啡豆。上海因租界华洋杂处的特殊原因,中国人接受西方文化和西式生活的速度极快,几乎与上海开埠同步,咖啡豆就已进口上海。

英国伦敦图书馆东方书籍和写本部收藏有关于鸦片战争后五口通商伊始、道光二十三年(1843)至二十四年(1844)间上海对外贸易的几种原始文献和记录。其中《OR7400 各号验货》一册逐日记录了道光二十四年二月至七月间一些商号从美国、英国、菲律宾等商船进口货物的数量、品种,以及出口的货物数量、品种。在道光二十四年五月十八日的货物进口记录中,有关于咖啡进口的记载:"第 19 号船上,公正行进

---

① 今南京路。

口了枷榧豆 5 包,每包 70 斤;皮条 3 扎,每扎 94 斤。"①枷榧豆即咖啡豆,此记载不仅提供了 coffee 之另一译名,而且明确了 1844 年上海已有咖啡豆进口,具有极其重要的文献史料价值。

"枷榧"这个咖啡译名,读音与"架啡"同。"枷",《说文解字》中,通"架";"榧",为常绿乔木,种子有硬壳,两端尖,称"榧子",通称"香榧"。香榧与焙熟的咖啡豆颜色相像,均为深褐色,或许因此有了"枷榧豆"之译名。

番菜馆里喝咖啡渐为上海人所习见,各种咖啡广告亦屡见不鲜。如 1899 年 5 月 25 日,暹罗同兴公燕窝公司在《游戏报》上发布的一则燕窝广告,提及以咖啡冲调燕窝精:"食用之法,每日服一二两或冲咖啡,或入红茶、泡牛乳,或调蛋花……大匣四元,小匣二元。"又如 1901 年 9 月 19 日的《新闻报》上刊登了一则"哑喇伯咖啡"的广告:"本行新到顶新鲜的上等哑喇伯咖啡,此乃天下出顶好咖啡之国也,若有客欲者请驾至小行面试样子,其价比众格外克已,另有外洋机器所炒之法,与华人所炒之大不相合,请贵客赐顾,请至小行,便知言之不谬也。"

咖啡对于当时的上海人来说,不仅仅是一种饮品,还被视为补品甚至药品,其功效可谓百病能祛。如 1917 年 9 月 6 日的《新闻报》刊登了由竹生居商行发布的一则"咖啡糖"的广告,称其所售之咖啡糖能"行气、开胃、化痰、止咳、解酒,能治气弱、不思饮食、口淡无味"。此处的咖啡糖非糖块,乃烘焙之咖啡豆磨成粉,压制成块状,滚水冲泡即可饮用,实为今日块状速溶咖啡之滥觞。而咖啡霜则为今日之即溶咖啡。1918 年 1 月 13 日香港广济公司在《新闻报》上发布了"咖啡霜"的广告:"用霜二匙,临时开水冲食,即成咖啡茶,香甜美味,活胃消食,补中益气,醒酒除晕,旅行家居,餐余酒后,卫生至宾,每罐二角,批发克已。"虽为广告词,但亦可见当时并未提及咖啡之提神功效,而是夸大了其药效。

---

① 王庆成:《稀见清世史料并考释》,武汉:武汉出版社,1998 年,第 107 页。

三、架非、架飞、架菲、加非与加菲

"架啡"既为 coffee 的广州方言音译词,那么与"架啡"读音相同字形相异的译名,亦可归为同一类广州方言译名,如"架非""架飞""加非""枷榧""加啡"等。

"架非"最早见于林则徐的《四洲志》中《阿丹国》一文,阿丹即今天的也门,"阿丹之人瘦小面黄,多力足智,善骑射、鸟枪。俗尚节俭,富者始食稻米,皆产他国;贫者仅食本地大麦。以架非豆、柳豆之壳浸水饮之,凡菜饭皆调以骆驼乳,罕肉食"。当时阿丹人饮用咖啡的方式,是把经过浅焙的咖啡豆与晒干的咖啡豆果肉磨碎后一起泡水饮用,在今天的也门还依然保留着这种咖啡饮用方式,也门人称为"咖瓦"(qahwa),这个词和英语的 coffee 词源有关。后来咖啡传到土耳其后,土耳其人舍弃了咖啡豆果肉部分,只用中深度烘焙的咖啡豆烹煮饮用,口感比也门咖啡要浓,咖啡因含量也更多。

阿丹国故地在今亚丁湾西北岸一带,为咖啡原产地之一,所以举凡提及阿丹国土风物产的相关著作,咖啡一物必罗列其中。如《海国图志》中提到阿丹物产:"土产加非豆、柳豆、巴尔色马香、乳香、没药、树胶、沉香、马、骆驼。"又如 1848 年徐继畲的《瀛环志略》中谈及阿丹国亦提及:"驼尤良,负重行远皆赖之,又产加非、香料、没药之类。其地古为土夷散部,恒役属于波斯。"

因《瀛环志略》中以"加非"为 coffee 译名,故"加非"较之其他的译名而言,在中国的适用范围和接受程度更广。如 1856 年理雅各(James Legge)编译的《智环启蒙塾课初步》、1863 年郭连城的《西游笔略》、1901 年南洋公学所编《新订蒙学课本》、1891 年薛福成的《出使四国日记》等书中,均以"加非"为 coffee 译名。

"架飞"一词见于收录在《海国图志》之《外大西洋》(由林则徐所译)一文中,述及罗阿加那达当地居民生活:

宅舍朴素,以泥涂木为墙而垩之,屋上先覆木板再铺石板,楼仅一

层,皆无峻宇。终年有洒无扫,故埃尘污积。近年始学欧罗巴之洁净,悬画卉为饰,衣履亦同英吉利。食多豕肉,逢斋戒则以鲜鱼蔬菜为素。嗜酒及茶。无茶则以架飞豆汤代之。①

"架菲"亦在《海国图志》中可见。魏源在收录美国传教士俾治文所著之《美理哥合省国志略》一书时,将《礼仪规模》文中提及之"架非"转录为"架菲"。俾治文原文为:"饮食则每日三餐,早膳或饭或面饱或猪、羊、烧、烩不等,亦有牛奶、鸡蛋、牛油、茶、架菲。"魏源则注为:"架菲者,将青豆炒焦,研末水煎,或白开水冲,隔渣。说明魏源并不知道架菲(咖啡)究竟为何物,于是想当然地认为咖啡是一种用青豆炒焦研末的饮料。

还有"加菲"之译名,同样出现于《海国图志》中:"土沃民饶,产物丰美,如白糖、加菲、橙、柑等果,由他国而移种者;及牛、马、羊等五畜,亦由异国运至而孳生者。"②上述 coffee 译名均出自《海国图志》,由此可见其书中的用字歧异现象甚为严重。

咖啡自海外而来,作为一种新鲜事物进入中国人的生活,自然会兴起国人对咖啡的各种研究。如当时的《益闻录》和《农学报》上就刊登了不少关于咖啡产地、咖啡种植、咖啡经济等方面的文章。1879 年《益闻录》③第 10 期上所刊登的《架非原始》一文,是一篇详细论述咖啡源流的文章,此文第一句就提到"架非茶,西洋各国,每日必饮,以其能消滞解闷提精神也。至今华人亦多有嗜此者,然其源流,则有可得而溯焉。考架非出亚拉皮地方……"。文中不仅介绍了咖啡的产地,咖啡与僧侣、牧羊人的传说,还细述了咖啡的传播途径。

1882 年《益闻录》第 143 期上刊有《加非销路》一文:"西人喜食加

---

① 魏源:《海国图志:卷 62—100》,长沙:岳麓书社,2004 年,第 1723 页。
② 魏源:《海国图志》,长沙:岳麓书社,1998 年,第 1615 – 1616 页。
③ 1879 年 3 月创刊的《益闻录》,是天主教在华的第一份中文期刊,由华人传教士李杕主编,内容以时事新闻为主。

非,各处种植颇多,要以巴西国种为上品,而所出亦较广他处。计一千八百六十年,加非出口运往他国,共二千四百万担,近来有加无已,售路愈宏,国人自食者,更莫计其数。国中加非树共分十六种,惟某家之树最佳,前于法国赛珍会得有银牌,后于意国赛珍会亦蒙巨赏。巴西加非销售于美国为最多,每年计一千七百万担,欧罗洲诸国中,惟法人为最嗜此物,每年食至三万担之多云。"此文以年度数据统计的方式呈现咖啡的产量和销地,亦是一篇极为专业的咖啡经济之文。

1897年5月在上海创刊的《农学报》是中国最早传播农业科学知识的刊物,由上海农学会主办。自第11期开始,《农学报》上开始连载一篇关于咖啡植物学的文章《加非考》,至第14期结束,原作为法国人路而士腓瞿儿《制造全书》中关于咖啡的一章。译者陈寿彭认为此文侧重于法国植物学,于是选检英国数种与咖啡有关的植物学书籍,参照翻译,以弥罅漏,故有译辑一说。陈寿彭是福建侯官人,为清末外交家、翻译家陈季同之弟。陈寿彭毕业于福建马尾船政学堂,1885年赴英国留学三年,通晓英文、法文、日文,翻译了不少作品,如《八十日环游记》就是由他和妻子薛绍徽合作翻译完成的,1900年由上海经世文社出版,为凡尔纳科幻小说在中国最早的译本。陈寿彭译文优美,用词谨严,行文生动,像《加非考》这样的植物学译作,亦力求达雅:"花小而丛生,缀于枝叶之交,状如球,雪白色,有香甚清爽,花皆四五出,瓣尖瘦,须亦四五丝,产于热带之地,四时其花不断。花落,其蒂结为实,暗红色,亦丛缀于树间,红白相间,使其树华美而有致。实如梅子而小,皮坚硬,肉绵软,中有双房如瓠,瓠膜之中,各含一子,世之所谓加非子即此也。"此文引起了时任农工商部郎中唐浩镇[①]的注意。1898年,唐浩镇上奏提议,中国应种植咖啡:"加非一物,始于非洲,西人日用之必需,销路大广,故各国市肆,俱设加非之

---

① 唐浩镇为唐洪培长子,曾任清政府农工商部郎中、邮政司司长,民国后任总统府秘书长。

馆，近通商口岸，华人俱嗜，与纸烟同，如今各直省，添种加非之树，其利较种茶尤厚。"[1]

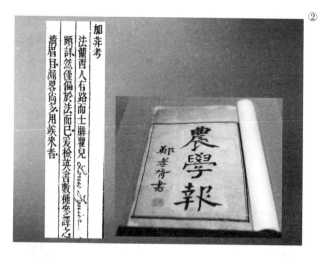

此后，清政府由缅甸、越南等地引入咖啡树苗，在福建厦门、海南琼山、云南瑞丽、广西百色等地开始栽培咖啡树，这是中国咖啡的伊始，此乃后话。

四、加啡与羔丕、高丕、戈丕

1892年的《益闻录》第1191期刊登了一则《加啡纳税》的文章："加啡一物出自西国，又谓之加灰，又名羔丕，盖称名之谐音也。其物用热水冲饮可以代茶，可以醒酒兼涤肠胃中荤腥油腻，不致作病，诚有益于人也。……"

此文出现了三个不同的咖啡译名："加啡""加灰""羔丕"。"加灰"与"加啡"以及"架啡"等咖啡译名，读音有相近之处，可"羔丕"的发音却截然不同，为何会成为咖啡之译名呢？"羔丕"一词通行于

① 《户部议覆唐郎中浩镇请各省自辟利源摺》，刊于《农学报》，1898年第11期，第2页。
② 《农学报》及《加非考》配图。

何地？

《东西洋考每月统记传》1838年正月号上刊登了《推农务之会》一文，建议中国兴办农会。文中对新加坡的羔丕树、甘蔗、娄藤、棉花等农作物作了介绍："向来于新嘉坡之土，止种菠萝蜜、胡椒而已。后栽羔丕树、甘蔗及娄藤。却其土可另出他项，即如棉花树，不论膏腴之土，遍处畅茂。"①

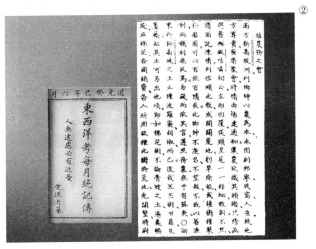

1892年7月20日《申报》上的"海客谈瀛"专栏中提到"羔丕"一词："近接仙那港来信，言近来雷雨连绵，匝月不辍，山洪暴注顺流而下，有数处河道愈形泛滥，所植烟叶多有损伤，将来收成恐难如愿以偿也。惟该埠下游沿河一带，地土膏腴，便于种植，而于苎麻、羔丕等物尤为合宜。"仙那港即今印尼山打根，位于沙巴东海岸，1884—1945年为英属北婆罗洲即沙巴州的首府。

在1923年的《侨务》杂志第69期上刊登了《东印度咖啡市价观》一文，标题下备注"荷音译作羔丕"，全文如下：

---

① 爱汉者等编：《东西洋考每月统记传》，北京：中华书局，1997年。

② 《东西洋考每月统计传》及《推农务之会》配图。

世界所产羔丕之处，为巴西、委内瑞拉、可伦比亚、危地马拉、海地、墨西哥、荷属东印度等地。统计出产羔丕之额，每年约一千九百余万担。其消纳于欧洲各国，消额与产额相等，今因巴西出产最多之区，羔丕失收，以致所出不足以供所求，遂暴然高涨。倘巴西羔丕不能恢复原状，则羔丕之价格当蒸蒸日上云。

荷属东印度是指1800—1949年荷兰人所统治的印度尼西亚，首都巴达维亚，即今天的雅加达，故有文中"荷音译作羔丕"之说。荷兰语属于"印欧语系—日耳曼语族—西日耳曼语支"，介于德语和英语之间，比任何一种语言都更接近英语，咖啡在荷兰语中为Koffie，发音与英语coffee的发音相差无几。而在印尼语中，咖啡为Kopi，发音近于"羔丕"。故在印尼乃至整个南洋地区，咖啡译名采用"羔丕"一词亦可以想见。

如1925年中华书局刊行了由姚祝萱所辑的《国外游记汇刊》，共28卷，其中第7卷"南洋群岛"之《亚罗亚群岛志》一文中，谈及咖啡种植时，就用了"羔丕"之译名：

尚有我国上海人所辟之种植场，规模甚大，占地数万亩，树胶、椰树、羔丕、烟叶等，皆有种植，颇足供实业家参考资料焉。①

亚罗亚群岛即哑鲁国，为印尼古国，今苏门答腊东岸之巴鲁蒙河河口一带，又称阿鲁岛。1857年，英国人阿尔弗雷德·罗素·华莱士旅行至阿鲁岛，看见店铺中有生意人带来售卖的咖啡等物：

每一栋屋子都是店面，土著等着用土产换取他们最需要的东西：小刀、砍刀、剑、枪、烟草、槟榔膏、盘碟、脸盆、手帕、沙龙、印花布和亚力酒；但是有些商店则摆着生意人带来的茶叶、咖啡、糖、葡萄酒、饼干等，其余店铺则有瓷饰物、镜子、剃刀、伞、烟斗及皮包等精美货物，颇受有

---

① 姚祝萱辑：国外游记汇刊（第3册）》，北京：中华书局，1925年。

钱土著的青睐。①

在1936年的《侨务委员会公报》上刊登了"福管字第五〇五号②"公文,具呈人为仰光华侨羔丕同业公会,呈报侨务委员会陈树人委员长。"羔丕同业公会"即为咖啡同业公会,仰光为缅甸最大的城市。所呈报的陈树人是岭南画派的创始人之一,与高剑父、高奇峰并称"岭南三杰"。1917年陈树人受孙中山委任为中华革命党美洲加拿大总支部部长,回国后历任中国国民党党务部长、广东省政务厅长、侨务委员会委员长等要职。此公文证明在缅甸地区,亦用"羔丕"一词指称咖啡。

而后在1946年出版的《南侨回忆录》中,《陈嘉庚自述》之《蒋委员长三问》一文,亦有"羔丕"一词出现:"再次'七·七'事变后约两三个月,南洋华侨抵制敌货剧烈。新加坡敌人自古巴运到羔丕六千包,重一万余担,无人肯买,乃暗贿总商会会长,每担三元,于是总商会提出议案,要代保证非敌货。"③陈嘉庚(1874—1961),福建同安人。1890年秋随父去新加坡经商,此后长期侨居新加坡,经营橡胶种植等业,为南洋著名的华侨资本家。至今在新加坡依然可见以"羔丕"为店招的咖啡店。

"高丕"为南洋地区之另一咖啡译名。吧国,又称吧城,即巴达维亚(巴达维亚),今印尼雅加达。《吧国公堂档案》为印尼华人自行处理事务的原始记录,包括《公案簿》《户口簿》《寺庙簿》《新客簿》等近千册,以中文、荷兰文、马来文记录。其中《公案簿》为当地华人自行处理民事纠纷的历史记录,1787年至1920年用中文记录。在1790年10月20日所记录的一件夫妻纠纷案中,出现了"高丕"之译名,节文如下:

　　杨楚观叫林贞娘、林魁吉

---

① 阿尔弗雷德·罗素·华莱士,金恒镳,王益真译:《马来群岛自然考察记(下)》,上海:上海文艺出版社,2013年。

② 《侨务委员会公报》,1936年第31期,第35页。

③ 二十世纪名人自述系列《陈嘉庚自述》,合肥:安徽文艺出版社,2013年。

杨楚供谓:"拙妻林贞娘前礼拜五随番私诱奔逃,有带去钱四十文,并甲办内物项。伏乞台下察究。"

召问贞娘:"有取钱及物项否?"贞娘禀:"并无取钱,惟有带衫仔四领、缦仔三条。"又问贞娘何故随番奔逃,禀曰:"彼时番付氏吃高丕茶,吃毕,不觉心神迷乱,随他私奔。"

甲大(甲必丹王珠生)怒其丑行难堪,胡涂答应,命达氏将贞娘苟责儆戒。责毕,问贞娘愿与夫再合否,禀曰:"显合。"又问:"楚愿再收留汝妻否?"禀曰:"愿合。"

列台曰:"二比既愿再合。当给婚字。"

二比遵命。①

此文后有注释:高丕,咖啡,闽南语。

"戈丕"作为 coffee 的另一译名,见于《公案簿》附录注释中,"高丕"一词注为:"高丕,亦作戈丕,马来语 Kopi 音译,咖啡。戈丕亚朗:马来语 Kopi Warong,咖啡店。"②

在清代,实际上有不少马来语进入汉语。尤其是在荷兰东印度公司时期,马来语是通行的交际语言,正如《海岛逸志》③中《附葛留巴所属岛》一文所言:"性狡猾反复,多有劫掠海洋中者。巢穴处于吉里门、龙牙等处,内地所谓艇匪者是也。出没无常,闽、广患之。其言语,和兰遵之,以通融华夷,如官音然。"④

惜"加灰"之译名,目前尚未发现有相关文献资料记载,待考。

① 包乐史(LeonardBlusse)、吴凤斌:《吧城公馆档案研究:18 世纪末吧达维亚唐人社会》,厦门:厦门大学出版社,2002 年,第 274 页。
② 聂德宁等校注:《公案簿(第 3 辑)》,厦门:厦门大学出版社,2004 年。
③ 一部关于爪哇岛和马来半岛的游记,内容包括地方志、人物志、方物志、花果类等。著者为清代王大海,1849 由麦都思译,墨海书馆出版。
④ 魏源:《海国图志(第 2 卷)》,长沙:岳麓书社,2011 年。

五、磕肥与噶霏

西方传教士们似乎都很热衷于编纂中国的方言词典，如1818年马礼逊编纂了《华英字典》、1828年编纂了《广东省土话字汇》，裨治文编纂了《广东方言撮要》，1837年麦都思在澳门出版了《福建省土话词典》，1838年戴耶尔出版了《福建省土话字汇》等。1855年，美国南浸信会传教士高第丕(1821—1902)编纂出版了《上海土音字写法》一书。那时还没有"上海方言"一说，上海话被称为"上海土音"，这本书就是用注音的方法教人们学说上海话。1866年，高第丕夫人编了一本介绍西方饮食烹饪方法的书《造洋饭书》(*Foreign Cookery in Chinese*)，据说这是目前所知中国最早的西餐烹饪书籍。书中提到制作和煮咖啡的方法：

> 猛火烘磕肥，勤铲动，勿令其焦黑。烘好，趁热加奶油一点，装于有盖之瓶内，盖好。要用时，现轧。两大匙磕肥，一个鸡蛋，连皮注下于磕肥内，调和起来，炖十分钟，再加热水两杯，一离火加凉水半杯，稳放不要动。

①

---

① 《造洋饭书》配图。

"磕肥"即咖啡,就字形而言,"磕肥"作为咖啡的译名,仅出现于《造洋饭书》中,在其他的报刊文献中再无踪迹,实属罕见。从发音来说,"磕肥"可能是英语coffee的广东音译,正如《唐字音英语》中把coffee一词注音为"其柯肥"。《唐字音英语》是广东香山人莫文畅(1865—1917)编写的一本供广东人学习英语的课本,全书用广东方言发音的汉字标注英语读音,比如书中coffee的汉字译名为"架啡",英文为coffee,读音标注为"其柯肥"。"其"的声母广州音是k-;"柯"的广州音没有声母,只有韵母-o。取"其"的声母k-和"柯"的韵母相拼,即ko音,再和"肥"拼合就是英文"coffee"的读音。再比如"咖啡壶"的译名为"架啡壶",英文为coffee pot,读音"可肥、破、渴",下有小字提示"可字读官话"。"官话"就是今天的普通话。

《唐字音英语》不知初版于何年,目前可见版本为1904年的第3版。

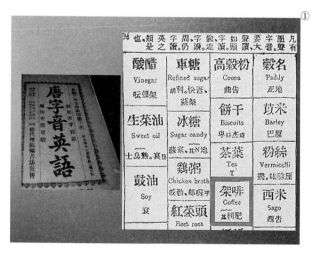

① 《唐字音英语》配图。

"噶霏"亦为coffee之译名,1873年6月9日第2版的《申报》上载有《聘盟日记》一文,其中提到了咖啡:

特撤御筵上烧鹅烧猪烧羊赐我,内羊肉异常香美。随又赐果数盘。已又赐茶,此茶奶油和面所作,如西洋之噶霏(如茶者)。余祗领惟谨。上命提督问余通西洋几国语,余对以通俄国、日耳曼、荷兰语,略通意达礼国语。

《聘盟日记》的作者为侨居俄国的荷兰商人伊兹勃兰特·伊台斯。1692年,伊台斯作为俄国沙皇彼得一世的特使,经过长途跋涉,历经三年,于1695年抵达紫禁城。伊台斯完成使命后,回到俄国的莫斯科,将自己在京城见闻的笔记以《俄国使团使华笔记》之名出版,而后当时任俄国驻北京使团翻译官的柏林,将此书译为中文,以《聘盟日记》之名发表。故"噶霏"之译名,出自俄国译员笔下,《康熙字典》注,"噶",gá音,译音字。

六、咔啡、考非与高馡

1911年7月24日《新闻报》第20版上,刊登了一则"咔啡店歇业理账"的公告:

咔啡西客店在法界二洋泾桥堍,开设有年,近因生意不佳,业已收歇,现由查账员杜必来君报告,各债主定期会集法公堂,稽查账务,恐未周知,爰登法报,请各债主先将姓名住址职业数目逐一开呈,以便汇成总数核办。

同一天的《时报》第9版上,也出现了一则内容相似的公告,名为"咖啡店收歇记":

法界二洋泾桥堍咖啡西客店今因生涯不佳,业已收歇,当由查账公正员杜必来君报告各债主,定期会集法公堂稽查账情,恐有遗漏,故登明法报,请各债主于期前将姓名、住址、职业、数目开呈禀报,以便汇核总数。

两则公告的发布者均为法租界二洋泾桥堍的咖啡西客店,即西餐馆，又叫番菜馆。而后在同时期的各报刊上筛查，发现 1910 年 11 月 30 日的《新闻报》上有一则西饭馆广告，其地点时间均相符，"新开加非西饭馆（即前麦娘饭店）广告"：

> 本馆开设法界二洋泾桥南堍，特聘法国有名厨司烹饪，现拟专为华客特别减价，以广招徕。前座客午餐一元五角者减取一元，晚飱二元减取一元五角，菜单照旧，与西人一例。本馆另有大菜簿发客，午飱每本十五页，售洋十五元，晚飱每十五页售洋廿二元五角，贵客如欲定特别大菜或府上请客，祈移玉面订，或得律风预告，其价格外克己。德律风二千三百八十六号，本馆主人白。

当然，不排除二洋泾桥附近还有更早开业的西餐馆，如 1876 年 12 月 5 日的《申报》上刊登了一则广告：

> 今在二洋泾桥①新开架啡番菜馆，各色面食，早晚常便，若有贵客光顾者，请至小店可也。

"二洋泾桥"在此出现多次，有必要略谈一二。"洋泾浜"在今天一般用来指称上海话不地道的生硬沪语，而最早是指那些没有受过正规英语教育的华人所说的蹩脚英语，其特点是不讲语法，按中国话"字对字"转成英语。其实洋泾浜确有其地，在英法租界交界处，是和苏州河、曹河泾、北新泾平行的一条河流，后来填平，成了爱多亚路，也就是今天的延安东路。外滩和爱多亚路交界处称"外洋泾桥"，四川路转角和爱多亚路相交处称"二洋泾桥"，江西路和爱多亚路相交处称"三洋泾桥"。

且不论是不是同一家西餐馆，这四则广告，使用了四个不同的咖啡

---

① 今四川路。

译名,可以想见彼时上海各西餐馆的菜单上,"哮啡与加非齐飞,咖啡共架啡一色"的场景。

其实,关于咖啡译名不一之问题,当时亦受关注。1947年《大众夜报》上刊登了一篇《上海人"吃咖啡"》的文章,作者是海蒂,文中写道:

"咖啡"一词,本身也有毛病。这是舶来品,原文是 Coffee,音译理应为"哮啡"才对,可是堂堂国际饭店的菜单上,"哮啡"亦为"咖啡",货真价实的"哮啡"倒是在路边摊上照牌可此看到。①

1926年10月14日《小日报》上所刊登的大加利餐社"今日菜单"中,就出现了"哮啡"之译名。可惜未曾找到国际饭店的菜单,无从对比。只是,由此产生了一个疑惑,作者认为coffee的音译理应为"哮啡",依据何在?实际上,如果就读音而言,"哮啡"一词像极了宁波人说"咖啡"的发音。

上海为"五方杂处"之地,广东、福建、江苏、浙江、山东各地之民聚居一处,其中尤以宁波人和广东人为多,其宁波方言和广东方言对于沪语有着不容忽视的影响。

如"高馡"之译名,见刊刻于1887年的《申江百咏》的竹枝词:

几家番馆掩朱扉,煨鸽牛排不厌肥。

一客一盆凭大嚼,饱来随意饮高馡。

---

① 《大众夜报》,1947年10月2日第2版。

作者辰桥在后备注:"番菜馆如海天春、杏花楼等,席上俱泰西①陈设,每客一盆,食毕则一盆复上,其菜若煨鸽子、若牛排,皆肥而易饱,席散饮高馡数口即消化矣(高馡亦外国物,大都如神曲等类)。"

辰桥是浙江慈溪人,"coffee"在慈溪方言中读作"高馡",与宁波人读成"哠啡"音近。而之前提到"哠啡"作为 coffee 的译名之一,均有口旁,与汉字表意有关。但,去掉口旁,"考非"一词,亦为 coffee 之译名。刊刻于 1907 年的《沪江商业市景词》有颐安主人的竹枝词《考非》:

> 考非何物共呼名,市上相传豆制成。
> 色类沙糖甜带苦,西人每食代茶烹。

颐安主人,据云为浙江余姚人,寓居上海,生卒年不详。从"哠啡"到"考非",由此揣测,彼时外来词的译名,不仅受作者自身方言的影响,也与作者的择词旨趣有关。"考非何物共呼名","考"字在此有双重意义,既有"考查"之意,贴切文意,与"非"字组成"考非"一词,又能指代咖啡,可见作者文心诗趣之高妙。

"市上相传豆制成",当时的人以为咖啡豆是一种类似黄豆的东西,九公(蒋叔良)就曾在报上撰文嘲笑刚进城的乡下人,见到静安寺路一带西人饮食铺中陈列的生熟两种咖啡豆,大惊小怪,以为是盐金豆与笋豆,失笑曰:"'盐金豆与笋豆,乃贱物耳,在吾乡下人视之,固不值几何,今外国人竟居为奇货,盛以玻瓶,装入洋罐,善价而沽,岂不可笑?'继又见肆中人取豆磨成细粉,以付主顾,不觉更讶异曰:'外国人吃笋豆,竟磨成了粉末,此真所谓外国吃品,笑煞中国人矣。'"②由此联想到前文所述之"枷榧豆",取香榧与咖啡豆外形相似,可能有点道理。

---

① 泰西,即欧洲。从地理学的角度来看,中国人的"世界观"是在明朝形成的,明以前的中国,把南岭之南的海域称为南洋,南海之西的中亚细亚及印度洋称为西洋。自万历起,为了有所区别西洋之称,把欧洲称为泰西。
② 《海报》,1944 年 5 月 31 日。

七、珈琲与佳妃

"珈琲"之译名又从何而起？1844年，魏源编著的《海国图志》中叙及阿丹国物产时，即有"珈琲"一词的出现："亚刺伯……大半沙漠，惟出枣。南方产珈琲，香味价贵，土出香料药材。"《海国图志》卷六十八《外大西洋·南墨利加洲内伯西尔国》一文中亦有："英国北夺荷兰地而居之。沉茫泥地，亦出白糖、珈琲等货。"此乃魏源抄录自德国传教士郭实猎所撰之刊登于《东西洋考每月统记传》上的文章，1838年在新加坡结集出版，名为《万国地理全集》。郭氏原文为"加非"，魏源转录为"珈琲"，留存于《海国图志》中。1851—1854年，《海国图志》传入日本，广受推崇，"珈琲"也随之进入日本学界。1862年，堀达之助所编纂的《英和对译袖珍辞书》刊行，书中就以"珈琲"来对译coffee，如"珈琲饮所"为coffee house，"珈琲屋主人"为coffee house keeper，"珈琲壶"为coffee pot等。早稻田大学图书馆藏有宇田川榕庵（1798—1845）的《博物语汇》墨写稿本中，书中亦可见"珈琲"二字（如图）。①

"珈琲"之译名由中国传入日本，而后又从日本传回中国。在20世纪20年代的上海，"珈琲"一词不仅在咖啡馆的店招上可见，如北四川路上的"上海珈琲"，中华路上的"西门珈琲"；还有屡见于各报纸杂志，较知名的有《申报》上张若谷主持的《珈琲座》专栏，此专栏刊登了不少与咖啡有关的文章，如张若谷的《珈琲》《忒珈钦谷》，慎之的《上海珈琲》等（《咖啡文录》皆全文收入）。1928年开张的"上海珈琲"店楼下即为创造社发行部。创造社为留学日本的郭沫若、成仿吾、郁达夫、

---

① 宇田川榕庵：《博物语汇》，早稻田大学图书馆藏。

张资平、田汉、郑伯奇等人于日本东京创立，故其楼上之咖啡店命名为"上海珈琲"，与之不无关系。其实早在1923年，田汉就已在《少年中国》第4卷第1期上发表了诗歌《珈琲店之一角》，而当时与田汉、郁达夫交游颇深的张若谷、傅彦长等人，行文言谈均以"珈琲"指称coffee。仅1927年的傅彦长日记中，就有29次提及"珈琲"，如："1927年11月27日，到悦宾楼、

良友公司、百星大戏院、A. B. C.珈琲店、内山书店，遇张若谷、徐蔚南、杨九寰、黄警顽、朱应鹏、谢六逸，午后八时余回家。"

这里略提一句，彼时小报及文人忆旧中均言之凿凿，说上海珈琲店的老板是张资平，如史蟫的《文艺咖啡》，马国亮的《咖啡》等文。实则不然，上海珈琲店的老板另有其人，名陈渠，此处按下不表，另文再叙。

另有一张说法，"珈琲"之译名源自女子发簪，因生咖啡豆外形与珠花颇为形似，此说亦有些道理。"珈"，《国风·墉风》中有"君子偕老，副笄六珈"。毛氏传："副者，侯夫人之首饰编发为之。笄，衡笄也。珈，笄饰之最盛者所以别尊卑。"古代王后和诸侯夫人编发作假髻，叫做副；用笄把副别在头上，笄上加玉饰，叫做珈。"琲"，通"辈"，是量词，专用来量珠子，西晋左思的《吴都赋》注："珠十贯为一琲。"又东晋王嘉编写的《拾遗记》卷九中："无迹者，赐以真珠百琲，……故闺门中相戏曰：无非细骨轻躯，那得百琲真珠！"

1897年第11期的《农学报》上，刊登了《加非考》一文，文中配有咖啡豆的手绘图，细看，果然像极女子头上的发簪。"珈琲"一词，香艳之极，令人浮想蹁跹。然，且慢，还有比"珈琲"更香艳魅惑之译名，"佳妃"现身。

1932年，华林《文艺茶话》杂志创刊号上发表了《文艺茶话》一文，

介绍了他游历欧洲各地时所见过的咖啡馆，通篇以"佳妃"指称咖啡，以"佳妃馆"指称咖啡馆：

> 东方名茶，亦世界佳品，较西方'佳妃'，其味淡而清，且种类甚多，各地名产，各有特长，香有浓淡，色有青红。中国素有'品茗'之雅集，故各城市之中，茶馆林立，较西方之'佳妃馆'，其性质亦正相同。不过佳妃浓而艳，富刺激性，此二佳品，亦可代表东西文化之不同也。

文中谈及瑞士湖畔之佳妃馆、卫尼丝游艇中之佳妃、罗马著名之文艺佳妃、巴黎之蒙巴那司之佳妃馆，真是春色洋溢："此时若在佳人之旁，略饮佳妃，深深含情，默默无语，只在各人之血脉震动中，与海天之节奏相谐和，此则'茶话'中之'话'，并不是用口讲，是用心讲，盖真能谈话者，是把心开开来，并不见其口动也！"难怪华林此文的发表，遭到当时一帮文人的大肆嘲谑，连带《文艺茶话》杂志亦被嘲为"文艺交际"杂志。

"佳妃"与"架啡""加非"等 coffee 之译名读音相同，字形不同，体现了译者的择词旨趣，将"咖啡"赋予了诗的意象。如 1933 年，郑伯奇在《深夜的霞飞路》①一文中这样写道：

> 是的，霞飞路有"佳妃座"，有吃茶店，有酒场，有电影院，有跳舞场，有按摩室，有德法俄各式的大菜馆，还有"非摩登"人们所万万梦想不到的秘戏窟。每到晚间，平直的铺道上，渡着一队队的摩登士女；街道树底，笼罩着脂粉的香气。强色彩的霓虹灯下，跳出了爵士的舞曲。

可以这么说，"佳妃"一词就是专为霞飞路的夜色、为文艺情绪的抒发而造。"佳妃"与"霞飞"音近，此名称一语双关，既用来指称咖啡，又隐喻霞飞路。1939 年第 125 期的《香海画报》上有署名长发头陀的诗作《咖啡室》：

---

① 《申报》，1933 年 2 月 15 日第 18 版。

一杯紫液斗芳菲,雅座流苏酒力微。

玉乳轻盈增艳丽,涤肠消睡拥佳妃。

诗是好诗,艳亦极艳,为避免引起误解,作者特备注:"咖啡室座多精雅,新煮一杯,微添牛乳,精神为之一振,或译作佳妃,亦体已。"从另一个角度来看,"妃"字另有暗指咖啡店女招待之意。"佳妃"之译名,既凸显了彼时上海摩登男女的气息,也遗存了晚清的岁月斑驳,译者可谓熟谙中西文化之新旧传统。

八、茄啡与茄菲

1876 年,由英国人麦丁富得力原著、美国人林乐知口译、郑昌棪笔述、江南制造局译印的《列国岁计政要》六册刊行,就统计学而言,这套书在一定程度上影响了当时国人对"年鉴"的认知。书中在介绍咖啡种植时,采用了"茄啡"之译名:"山度明哥①在西印度海湾,即海带②之东半岛……七十年进口货值十三万二千磅,出口十四万磅。土产茄啡、染料(苏木等)。"③"茄"字读音同雪茄的"茄",与前文中的"加非""佳妃"同音,为广州方言对"coffee"音译之同一脉。

1897 年 8 月 26 日的《申报》上刊有《第三十五次会讯租船案》一文,文载:"如欲索偿装修各费,交船时应得逐一向被告说明,如船上已有装修设,或不敷改换,商船须向支应局立据,是以与被告无涉,单内亦有修冰箱、买沙漏、水罐、茄啡磨子、杉板船钱,并向支应局索洋蜡三十三磅……"茄啡磨子即磨咖啡豆的机器。

1921 年 3 月 11 日的《时报》上,刊登了一则药房广告,列陈各种滋补品的价格,如鱼肝油、麦芽液、蓖麻油等,其中"茄啡精每瓶大洋一元",茄啡精即咖啡精。咖啡精究竟是速溶咖啡还是提炼的咖啡因?

---

① 即圣多明哥。

② 即海地。

③ 郑昌棪:《列国岁计政要(卷十)》,合肥:黄山书社,2008 年,第 172 页。

也有说是一种药物,如 1905 年 8 月 5 日的《新闻报》第 7 版上刊登了"一樽断瘾戒烟咖啡精"的广告:

> 咖啡一物,欧洲以之代茶,男妇老少皆嗜之,以其力能涤肠脏积秽,能解肺胃旧热,余以其能克伐生扶之功,再加以滋润降痰保气之品,成戒烟之妙药,比之各种方法,灵便效验,已试戒多人,方敢出而问世,凡立志戒烟者,请购一瓶,旬日戒绝,方信余言不谬也。每樽价洋一元,服法另详仿单。上海抛球场耀华照相号批发。

耀华照相号在当时的上海甚为有名,老板施德之就是卖戒烟丸起家的。此处的咖啡精,想必是指以浓缩提炼的咖啡制成,利用咖啡提神醒脑之功效制成戒烟丸兜售。彼时还有一种名为"咖啡精"的麻醉药剂,实为吗啡,亦用"咖啡精"之名,后被不良商人制成红丸一类违禁毒品,在咖啡馆里私售。

①

"茄菲",与"茄啡"仅一字之差,"茄菲"之译名,目前最早见于《申报》。在 1876 年 3 月 21 日的《申报》第 5 版上刊登了一则由鲁意师摩行发布的拍卖公告:

---

① 清末耀华照相号。

礼拜三拍卖

东洋细巧玲珑各色大小磁花瓶、茶壶、茶杯盆、茄菲杯盆、面汤盆、水果盆、茶式并另物等。

鲁意师摩行启①

鲁意师摩行是当时上海最大的拍卖行,1874 年由英国远东公司在香港注册成立。广告中所拍卖的"茄菲杯盆"想必是喝咖啡的餐具。

1883 年 6 月 12 日《申报》第 2 版上刊登的《英界公堂琐案》中有一桩窃案,一个叫波利的洋人报案称被窃大洋三十元,巡捕前去查看,经讯问,查明为仆人所窃,藏在茄菲瓶中:"当即幕诘细崽洪月香,始认行窃之洋藏在茄菲瓶里,搜得原洋数目无错,并查得西人前失之绸领二条,一并送案。"

20 世纪 20 年代的上海,还曾将咖啡渣充当清洁剂。据 1923 年 11 月 3 日第 11 版的《申报》所载:

前与粤商医院院长、医士、看护等往天主教中所办之养老院及新普育堂等参观,有二事自觉颇堪注意与效法,故特书之,以供阅者一览。其地板清洁光滑,无丝毫尘垢,令行者舒服而轻其步履,无意间称羡而问之,导者告曰:此乃扫尽飞尘后,用茄菲渣揸之使然(由各西菜馆收集),故能如是之滑也,有意修室者盍一试之乎。

1933 年,在《正气报》上,一篇署名"无聊"的《咖啡馆》文中,以"茄菲"为 coffee 之译名:

中国人摹仿外国人,未必便是外国人,即如茄菲这一样东西,比较中国的茶,是好是坏,吃过人自然明白。现在霞飞路上有许多茄菲馆,馆中设备亦还清洁,花钱不少,便可消遣三四小时,又有各种外国报纸好看。②

---

① 《申报》,1876 年 3 月 21 日,第 5 版。

② 《正气报》,1933 年 4 月 7 日第 3 版。

彼时以"茄菲"之名在报上刊登的广告亦不少,如 1933 年 1 月 25 日刊登于《新闻报》上的"红屋茄菲西餐社"的广告:

每晚有音乐娱乐晚餐,法国俄国高加索厨菜,俄国女子招待,最美法国酒、饮料、香甜酒。

九、珈琲与嘒啡

"珈琲"之译名,以 20 世纪 30 年代的报刊上为多。如 1931 年 5 月 8 日的《新闻报》上有一则生生牛奶公司的广告:

牛奶和入珈琲,或和红茶而吃,不必用好牛奶,因为尝不到真味的。倘使单独吃牛奶,请用生生公司的奶。上午下午,两次分送,闸北南市,一律可送。

在 1933 年《兴华》杂志第 30 卷第 10 期上,刊登了怀爱伦的一篇文章,内有"茶、珈琲、果子露应与烟酒一例禁止。"《兴华》为教会杂志,怀爱伦为极虔诚之基督教徒,写了许多著作,包括对教育和饮食卫生的讨论。《兴华》杂志此文为译作,译者用"珈琲"想必也是取当时通行之译名。

30 年代,《上海商报》辟一电影专栏,名为《银色珈琲座》,主要品评电影界各种动态,如 1934 年 12 月 18 日的《银色珈琲座》专栏就有署名君子的一篇文章。

嘒啡这个译名出现于 1893 年第 54 期的《万国公报》上,标题为《西国近事:荷兰国广种嘒啡》,作者为李提摩太(口译),老竹(笔述)。全文如下:

荷兰国
广种嘒啡。

西人之嗜嘌啡，犹中人之嗜茶，为日用之，不可少，故种植与贩运者，要可以之资生，盖其贸易之数颇巨也。兹闻荷兰属地，即在新加坡一带群岛，约华地三四省之大小，如爪哇、苏门答腊等皆是。迩日偏种植嘌啡为生计，据一千八百九十二年，诸岛所产值银二百六十万两，从可知彼处诸岛之民之克臻丰者，实赖有是，而西人之所好，亦可见其一斑云。

李提摩太（Timothy Richard, 1845—1919）为英国国教浸礼会传教士、共济会员、马耳他骑士，1870 年 12 月从英国来到上海，随后在烟台、青州等地传教。1891 年 10 月，李提摩太在上海主持同文书会，又称广学会，这是共济会基金在华设立的宣传机构。此后李提摩太主持同文书会达 25 年之久，出版《万国公报》等十几种报刊，及两千余种书籍和小册子，为当时中国规模最大的出版机构之一。李提摩太曾聘用梁启超担任他的私人中文秘书，由梁启超撰写了大量极具影响力的时论文章。梁氏《饮冰室文集》中许多关于泰西政治经济制度的文章，与李提摩太不无关系。

至于《万国公报》，亦为当时知名刊物，原名《教会新报》（*Church News*），1868 年 9 月 5 日由美国传教士林乐知在上海创刊，1874 年 9 月 5 日改名为《万国公报》。1907 年 5 月林乐知在上海病逝，不久《万国公报》终刊。

这篇刊载于《万国公报》上的文章，提及 coffee，用“嘌啡”之译名，为音译词之新造词。早期来华的西方传教士虽会说流利中文，但其古文功底浅薄，一般采取口译笔述的方式撰文，即由其口授，雇请中国文人笔述成古雅之文，故此类文章易造成译文不准确、不统一、增删窜改、粗疏随意等毛病。当时社会屡见此类口述笔译之文，如 1899 年刊行的《巴黎茶花女遗事》，由林纾与精通法文的王寿昌合译，为中国介绍西洋小说的第一部。

结语

至此，已述及 24 个咖啡译名，实际并不仅限于此，还有“加匪”与

"阿非茶"之译名。"加匪"见于普鲁士传教士郭实猎之《万国地理全图集》之《英吉利国》一文中:"英俗:早餐皆饼饵馒头,沃以牛油,饮茶与加匪,参以牛奶、白糖。"徐继畬在《瀛环志略》中,将"匪"易为"非"。

"阿非茶"见于1877年郭嵩焘出访英国之文中,述及英国之监狱:

> 治面食一屋,则设一火柜,列面食烘之。犯人三饭皆面食。早佐以阿非茶。午为正餐:肉一方、汤一盂、番薯五枚。晚佐以小面粥。日治千五六百人食,亦皆犯人为之,而精洁无烟火气。①

因篇幅所限,兼之文献资料如瀚海之无穷,关于coffee之译名至此告以结语。从马礼逊之"架啡"始,coffee进入中国,历经百年,异彩纷呈,终以"咖啡"为约定俗成之译名。

coffee之所以会有如此众多的译名,与汉语本身的特点有关。

其一,方言的存在。如前所述,广州是中西文化交流的第一站,英语与广州方言相接触的结果是产生了大量的广东方言音译词,正如coffee最初之译名"架啡",此后的"架非""架非"等。以《四洲志》与《海国图志》为例,就其辑引的西人著作而言,如《万国地理全图集》《东西洋考每月统记传》《地理备考》《外国史略》《美理哥国志略》等,其编者或著者多为传教士,有广东的生活经历,如马礼逊、马理生、郭实猎、裨治文等。就译者而言,多为广东本地人,如林则徐的幕僚梁进德,自幼跟随裨治文学习英语,就读于澳门马礼逊学堂,1839年与裨治文一同成为林则徐译员。故"加非""架飞"这些译名深受广东方言的影响。而"考非""哮啡"等译名,为coffee的音译词传入上海之后的宁波方言发音,"羔丕"、"戈丕"为新加坡、马来西亚、印尼等地的闽南语发音。

其二,译者的主观取舍。音译词往往只表音,不表意,无构词理据,译者重视"意义"的观念决定了其词语的取舍。如果指称一个事物的词既有音译的,又有意译的,译者挑选的往往是意译词,如"加非""高

① 《郭嵩焘全集(第10卷)》,长沙:岳麓书社,2012年。

醡""佳妃"等。

其三，新造词的出现。利用已有词的重新组合以及在已有词上附加别的成分的方式造出新词。在佛经翻译中，对外来词的音译，常常会在原有汉字上加口旁来造新词，以表示此词仅表音，没有意义。例如，如果以"加非"转写 coffee 时，这两个常用字的字义通常无法消除，所以用"咖啡"作为译名，以加口字旁的方法告诉人们这两个字只表发音，没有意义。

总之，在翻译的初期阶段，同一音译词有多个译名的现象难以避免，但最终还是要受到汉语规律的支配，从随意使用同音字、方言字、异体字、错讹字的混乱现象逐渐过渡到基本统一的规范，最终将不同译名固定为某一译名，故"咖啡"现在成为通行的固定译名。

就词源而言，咖啡一词的语言来源不一，有英语 coffee、荷兰语 Koffie、印尼语 Kopi 等；就传播媒介而言，coffee 进入中文的媒介不一，有广东话、闽南话、宁波话、上海话等；就通行地区而言，有广东、上海、新加坡、印尼、马拉西亚等地；就译者而言，有美国传教士、英国传教士、俄国人、中国人等，显示了中西文化交流的多来源、多渠道和多媒介，呈现出迂回复杂的传播路径。

在找寻与译名相关的各类文献的过程中，讶异于百年前上海的开放性与包容性，至今仍是。即使从语言学的角度来看，这些不同的译名背后所体现的正是晚清中国的时代巨变，呈现出中西文化的交融与碰撞。

另，在查找资料以及释读文献的过程中，亦有疑惑，得到上海图书馆张伟教授、浙江大学古籍所许建平教授、澳门大学历史系杨斌教授、中央民族大学黄鸣教授的耐心解答，在此一并感谢。

孙 莺

2020 年 4 月 26 日

目　　录

海上咖啡馆

2

春宵咖啡馆

4

印象咖啡馆

文艺咖啡馆

海上咖啡馆

别饶风味
友如

吴稚晖谈加非馆

(作者:吴稚晖,原载《环球》,1917 年)

客问:西洋消闲废业之地则为加非馆,英国于酒店之外尚有加非馆乎?

答曰:英国在伦敦等之大都会,自然亦有加非馆,然式状与大陆之所谓加非馆全不相同。英国之加非馆,外貌与上海泥城桥之巴利饭店等略相似,皆关窗闭户,聚坐于室内。入加非馆者,皆富商游客之类,绝不普通于一般之人。民另有茶店一种,皆集大公司而设。每一牌号,其门面之装饰,内部之位置,一切相同。全城开设百十处,如是之茶店。在伦敦有三大公司,各有百余分店,如上海南京路及福州路等街。每隔数十家,必设以分店,清净之处,即如杨树浦、徐家汇等,亦必有分店一二。此虽为茶店,实则加非等之饮料皆有。所专卖者,则为面包饼食。西洋人视之如馄饨、炒面、汤圆、烧饼之类,吃点心者入之。市上盈千累万之店伙,或市外之工、女学生等。饮食节俭者,午夜皆依时就食焉。故此等茶店,午间尚有限定十余种之肉食及补丁等,以供简便之午餐,如是即名之为饭店亦可(正式小饭店,如上海番菜馆之类者,又在此茶店以外,到处开满)。最近之十年,开设此等茶店公司者,皆占资百兆,赏锡勋爵,其一即为犹太人,赏锡勋爵之故,因备办军用面包等,能应期候,为有功耳。欧战既开,此犹太人之茶店公司,又承办面包饼食。倘协议国胜利,此犹太人又当晋爵矣。此犹太人亦如沪上大滑头,善设绣云天、新世界等别开生面之娱乐场。彼将所谓茶店,提出十许处,皆装饰格外华丽,与向有之大加非馆相似,而价则极廉。故寻常茶店,本鲜有为消闲而至者,而彼十许大茶店中,年来士女如云,颇有大陆加非馆之风味矣。然仍关窗闭户,终不如欧洲大陆上加非店之畅爽也。

客问：欧洲大陆上之加非馆为状若何？

答曰：欧洲大陆上街市之状况，格外见其美丽，而巴黎以二百人之都会，其闹市之繁华，居然似胜于七百万人之伦敦者。盖有数点，伦敦之外貌，颇与上海南京路之河南路江西路间一段相似。今河南路有商务印书馆、中华书局等之大建筑，亦可比于伦敦之闹市。然英人辟路，吝惜地面，上海之马路，可比伦敦，决不能比巴黎与柏林。巴黎街道开阔，路旁水泥之道，往往较南京路水泥道三四倍而阔，且遍植路树。金碧楼台，掩映于绿树丛中，此比较一美丽也。英国市中建筑，大都与黄埔滩一带相似，然皆高下参差，且三四层而止，大陆则普通七八层。每一街市，大都房屋高下相同，崇楼耸汉，雕栏弥望，此比较二美丽也。其第三层之比较似繁华者，则加非馆亦增形式上之美丽，足以炫耀于俗目。大陆之加非馆之式状，在上海无可形容，因即上海升平楼、青莲阁等恶俗之茶馆，亦如英国茶店，陈座于室中，非入门登楼，莫能见其饮客之杂众。大陆加非馆，皆设于平地，楼上往往为客店，百窗洞开，门户不设，室内每为浩大之广厅，设座千百，延及门外水泥道上。亦设桌三四

重,千百其坐位,檐前遍悬大号弧光灯。夕阳在树,电火万千,红男绿女,挤坐千人。数百步之间,街之两面,六七加非店相对杂设,则狂恣情形,有如日日游山,天天赛会,感于脑影矣。

客问:枯坐加非馆与南人之枯坐茶馆相似,不知此中究何意味?

答曰:无论加非与茶馆,皆不过一种风俗上之习惯,有如干烧纸烟,焦唇涸舌,靡巨亿之金钱,为贫国之漏注。然嗜此者皆不知所解说而为之。茶与加非,所嗜更如醉翁之不在酒,不过习惯于群聚之热闹。若以为此中有可乐者而已,如茶馆之有流妓,加非馆之有妖妇者,皆为少数,姑可弗论。其余大陆加非馆之作用,无非会友、消闲、休憩、谈事等等,大略正与上海之茶馆相似。上海茶馆则有烧饼、馒头、瓜子、花生等之佐助品,加非馆亦不过加非其名而已,其实奶茶、汽水、皮酒、冰浆等,色色俱有。彼此不谋而合者,上海茶馆有星命、吃丐、卖书报、卖糖果之人,加非店亦有报纸、玩物、竖蜻蜓、拉洋琴等各种把戏,沿水泥道上之

① 清末四马路上的青莲阁茶楼。

4

客座而活动，即我湖北天门县卖纸花者之小孩，亦时时出现于巴黎等处之加非馆前也。茶馆与加非馆为下等之娱乐，自不待言。然偶有一部分，有若吾乡昔年书院课生之会谈，诗画朋友之聚晤，实足稍补文明俱乐部之缺乏。大陆加非店，亦尽有文士学生等集合踪迹。十七八固为消费时日之社会障害物，而其一二好处，亦不可没。世界最荒谬者，则为柏林有种繁华之加非馆，品质略如上海四马路之茶馆，彻夜开门，灯火终宵。今日下午两点钟开始，必至次早八点钟方歇。逍遥其中者，大半为军界中人。呜呼，所谓海陆军御用品者，凡奢侈之物，皆供此辈打手消用。期其实行强国主义，以拥护大流氓，可不哀哉。

客问：酒店加非馆如此而狂肆可见西洋社会之浮靡，此等物质文明日进于中国，我无其强而先学其奢，可不危殆乎？

答曰：西洋所谓消闲之地，浪游之场，岂独酒店加非馆，又有稍含教育社会意味，略裨健康人民体魄，有如剧场、乐厅、跳舞会、踏冰室、影戏馆之类，亦无非消费金钱，耗掷日力而已。伦敦一市，即剧院有四十有四，而乐厅又四十有八，影戏之馆大小约三四千间，自尤狂恣于上海。故上海娱乐场之年盛一年，亦循进演之自然。善进恶亦进，凡物质文明之进行，而奢靡之事，必为其导佐，此亦人类无可如何之障阻。而善与恶之奋斗，消极方法，固亦不能尽废，惟均势之要义，端赖积极。上海娱乐场如此其盛，而文明集合，几乎绝迹。文明集合之主要，则为俱乐部。西洋固亦有不规则之俱乐部，然科学俱乐部、工艺俱乐部、艺文古物俱乐部、美术音乐俱乐部、言论政治俱乐部、地方恳亲俱乐部等，种类不可胜数。所在林立，各皆吸收数百十人，不入酒店，不去加非馆，不往剧院、乐厅等。商榷于午茶以后，论争于夜窗之前，共为文化之补助。上海则总会千百，麻雀赌场而已，恶弊更甚于舞台歌馆。西洋各种文明俱乐部之外，伦敦市立之夜校，不收一钱者，已有四五十，皆有文史工艺可习。妇女则另为设置裁缝、烹饪等之专科，而高等工业、理化专门等之夜校，可习理化、博学、机械、电工等之高等学科者，程度直与日班相同。而伦敦大学诸名校亦开夜班。高等与专门校之夜班，又设种种小制造、小艺术等之科目，以适于工匠、艺徒、店伙等之补习。综论伦敦之夜校，每夜约略吸收数万人，而犹未已。即仅仅图书馆一种，亦每夜容许一二万人，为夜分之消遣。积极补益之机关，如此其完密，故不虞消极腐败之机关，如彼其狂恣也。

咖啡馆游记

（作者：SH 生，原载《先施乐园日报》，1927 年）

冬夜无聊，每值晚餐之后偕余二三知己安乐当车，徒行于静安寺路上。不二十分钟，抵咖啡馆矣。馆名圣乔治①，二年前亦为爱普庐主人赫司伯之产业。今则转租于一俄商。所剩者附设馆外之露天影戏场耳。

馆之面积不大，而内部之布置殊华丽。座位之四周饰以鲜花，花色艳而不俗，香气四溢。程子步高比之如入芝兰之室，而忘其处身龌龊黑暗之上海矣。入馆不用购票，但须稍进咖啡、汽水等物，物价略较寻常商铺为昂，以偿观舞之姿。观者且饮且观，舞者且舞且笑。于是饮者流连而忘返，舞者愈舞而愈神。夜半钟声，不足以动馆中人也。

舞价殊廉，番佛一尊可四度。应舞者，大都加拉罕之同胞，与夫伊藤之同种。体态轻盈，飘飘欲仙。衣轻纱，着短裙，曲线之美，毕呈观者之前。未几余与步高亦舞。步高之同舞者体甚肥，姿态尚不弱。与余配者有濑川风韵。舞罢，步高喟叹然曰："诚哉，价廉而物美矣。"及散，已钟鸣三，伟涛等已倦。而余与步高之游兴犹未尽，归而秉烛为之记。

---

① 圣乔治咖啡馆，1921 年 7 月 16 日开幕，在静安寺路上。

珈琲

（作者：张若谷，原载《申报》，1927年）

六个月前，仿佛是四月二十七日，在美丽川菜馆的夜宴上，碰见日本"文艺战线"社的代表大牧近江与里村欣三两氏。两氏就是那次宴会的东道主，席间我曾问小牧氏对于上海的印象若何？他回答道："我到上海此为第四次，以前都是在旅行中倥偬经过的，所以对于上海的一切情状，很隔膜。但是每次来时，终感到一个很深的印象，就是在这个洋场十里的大上海，还没有一座东方人所办带着文艺俱乐部性质的珈琲店。有一次，我踏进了一家西洋人的 Cafe Bar，竟被司阍者赶出来。我觉得住在上海的贵国人，现在正端要自己开起几家珈琲店来，替东方人出口怨气。这不但是近代都会生活方面应有的一种设备，而且可以使文艺界同人常有聚晤接触的机会……"

小牧氏说出这样一段话时颇带着感喟的神情，我就觉得他是很有趣味，这多么简单的几句话，竟直打入我的心坎，引起了我的兴致。到现在，每次到珈琲店小坐时，还常常会回想到小牧近江氏在上面所发的一段牢骚语。

前几天，在上海艺大上完了课后，在田汉兄的书桌上，看见有骚人社书局发行的《骚人》十月号，封面上印着鲜红的"现代珈琲号"字样。把目录随意浏览一下，觉得很有兴味，就借回家来预备翻看，不幸中途把它遗掉了。后来特地赶到内山书店，补买了一本回来，放在我的床上差不多有一个星期之久了，还没有翻开细心读过，是因为我个人近来对于珈琲有特别的感情，所以有许多话想说，现在漫无统系地写在后面。

《珈琲店之一夜》的作者田汉，在"银色的梦"里曾写过这几句话："……某杂志以汽车、电影、珈琲店为现代都会生活的象征，因征文于佐藤君，佐藤君对于珈琲店没有什么妙论，他只视为日本的风俗渐渐欧化的一种象征，并且说他也不是一时东西，末了推荐了'维也纳珈琲店'，认为最耐久坐的地方，好像我们上海的霞飞路左'巴尔干牛乳店'Baltan Milk Store 一样……"

上海霞飞路的"巴尔干"为俄国人所设，这是我们在上海几家珈琲店中最爱坐的一家。我们的一群，虽然都是自称为无产阶级者，上海最贵族的 Marcel 与 Federal 二家，倒也都进去喝过珈琲，但是印象最好的，还是这座亚洲的"巴尔干"半岛。

记得在今年四月一日的下午，傅彦长、田汉、朱应鹏与我，在那里坐过整个半天。我们每人面前放着一大杯的华沙珈琲，彦长还要来了两碟子似乎油煎肉饺一般的"片莱希基"。因为没有刀叉，我们就用手指夹着向嘴里送。田汉笑道："这样野蛮的吃法，同粗糙浓郁味道的食品，真是东方民族的一种特色。"大家说说笑笑，从"片莱希基"谈到文学、艺术、时事、要人、民族、世界……各种问题上去。旁座本来有一位俄国学者，鬓髯花白，石膏模型一般地静坐着在看书，经不起这边我们四个人豪兴勃发的谈话，竟把他吓走开了，到现在我们还觉得很对不起于这个不知姓名的异国耆学者。

到咖啡店的乐趣与好处有好几样，现在分别来说几句：第一样就是刺激。在生存竞争异常强烈的都会里，一如厨川白村氏所说的"恶战苦斗的近代人，因为过激的劳役，生了疲倦，要想个法子用人工的来兴奋心身。还要安静休息太锐敏的神经，用了种种不自然的手段，即种种的刺激物、兴奋剂等的必要，都因此而生"。在一切刺激物与兴奋剂中，珈琲当然也是一种，而且比较起来，可以推为晚近流行最普遍的一种。原因多半因为代价贱廉,化极小数目的金钱,便可以择一个雅座坐下半天,拿起杯子,一口一口慢吞吞地喝饮。而他所给予人们以兴奋热狂的效力,不让于鸦片、醇酒类之下,同样能使醉者在一阵阵浓郁的香味中,逃脱生活的痛苦,与外界的压迫。素以富于神经质著名于世界的扶桑岛国居民,在大震灾之后,都视珈琲店为唯一的"半夜之欢场"。他们不但公认珈琲为现代都会生活的一新象征品,而且一般青年的艺术家都赞美珈琲为文艺灵感的助长物,着实有许多意想不到的劲力,可以使艺术家的内心在燃烧起来。在现代彼邦的新文艺作品中,常可以看到关于赞美珈琲的辞句:"朝之欢喜""生之欢喜""肉欲之悦乐""恋爱之法悦""都会之情调""浓烈之雰围气"……等类多不胜枚举。总之,这种人为的刺激品能暴流行于岛国,即可见彼邦都会生活正在强烈地发展的现象,也可说是艺术文化烂熟发酵的一种呈兆。我想过惯田园清静生活的人们,对于珈琲之为物,是永远不会感到什么意味的吧。

第二样就是所谓"坐谈"了。施耐庵在《水浒》卷首的自叙篇里说:"快意之事,莫若友,其谁曰不然。"我却还要作进一层想,以为人生最快乐之事,莫若与朋友谈话。麦修士在《文学会的性质》一文里说得真对:

从迫忙的生活中偷出晚上两点钟工夫,来加入文学的谈话,同一些和霭可亲的对手舌战,或者倾泻出自己心中积蓄着底甜蜜,为使同气的朋友们得着欢愉与教益……只要谈几小时的话,你便可以知道他的心情与思想的宝库,而且能够探出他理想的高贵与心血的热烈……还有比同思想家相契这件事更快乐的么?坐在一个图书馆里或读书室内,这也是很爽快的,但是还有比这个更快乐的,就是同着活的人交往,他们的谈话里充满了书中所载的人的成熟的生命,他们已在文学的各种园地里游玩过,并采了最精彩的各种花,罗列起来专为喜悦你。学问的收获光藉着个人的研究是不够的,谈话的风必须搧它,把粃糠都给吹走了,然后智慧的洁明的籽粒才可储藏起来,为自己用或是为别人用……

9

麦修士在文末写下这个结论道："那末，尽让我们谈话罢。"（见采真《怎样认识西方文学及其他》）这一段名论是把谈话的乐趣与利益都说透了，大约为一般喜欢同朋友们谈话者所公认为确实的吧。在中国可惜还找不到这样的一个文学会所，城里城隍庙的几家茶馆，都因为嚣闹得厉害，我们都没有修养工夫可以耐坐作长谈，于是有时碰着谈话的豪兴勃发时，只好在法租界几家俄国人开的珈琲店里，借做临时的座谈会所。珈琲店里的外国老板，老板或侍女们，也都知道我们的来意，只要主顾不多，从来不下逐客令阻断过我们的意兴。有时碰见我们自己贵国的侍仆们，那只消一等你杯子里的珈琲干了，就会把账单开来，把你赶走。他们因为你们是中国人，只会花冤钱来喝苦涩的外国茶，而没有什么资格来坐下谈话的。所以有时我们宁愿多花几个车钱，老远地赶到朋友家里去谈话，旁边烧起几杯珈琲来助长话兴，消磨光阴。如果腰袋里富裕一些，那就到附近西洋人所开纯粹贵族式的珈琲店里去，或到日本人的料理店去喝麦酒。但是终觉得欧美或日本式珈琲店，就像在上海的"马尔赛尔""灰檀拉""太阳公司"……几家所得的印象，都没有俄国人家的好。他们不是珈琲的色、香、味三者不能具，便是招待太不客气。除了"巴尔干"外，竟找不到第二家同样地价廉物美招待周到的珈琲店了。本来俄国的珈琲店，不但是像其他邦国一样地只为现代都会生活的象征点缀品罢了。据《新俄文学之曙光期》作者升曙梦氏说，五年前的俄国文坛，作家或诗人虽著作着而无印刷作品的纸张及墨水，于就是流行各种"文艺珈琲店"的事情。许多作家诗人，因为感于印刷的困难，不愿把他们的作品堆积存留在自己的几案上，就设法在公众的前面，站在坛上朗诵诗作。朗诵的地方，几乎都在各家珈琲店中。这样就有人指俄国诗坛的这个时期为"珈琲店时代"，这倒也是喜欢在珈琲店作座谈者一个绝好的谈助资料。

第三样在我们所住的上海，还没有这个现象，就是在珈琲店里所雇用的侍女。凡是对于都会生活感到有兴味的人们，几乎没有一个不喜欢游览剧场、酒肆、珈琲店、音乐会、跳舞场、妇女的衣装店以及化妆品店等处。他们因为在这种地方可以得人间味同感觉美,换一句说,在这种地方可以使人们得到异性方面的情感的满足。在上海,珈琲店雇用侍女的风气还没有开放。在日本,大震灾之后珈琲店突然繁昌起来,在东京、大阪、京都、横滨、名古屋各大都市,几无地无街没有珈琲店。银座最繁昌,有"珈琲林"之称,著名的有松月、千疋屋、资生堂、佐佐木、台湾吃茶店、富士、不二屋、兰亭、珍红亭、陶陶亭、须田町食堂、日之丸、水茶屋、蛇之目、银座食堂、泽正食堂等;在浅草有聚乐、新杵、世界、辨天、广养轩、石村、铃兰、蝶蝴亭、春秋座等;在神田有金之星朝日、长势轩、池国、露月等,及其他各大都市,合共百数十家。据确实的调查,各珈琲店殆都雇用下女,致竟有人发起开设雇用男仆的珈琲店,冀以号召揽客者。《骚人》杂志编者,在"现代珈琲号"里向读者所提出的三条质问,其第三条为"珈琲女给是非",征求读者对于珈琲店雇用侍女的意见。揭布有七十名家的答案,赞成与反对各占半数,赞成者的理由大都以侍女为时代必然之产物,现代人之兴味专集倾向,妇女新职业之发展等;反对者则以为侍女即私娼,青年堕落与风教淫靡之媒介等;间也有不置可否者,如桥爪健氏关于第三质问的回答,为"是是非非主义"六字。我们现在也不必参加对于任何方面的偏护,因为在我们所住居的上海,这辄近暴流行于岛国的刺激物,还没有蔓延过来,去讨论这个问题的时机还很遥远哩。为了这层原因,所以我也不想把《骚人》的"现代珈琲号"来为读者介绍了,而且"现代珈琲号"里所载的作品,也只是几篇没有什么特别见解的随笔

文字,比较的还是松崎天民氏的《现代珈琲大观》写得稍有精彩兴味,懂日文者不妨去把原文细读一下,不识日文者,不如还是到珈琲店里去喝杯 Cafa a la Wasa 或 Ice Greem Cafe 罢。

十六年十月二十日

咖啡店,汽车,电影戏

(作者:田汉,原载《银星》,1927 年)

日前! 闸北大火之后,同了几个朋友去看望住在北四川路阿瑞里的老友内山完造先生,因为国民党缴毕庶澄部的枪械的时候,他们那里也颇有骚扰。我们经过几重铁丝网及严重的查问绕到了内山书店。见了店里的男女主人;知道战事当时,那一带虽甚危险,而他们那小小弄堂里却不曾受什么损失。据内山夫人说:"但闻枪弹在屋上咻咻射过而已。"我听得说他们安全,便放心去浏览他们的新书,结果"拿了"(因为我没有钱买,只好拿了)几本书回,佐藤春夫的《退屈读本》便是其中之一。

佐藤春夫君是我在东京的时候相知的好友之一。他是一个独特的天才诗人,著有《殉情诗集》。又是个小说家,著有《田园之忧郁》《都会之忧郁》《玉簪花》……诸作,都传诵一时。他对于中国异常同情,曾游厦门一带,著有《南方纪行》。虽然只看得中国不甚重要的一小部分,但他对于中国的艺术、习尚的性质都有正确的观察。我曾在《南国特刊》上介绍过他的中国音乐观。读过那段短文的,可知佐藤君的散文也何等富于诗意。《退屈读本》译言《闷中读本》,是他的随笔集的大成。拿回来急读数章,就像听多年不见的老朋友谈天,其乐真不可说。他是个唯美主义的作家,任何现实的甚至俗恶的事都能引起他的美妙的幻想,我曾介绍过谷崎润一郎的电影观,说他把酒、音乐与电影,认为人类之三大杰作。某杂志以"汽车、电影戏、咖啡店"为现代都会生活的象征,因征文于佐藤君,佐藤君对于咖啡店没有发什么妙论,他只视为日本的风俗渐渐欧化的一种象征,并且说它也不是一时东西。末了推荐了"维也纳咖啡店"(Cafe Vienna)认为是耐久坐的地方,好像我们上海的霞飞路左"巴尔干牛乳店"(Balkan Milk Store)一样。关于汽车,佐藤君就颇有妙论,他说:"我很少坐汽车的时候,但一坐了仿佛成一种犯罪的冲动。一次与 T,K 二君三人在去年大暴风雨的翌日,为好奇心所赐,坐了一部汽车深更半夜到大森林去。道路还没十分恢复,残月一钩,高悬空际,风物已甚宜人,同时还觉得后面有人追赶我们似的,电影戏上面,不常常有恶汉驾起汽车逃走吗? 看起来这种心理也是人生模仿艺术的一个好例……

①

---

① 　日本作家佐藤春夫手稿。

"……说起来很妙，我很喜欢汽车的格索林的气味。因此我若在街上遇着汽车，每每站住来分享那种气味，那种气味中间仿佛含着一种新鲜而淡永的悲哀……"

由汽车后面喷出来的格索林的气味，会嗅出一种新鲜而淡永的悲哀，只此一端已可见佐藤君是一个病的官能主义者。佐藤君的汽车观固甚有趣，于其电影观更耐人寻味。

咖啡，汽车，电影三事之中我最喜欢电影。我想到电影几稍感觉得生着这个时代的幸福。我觉得电影是人类底物质发明中极少数而最永远的产物之一。即算世界成了原始的乌托邦，至少要把电影作为旧文明中最良的遗产传下去。聚精会神地看很好的电影的时候，每有超越一切之感。若此后再经上各种的修改，电影一定可以成为艺术上一种有力的样式。像现在这种样的"Sensational（煽动感情的）"的电影也不妨有，并且也不妨让他发达，但此外似不妨更为各种试验。因此用得着更有才能的作者和技师，作成一本优秀的影片值得竭尽天才的脑力。这决不是好奇。我也想做做影戏的作者。固然，日本是不行。

我以为制影片不必专求情节之珍奇，即由场面之相法，事物之视点也可以造出崭新的东西来。现在影片未常不致力于此，但还得更用工夫。那么一来影戏之绘画美的向上固不待论，同时可用来作心理描写，或与观客以音乐的效果.现在影戏作者稍有千篇一律之嫌，若能把上述几点更加致力，一定更有意义。

那么一来，从来文艺上的杰作可以全部化为影片。从事于此的自然要有非常的艺术的天才。像安徒生（Anderson）的《即兴诗人》，斯伟夫特（Swift）的《海外轩渠录》，若能在银幕上看见一定很有趣。此等影片在外国恐怕已经有了罢。还有童话式的作品大可以有很好的出来，因为没有比电影再便于实现空想世界的。

文艺上的杰作既可影戏化，同时大可用影片来从事文艺的创作。这因为他的表现方法比文学更为彻底，他能将比文字更有机的更直接的记号,一即人与其他各种实物的幻影,各依必要,立即把人家看,这许是一面的观察,但照现在的舞台剧这样尊重背景和衣裳之写实的要素,那么电影戏要显得更艺术更有趣。这在制作与赏鉴两方面都是一样的。舞台剧若想和电影戏对立,应该觉悟他自己的性质,要能更单纯化,更样式化,才生出他的意义来。舞台剧之不妨有写实的一面是没有影戏以前的要求。同时我对于电影戏却要求务使我们能看到和生活一模一样的演艺。在这个意味,日本旧剧之化为电影是再蠢没有的事。同时电影戏更进一步的时候,过于写实的舞台上的演剧也是一个样子的愚蠢。

就我一个人讲,我觉得在人丛中而不失孤独之心看着和自己一般的人类很泼刺地在别世界似的世界活动,是再愉快没有的事。我看熟了的优伶出现到画面来时,就好像遇着极亲爱的人。火车轮船发明以来,世界日窄,电影发明以来,时间与空间起一种革命,至少发现了那种萌芽。

咖啡与红毛茶

(作者:薰宇,原载《一般》,1927 年)

我初到北京的时候,最喜欢到北方人的家里,而又最怕去。他们招待客人的直爽而殷勤,不使我和在南方一样,到了人家,说话总要小心,而且时常感着主客的中间最少总隔了一道玻璃屏风,这是我极喜欢的。但有一件事,我却始终不惯。原来我在南方,已有一个习惯,每到人家,主人所给的一杯茶总把它喝完后才走。因为我有一次在某戚属的家里,主人在客人走后,见着客人的茶剩了半杯,便说:"讨厌,白糟蹋,喝又不喝完。"

最初不知道,我的这种习惯,在北方行不通,吃了不少苦,一直没有找到一个两全的解决办法。主人送一杯茶来,我照我的习惯,将它喝干,主人却又斟满。再喝干,他又再斟,总不使杯中茶不满,并且还要不断地劝我喝。因而常把肚子喝胀了才告辞出来。

在新加坡主人对客的态度,确实使我比在北方还感着方便,客套虚礼都很少,除了见面和辞别握手而外。但和北方的茶相似的苦头今天却拜领了!

南洋咖啡的产额不少,咖啡和红毛茶的店无论哪一条街都有几家,客人到了,主人便去叫咖啡或红毛茶。略客气一点的,还加上一盘饼干。无论咖啡或红毛茶,总羼着些炼乳,味道实在不很好。

一杯咖啡原不算什么,主人把它喝光,客人自然也跟着喝了去。今天从下午到夜间一连拜访了十几个朋友,便喝了将近二十杯咖啡。最末两三杯不过是照例往口里倒,已觉不出什么苦和甜的味道了。而回到旅馆,肚子虽不胀,上眼皮却总不愿合拢去。回想到在上海喝咖啡的景象,不禁失笑。

咖啡馆的陶醉

(作者:华林,原载《情化》,1928 年)

今年是一千九百二十七年,是法国浪漫主义的百年纪念,诗人许峨曾在 *Cromwell*(1827)叙言中,明白与古典主义宣战。我在中国三四年来,无日不怀念西欧,而且东方的人情世态,实在令人难堪。我抱了满腔热情,回到中国,谁知这"真情"待人,是自取罪戾,若浪漫派的豪放不羁的精神,如火山般喷出的热情,在这冷冰冰的沙漠穷荒的中国,好像星星之火,投入北冰洋一样,一点儿痕迹,也留不下来的。

从前,我醉梦的故乡,我所心爱的产生诗人的祖国,这个幻影现在完全消失了。人生不可回想的恶梦啊!我一旦到了法国,又当浪漫派百年纪念的时候,我心头方冷的余温,复燃起将死的热爱,我素来所嗜好的,就是名山、醇酒、奇花、美女,我实在觉得最神秘的、最动情的、最足令人倾倒的,就是美女的嘴唇,好像含苞未放的玫瑰花朵,把这唇边当做酒杯,饮她心泉中最纯美的甘露,自然好比酒更容易沉醉。

我是孤独的漂泊者,世界上无论什么势力皆不能屈服我,无论什么权威,不能使我生恐怖。只有在"美"的面前,我能屈膝,我能陶醉,所以我到了法国里昂。美术馆、音乐会、戏院、花园,皆是足迹所留连之地,但是最使我醉心的,就是共和街的"咖啡馆"。每日下午五时至七时,晚餐后,九时至十一时,内中有音乐齐奏,欧洲各种名作,皆可随时听得。室内布置极佳,美女与咖啡的香气,令人醉心,加之各种姿态表情,从醉眼看去,恍若天堂。弦中节韵,如群山高峰,传来世外之雅乐,又如狂风暴雨,美人变成秋叶黄花令人哀怜绝世,所以"礼拜六之夜"使我心往神驰。今晚又是礼拜六,十一时我从咖啡馆归来,街上还热闹的很,而使我回忆起下头一段事情。

前几天,里昂共和国报上,有一则新闻:略谓印度"各具大"地方,一般青年贵族,所称羡不置的,一个幼年女跳舞家,名"阿蒂玛"(Hadimah),她在印度京城一个不容易轻进的跳舞会中,露体舞那亚洲相传艳丽的情诗。艺能可称绝世,人也不知道她是否有情人。一般富豪青年,曾空费不知若干资财,不能当她的佳选,人称她是"大理石神像",艳如桃李,冷若冰霜,不可近也。去年冬,曾有倾倒她中的一人,因失望自杀,但她那晚跳舞,更热情奋发,为空前所未有,但是她也坠入情网爱了一个印度高贵的青年。她曾设法表示她的情思,不得那青年的了解。有一天,舞女的热情,不可自制,曾去实行接吻,被那青年所拒绝。于是这舞女痛恨且诅咒他。不曾几时,有一位热烈爱慕此舞女的人,去恳求为她伴侣。阿蒂玛竟允他,但提出一个条件,要他去杀她所恨的人,并要给她所杀下的头。热情狂烈的青年,不顾一切利害,竟允诺之。出资请人杀其头,献在舞女之前,后被人告发,法庭审官询问,并知其情节离奇,有出意料之外。这舞女得她最爱又最恨的头,激动之后,她痴醉于情绪之中,把此头放在地上,裸体震动俯伏前进,发出奇异的热情。在死者未瞑目之眼前,跳那又残忍又笃爱之舞。此种大略说明如此,后有判定死刑之说,此无足轻重。我所注意的:就是爱与恨,善与恶,生与死,美与丑,皆打成一片。当舞女,被审问时,判官说有许多青年,为爱汝而死,他们不曾毒恨如此,如何报复此人之甚。舞女一笑置之。此真笃于情者。

我在咖啡馆中,最喜听 Carmen 音乐,即是西班牙情杀故事。一兵官因爱情不遂,而手刃其情人,真令人闻声起舞,又惊又爱,情之深切可说曲尽其妙。那种音乐节奏,入诗就成妙文,入画即成美景。刻薄险诈的中国人,带上一个假道学的面具,处处服从环境,崇拜虚荣。"人的本性"早已丧失净尽。谁能知情?谁能领略情的滋味?谁又能集中全部分精神,不顾一切利害得失,生死与之,为情而能杀人?而能殉其身?所以此种新闻,和王尔德的《莎乐美》一样,要知道热情变态,是常如此,要在有心人能省察之。就像我在咖啡馆中,已觉千姿百态,一笑一颦,能使人惊奇羡慕倾倒醉心,足使文艺生光,山河添色。可见活泼的人生,不能受社会道德制裁。"美"的自身,自有真实,他是独立存在的!

十六年十月二十二日咖啡馆归来之夜

流寓上海的俄罗斯人

(作者:黄震遐,原载《申报》,1928 年)

在本埠西面的法租界地方,有一条交通便利的大道,叫着霞飞路。这霞飞路是俄国布尔希维克得意后失败党的 Emigrants 丛聚之所,为全上海最有艺术文化的一个区域。那咖啡浓烈的香气,书店里美丽的图画,戏馆里醉人的音乐,以及舞台上可爱的舞影,充满了这不满三英里长的清洁之街。

希腊的艺术是西洋正统嫡派的艺术,俄国从前是希腊艺术正统嫡派的继承者。欧洲别国的艺术文化,大半都是由间接而得来的拉丁化希腊文艺,独有这俄国,却是由几府 Kieff 方面从 Bysantine 直接得来的雅典文明。关于这层问题,我们只看一看那今日俄国的字母便可以完全了解了。

俄国大革命后,工人、苦役和囚犯等一齐得势,他们平日既缺乏艺术兴趣,因此对于全国最优秀的份子,就是文艺家,便也一齐下了驱逐之令,逼着他们抛弃一切的东西,赤条条的只带了他们那天才奔到东方来,分住于哈尔滨、满洲一带。当时这些艺术家们既遭了那赤党的欺侮,又受了那白军的引诱,于是便铤而走险的加入了捷克军,与赤党大战于西伯利亚,结果完全失败,连根据地哈尔滨也渐渐危殆,因此那淞滨的十里洋场便将他们完全汲收了来。

①

现在上海的跳舞厅,何止数十,但每一个厅里,却必定都有几个或几十个俄国女子在里面服务。她们的职业或为舞女,或为琴师。她们如果平日不讲究艺术文化,何克臻此。朱应鹏君说,俄国人流寓到上海,于上海文化大有影响,至少可以增加许多艺术空气,这话是可以玩味的。

① 流寓上海的白俄,摄于 20 世纪 40 年代。

张若谷君曾在本报上介绍过一间纯粹史拉夫化的咖啡馆,名叫巴尔干,我也曾同他和傅彦长君一齐前往问津过。这里面地方的清洁,招待的优美,以及一种坐在里面时浓厚的兴趣,在上海真恐怕有一无二。它对面的东华大戏院,每逢星期一、四开演俄国的歌舞。我们如果要晓得希腊艺术的伟大,和要观那活泼的舞蹈、艳美的服装、史拉夫男女的特色美,以及要那优美时雅乐、清脆雄壮的歌声,非去参观一次不可。

作这篇东西的目的,并非为俄国人宣传,不过要人家知道流寓在上海的俄国民众,真有艺术本领。

张若谷与咖啡

(作者:直,原载《申报》,1928 年)

若谷先生前在本刊发表过一篇《珈琲》,提倡到咖啡馆去,这篇文字写咖啡的趣味,异常浓郁,真是富有魅惑性的。后来,又有一位乌衣先生,写了一篇《读咖啡后》,他的主张是"提倡到咖啡馆去,不如提倡到茶馆去",他的理由是:一,习惯上有些不惯;二,咖啡不合东方人的脾胃。他说:"咖啡馆式的茶馆,应该多开几爿,以应现代需要,一来可以挽回利权,二来可以使文艺界同人有接触聚晤机会的俱乐部。"

爱好和平的中国人,当然觉得咖啡是太富于刺激性了,饮茶是表示了和平的国民性,所以用茶来代替咖啡,在中国是最适宜的。现在这位乌衣先生的理想,居然实现出来了。号称为"神秘之街"的北四川路上新开一爿茶室,位置在虬江路口,取名新雅。这新雅茶室,顾名思义,当然不是旧式的茶馆,不是提鸟笼、抽水烟、嗑西瓜子一般朋友的俱乐部,而是 Modernize 的。因此,在每星期日上午,便有许多"文艺界同人"在那里聚晤,若谷先生,不消说,当然是其中重要的一员了。

①

腊丁区

（作者：复，原载《申报》，1928 年）

　　"波西米亚人的生活"成了上海时髦的名词，一般穷艺术家、大学生在玩味"腊丁小屋"的风味，这种风味，似乎是巴黎的专有品，但据说也不尽然。日本有一个新闻记者鹤见佑辅，曾在纽约，发见了美国也有腊丁小屋式的村落，载在他所著的《思想·山水·人物》一本小册子里，大致说，纽约之南，有地方叫做华盛顿广场，这周围有称为格里涅区村，便是穷画工和学生的巢窟。一到夜里，便各自跑进附近的咖啡店去，这些咖啡店中，有叫做"强盗的巢"，这咖啡店里，侍者装作海盗模样；又有称为"下三阶级"的小饭店，有称为"糟了的冒险事业"的咖啡店，有称为"屋顶

---

① 创建于 1926 年的新雅茶室。

中"的咖啡店，此外，起着"黑猫"、"白鼠"、"松鼠的巢"、"痛快的乞丐"那样毫不客气的名目的小饮食店，还是不少。以上这种情形，似乎不会映入中国新闻记者的眼睛里去的，因为我们的大记者，除政治之外，只注重到两种人物，一种是所谓的"商界巨子"，一种是所谓的"绅界名人"，所以中国记者采取新闻，便适用两种方式，一种是"包打听"式，一种"乞丐"式，至于用科学家研究自然的方法，去采集新闻，在中国似乎是一件可笑的事情。

上海珈琲

（作者：慎之，原载《申报》，1928 年）

　　若谷先生在本报上曾经说过上海缺乏文艺珈琲店，乌衣先生接着提到过珈琲馆式的茶店，而且在一般文艺家们的谈话中，也往往流露出这一点遗憾。在其余的文艺书报杂志上，也曾有过不少同样的话，甚至提倡革命文艺的冯乃超先生，听说，他也曾好几回想到要开座珈琲店，但是终于没有成功。上海的珈琲店永远是太浮俗了，上海的茶馆永远是提鸟笼、抽水烟的朋友们的俱乐部。虽则若谷先生曾经介绍过巴尔干咖啡店，昨天直先生又介绍了新雅，但总不是我们所理想的文艺家及爱好文艺的青年们聚谈的地方。但是读者们，我却发现了这样一家我们所理想的乐园，我一共去了两次，我在那里遇见了我们今日文艺界上的名人龚冰庐、鲁迅、郁达夫等，并且认识了孟

超、潘汉年、叶灵凤等,他们有的在那里高谈着他们的主张,有的在那里默默沉思,我在那里领会到不少教益呢。假使以后有机会能再遇到他们,或者能再结识几个文艺上的新交,那当然是我的希望,以后我还想做一点详细的报告呢。这一家珈琲店名为"上海珈琲",在所谓神秘之街的北四川路上,并且就在"新雅茶室"的隔壁,我们渴望着文艺珈琲店的实现的诸同志,一定会欢迎我这一则小小的报告的罢。

忒珈钦谷

—— 霞飞路俄国珈琲店小坐速记

(作者:张若谷,原载《申报》,1928 年)

看了昨天本报新闻的"珈琲座",不禁激励我对于"珈琲"的趣味,就写下这篇东西来。

大约在半个月之前的一个星期日,在新雅茶室,从傅彦长君的口里得到田汉被累的事情,就在那天下午,我到南国艺术学院去采访,田君适外出,碰见田夫人黄大琳女士、叶鼎洛君、孙师毅君,打听到田君已平安的好消息后，我就约黄女士、叶君等同到霞飞路一家俄国菜馆去吃哈尔滨式夜饭。夜饭后，大家作鸟兽散去，我独自一个人，腋下夹了一本缪塞的《一个时代孩子的忏悔录》，走到霞飞路金神父路相近一家俄国珈琲店里去。这家牌号，叫做忒珈钦谷 Tkachenko，这是店主人的姓氏，并没有什么意义。正确的俄文拼音应做"忒珈钦谷"，现在店门牌号译写的"梯克勤康"字样，觉得不很妥切而且几个字都不很好看。

①

走进门口，看见远处站立着一个中国仆欧，我心里就害怕起来，深深忧虑，我满腔抱着享受异国情调的好奇心理，被我们的这位同胞役者，消得干干净净。我最生恶心的，就是在中国西式餐馆中习见的两件讨厌事，一件是看见你入座，就泡上一杯橙黄的柠檬茶上来；第二件是，付账找钱的时候，不放在小盘里，极没有礼貌地对你说一声"拿去"。此外像绞手巾、劝饮酒、介绍名菜一类的恶习，更不必说了。但是，真是运气得很，当我的脚跟正待向后旋转，瞥见一位俄国

① 霞飞路上特卡琴科（Tkachenko）咖啡馆正门。

少女微微笑地走向我面前来,我就选了靠街上的窗口一只座位坐下。她过来殷勤招待,用英文来问我要什么,我不愿意说出我的法国口音的英国话,二来老实说,我本来也不很喜欢这种流行于殖民地的世界语,我就用法文同伊讲话。伊摇摇头,我就很简单地说了"珈啡"一个名词,伊加问了一句我听不懂的英国话,我也不去追问,我点了一点头,伊姗姗地走开了。

坐在那里真觉得有趣得很,一只小正方形的桌子,上面摊着一方细巧平贴的白布,一只小磁窑瓶,插了两三枝鲜艳馥芬的花卉,从银制的器皿上的光彩中,隐约映现出旁座男女的玉容绰影。窗外走过三五成群的青年男女,一对对地在水门汀阶沿上走过。这是每夜黄昏在霞飞路上常可看见的散步者,在上海就只有这一马路上,夹道绿树荫里,有各种中上流的伴侣们、朋友们、家族们,他们中间有法国人、俄国人,也有不少的中国人。男的不戴帽子,女的也披着散乱的秀发,在这附近一带徘徊散步。我一个人沉静坐在这座要道口的珈啡店窗里,顾盼路上的都会男女,心灵上很觉得有无上的趣味快感。在那里,既听不见车马的嚣闹、小贩的叫喊,又呼吸不到尘埃臭气,只有细微的风扇旋舞声、金属匙叉偶尔触碰杯的震音,与一二句从楼上送下的钢琴乐音,一阵阵徐缓地送到我的耳鼓。有时路上没有好看事象人物,就低下头来,翻看缪塞的《一个时代孩子的忏悔录》。

不多一会,少女侍者送上一杯热气腾腾的珈啡上来,我暗想今天吃了英国话的亏了。那一天天气很热,旁座的都在喝冷咖啡,只有我一个喝热的,岂不太特别吗?这大约侍者看我是中国人,以为我的胃口不合宜喫冷东西,所以特别周到地为我调了这样一杯热气腾腾的珈啡,而且伊恐怕有误会,还先问了我一句英国话,我只好系哑子吃黄连一般地在肚里暗暗喊苦了。

忽然心生了一妙计,我用法文对伊说要一些冰来,伊就拿上了一小盆过来,我取了两方,不发一语,轻轻放进热珈啡杯中。伊仿佛明了我的内在窘状,微微地对我笑了一笑,我也用很得意的眼光回报伊一下。

揭开书本,摊在桌上一页一页读着,时或仰起头来,对窗外游月闲眺,约莫一共坐了半个钟头的光景。我用眼光招那一位俄国少女侍者过来,想付清了账出去。

哪知道又生了一个小小趣事,我用法文问几多钱,伊摇摇头。我也不用英文来问 How much 了,但也不愿付一元钱叫伊到账台上找出来,我就抓了一把双毫银角放在手掌里作势叫伊拿。伊就说着 Twenty cent (二角),我摇摇头装作不懂,伊就先取了一个双角子去,接着重新取了一个,同时嘴里说出 Big money(大洋)几个字,我仍旧摇了摇头,可是伊倒不再取第三个了。

为表示我不懂英文的样子,我始终没有说出半个英文字母,但是,伊亦不知道为什么缘故,收了我的四角小洋并没有找出抵偿两角大洋代价的余钱,大约伊没有经过我的同意拿去当小账了。我心里老大的不高兴,我绝不是悭吝不肯破费,说不定我要给伊更多一些的小账哩,但是终觉得伊这种行为,未免对顾客有失礼的地方。

我打算索性装外行装到底,等伊来收拾杯盏的时候,还赏给一个袁世凯的单银毫给伊,伊朝我望了一下,顺手收下了连说几声我不爱听的英国话 Thank you(谢谢你)。我一语不发,挟了我的《一个时代孩子的

---

① 霞飞路上特卡琴科(Tkachenko)咖啡馆内部。

忏悔录》，挺起胸膛，离开这家小珈琲店"忒咖钦谷"，向黄昏时可爱的霞飞路上走去。

咖啡

（作者：春云，原载《民国日报》，1929年）

凡是物质文明发展迅快的都会，总少不了一种咖啡店，尤其是纽约、巴黎这些地方，咖啡店更为充斥，而且大半都是年青女子担任招待。所以吃咖啡的人除了吮上一口甜蜜的浓醇可以兴奋神经而外，于鬓影衣香之间，格外还存了一点神秘的意想！因此进咖啡店的人，女顾客为数很少，老年人亦不多见——如像东亚病夫，近来常和虚白、若谷们，出入霞飞路上的咖啡店，算是他的老心不浅——少年人为数甚多。

---

① 霞飞路上特卡琴科（Tkachenko）咖啡馆的花园。

十年之前的上海，简直寻不出一家咖啡店，现在因了欧风东渐，咖啡店也渐渐开设起来。霞飞路上咖啡店甚多，除了国人经营的咖啡而外，俄国、法国人开设的都有，异香异色的外国女子招待，尤显出一种异国情调出来。文艺界中带了一点浪漫色彩的人，多喜于日影西沉华灯初上的时候，离开他们绞尽脑浆的写字台，来到霞飞路咖啡店中，藉作甜醇的刺激和少女的诱惑，以恢复他们一日的疲劳。

> 青劍藍報滬
>
> ［上海咖啡店中之三女侍］文作盧君
>
> 德巡捕房刑事偵查科西探長潘林士、查得本年一月十一號之滬報小說上登有「上海咖啡館中之三女侍」等二文、內中文字污衊、有礙風化、逕向臨時法院起訴、由院出票於昨晨將該報主筆藍劍青傳案、卽據西探長潘稱、捕房前接到臨時法院院長來函、卽謂該報所登之文字、有礙風化、捕房當卽偵查、是日適余告假、不在館中、由友人代理、故兩稿檢舉外發投來、一時失察、求宥、說先登推事核供、縐藍劍青處罰金三十元、以後不特再登此種污衊文字

　　徐家汇去年开了一家咖啡店，使得许多大中学生，终日幻想着店中的装潢典丽和女招待的笑靥迎人。北四川路的上海咖啡，尤其为名闻沪渎。在《雅典》月刊第一号上，卢梦殊在《第一部电车》一篇小说中，已形容的非常动听，本栏已有过一篇《浓醇》发表，也很入神。沪报在《上海咖啡店之三女侍》一文中，似乎描写过火，给工部局敲去廿元罚金。其他虹口方面，由樱花姑娘招待的咖啡，尤多东邻水手畅饮于中。

　　虽然有些趣闻，不免流于猥琐，现在且将咖啡店的幕布拉下，再来谈谈咖啡。

　　咖啡，英名 Coffee，法名 Café，是由一个地方名词咖法 Kaffa 一字演绎而来。咖法为阿比西尼亚的一省，最先生产咖啡，因此便以其地名名物。其后移植于阿剌伯一带。十七世纪，又繁衍于爪哇各国，于是锡兰岛上、苏门答腊、菲律宾各地，都是咖啡繁茂之区。至于咖啡中的上品，乃是古巴国和波多里哥山上的出品。

　　咖啡为常绿树上的果实，宜于热带生产，当其七八月间，正是热带地方草长树茂的时候——温带已呈肃杀之象了——在巴西、秘鲁等国，平原沃壤，尽披绿锦之衣，树色天光，混合莫辨，锦上白花，吐出芬芳之气，树下小径，土色殷红，远远望去，正如绿锦上的鲜红条纹，曲折优美。

隔年的四五月间,红实累累,羞似江南的红橘。于是乎红男绿女、长老幼童,或攀枝以求,或地铺布毯,上树摇落。骡车竹背,牵运不断以运入工场。

世界各国中,美人最嗜咖啡,每年用量,且在欧洲诸国之上。惟咖啡畏寒,触霜即萎,美国寒冷,几无产地,其所需数,大半来自巴西。巴西无论平原山岭,咖树几遍,多运美国销行。其他如德、法、比诸国,用量亦大,英国、荷兰尚居其次,中国用量最少。

咖啡

(作者:马国亮,选自《生活之味精》,马国亮著,1931 年)

和茶一样,咖啡也是含有刺激性,使人吃了会兴奋的。我的少饮咖啡,比茶还甚。第一,我上面已说过,咖啡的焦苦的气味,我根本不大喜欢它。其次,因为吃咖啡必须放一点糖,而甜的东西,是我比较上不很喜欢的,所以我便成为习惯了。每次在西菜馆吃完了一个餐,侍役走过来轻声地问:"Tea or coffee?(茶还是咖啡?)"的时候,我一定说"Tea(茶)"。因为茶可以不需放糖,并且我觉得饭后喝一杯清茶是比喝一杯浓甜的咖啡更好。虽然饭后吃点甜东西是很有益的。但是每次餐后既有了甜点心,我把甜点心用过,便无须再喝甜咖啡了。

我说不喜欢咖啡,并不是说不吃之意,每个月里大概总要吃三四次。多吃不会,少少吃一点,倒也是很有趣的事。要我自己去动议弄咖啡吃,是很少有的。假如有一杯咖啡放在我面前,我却很喜欢地把它灌到肚里。我常到一个朋友家里,承了他和他的母亲的盛情,给我弄一杯咖啡,我除了极喜欢地把它喝完之处,心里还觉得很感谢。因为除了烟、酒、茶、生果,而至于饭餐之外,还加上一杯咖啡,这确乎是很值得感谢的。

因为咖啡是能给人刺激,所以有些朋友预备晚上不睡觉时便得喝一杯浓咖啡。其实它不但质地是有刺激性,单是那字面,已经有很浓厚的刺激性了。日本的咖啡座,和上海的咖啡室,都是利用这咖啡的名字来给人刺激的。因为所谓咖啡室也者,并不是一走进去便只喝咖啡之谓,谁都知道咖啡店的内容是专雇一班年轻的女招待,使一般无聊人能够得到一点片面的性的刺激的。所以大多数走进咖啡店的人,都是醉翁之意不在咖啡。何况咖啡店里面还有哈咕①、茶、汽水、西点大茶各色具备的呢。

因为种种特有的事实,到现在那咖啡店的名字差不多便成了一个特别的专有名词了。听到了"咖啡店"三字,便会生出这是年轻女招待的迷人场所的观念,像所谓"谈话处"便是吸鸦片烟处一样。其实未必一定要给她迷的,假如你不招惹她,她也并不会招惹你,所谓色不迷人人自迷。一向都抱着无论什么都要看看的心的我,三四年前也曾一度走进咖啡馆坐过,我见那些女招待如果客人不去招惹她,她断不会来吊客人的膀子。那次我还看见一个客人在咖啡杯的旁边细细烧着香烟,读着书,另外还有一个在急急地写着文章,身旁放着一叠原稿纸。不过这是那咖啡店初开时所见,现在那些女招待会不会来打扰,里面能否有如些清静可供读书和写文章的环境没有,便不得而知了。话虽如此说,我总以为如果那个人,没有需要刺激的,便无走进这些地方之必要。咖啡西点心,何处没有? 何况他们还故意把食物代价抬高呢!

咖啡的爱好者,文艺中人也不少。虽然有些人如辛克莱等十分注重卫生之辈是完全不接触这带有刺激性的东西的。伟大的短篇小说家柴霍甫对于咖啡却有特别缘分,他曾有一次在他的朋友宾宁(I. A. Bunin)面前很赞美咖啡,说咖啡真有说不出的好味道,他说他一天除去晚餐之外,其余的时候都得喝点咖啡,这可见他对咖啡嗜好之深。我国文艺界中人喜欢咖啡的也不少,咖啡座热也颇风行过一时,有人以为是模仿欧西,其实也不外古代文人棋酒相对的变相罢了。曾在上海很出过风头的"上海咖啡"店便是以善写三角爱的张资平创办的。他创办

---

① 此处疑为可可的译音。

的初意是否为想便利一般文艺界中人,不得而知。后来张氏又让顶与别人,到现在早已闲歇。文艺界中有否得到便利,亦不得而知,然而成了一般爱好片面的肉的刺激的青年乐园之一,却是事实。那个时候我也有一个朋友整天沉湎在里面,说是去找一点刺激来作文章,其实他根本便不会作文章的。

然而咖啡店之设,也未尽是肉的女招待的济众所。几年前,我曾到过一间,里面也同样地有两个女招待,然而这两个女招待并不涂脂敷粉,更没有鲜艳炫奇的服装。她们除了替客人预备了他们要吃的东西之外,并不会来招惹你。不特此也,我一个人在墙隅伏桌喝着的时候,听着她们两个在谈话,谈的什么呢? 她们谈的是文艺、国民党、政治,什么都谈,她们说完了郭沫若,又说鲁迅、郁达夫,也说汪精卫、蒋介石,我很觉得这是一件意外。我虽没有追究她们,但我相信她们定是大学的学生,自己已做着老板也做着小伙计是无疑的。要想每一间咖啡座都是由女大学生开设,事实上当然不能。但是,假如能够有些真确地为卖咖啡而卖咖啡的招待,也是很不错的。我并不是站在道德的圈子里说话,不赞成卖肉的咖啡店,最少我在自己方面感觉到,撩眼的左右浮动的色素与调笑的声浪,实在有扰于清谈的。

纵然我不很爱喝咖啡,但我也觉得,它在友谊的链索上的功劳多大呀! 喝咖啡,我们少有一人独自去的,而不投契的朋友也很少同喝咖啡去。一杯热的咖啡摆在面前,彼此是知己的朋友,无所拘束地随便谈谈,从男女恋爱起,一直说到文艺,说到鬼神、盗贼,而至于国家世界大事,各谈各所愿谈,各所能谈的东西,这又是多么畅快的事。

以咖啡象征人生,我想是最妥贴没有。人生本就是无所谓幸福的,像一杯咖啡它本身是不甜的。要幸福便得自己去奋斗,冒险,努力。一般怯懦的,无进取心的意志消沉的人,就只合一辈子喝着苦的咖啡,他不能得到糖,是他自不努力的该得的酬报。

在另一方面说,它又是一个人生的缩影,为了它是甜与苦的混合。像我们每一个人的生涯一样,有时幸福,也有时烦恼。我们不能说有糖的咖啡是绝对的甜,或者说它是绝对的苦,有如莫泊桑之说人生一样:"它不如我们理想的那么好,也不如我们理想的那么坏。"它是苦,而同时也是甜的。

其实,碰在这个时年,喝到甜咖啡的能有几人!就我们的生涯来说,有几多个不是苦多于乐的!来罢,朋友,让我们都努力去放一点糖何如?

这些话,既不是哲理,也不是名言,于人不会有什么补益,只是一些平凡的闲话,像一杯不足轻重的咖啡而已。这就算是我替你倒的一杯咖啡何如?我知道它并不很甜,可幸还不至于有苦味。

俄商复兴馆

(作者:张若谷,选自《战争·饮食·男女》,张若谷著,1933年)

同事中,有三个向给人家称做为"三大滑稽"底不良青年,在下午五点钟下写字间的时候,大家不约而同会走进敬德门盥手间里,镜子里映出三只容光焕发的面孔。梳发,打领结,刷衣襟,擦完皮鞋,那自称为"都会三剑客"的壮士,钻到"纳喜"汽车肚里,向着黄昏的霞飞,共同出发。

车子经过巴黎大戏院的门口,"美人关"的招贴下,站着一个穿蝉翼般透明罗裳的南国少女,吉士牌香烟广告上美女型的脸儿,装上一双长睫毛的大黑眼睛,伸着涂着蔻丹的手指,向汽车招手,汽车刹停了,三个青年,走下车来,扶伊到车厢里去。

LA RENA-SSANCE 几个斗大用霓虹灯装成的法国字,在一家咖啡馆的屋顶上闪着动着,一件华尔纱巴黎长女袍,二套米色法兰绒和一件咖啡色哔叽西装,从汽车的腰门,吐进到临高居下的大玻璃窗里面去了。

"钟小姐,喜欢什么?"穿咖啡西装的青年问。

——来一个"白与黑"罢。

——冷的还是热的?

——最好放几块冰。

四杯搀牛奶的冷咖啡从一个绿衣女侍者的古铜盘里,陈列在四个人的前面。他们坐在靠霞飞路的窗口一只小方桌边,桌上铺着一幅细巧平贴的白布,一只水晶小瓶,几朵胭脂般的康玲馨花,一只 Job 烟盘,一匣高加索牌锡箔卷烟,四盏白瓷盘,盛着四杯没有热气的棕色流液。

黄莺般的娇声,操着不规则的上海话,对着三个同伴说:"坐拉此地,我又想起从前拉法国巴黎个情形来了,此地有些像是香赛丽色路边个露天咖啡摊,不过那里,是看不到黄包车,也没有满街乱飞叫卖《晚报》的报贩。"

"钟小姐,在巴黎的时候,是不是常常喜欢到咖啡馆去小坐?"一个穿米色法兰绒的浓眉毛的青年,插问了一句。

"唯,唯,麦歇安黄,我是差不多天天去的,啊!到巴黎的咖啡馆去小坐,是多么有趣的生活呀!坐在那里,正好像是坐在一本有趣味的小说面前样。客厅里,坐满了人,大家自由谈话,任意欢笑,看各种言语的报纸,听各种方言的说话,你不必倾心细听,但是仍旧可以听见一切。在座间,有时很偶然的可以看见极美丽的极使人注意的人物,在一刹间,使你的耳目心灵,发生一种快感,但是这种有的一刹那间的邂逅吓,以后是永远不会再重逢的了。"

另一个穿米色法兰绒的戴白金边眼镜的青年,也对着那位来自巴黎的南国少女问道:

"刚才钟小姐说起的露天咖啡摊,是怎么一回事?"

"麦歇安姚,那是法国一种特色的咖啡店,巴黎的天气,差不多一年四季是温暖的三春天气,到了夏天的黄昏,咖啡馆的老板,恐怕客人坐到屋子里气闷,便把桌子椅子都搬到门外广阔的街沿上去,在路灯底下,闲眺街头的风景和人物。这种可爱的陶醉氛围气,从黄昏开始,直可以维持到第二天的清晨,一直等到两轮重笨的粮车子推到小菜场去的时候,咖啡摊才开始收拾完事。"

咖啡色西装的青年接着道:"坐咖啡馆里的确是都会摩登的一种象征,单就我们的上海而言,有几位作家们,不是常在提倡'咖啡座谈'的生活吗? 大家一到黄昏,便会不约而同踏进他们走惯的几家咖啡馆。这里的'俄商复兴馆'和那边的'小沙利文',是他们足迹常到的所在,他们边慢吞吞的呷着浓厚香醇亚拉伯人发明的刺激液质;一边倾泻出各人心坎里积累着的甜蜜,彼此交换快乐的印象,有时在红灯绿酒之下,对面坐了一个十七八岁的少女,向他们细细地追述伊的已往的浪漫事迹;轻听一句二句从钢琴和提琴上发出来的旋律……"

麦歇安姚,不待他说完,忽插口道:"钟小姐,你看那从门外进来的希腊鼻子式的长颈巴青年,那是上海有名的唯美诗人。"

"旁边一位穿翡翠色长旗袍的姑娘是谁呢?"钟小姐很关心地问。

"那是忧郁女诗人谭小姐。"

"他们上楼到哪里去呢?"

"楼上有一间幽密的房间,这是为推敲诗句最合宜的一个地方,他们俩大约是到那个房间,又要解决什么难题目吧。"

麦歇安黄问麦歇安姚:"是不是里面放着一架钢琴,二只摩登椅,和一张双人沙发的一间吗?"

"正是那有双重房门的小房间。"

钟小姐说:"在法国这种特设的房间叫做'隔离房间'(Chambre Spearee),这种别致的房间,在上海也有了,上海的都会真进步得快吓。"

一对男女诗人,慌慌张张地从楼梯走下来,又匆匆忙忙地走出门外去了……

咖啡色西装的青年,开口了:

"大约那间'隔离房间',已经给人家预定去了……"

约摸一点钟后,三个都会青年,一个摩登少女,满面春风,走出"俄商复兴馆"的金漆哥谛克式的大玻璃门。一个装扮得像泥偶小洋兵的童子,穿了一套金线边的红制服,候在纳喜汽车的旁边,开门,关门,汽车呜呜地滑在平坦的霞飞路上,隐没在汽车队里去了。

"红孩儿"笑嘻嘻把一张辅币券藏到裤袋里,推进玻璃门,从里面送出一阵震荡人心的西班牙小夜曲的乐声了。

重庆的咖啡店

(作者:雪,原载《福尔摩斯》,1934年)

重庆,是四川经济的中心,因了水陆交通的便利,它接受外来的文化,也比四川任何地方都来得早些。于是,在四川的任何地都还封锁在过去的旧型里,而重庆便一切的一切都洋化起来了。

的确,重庆有高大的洋房,有宏丽的商店,有大饭店,有跳舞厅,当然也不缺乏摩登的女人。有人说,重庆是四川人的上海,这大约有几分正确吧!

然而,重庆之极端洋化的地方,却不在旁边的去处,而在咖啡店。咖啡,虽然是译音的洋文,但在经常接受洋化的所在,却因司空见惯的原故,并不觉得它怎样新奇了。咖啡店,当然也不会觉得那样。但是,在重庆的咖啡店却颇有值得研究的价值,倘然名之曰洋化,亦不见得过火的。

重庆咖啡店的多,同上海比较起来,恐怕要多过好几倍。你想,重庆人口的总数,不过二十万,咖啡店这么多,吃咖啡的人又应该有多少呢?大多数的人都喜欢吃洋人吃的东西,这难道还不是极端的洋化呢?然而,从这方面去观察,去立论,乃是错误的。因为重庆的咖啡店,其内容与旁的地方迥然不同。内容如何?说出来倘然你不认为幽默,也要认为滑稽的。

原来重庆之所谓咖啡店者,乃鸦片馆之代名词也。当你初到重庆的时候,就可以看见街口上,街中间,酒馆的隔壁,厕所的对面,都有所谓咖啡店在。表面上,都是新式的装潢,同这东方巴黎的上海的咖啡店,没有什么两样。可是,当你走进去一瞧,情形就大变了。只见咖啡店里面是千榻横陈,万灯如豆,烟签齐舞,烟枪并举,嘘嘘呼呼,简直比"一·二八"战争的大炮声还来得响。——这,就是重庆之所谓咖啡店啦!所以我们于此,就可以想见四川人对于鸦片烟的提倡之努力热心里了!

同咖啡店相映成趣的是重庆关卡上所设的威严庄重的禁烟处。一边在禁,一边在公然的卖和吸,这还成体统么?难道真是"这边禁的烟,那边卖的和吃的却是咖啡吗?"于是我才恍然大悟鸦片烟馆必须以咖啡店名之的道理了。

咖啡店的内容如彼,名目如此,诬为洋化,实属冤枉。可是为什么那东西一定要以洋文译音的咖啡来命名吗?这我以为至少也犯了精神洋化的嫌疑!

①

———————————

① 20世纪40年代的重庆街景。

咖啡馆和小茶馆

（作者：潘润农，原载《农报》，1934年）

都市人消闲多欢喜进"咖啡馆"，乡下人消闲都欢喜进"小茶馆"，同是人类消闲的地方，而两者的资格比起来可就大大的不同了——一个"咖啡馆"至少要是洋式的房屋，明洁的几凳，漂亮的杯盏；"小茶馆"是没有什么限制的，随便有几间屋子，只要能摆开几张八仙桌，容得下一二十个茶客，一切一切都不必要特别讲究——"咖啡馆"的顾客大都是衣冠楚楚的阔佬阔少，满身烂污的乡下佬是不敢擅入内的；"小茶馆"则多是土头土脑的农夫农妇，自以为身份高贵的阔人是不肯涉足的。因此"咖啡馆"和"小茶馆"由于它资格和主顾的身份不同，而自然形成了一种高下悬殊的阶级！

都市发达到某一个阶段，阔人的足迹布满了市面的时候，若没有一个"咖啡馆"，供其消遣谈心的场所，就显得这个都市分外寡色；因此为投合环境的需要，都市发达一步，"咖啡馆"就加多几个！物质文明日进不息，都市发达也永无止境，虽穷乡僻壤也有变作都市的可能，"咖啡馆"随着都市的发达增加无已，则将来的将来，恐怕乡村的"小茶馆"也要大部或全部一变而为"咖啡馆"了！

我国本来是产茶的国家，每年茶叶的产量，虽然还没有正确可靠的数字，但据最近实业部调查华茶出口数量，在去年全年共计为三六九·八一〇担（每担合一·一九三六市担）；又据本所农业经济科估计，察、绥、宁、青、甘、陕、晋、冀、鲁、苏、皖、豫、鄂、蜀、滇、黔、湘、浙、赣、闽、粤、桂等二十二省，全年茶叶消费量，共达四·九〇六·六〇〇市担（新疆、西康、蒙、藏及东北四省尚未计算在内），即以此两项合计，亦可推知今年我国茶叶年产总额当在五百七十万担以上，为数不为不巨！

再按实业部上项调查，自民国元年以迄于现在，茶叶输出数量，以民国四年为最多，计达一·七八二·三五三担。此后年渐减少，民国七年以后骤减，迨民国九年出口总额仅有三〇五·九〇六担微量，尚不及民国四年输出额五分之一！民十以后渐见起色，但仍不及民四输出额远甚。民国二十年以后，复形低减，去年茶叶出口额又降至六九三·八一〇担，其衰落之倾向，殊堪惊人！

考我国茶叶输出衰落之原因，虽不免受世界大战中及大战后各国经济窘困、消费渐减之影响，而近年日本、印度、锡兰茶叶之突飞猛进，到处倾销，致使我国墨守旧章不事改进之茶叶界，逐渐被其击破，而不得不将海外各销场先后放弃。其实招致原因之大者！本年内赖政府与茶业界协力，共谋茶叶改进与推销之结果，华茶外销似将渐有转机，但华茶最大销场中，如俄国因乔奇亚茶区茶产日增，及其政府努力于高加索区推广种茶之结果，茶叶产量渐有足敷自给之势；法国突加茶叶进口税，华茶输法亦日感困难；加以东北四省自暴日侵占后华茶已告绝迹，则将来华茶之销路，亦未许乐观！索性国内人士尚均嗜饮国产之茶叶，华茶寿命得赖以维系，不至骤斩，此后茶叶之复兴，亦将藉此为努力之基础；若并此基础摧残净尽，则我国茶业将一败涂地，而不可复振，大好利源，从此要全部丧失了！

咖啡并非我国出产，目前少量的需要，即须仰给外国的输入，所幸"咖啡馆"的数目尚少。咖啡一项，在进口货中还未能列在重要的地位，如果"咖啡馆"再大量扩充，则咖啡的输入，亦必日渐增多，是又给外人开一条经济侵略的方便之门了！为维系我国茶叶的利源，避免外溢漏卮的再度扩大，希望大家坚定了饮茶的嗜好，打倒洋化的"咖啡馆"，扩大固有的小茶馆！

茶,珈琲,麦酒

(作者:张若谷,原载《妇人画报》,1935年)

每天下午五点左右,从写字间出来,马路上还有温暖的太阳光。回家去吧?离开夜膳时间还早。一个人被挤在熙熙攘攘的群众里,正在人行道上等候公用车的当儿,肩架上搭上了一双熟识的手。

这一双手,无论是属于阔别已久的老友的,或是五分钟前共同工作的同事的,最温柔的,或许是昨夜搂住你腰肢的那一双苍白的小手,你回家的念头,一定会给这双突如其来的手打掉了。你的手,握着那一双手,握的时间虽有长短之别。若使握的是一双你不忍即释的玉一般的手,你自然毫不犹豫地手挽着手,找一个可以谈心的优雅地方,消磨这个可爱的黄昏。

电影院和音乐会,都是不适合于静谈的场所。最好是约你的伴侣,到附近的饮食馆里去找二个座位,吩咐预备一些止渴点饥的东西,两个人坐在琥珀色的台灯下,倾诉你们的衷曲。

关于饮食馆的选择,当然最好先研究你的伴侣所嗜好的口味。其次,也要作地理上的测量,以决去留。譬如你的伴侣,是预备到南京路百货公司买东西的,你不妨请他或她到新新公司对面的新雅。泡一壶茶,红的有祁门、宁州、普洱,绿的有龙井、水仙、香片,比较高贵的有铁罗汉、铁观音。或是简单地泡一壶清茶,叫两客蚝油叉烧包、玫瑰叉烧包之类。若使你们不喜欢那欧化气太重的广东茶点,不妨朝东多走几步路,泰丰食品公司虽已关了门,安乐园的午茶,颇有香港午茶的风味。若使喜欢纯粹的外国风味,沙利文是值得一坐的。

在沙利文,不一定要喝茶,或珈琲、朱古律之类。那里的冷食料,是四季常备的。你的女友若使是都会式的,不妨给她叫一杯"可口可乐"或"柠檬汁";你自己,如果是美食家,不要忘记亚美利加姑娘(仆欧们喜欢称 American Girls 为花旗大姐姐）的香艳的名字，那是一道特制的果汁冰激凌。

如果要喝珈琲，外白渡桥堍的番丹拉尔，还有静安寺路口的番丹拉尔，这两家富于德国艺术装饰趣味的珈琲馆，不但珈琲浓郁，而且有很可口的蛋糕。在夏季，他们特制的桃子冰淇淋，是别有风味的。

霞飞路一带，林立的俄国珈琲馆，只有"君士坦丁"一家，是出卖纯粹的亚拉伯黑珈琲。国泰戏院对面的"小男人"，布置很富丽。女侍者也还年青貌美，这种场所，最好不要带女伴去。

静安寺路一带，挽近新开了不少德国饭馆。他们出卖的德国麦酒，的确都很醇郁。在沧州饭店对门的一家，他们有一种叫做"柏林金发"麦酒，单是那一盏大玻璃盅，已经足以使人为之失色吃惊。

我在欧罗巴洲旅行时，无意中发现各国民族对于饮料不同的嗜好。英国人喜欢喝下午茶，法国人喜欢喝珈琲，德国人和比国人喜欢喝麦

---

① 20 世纪 30 年代的霞飞路街景。

酒。在上海,至少在饮料这一点上,可以算是一个国际性的现代趣味的大都会。

二十四年一月三十一日

咖啡

(作者:叶觉,原载《世界晨报》,1936年)

据前两天的各报记载报告,这八个月来咖啡的进口,是二十几万元。这数目较之其他衣服物料、纸张,和女人用的化妆品,自然瀣尔其小。但是以区区一饮料(只限于都市中的饮料),而广出如此,奈何不民穷财尽?

说起咖啡,自然有人极端赞美,也有人极端反对。有一些新的文艺家,差不多咖啡认为写作的帮功,趣味的中心。而更有些人,是反对着的。周作人先生把香片,比作咖啡,可是在他的心目中,这东西,实在十分要不得了!

其实,"咖啡"和"茶",同样是刺激神经的东西。但是"咖啡"的使兴奋,是叫人"动",而"茶"的使人清醒,却是叫人"静"。这大概就是他们本质上的不同罢!

依我个人讲来,那么,就色、香、味讲,咖啡是远远的落在"茶"之后的。"咖啡"首先就是混俗的液体,极不像"茶"的一清见底,他虽则有色,但不会使水俗。第二咖啡的"隽"味,也不能和茶的清香比的。至于味,那么,即使最喜欢呷咖啡的人,也非放糖不能呷,而"茶"呢,本身就有独特的味道。

自然,因为咖啡的略带苦味,他在各味中,已经不能算最浅薄的了。但是,以它和回味深沉的"茶"一比,真是相差太远了。

后次,人无论如何爱呷咖啡,但他绝不会上瘾,而茶就不然。他越呷越高,越呷瘾越深,这也是"入芝兰之堂,久而愈觉其香"的例子。

是有人把人们的情绪比作黑咖啡,这在某些地方看来,自然不能不说他们的体物之深。但是黑咖啡的浓郁的悲哀,怎及"茶"一样的深永!

周作人先生把咖啡和香片并列,我倒以为还不如比咖啡和酒并列对些。因为茶给人的感觉,总是清苦,它是和读书隐逸相关,而咖啡是和情欲有关的。

为了失恋而呷黑咖啡,和咖啡店的为色欲的媒介,不是太有力的论证吗?有人看见了海关的报告,深慨中国人饮食的欧化。我们自然不是一个纯粹的国粹主义者,但为在"茶"和"咖啡"之间,我无论如何是拥护"茶"的。因为"茶"的好过咖啡是"铁"一般的事实!

佳妃店内

(作者:风今,原载《铁报》,1936 年)

在火车站的旁边,这里一带很像南美的牧场,仅仅有几家小的商店,它们都是应运而生,完全为着大学生们的消费而出卖,因为来往着的尽是大学生,所以这里被称为纯大学生区城。每天有无数次的火车从这里经过,地皮被震动着,玻璃盏里的佳妃茶有时会荡漾起来。当闸北谣诼繁兴的那几天,好些要人被武士保护着从那里小心的下车。此外,从北方运来一批批的牛羊也从那里下车,它们都默默无言地露出了某种的悲哀,像预知着要上断头台被文明人类宰割了,不久将荣幸的变作牛排、牛腩、牛尾汤、咖啡牛肉一类很好的菜名,而去接近那些士女的芳唇。

大学生中,当然有不少的经济学专家,一种新式的簿记学,那完全是对付自己爸爸的打算,实际上他们也很俭省,除了几套跳舞的洋装以外,真是自俸很薄,然而"躬自薄而厚于人",这是美德,不过厚于人者,女人也。实在的,他们除了女人身上花钱而外简直是个吝啬鬼,对朋友,尤其是日常生活的地方,凡饭馆老板、咖啡店主,总是尽刻薄之能事,有时为铜板一枚会闹得惊天动地起来。学生中很多是在南洋马来一带生长的,少年英俊神采奕奕者正不乏其人,有等衣香扑鼻,头光如滑,连皮鞋上也没有一点灰尘,领,时常雪白的,这些,并不是完全为了求爱于女人,而是一种良好整洁的外国派头。欧风东渐,他们的故乡又是近水楼台,所以就较之内地同胞先得着月亮了。

玛丽姑娘今年恐怕快满四十了,像是一个耶教徒吧,不然不会有那样的名字,特别是在她那种年龄上考正,她简直和善得可欺;而长期习惯于忍辱耐劳的样子,成天的做着咖啡和饼干,大学生们总爱和她捣蛋,喝一杯牛奶要坐上五六个钟头,而且把提琴都带到店里来,一时高兴,大家就合唱着,调羹在盘子上玻璃盖上敲着,几十双皮鞋节拍的把地板蹬得介响。于是玛丽开始骂了,大学生们以歌唱的方式来回骂,并且做出各种能使好些大歌星惭愧的表情,同学之间,彼此乱叫着什么"哥哥不爱你了""妹妹你爱我吧",这样的,在一派纯阳当中,集团的,交错的乱爱乱闹着,有时竟离座伴追,沿着铁路经过两英里以上越野的途程;有些人要更捣蛋得一点,自己称为英雄,把玛丽指为美人。这时玛丽将沉痛的说出她自己的命苦,要不然的话,她大的儿子应该是在圣约翰大学得着博士学位了。最后的麻烦是会钞,本来账是很简单的,然而却不易算清,银价贴水,一个铜板的争执要花费一个钟头;有等人把面包已经吃完了才发现一个死了的苍蝇,结果,要保证他不发生毛病才付钱,临去时向着玛丽飞吻,玛丽投报的是一句,杀千刀的。

寺西咖啡馆

（作者：天壤，原载《晶报》，1937年）

禅寺以西，过地丰路①，静悄悄的马路，一旁多是高楼广厦，有的围以短垣，辟有花园，这便是寓公们的住宅区。虽然在黑暗窄弄堂里，尚遗有古老的矮屋，和点煤油灯的住户、订线装书工作的老妪，可是汽车风驰电掣，一瞥是看不见的，并不为那些豪华的芳邻减色，丢失体面。街上的店铺，也仅有供给这些贫苦人家日常需要的柴米油盐，和兑换铜子的小店。而咖啡馆却接二连三有好几处。夜来，无线电播送的音乐，和独奏钢琴、单调梵亚铃的声音，也都丁当作响，打破沉寂的空气，那不是一种妙迹吗？

这几个咖啡馆，是为左近贫苦人而设的吗？他们出作入息，谋生不暇，没有这种雅兴。为高楼寓公而设的吗？他们在高贵的舞厅都玩得腻味了，似此因陋就简的地方，那堪有辱踯躅而屑一顾。只要看到咖啡馆窗上悬挂着招待军兵的厚纸牌子，就知道是做武士生意。附近是戍卒的营地，因此普通照会之外，还须特种照会，方可营业。馆主多是罗刹②人。咖啡没有啤酒卖得多，在夏天生意比较好些，其中一家是租煤厂旁一块空地，搭成板屋，外面涂些灰泥，顶上压盖芦席，大有"黄土为墙茅盖屋"的风味。一半老西妇充招待，可陪客在高低不平的地板上跳舞，生涯居然不恶，可见戍卒需要异性调情，大有饥不择食之慨。

又有一家是丹人所开，座位相当干净，咖啡之外，尚有炸鱼，可以下酒。据说是鳖鱼，来自海外，冰藏甚鲜。四角一客，尝其滋味，略同石首

---

① 今乌鲁木齐北路，南北走向，北起极司菲尔路（今万航渡路），南至海格路（今华山路），全长1 028米。

② 旧时对俄罗斯的称呼。

鱼。原有以广东女侍，开张之初，号召力很大，女侍尝在肆前的大道上，和相熟的客人接吻，有的被勾引得乐而忘返，超过所限时刻，被稽查们开卡车来，硬行拽上，如醉如痴般载回老营。不几天的功夫，女侍衣服，愈发华贵，劲儿愈发风骚，脾气也愈来愈横暴，竟和肆主闹翻，被逐而去。生涯也就一落千丈，客多过门不入，前一家的老妇，反而笑逐颜开，认为强敌已退了。

又一家楼下设咖啡客座，楼上有三妹，一样貌最艳丽，颇享盛名，营业颇盛。某日楼上楼下，集会不在酒者，不下十人，雨狂风暴，已应付不迭。门外翘企以待的，更是火急暴跳，一人突拔手枪，鸣以示警，将玻璃窗击成小洞，当晚此女即被勒令停业，举室他迁。

又一家肆亦是罗刹妇，其夫因公殉职，月得恤金，约合华币五十余元，携一女过活，很是清苦。有友怂恿开咖啡店，妇已物老珠黄，不值一钱，女儿正当十七妙年华，主顾们有时群坐卡车，出作球赛，途中相遇，一致扬手欢呼，其使人兴奋力量如此。她每晚在晒台上背着母亲，烧些纸屑，都是暗地寄来的情书，倾倒的当然也不少，这一块鲜美可口的羊肉，不知落于谁手。

最后一家，是黑钻饭店，虽也设在这左近，可是顾客又为一种人物。店中有自备的俄女，也可在外招致本地佳丽，菜是中西俱全。斗室跳舞，有人奏梵哑铃，由一个跛足老西妇主持一切。前几日其夫率店内俄女出走，事前与跛妇大肆口角，现在这一家已合并老店去了。

总之，这几个咖啡馆，能有一部生意的，是近水楼台的缘故，日子一长，口味吃腻，兴趣锐减，便门可罗雀，只好等着新调来的戍卒，所以时开时闭，习以为常。

水果咖啡

（作者：朱曦，原载《申报》，1937年）

据说，中国人可以分做二大类：一种是死抱住古老的东西不肯放下的"国粹家"，如扬州某中学校长鉴于洋纸消耗日多，因而悉心研究，发明装在精美小赛象牙盒里的新式文房四宝，说是可以抵制自来水笔与洋纸，而亦保存"国粹"；另一种是"唯洋是尚"，即是月亮，也是外国的比中国好。前者是"头脑不清"，后者竟是"不可救药"。果然国粹不是完全不可以保存的，洋货亦应择其便利者而采用之。所谓"取人之长，补己之短"，那才是道理。

譬如吃饭一事，欧美各国都盛称中国菜肴的精美适口，而我们偏偏喜欢跪在地上去吃"四盖亦盖"，亦不怕刀叉割破舌头。由于好奇心的出发，偶然尝试一顿西餐，果亦无所谓，同样是吃饱肚皮算账。但是以吃西餐为阔气、时髦，这似乎又是外国的月亮比中国好了。

二三十年前，吃西餐果然是阔气、时髦的，那些贵家子弟，在张园安凯第喝罢一钟茶，挟了当代的红倌人，跳上自拉缰马车，先在静安寺路，或黄浦滩兜个圈子，于是到老晋隆、一家春"吃大菜"。一席之数，贫汉十年粮，果然又阔气，又时髦。但是，这种福气不是人人能够享受，而"大菜"却不能不吃，于是发明了"公司大菜"，付极少代价，也能一尝"大菜"的味道。现在则这种崇洋心理更表现得透彻，广东馆子的玻璃窗上用大红纸写着"公司大菜每客三角"，究其实，一鸡丝汤，一猪排，一炒饭，既无外国味道，更觉无限寒伧，但终也用过刀叉，吃过"大菜"了。不过，他们是有另外一种说法的，是"吃大菜来得卫生"。所谓"卫生"，倒并不是指每人一付刀叉的意思，乃是大菜之后的一道水果、咖啡，那是外国人的"卫生之道"。

这是对的，水果、咖啡可以帮助胃部消化，虽然各人生理组织不同，也有人饭后吃水果而发生肚痛等情，但比"饭后一钟茶"的阻止消化总有理由得多了。

昨天国际贸易局发表一月至四月份的水果、咖啡进口数，计苹果十一万七千二百三十四元，橘子九万一千三百二十元，咖啡十二万一千五百五十六元，这个惊人的数目或许就是学得了外国人的"卫生之道"以后的现象吧。然而吃三角公司菜的还是无福享受这些金山苹果和花旗蜜橘，他们吃的是一枚烂香蕉，和一钟咖啡水而已。享福的当然还是贵家子弟。他们在家里果然也雇佣一位"大菜司务"专司大菜事宜的，但是终还忘不了鱼翅海参的"中国菜"，于是肚里吃得饱饱之后，剖一枚金山苹果，或花旗蜜橘，呷一钟古巴咖啡，卫生无量。

① 《飞影阁画报》，吴友如绘。

后来甚至有客光驾,在敬烟之后,也用水果、咖啡享客了,因为外国的习惯也是如此。

有一位外国记者到中国来,他发表的印象,"中国的繁华不在纽约之下"。他所指的中国,当然就是上海了。这种"国际荣誉"的收获应该归功于"外国的月亮比中国好"的"崇洋者"的。

酒烟与咖啡

(作者:吴永刚,原载《电影日报》,1941 年)

烟酒与咖啡,常被文人拿来象征一种颓废的人生,——仪狄造酒,禹饮而甘之,因白后世必有以酒亡其国者,——记得有那么句话,写出来不晓得对不对?酒能亡国,足见得酒之为害!

酒对于我是有相当的渊源,从小会喝酒,而且爱喝酒。因为生理上的早熟,加了从小是生长在北方孤寂的原野里;因为没有适龄的游伴,幼年的生活,常常是离群而孤独的,所以便养成了孤傲、忧郁、颓废的心理病状。一直到现在,虽然处于多方面的集团生活中,我还有着残余的孤傲的心理,十八岁跳出了平静的家庭生活,亲眼看见过还亲身参加过残酷的斗争!时代的巨浪,使我不再颓废了,可是长期的孤寂的生活,残余的颓废心理,烟酒、咖啡就跟我结了不解之缘了。

我不是个酒德颂者,我并不歌颂在咖啡馆的一角,喝一杯摩加的黑咖啡,抽一支骆驼牌的香烟或者在舞场里喝一杯上面漂浮着一颗樱桃的考克推而,我看过不少关于酒烟所发生的悲剧,还有医生等忠告,我也知道这一切会引起生理上的种种不良的症候,以及心理上的影响!不过这是一个悲剧!我是一个理智与情感等同的人,我有极强的理智,同时也有极丰富而且过剩的情感,这种矛盾的心理,常使我陷于极端的苦闷中,所以喝酒便成了生活中仅有的一点慰藉。酒会使我的心跳加速,血液流得更快,有时把我麻醉!有时使我兴奋!

因为长期的失眠,过度的工作! 生活的压榨! 心理与生理上都感到十分疲乏。工作最紧张的时候,一天的睡眠最多是三四小时,于是在一天当中,我就安排了三样东西,酒、烟,与咖啡为了要工作把浓咖啡加一点酒灌下去。

工作后太兴奋了不能入眠,便不能不用烈性酒来麻醉自己,香烟更是成了饭可以不吃,烟不能不抽的习惯了,尤其是整夜写作过长,这不是一个悲剧么? 有人劝我长期休养,不过假期休养,是并不属于无钱无闲阶级的。假使你想了这一个过分的疲乏的滥用酒精的缘故,你可以在晚上一个人悄悄的到一家小饭馆里,你冷眼去看那些塌车夫或者码头上的扛夫,以及一切干苦工的工人,一只洋铁香烟罐子,打了一毛钱——现在,恐怕要四五毛钱——的白干,也许是掺和过工业用的酒精的假酒,他们抚摸着创痛的肩头,喝着酒,每一滴酒精在血液里会融化了那些过劳而僵硬的躯体,至少酒精是暂时解放了他们生活上的痛苦! 在生活的战场上,我是没有法子不用刺激品的,我现在知道我自己,我并不颓废,我是咬紧了牙关! 我要用我过剩的热情,工作下去,一直到我不能支持的时候!

沙漠咖啡

(作者:惠中,原载《沙漠画报》,1941 年)

东安市场里新开的"沙漠咖啡",诸位去过没有? 在丹桂商场最北,路西,从一个夜总会式的门进去,两旁都是书架,像一个图书馆的书库样的。终头处的楼梯,引到楼上,便是"沙漠咖啡"的吃茶厅。四壁刷成米黄色,越发的衬出宇内之暖意。那壁之正中,像是生着一个壁炉。赤色的火,光焰熊熊。这面的整壁,都是格子的磨砂玻璃,把天光柔和的滤化。

座位三五一组,各抱一角,可分可合。旧北京式的凉、硬、俗、孤,自

沙漠咖啡開幕

不必比，然亦不是新兴"饭车式"的挤而单另。它很有家庭风味，或说作 Boarding House 的客室憩息室，则更洽。看，这边软椅内，一位青年正在翻阅桌上散置着的画报。他所要的咖啡，刚刚送在旁边，腾腾的正在白烟上升。那一个角落里，有位大学教授先生，同着夫人，他们吃的为红茶，自然是上好的 Lipton Tea 吧。教授正在一面吸一颗香烟，一面想着一个问题。夫人是尝着那杯浓茶，正在听着乐圣裴多汾的英雄交响乐（咖啡店里能听到"真正的音乐"，在国人自营之中，这还是第一家吧）。那边的两位，全神都集中在他们自己的谈话，有时细细语争辩，有时无言互视，却让 Tosconini 指挥下弦乐的小提琴组急潮似的奏音作了插曲。他们是正在搓谈 business 吗？他们叫的是冰激凌，虽然在这冷天，好像不大调和，然却正是安静那争论商务之余的热气的恩物。

照料店务的罗密欧君正在布置一切小节。他把一个大红油折的灯罩，正按到蓝磁古瓶座上。等他安闲下来以后，请来座上略谈。这吃茶店是他们三数人共同开办的。"作法"是顶新颖。一进楼下店门，那个书肆，除了售书当然是营业以外，在楼上吃茶的顾客们，可以挑选中意的书，持到吃茶厅内阅读。吃茶完了时候，如果还没有购去之心的话，那书籍仍可以原班送回。这样，一方面供给了顾客们茶余的阅读；一方面，可以介绍顾客，选购真正中意的书籍。放送音乐的电唱机，有两架。这样，便可以轮流的长时使用。放送的唱片，以纯音乐为目标，一如日本咖啡馆有所谓"音乐茶房"者。以音乐唱片之讲求为号召，是很高尚的方法。在吃两杯茶的时间内，听了《裴多汾第三》《赛维亚之理发匠》同《佛第之茶花女选曲》。罗密欧君的意见：在唱片集齐之后，要在每星期某一定日内,开唱片音乐会。一次介绍某一个作家的各种曲,一次总集各名作家的一类曲,再一次像一般演奏会样的,先来几个短篇,再以一个交响乐或协奏曲作大轴,这种放送,不止是给茶客们解闷儿,实在是向大家介绍与灌输良好音乐的机会。

说到咖啡,这恐怕是一件切实的问题。北京所有吃茶店,品评标准,以气氛第一,而咖啡质料的好坏也不在以下。拿咖啡块糖随冲随卖的,根本没资格提,不在话下。只是好咖啡,也有莫卡、桑多斯、波过他、巴朋、海地、扩拿、若布司他、秘鲁八种,分别产自:阿剌伯、巴西、哥伦比亚、爪答马拉、海地岛、夏威夷、爪哇、秘鲁八处。治法有冲有煮,各不一律。"沙漠"所用,是阿剌伯的莫卡咖啡,煮好待用。风味优秀,并暗含酸性美味,芳香丰醇,振拔精神。每用并附自制甜饼干二块,这也是未曾多见的方式。

会账是用"店票"式,这自然是抄用日本饮食吃茶店的,可是这种方法,简明省事,而且附带着也可以去掉小赏的习惯,确是最可赞之处。

文艺咖啡

(作者:史蟫,原载《文友》,1944 年)

最近上海咖啡茶座的设立,宛似雨后春笋,蓬勃一时。单就西藏路一带来说,就有萝蕾、大中华、皇后、爵士好几家。此外如国际、新都、金门等大饭店,金城、中央、大西洋等西菜社,也都附设有咖啡座,甚至还有乐队、女歌手、舞蹈等类的设备,极耳目视听之娱。在这咖啡原料来源断绝之时,咖啡座却如此普遍地设立,这至少可说是一种反常的现象。

但,因此却使我想起民国十七八年间的事情来。最初和咖啡结不解缘的,恐怕还得数中国的一部分新文艺作家。那时咖啡馆在上海还是绝无仅有,就在普罗文学刚在中国抬头的民国十七年那一年,不知什么人灵机一动,竟在号称神秘之街的北四川路上,开设了上海历史上破天荒的第一家咖啡馆,招牌名叫"上海珈琲"。从"咖啡"二字写成"珈琲"这点上看,就可知道那时喝咖啡的风气在上海还没有普遍。这第一家咖啡馆倒也能开风气之先,在里面还雇用着女招待,因此引得一般多情敏感的新文艺作家趋之若鹜,大家都想到这里面来获一些"烟士披里纯",尤其是一般普罗文作家如蒋光慈、叶灵凤等,更是每天必到的,甚至还不知不觉把他们从咖啡馆得来的现实生活的体验,写进他们的所谓普罗文学作品里去,成为反对普罗文学作家们冷嘲热讽的反攻资料。

这第一家咖啡馆既有新文艺作家为之捧场,于是更吸引一批新的主题——爱好新文作品的青年学生。他们到这咖啡馆里来,既可以认识他们所崇拜的作家,又可以饱餐女招待的秀色,还可以喝香味浓郁的咖啡,一举二得,便一传十传百的,大家都把这"上海珈琲"当做良好的休息所在,而"上海珈琲"的营业也就此蒸蒸日上了。

也许是因为鉴于咖啡馆的生意兴隆罢,在许多咖啡座上客中竟有一位作家被引动了心,这一位作家不是别个,就是创造社的张资平。那时创造社已经被封,张资平却一面开乐群书店,一面写他三角恋爱长篇小说,手里很积有几个钱。他见咖啡馆的营业兴旺,而且本轻利重,比开书店还要好,便也打算效颦开起咖啡馆来。到底有钱办事容易,没有多久工夫,所有咖啡馆店里应用的长沙发、长桌子、玻璃桌面等都定造好了,可是后来不知为了什么缘故,他这家咖啡馆终于没有开设,而中途搁浅了下来。

到了民国十八年冬天,创造社的小伙计周全平,从关外带了一笔钱回到上海。这时南市老西门新开了一条和平路,市面日渐繁盛,附近学校林立,而新书店却还阙如,他看中这一带地段,便在中华路上开了一家西门书店。书店的门面不过狭小的一间,可是楼上的面积却较书店大三倍有余,于是他便利用楼上的地位开起咖啡馆来。好在咖啡馆里应用的桌子沙发等,都有张资平现成定造的在那里,只消去问他借用就是,用不着再花钱去制造,所以他这家"西门珈琲"居然很快地开起来了,一切无不因陋就简,蛋糕西点是由外面买来的,咖啡则由老板娘陈女士亲自动手在酒精炉上煎煮,店里不但不用女招待,甚至连仆欧都没有一个,所有切迎送之劳,都由书店里的学徒承乏其事,这样的开店,简直是儿戏,真可说滑天下之大稽。

这家"西门珈琲"自从正式开张的那天起,营业却非常清淡,原因倒不是地点偏僻,以及没有雇用女招待,而是不能引人注意。因为是开在西门书店的楼上,招牌挂在书店门口,不易引人注目,如若能在楼梯口缀上四个红色霓虹灯字,使人一目了然,也许不无效果。但是这时上海还没有所谓霓虹灯,以致到书店里来买书的人虽然多,却多半不知道楼上还附设有咖啡座,除了偶然有一部分文艺界人士来坐坐谈谈以外,正式主顾连一个都没有。到了七月底,随着西门书店营业的失败,"西门珈琲"也告寿终正寝,所有桌子沙发等,不用说当然仍旧还给了张资平,张资平后来终于没有开过咖啡馆,至于这些桌子沙发作了什么用途,这却非问他本人不得而知的了。

这两家咖啡馆在上海可说是最早出现的,但都宛似昙花一现,很快地消灭了;自此以后,上海足有十余年未见有所谓咖啡馆出现,代之而起的是一部分粤菜馆所附设的茶室,不售咖啡而售茶,生意倒也很不恶,文艺界人去的也很多,尤以南京路上的新雅和大东两家茶室最为热闹。记得民国廿五年间有人加以调查,文艺界中人常常上新雅茶室来的有曹聚仁、欧阳予倩、姚苏凤、穆时英、刘呐鸥、高明、黄天始、黄喜谟等人;常常上大东去的则有夏剑丞、黄公诸、卢冀野、张静庐、唐槐秋、江小鹤、包可华、徐心芹、张振宇等人。这里面有几位已经成了古人,有几位远在内地,留在上海的可说寥寥无几。今日之下,看了这一纸名单,也颇使人有沧桑之感。

更想不到的是往日如鲁殿灵光昙花一现的咖啡馆,到了现在,竟会风起云涌的盛极一时,不过今日的咖啡馆,文艺气息已经丝毫没有,充塞其间的也都是伧夫俗子、暴发户之流；而乐队、女歌手、舞蹈等，更与坐咖啡馆的宗旨背道而驰。看了今日咖啡馆的状态，使人不禁怀念往昔的"文艺咖啡"不止。

咖啡色的文化

（作者：徐百牙，原载《文友》，1944年）

西洋人喝咖啡，和中国人饮茶，无非是饭余酒后的一种享受而已。虽然方式不同，用意大约总差不多。不过，咖啡一上了中国人的嘴，情形就有点两样。中国人是个聪明的民族，除了将茶作为解渴的饮料外，尚可用它来当讲条件、开条斧的工具。茶馆里坐满了茶客，你真的以为他们是想解渴吗？不，我想，十分之七八是在"吃讲茶"。

"吃讲茶"似乎是下流社会的一种风气，那班角儿大概是这样的：头上不正戴铜盆帽，嘴上吊着香烟头，胸前解开一排密密的布钮，袖管长得遮没了手指。一言不合，说不定就会从那里面拔出斧头或是尖刀一类的东西来，打一个你死我活。

这种举动，在穿西装、着长衫的朋友看来，是认为近乎野蛮的。所以他们觉得"吃讲茶"，到底不是文明人的做法。于是乎改喝咖啡，咖啡似乎是中国知识阶级的专利品，"吃讲茶"的白相人，根本就没有享受的资格。

战后咖啡馆多如粪坑，喝咖啡的华人，又多如粪蛆。据说这些咖啡馆，是供给"上流人"作为清谈之地的。尤其所谓"文化人"，要"宣传文化"，就得上咖啡馆，不然，文化便失去了价值。

在电话中时常可以听到这样的谈话：

"老张，我的'改编'的剧本，已经'编'好了，你可代我介绍上演吗？"

"可以。"

"介绍费需要多少?"

"电话里不便说,请你在某时上××咖啡馆谈谈吧。"

一到咖啡馆,任何严重的问题,都可以迎刃解决。因此,"文化"也就谈判成功。

咖啡馆是今日"文化"的发源地,也是"文人"借此"联络"感情的场所。奶油往嘴唇上涂抹,钞票从台子下传递,笑声哄满了全堂。

"老许,我的这篇自我宣传文章,实在写得不通,你可否替我改正改正,在贵报上发表?"东道主如是说,一只手递过来上等香烟,一只手摸袋里的皮革。

"可以,可以。"对方接受了香烟,同时注意皮革的厚薄。

"你署个笔名就行了。"

一本薄的不上十页的杂志,稿子是强迫拉来的可以赖去稿费;封面女人的照片是强迫抢来的,上面还冒充了签名;广告是强迫登载的,不登就得看"颜色"。低廉的配给纸,最高的售价。没有女作家凑热闹,把自己黄脸婆抄写的东西,权充名贵的宝货。出版的时候,不妨自由宣传,强迫推销。

……

这些,这些,全得力于咖啡馆的约会。

C. P. C. margarine,C. R. B 高乐牌香烟,女人的笑声……

染成了焦黄的,咖啡色的文化。

卖掉裤带烧咖啡

(作者:蓝卡,原载《申报》,1946 年)

外汇放长的后一日,吴市长召集各同业公会举行会议:要稳定物价。对四大公司及百货业要求不涨价,所予的极大帮助,就是取缔摊贩。略谓:"……现在上海之摊贩,大部均贩卖洋货,有资本在数千万元以上者。此畸形状态，影响所及，百货业固蒙损害，政府亦因其逃避税收而有损失……故市府已下令除吃食小摊贩外，其余无论五洋杂货摊贩，一律取缔，限八月底前禁绝……"

的确，胜利后洋货潮涌地进口，生意经也畸形起来，这种行将禁绝的活动摊贩就是一种。而不在禁例之内的吃食摊贩将与时俱增，蓬勃的在生长起来了！

君不见，夕阳西下，多少街道旁架起白布篷的咖啡摊正在为你设座！

要是你晚一点出去，那才够味！白的桌布，白的椅套，在光亮的电灯下面反映得更加洁白；桌面上顺次阖着玻璃的饮具，中间整齐地排列着 Hills Bros 的咖啡、沙利文的面包、菊花牌的牛奶。取价非常便宜，不像咖啡馆饮一杯咖啡要一听的价钱，它只要你几百元钱，而且还可以都调点牛奶。在远远地望去，正疑置身在南国，以为不是到了菲律滨，一定是在马兰亚或是爪哇了；其实不然，这是咖啡土司的平民化，这可以使一个小公务员也有能力尝尝上品咖啡的滋味，了却白塔土司的心愿！

卖玻璃裤带的人，一定在怨恨外汇放长而把他的饭碗敲破了；烧咖啡冲牛奶的，一定在庆贺他们卖买还好不在禁例之内。真是，这回外汇的变动引起了多少"几家欢笑几家愁"的情境。但是，一个人在患难的时候，才是他天才表现的好机会，所以，我相信，卖玻璃裤带的人脑筋动得比我快，他将尽速地脱货求现，准备改筹一个咖啡摊铺，来维持他的生活。

咖啡的倾销又该走上竞争的命运了，这对我们平民的口福是不浅的。我感谢外汇的放长！

咖啡与战斗力

（作者：黄裳，原载《周报》，1946 年）

前些日子在报上看到陈诚将军的一段谈话。他说："美国兵没有咖啡吃，就不能作战；我们中国的士兵，是没有咖啡吃的，然而作起战来，照样勇往迈进，所向无敌。"云云。

这是很好的材料，可以看出一般中国军人对美国兵的一种特异的心理。回忆两年以前，我领到外事局发给的唯一的一套草绿色军服开始工作以来，无论晴天、下雨、室内、野外，我总是穿了这唯一的一套军装。后来那服装的颜色渐渐由绿而黄，而黑，又添上了泥土的色泽，很有点天然伪装的功效了。然而我还是穿着它。而一起工作的那位美国少尉则几乎每天换一套行头，深绿色的呢衬衫，粉红色的呢裤子，使我疑心他是在做时装表演。和他站在一起，就颇使我有点"自惭形秽"。此公无论在什么场合，嘴里是总在咀嚼着什么东西的：香烟、雪茄、口香糖、点心和太太从美国寄厂来的牛奶太妃……。当时我就颇有点反感，觉得这种"少爷兵"如果作起战来，怎么行呢？感慨之余，也不禁有一点"凄凉的骄傲"，觉得作起战来，还是我们的"大刀队"来得有效，草鞋行军，一夜步行一百八十里，吃两个冰冻的馍馍以后，抢起大刀，克敌致果……

老实说来，这是有点近于"酸葡萄"论的。其实谁不愿意穿得漂亮，吃得丰盛呢？无奈我们的国家太"穷"了，官兵就只能在可怜的生活状态下面作战。话也不能说得十分肯定，中国的将军们是并不如此可怜的。他们大都满面红光，穿了什么罗斯福呢的军服，金领章，金马刺，倒也满神气的。不过他们的士兵大抵是面有菜色，衣不蔽体，难怪他们看了也有点难过，发出了与我相同的感慨。

我的迷信大刀胜于坦克，稀饭强似咖啡，一直等到去前线走了一转以后才发生了动摇。前年湘桂之役可以说是这种迷信的一个强烈的讽刺，到底饿了肚皮，是不能作战的。记得白健生将军在视察前方以后上委员长书里有两句警句："自古未闻有饥寒交迫之兵而能杀敌致胜者也。"果然，日促地百里，屡失名城，弄得国本动摇，陪都震动。美国人大抵以为中国已经失去了战斗力，《雅尔达秘密协定》不久就订定了。这虽然是旧话，然而是血腥的一段历史，值得重复地说一遍的。

至于第二个问题，"少爷兵"作起战来是不是就"不行"呢？起初我也是以为他们"不行"的。不过后来事实证明了他们并不怎样无用，太平洋上几个战役都是用血拼出来的。西欧战场上的勇敢的事迹也很不少。不过在电影上看到他们的作战方法有点两样，如登陆塞班岛时先用飞机、军舰猛轰了三日三夜，等到这排少爷兵上岸一看以后，日本兵都已经变成了焦炭。他们只要搜索残敌，插上国旗就完事了，他们负责的将军曾有一句豪语："为了减少一个士兵的牺牲，国家就是用去几百千万美金也在所不惜。"上述的作战法就可以算作此种政策的一个例证。然而也不能一概而论，惨重的牺牲也还是有的。不过我没有机会看到，不能空说而已。

除了真正的厮杀以外，关于他们工作的情形，却很看了不少：那种认真的情形，很使人感动。这次从中印公路回来，经过缅甸的深山，往往两三小时不见行人，一片荒原，无边无垠的原始森林，悬崖峭壁上面开出来的危险的小路，常常你可以遇见一两个黑人，坐在开山机上，赤了膊满身大汗，在太阳光下面开来开去。一阵急雨，冲坏了一角危崖，公路不通了。他们在几小时内再开出一片山来。

有时急雨来了，他们没有地方去，就披了一件雨衣立在大雨的下面。有的人藏在水泥制的泄水管里面吃东西，看起来非常可笑。他们在这样荒野的地方工作，每天晚上回到营地里去休息。这营地也是在荒山上搭成的帐篷，与人间隔绝。给养都由远处运来，自然，这是应有尽有的。咖啡也不能例外。在整天工作一身臭汗，遍体疲乏之余，回去洗一个澡，吃一杯浓浓的咖啡，该是多么愉快的事，我真不知道这会给他们带来多少生命力、战斗力。

还有一个永远使我不能忘记的人物，S 中尉，战车驾驶的教官。我初去战车学校时，听别人告诉说这位中尉的脾气很不好，所以起初怀有戒心，特别小心应付。不苟言笑，后来我知道这是一个标准的西部人，脾气像火一样的暴烈，但人却是极好的。他的一部吉普已经很旧了，左面车身有一块凹进去的地方。关于这块痕迹的故事，另一位朋友告诉过我。那是——次队形驾驶，他开了吉普在坦克队前后跑来跑去指正错误，不料有一个新来的学生不听指挥，向他的车子开来，正巧有一棵树，躲避不及，坦克主动轮的尖齿把吉普弄成一个凹洞，S 中尉被掷下车来，肋骨断了两根。这个故事他从来没有对我讲过。

平常看见他总是非常悠闲的，只有在坦克出了毛病的时候才由他出马。说来有些可笑，学校里的一百多部坦克虽然都是美国造，却是向英国人转租来的。大概无论什么东西，一经过英国人的手，就不会有好东西了。所以这一百多部坦克大多是不大高明，时常抛锚，有时开到驾驶场去二十部战车有两三部抛在场上，这时他就带了救急车去把它拖回来。

有时作公路驾驶，坦克开下桥去，或者开入沙滩里面，四脚朝天，无法行动。这时 S 中尉就站在那里指挥大型拖车把它们弄上来。这往往不大容易，需要很长的时间，有时我回去吃饭回来，看见他还是在那里指手划脚的指挥，一身大汗，满身油泥。一定要拖回停车场他才肯回去吃饭。

战车的加油站是一个特别危险的地方。一个大油罐，两旁伸出油管来，可以供给十部车子同时加油。我永远不会忘记我在兰伽中午十二点到一点钟时在加油站度过的那些日子。十二点，毒太阳，可以使你的皮肤焦了，坦克的钢皮晒得有一百度左右的温度。在这种情况下面加油，一个火花，引起了爆炸，整个场子会成了粉。我们的四只眼睛要看住了十部坦克，打开来的油罐口上面冒着汽油的蓝色蒸汽，学生拿着灭火机对着罐口，一定要熄火（引擎），不能用铁器敲打车子的任何部分。那些学生们会站在车上面，车一开动就要被横着的油管切下头来。他们是那么大意，我们不得不在一百多度的温度下面，冲天的黄埃和浓重的汽油味中，在如雷的坦克引擎声中跑来跑去，用足了气力像唱大面一样的喊。那样的一小时，回去以后就会全身无力，疲倦得动也动不来的。

人不是一架机器，要一直的这样工作下去是不可能的。即使是机器，也要在适当的时候加点润滑油料。军人的生活是枯燥的，"润滑剂"的需要是尤其迫切的。这大抵又可以分为精神上与物质上的两种，物质上的享受已经说过一点，而且这也不足为奇，如果有钱就都能办到的。可佩服的是他们军政部设想的周到，能够顾到小兵的心理，运用种种工具给他们带来精神上的愉快。这里只想谈一件事，就是军邮。

这在美国军队中是被认为最重要的一种机构——军邮局。多少去国离乡的兵士，每天盼望着从迢迢的海的那一面飞过来的飞机、航来的轮船。这里面一包包、一袋袋，全是从父亲母亲、妻子、爱人……那儿来的信件、衣物、烟、糖……当他们接到这些珍异的邮件的时候，他们的脸上浮着多么圣洁的光辉，多么衷诚的愉快。他们读着这些信件的时候的表情是各种各样的。他们会突然跳起来给你看他的太太和少爷的照片，他的女朋友的照片，他的田庄和他的爱马的照片。

他们为了方便，特置了一种"胜利笺"（V—mail）。这是一张特制的信笺，只要用黑墨水或打字机在指定的地方写好，投到军邮局，他们就为你拍照，寄到对方手里时是一张照片，上面印着你的笔迹，他们会利用种种的方便使邮件传到你的手里，不论你是跑到前线的哪一个角落里。前年在前线三月，流动了很多地方，而他们却经常地从军邮局拿到信件，期限没有超过一个星期。有一个上尉的太太每天从纽约的报上剪下有关中国的新闻寄给他，我也看到过一些，有许多在我真是新闻，中国报上还没有见的——或者永远不会见的——新闻。

每年的圣诞节，前一个月美国的邮局就大批收寄给征人的礼物了。那两天他们最紧张，等着，等着，一包包的礼物。据说这些礼物占去的飞机吨位比供给我们的军火还要多(在一个短时期内)。他们也可以利用军邮寄礼品回家。中国的水烟袋、扇子、寿衣、湘绣、象牙雕品、种种的小玩意都大批的飞回去。

这种情形是使人艳羡的,在印度,我们过着多么枯燥的生活。信件在我们是珍异的。不用提爱人,那是早已送掉的了:盼望寄两本小说、两张报纸来看,也要经历种种的留难。送检,不准寄,后来就只能看看张恨水先生的名作。写信也要检查,我的那篇《关于翻译官》就是给军邮局(中国的)退回来的。那里面我看不出有什么军事秘密,然而不许寄。他们在看着一本本精印的《生活》《时代》《星期六晚邮报》……我们却连土纸的杂志也看不到。至于希望朋友寄点大曲之类的土产来更是荒唐的梦了。倒是军邮局的老爷们利用飞机寄了大批的洋货回国,被印度海关查出了,弄得很难为情,以后寄信也就更为困难了。

---

① 20 世纪 40 年代的上海美国军人俱乐部。

美国小兵从前线回来,如果高兴就可以到医院里去休养一个时期。据说那是颇不坏的。有看护小姐陪着,吃的是最好的伙食,每天晒晒太阳,听听音乐,一直等到体重增加了若干,为医官下了"逐客令"以后再搬出去。

　　平常工作了一个相当的时间以后,他们就盼望着可爱的假期了。在假期中,他们有飞机、火车、汽车的交通工具可以到驻地附近或驻在国的名胜地方去游览。时间或者是一星期,以至一个月。在印度,他们可以到大吉岭去避暑,可以到西朗(女儿国)去玩,那地方是像神话似的一个地方,他们可以在那儿遇到些神奇的遇合,很像走入《天方夜谭》的画面里去。在中国,他们更可以有专机游览古城如北平、杭州……。在贵阳的城外,有一个地方——花溪。前主席吴达诠先生很费了些修治的功夫,把那个地方弄成了一个标准的风景区,虽然气魄小一点,然而曲筋流水,悬崖飞瀑,碧绿的溪流,在乌烟瘴气的贵阳的确是了不起的胜地了。在那儿就有一个美军的"修楔中心"(Recreation Center),用竹篱围绕起来,里边是清洁的住所,各种娱乐设备,在普通人看来,简直是神仙中人了。花溪路上,每天吉普车来往不绝。吴先生有一首诗说:"花溪风景似前溪,颇欲移家老圃畦。忽觉使君身是客,鸟声人语自栖栖。"如果持赠美国小兵倒也是颇合适的。

　　现在可以说说另一个问题了。中国小兵是不是需要咖啡呢?也许有人说:"他们根本不需要。"我觉得这未必的确。他们从来不知咖啡为何物,也许这问题问得与晋惠帝有点相仿。事实上,他们正在吃着搀杂了碎石块稗子的稀粥,喝着白水清汤,上面只浮着一两片菜叶子:在这里我们应当放聪明一点,只吃清汤稀饭的士兵作起战来,才真正的是"怎么行呢"?在抗战的末期,中国在印度有一个训练营,利用飞过驼峰回空的飞机,有许多壮丁被送到那边去受训了。这在他们看来是不可多得的好事。出国,开洋荤,还在其次。主要的是那边有牛肉面包可吃,天气又不冷,有印度咔叽可穿。这在吃怕了清汤稀饭的人真是了不起的好地方。听说有许多壮丁在哭哭啼啼被送进师管区以后,花了钱运动老爷，好给派到印度去。在兰伽，晚上在电影院前面，我们看着排列得整整齐齐的中国小兵，可以作一个很有趣的推测：形销骨立，那是刚到印度的；形色丰腴举止活泼的是已经居留了几个月的了；至于满面紫红，苗壮如牛的大抵是来印两年左右的朋友。这推测往往不错，常常与朋友打赌以为笑乐。其实他们吃的也不过是牛肉、羊肉、象肉，那些罐头食品，如果吃了半月，在我就已经倒尽胃口的了。然而他们却还是津津有味的吃着，而且实在的壮实起来了。

我看着那些矮矮胖胖戴了钢盔，佩了美式装备的小兵排着队走到火车站预备上缅甸前线去时，常常被激动的哭了。中国小兵的身体实在并不坏，我想起在国内看到的那一些面有菜色、满身疥疮的小兵不禁愤懑。即使中国被封锁了几年物资不足，也何至于把他们弄成那种样子。在印缅战区，指挥官是美国人，参谋长是美国人，管给养装备的也是美国人。虽然中国军官有了不起的手法，在那儿也就比较的销声敛迹。像公开吃空额扣军饷的事，比较的少些——我不说绝对没有——在这种情形之下，驻印军与国内的军队形成了两个不同的集团，很有点像清朝末年吃双饷的御林军。

这些军队留在印度缅甸，是好好的。小兵每月虽然仅能拿到七八个卢比，然而他们可以买两块力士皂一罐美国牙膏，抽几十包英国香烟，事实上他们也多少的"满足"了。有的人还一个不花寄回国来。不过等到中印公路一打通，驻印军要回国了，马上就发生了严重的问题。据我所知，军队里普遍地有着逃亡的现象，官长们大抵做了一笔生意，发了一笔洋财，不想再干了；小兵们吃厌了牛肉，也不愿意换换口味再吃清汤稀饭，所以一例"不辞而别"，各奔前程。可以做为标准的例子是一个重炮团，那里边的营长、连长、观测员很多是颇熟的朋友，他们一起先后在保山、下关溜掉。有的在当地开了饭店，有的合资买了一部卡车在滇缅路上跑生意。到了昆明，全团的官长只剩下了团长与副团长两人，七兵还剩下不到四分之一，驾驶兵们都很有"良心"，把车子开到目的地以后才不辞而别去加入别的汽车部队发洋财去了。全团五百部车子竟没有驾驶兵来开动,弄得那个副团长大哭,以为国家非置之重典不可了。不料安然无事:陆军总部马上派了全体官佐来接收。因为这是美式装备的重炮团,是不可多得的一笔"本钱"。

这一批新来的官佐是根本没有看到过这种美式重炮的,更不必说怎样去用了。可怜在印度兰伽训练了两年,实弹射击了若干次,吃掉多少面包牛肉,训练出来的这一批优良的官佐、射手、驾驶兵一回国就都不翼而飞。那时日本还没有投降,亟须炮兵,而这些新官又使不动这些美式装备。结果还是美国联络官倒霉,重新整训,重新射击,……一直忙到原子弹下降,人家才松下一口气来。

难怪有许多美国兵跟我说:"印度回来的,顶不好!"事实上我也是印度回来的,心里虽然不痛快,也无法反驳。一位在国内工作的翻译官告诉我一个故事:有一个驻印军的小兵,从中印公路回国,车次下关,走到茶馆里拍案叫拿咖啡来。幺师却不识趣,说只有沱茶并无咖啡,该小兵就皱起眉头,说:"老子吃惯了咖啡,你们这鬼地方,连这都没有!"

听了这个故事,我们又能说些什么呢? 这实在不下于果戈理的讽刺喜剧,而却实在是一件真事。我觉得这里讽刺的对象并不是那个小兵,而是想练几旅御林军,想拿"美式装备"做本钱的人物,如果对照了上面那一个不愉快的故事一起来看的话。

三月一日晨茶馆中

咖啡馆的风情

(作者:佚名,原载《海涛》,1946 年)

咖啡馆,这美化的抒情,诗意一般的画面。多少年青的男男女女漩涡在这咖啡浓郁的气氛里织着绯色的绮梦。

咖啡虽然是芬芳的,可是却带着苦涩的回味,然而年青的孩子们却偏欢喜在这回味中憧憬着欢乐和失去的青春……

　　乐台上奏起了醉人的爵士音乐,靡靡的,带着色情的诱惑。火车座中的每一对情侣开始蠢动着,互相偎依着,偷偷的接了一个吻,男女的吐出了一个舌尖,让人的舌尖舐吮着,说不尽的风光旖旎。正在这一相热络的镜头,不妨女侍恶撞了过来,吓得双方都有点不好意思起来,连忙推开了对方的身体,可是女人鲜艳的口红已深深的印在男人的嘴唇上。

　　咖啡馆也有很多打扮得花枝招展、妖冶艳绝的女人,她们一个人孤零零的坐着,搔首弄姿,抽了一口烟卷,又把缕缕的青烟成了一个个的烟圈儿,而且故意向四面的座位上瞟着媚眼,尤其是对孤独的男人们。这些大都是风流的寡妇,她们到这里来找寻她们的主顾。

　　在角落里一个西装笔挺的客人,他一个人坐得有些无聊了,便向左右东张西望,更被他发觉了隔座一位如花似玉的女人,正当绮年芳华,丰姿绰约,一张白皙的脸蛋儿已够使人销魂了,何况一对水汪汪的秋波,长长的睫毛,樱唇的小口,苗条的曲线,一切都是给予异性一种刺激,而且不时向着旁边眉飞色舞。那男子便附在侍者的耳旁咕噜了一会,侍者微笑着走向这位贵妇的台子轻轻的说:"那边一位先生请小姐把台子拼过去……请问小姐的意思如何?"那女客抬起头望了对方一眼,没有可否的表示,侍者嬉皮笑脸很明白的把两张台子拼成了一双了,两个陌生的旷男怨女成了一对临时的情侣了。也有许多生意浪的女人,她们与侍者都有妥协的,他们也会替你介绍拉皮条,当然他们是可以多得到一些外快和"克姆赏"的小惠。

在咖啡馆浓郁的气氛里和音乐靡靡之音中,年青的男女们陶醉了,这里充满无限的罗曼蒂克——是色情的媒介,男人搭女人的壳子,女人放男人的白鸽,一切的罪恶在这里蔓延着氤氲着,摧残了多少有为青年的志气和牺牲了他们宝贵的性命?

歌女在"麦克风"前提高了嗓子唱起了:"……什么叫情? 什么叫爱? ……"可是听众还是紧紧的搂着他们的情侣,淫荡笑谑,他们和他们忘记了这是人生的舞台,难道这不是一场梦吗? ……

咖啡

(作者:霁楼,原载《民国日报》,1946 年)

咖啡这东西,比起茶来,其实并不见得胜过。不过在某一时期,经某一些人一宣传,一捧场,再加上一些旁衬侧烘的点缀,咖啡便居然在上海窜了起来。咖啡馆、咖啡座之类,曾经在一个时期风起云涌,风魔了上海有钱而又有闲的人物。

我曾经向个中人探问题,据说在那个时期有人囤积了大批的咖啡豆。这东西本来只合适应西洋人的胃口。自从太平洋战事发生后,上海的西洋人疏散的早已疏散了,进集中营的进集中营了,余剩下来的轴心西人或总理西人已经寥寥无几,而且也没有多少闲钱闲情来品评咖啡的风味。于是那个囤积着咖啡豆的生意人便把脑筋都动到了本国人身上来。

他们先在一些刊物上发表颂扬咖啡的文字，把这饮料捧得有声有色；一方面开设了若干咖啡馆，里面有音乐，有跳舞，装潢得富丽堂皇。于是乎，仕宦绅商、名媛淑女、学子文人光顾者日见其多，咖啡之销路日见其盛，咖啡之声价日见其高。向之囤积咖啡豆者，存货陆续出笼，利市不止百倍。到了最近，囤积的咖啡出笼的差不多了。而在上海，本来是不论什么高潮都会退落的。因此，咖啡风气也就渐渐淡薄下来了，市上许多咖啡馆也改业其他了，虽然有咖啡卖的地方仍然卖得很贵，而爱喝咖啡的人也仍然有相当的数目。

与其说是"喝咖啡"，毋宁说是"坐咖啡"，因为上咖啡馆的魅力不一定在咖啡的本身，而在乎坐咖啡者的生活习惯。他们在某一个规定的时间，置身于某一种的环境里，眼所看见的是某一些人和物，耳所听见的是某一些声音，鼻子所嗅到的是某一种气味（这假定就是咖啡），舌头尝到的是某一种味道。日日如是，差不多几天功夫，就成为了生活习惯，也就有了他们所谓"情调"的感觉。

实在不仅以咖啡为然，咖啡习惯还不过是近年新兴的，而且或者不过是暂时的而已。在我国，比这历史悠久得多，而且普遍而且根深蒂固的，当以茶馆习惯为最。固然有一部分人以茶馆为业务上接洽的地点，术语叫做"茶会"，但是无所谓而为的上茶馆者究竟也占了很大的一部分，他们岂真有所好于所饮的茶的味道或所吃的点心哉？不过上茶馆已经成了他们生活上的习惯，不去即觉得浑身不自在而已。

有人极为支持我国人坐茶馆的习惯，不过如果终日过着"皮包水"的生活，那是应该反对的。因为他们太闲荡了，闲居终日，无所用心，确是有害而无利的。可是人民的生活状态，完全不是社会环境的产物。假如社会生活的环境使他们不能有许多闲，那他们何从去整天的坐在茶馆里？而且，在紧张的都市生活中，每隔若干时日，或每日抽出一时三刻的闲工夫，坐在茶馆里神经松弛一下，亦未曾不是养生之一助。

听说美国都市的人生活最紧张，所以美国都市人患心脏病、血压高、神经衰弱、胃病、消化不良等，也多于任何其他地方。我想如果美国都市人能够每日上茶馆闲坐半小时或一小时,学取中国茶客那种心情闲逸,上述的那些疾病一定会大大的减少。上咖啡馆就不同了。那种铺张扬厉的,而且总是接近着色情刺激的咖啡情调,实在很难谈到什么益处的。

说到咖啡本身的味,其实也说不出真正可取之处。它原是一种植物的种子,经炒焦研碎,拌以奶油,才发生一种焦香气,这种香气多半是靠上好的奶油和它的"焦"。但是,在喝的时候,加糖加乳,真正咖啡本身的味道,入口时已所余无几。不过,含在咖啡里头那些有刺激神经作用的咖啡精成分却还能发生作用而已。茶叶里虽然也有刺激神经的成分,但分量甚少,远不如咖啡之强烈。所以茶可以一杯又一杯,冲了又冲。咖啡呢,如果多喝了几杯,神经便会受不住。

记得我饮第一杯咖啡时当在八九岁,那时除了西菜馆之外,在别处是不大通行的。有一天,母亲带我到一位朋友的家里,他们居然有成罐的咖啡粉末,还有烹煮咖啡的壶,牛乳白糖一应齐备。他们把这新奇的珍品烹煮起来,招待我们。我初喝,怕它的苦味,后来加上许多量的白糖牛奶,才把一大杯浓浓的咖啡喝了下去。那天晚上睡眠时,一夜没曾闭得上眼,母亲似乎也没有睡得很安稳。我的心跳很快,而且有惊慌的感觉。真是难受的一夜,也是我从来未有过的经验。不过说来,我也看见过有些人,喝了咖啡反而睡得熟。这大概因为各人体质不同了。

闲谈喝咖啡

(作者:李棉,原载《民国日报》,1946年)

有人说,巴尔扎克的文章里每一个字都渗透了咖啡汁,他经常一面写文章一面喝咖啡,可以说他的文章是在咖啡汁的灌溉中长成的。柴霍夫也爱喝咖啡,而且还对青年文人说出咖啡的许多好处,咖啡大概也同烟卷似的能启发文人的灵感吧。我在许多年前便有了喝咖啡的嗜好，我不是文人，将来也不想成为文人，所以我的喝咖啡完全是一种癖好，或者说是为了满足味觉上的一种需要而已。咖啡之成为我日常生活上的必需品，其重要相等于吃饭。我每天早晨起身，饭后、工作完毕后的休息时间，临睡以前，总要喝一两杯。倘使有人问我不喝将如何，这个，爱吸烟卷的人可以替我回答一部分的。

咖啡原是由东方传到欧洲去的，它成为欧洲人一种日常的饮品，历史并不太久。中国有人喝咖啡，却是由于欧风东渐。在以前，除了西菜馆及外人经营的酒吧开卖咖啡外，咖啡馆在中国是很少的。中国以出产茶叶著名，国人大都爱品茗，所以不论乡村都市，大小茶馆，到处可见。欧洲人之坐咖啡店与我国人之爱上茶馆，大抵并非专为了喝一杯茶或咖啡，因为在那里可以享受一下悠闲的趣味吧。

八一三战事发生以后，上海却开了好几爿咖啡馆，及至十二月八日以后，海运阻滞，咖啡来源中断，但这个期间，咖啡馆的营业反而蒸蒸日上，成为一种畸形现象。据说日本在第一次世界大战时，咖啡方始被一班人所爱好，后来渐成为都市中人的普通饮品，大概战争期间人们苦闷的心情需要一些刺激，咖啡的微微刺激，许是正适合他们的胃口的。

咖啡宜随煮随饮，在咖啡馆里喝的，不及在家里叫仆人烧的，而别人烧的又不及自己够味，这大概如袁才子所谓"一里变色，二里变味……"的意思吧。因为咖啡馆子里大都是烧了一大壶搁在那里，客人需要时，像放自来水似的，贮满了一杯端到你面前来，香与味自然说不上，有的虽然临时烧，但份量的多寡，与火候的程度，不尽能配合你的口味。不过咖啡馆里自有它特殊的情调，是值得使人在那种气氛里坐上很久，而当作一种享受的。我们于工作之余，踏进咖啡馆的旋门，在那种悦目的色调，同好友谈心，同爱人默然对坐，或者独个儿坐着思念一些不必要回忆的往事，构想一篇可写可不写的文章，甚至什么也不思索，静对着一杯热气腾腾的咖啡，看着那杯中浓色的水面上有淡白色的水汽在变幻，然后慢慢地喝着喝着，会让你忘记了一切。

我们所喝的咖啡,原是用炒焦了的咖啡豆磨碎后煮出来的,不过制法各有不同,有些在烘炒的时候还要加些香料在里面,从美国装来的罐头咖啡,一种牌子有一种味。我最初爱好一种叫 HILLS BROS 牌子的,苦中略带酸味,非常可口。后来吃惯了 MAX-WELL HOVSE 同 S. W. 两种者,而后香味更佳,所以一直停留这两个牌子上。以前这些货色毫不希罕,但在前两年外货断档,这种咖啡便在市面上绝迹了,我像搜古玩旧货似的买到一些,可是每当端起杯子,不免有点担心"断档"之虞,幸而我的存货尚未曾用完,已欣逢抗战胜利,我又得开怀畅饮了。谈到咖啡的价值,像 S. W.那些牌子,一磅装的,在战前卖两元左右,上海沦陷以后,曾经卖到六七十万伪币,物稀为贵,商人自然要居为奇货了。

美国的咖啡来源,大半仰给于巴西。前几年海运停顿,巴西的咖啡无法出口,巴西有人把积过剩的生咖啡豆磨成细粉,当作黏土,用来塑造模型,据说黏性极强。可惜雕塑家不曾利用这种特殊黏土塑一座巴尔扎克的像,以纪念他在文学上的功绩,同时也让人们知道咖啡与巴尔扎克的著作有着相当的关联,也是一种艺林佳话也。

---

① 1880 年的美国咖啡豆机。

充满着异国情调的咖啡摊素描

（作者：吴贵芳，原载《益世报》，1946年）

"惠而不费，其不坏！天又热，工作又累，夜晚睡不着，坐下来吃点喝点，再溜达回去吧！"打定主意，把板凳拖开，刚刚坐定，掌柜的就过来问了。

"先生，要啥个茶？"

我心里一转念，咖啡可可一个味儿，没有什么吃头儿。清牛奶吧，又得多花一百元。得，"就给我来杯牛奶咖啡吧！"

"牛奶咖啡杯！"掌柜的喊下去。"先生，吐司要甜格还是咸格？"

哈，哈！这小子真损，连销售货物的方法都是整套向美国人学来的。我根本就没说要吃吐司哇！左右不过两百来块钱，得，就给我客甜的吧！

两片面包夹在铁丝网里，搁在小煤炉上烘。牛奶从罐里倒出来，和好两匙子糖，提起精光溜亮的咖啡壶一冲，就得。再托上一个挺干净的小磁碟，送到面前，待一会儿，吐司也照式照样地送来了，还递过一根叉，显得怪气派的。

面包又香又脆，咖啡牛奶又甜又浓，光滑滑的冰铁做柜面，玻璃格子里盛的全是 S.W，马克丝威尔、裴客而斯、鹿头、金山等等，装潢的五颜六色的各种美国顶上等的罐头。别看是路旁摆的摊座儿，从那近处人家接过来的电灯，足足有七十五支光。夜静如水，一面吃一面望望街头风景，比起那些什么华懋、国际，实在差不到哪儿去。别的不用提，坐在那沙发椅上，软噗噗地往下一沉，手脚就不知怎么放才好。耳朵里乱哄哄地，尽是些"古典""撅死"音乐的声音。硬僵僵地学着外国人的吃喝规矩，到临了出了一身汗，花了大把钱，那个"勃挨"还不怎么听话。哪有这儿自由自在哇！咱们喜欢的就是这一点儿西方物质、东方精神

(?)并行不悖的特色。

　　吃完了，一算账只有五百五十元。雪白小手巾擦了一把嘴，连小账都不要。心里正想着掌柜的做买卖，可真是公道。就在这时候，你猜怎么着，掌柜的接过一千元的钞票，就手掀开"S. W."的罐，往里一丢。我再留神一看，敢情这些上品货全是装门面的空罐，就在那后面，堆着"地球牌""oh 先生"以及好像什么救济品的最便宜的美国货。好吗，这笔账咱们来算算看吧，一磅地球牌咖啡不过一千三百元左右，分煮廿壶，每壶冲四杯，每杯成本十六元二角五；牛奶每听六百元，分冲十杯，每杯成本六十元，加上糖，每杯共计成本不出八十五元。连一切生财开销在内，盈利至少也有百分之六十。牛奶咖啡吐司每客五百五十元，少说点吧，一整天平均可以卖五十客。那么一整天就是两万七千五，一月就是八十二万五，除去四成，净利也有四十九万五。好生意咧！

　　不知为了什么，在回家的路上走着的时候，我脑门儿里就有着一连串报纸上的字眼，打起盘旋来。什么外国货倾销，民族工艺之危机呀。五月份海关统计，进口洋货（私货不在内）与出口土货为五十比一呀。什么财政收支不平衡，全国经济破产呀。旋着，旋着我脑子有点儿昏了。一个挑担卖夜吧消的（大概是卖白糖莲心粥吧）从我身旁掠过，没入黑暗里去，差一点没有碰翻。

　　用玻璃木梳，提玻璃"皮"包，穿玻璃丝袜，以至于坐美国式的小摊，吃美国点心。美国资本主义社会庞大的机器工业生产品，他们只不过运来一小部分，就使全上海（也许更广）市民的生活形态，起了绝大的变化。

露天咖啡摊的情调

（作者：周南，原载《国际新闻画报》，1946 年）

　　没有诗意，没有罗曼蒂克，但它是大众的一种安慰。

　　CAFF，是都市男女所熟识的，这里制造了无数绯色的故事。让年轻的男女们啜呷这浓液,这带着苦涩回味的咖啡,而陶醉在罗曼蒂克的气氛里。

咖啡店是美化的:充满着诗的抒情永远富有诱惑力的,爵士音乐悠扬起奏,年青的歌女婉转的唱着《莫忘今宵》,这迷的音乐,这醉人的歌喉,多少人为它陶醉。是一支"华尔兹"的舞曲,沉醉在爱河里的情侣们婆娑起舞了,这世,这乐园……永远是贵族化的小姐和公子哥儿们的享乐!

可是,露天咖啡摊却是大众化的,是中下层阶级的宠儿。因为美国货的充斥市场,咖啡、可可、牛奶……都成为了价廉物美的食品,于是这许多露天的咖啡摊便应运而生了。这真是使人惊奇,差不多每条马路街头巷尾每隔数步便有一摊,无形中,成了畸型的发展。

夏夜,熏风微微的飘拂着,咖啡摊上坐满了人,小小的木架上披着一块白台布,或是蓝格子的布,上面点缀着很多罐头牛奶、咖啡、可可、果子酱,五色缤纷,其实却都是空罐头,点缀点缀而已。有几摊整理的很清洁,很整齐的安放着一排玻璃杯。夜市的生意很热闹,花上最低的价值可以享受这美式配备的饮料。普通咖啡、可可每杯均三百元,加牛奶四百元,白脱或果酱吐司每客三百元(两片)。这咖啡倒有一种异国情调,而且大众化,所以什么阶级的人都有,顾客以小职员、公务员,以至贩夫走卒,呷咖啡更成了一种普及化的饮料。苦力们真是做梦也想不到天天可以享受美式配备饮料!

露天咖啡摊的确有其不平凡的情调与别具的风味,路上,我们常常可以闻到一种咖啡的香味,随着微风飘来……

娱乐酒菜业一点手法

(《申报》特写,原载《申报》,1946年)

这不是什么人赃并获的贪污的揭发。我从多方面搜集到一些资料,只是说明上海虽有巨量的纳税,却并没有一点一滴地都归到市库里。我在这里所叙的都是老话——一些受人注意而无人提起的老话。我所以不说些新鲜的,是因为手头没有充分的证据,怕负法律上的责任。在沦陷时期的上海,税的走漏,早就成为很普遍的现象。我这里要说的是戏馆、舞场、咖啡馆和菜馆。因为这里每天有大量的消费者,每天有大量的捐税,也有大量的走漏。

老式菜馆

伪财政局对于老式菜馆的捐税,最没有办法。他们并无会计制度,他们采用信任式的账簿,只在卖出东西的时候,简单地在簿子上记那么一笔。此外,就什么也没有了。伪财局没有权力叫他们请一个会计师,他们要是在簿子上少记一些,捐税的走漏就异常可观。譬如当一个老主顾吃完了饭,堂倌把账单拿上来的时候,总笑迷迷的巴结着客人说:"捐没有给你写上。"以便客人慷慨地把那份捐税充作额外的小账。要是那个主顾是带枪的,他一定声势汹汹的说:"混蛋,我也要捐税吗?"自然,这一嚷的代价便是免捐。可是所免的捐,老板不会掏腰包,弥补的办法,当然是簿子上少记一笔。簿子上既可以少记一笔,少记二笔、三笔,以至于无数笔,又有什么关系呢?可是贪心太重,毕竟有些危险的。当满屋子都是人气和酒气的时候,查捐的突然降临,就有很多的破绽会被发现。假如这一屋子的账已超过账簿上任何一天的总收入,那就足以说明过去的营业报告完全不可靠。结果,罚款,罚停业。记得有一次罚款之大,就是把那家菜馆变卖了也还不行，那家菜馆自然只有关门。

咖啡馆

咖啡馆的经理为了怕伙计舞弊，会计制度大多订得很严密。各种账簿，各式单据，应有尽有。这无疑的给了查捐的许多便利。但是他们依然运用心计，设法逃捐。虽然那些三联单，页码，会使他们觉得碍手碍脚，他们却并不因此而放弃这笔意外的收获。

有一家咖啡馆，为了印有页码的售货三联单的牵制，它特地雇了一位女职员，每天缮写另外印成的伪三联单。如同正式的一样，这上面有日期，有货名，有售价。经理嘱咐她多写不纳税限价线以下的东西，如一杯红茶、一杯咖啡之类。一直写到预定每日的营业总额为止。此外，这位女职员还得做一点最简单的购货、销货以及开支账。整个办公时间内，由这位女职员一人占有这账房间，其他的司账员都在外边赁屋办公。查账的来了，就由这位女职员去对付。若问："账为什么这样简单？"回答是："生意坏，人手少。"问得仔细时，她就说："账房先生出去了，我也不大清楚"。这样，查账的稍微对上一对，就在账簿上盖了一颗"查讫"的图章走了。而咖啡馆呢，每天偷税的收入，远远地超过了营业上的盈余。但第二次另外两个查账员到来的时候，却被他们抓住了漏洞。原来经理贪心太很，他以为查账既已来过，写伪销货单毋需太认真。意思是纸张不也浪费过多。他说："查账的看见一大堆三联单，早就头痛了，谁会一张张的仔细看。"查账员对他们营业单位的稀少发生了疑问，接着他到收银柜拿了当天的账单一看，半天所做的已经超过了以往每天的总数多多，再一细看，发现页码距离很远。那位女职员便解释说："今天生意特别好………账单随便拿来用，根本没有注意页码。"等到查账的走了，经理马上到伪财局找人疏通，后来虽然处罚，却罚得很少，这中间疏通显然起了作用。

戏馆

戏馆中以京戏馆偷税最凶。最初，伪财局马虎，他们卖出的票子，到散场前又收回来。到了月终，随便向伪财局报销一点就算。其次是赠券收的捐，经理全数中饱。之后，伪财局因为税收少，变更办法，每排位子的票子订成一本，票子必须到伪财局去盖章；票子撕下，即算售出；票子必须撕三段。缴捐时，必须把票根带去。这办法的确很严厉，而且执行得也很严格，也时常有人到戏院去查捐。这使经理们大大的感到恐慌，于是推派了一位代表，秘密地到伪财政局去走门路，目的自然是为了疏通。虽然后来仍然有人到戏院里去查捐的，但经理们已不再愁容满面了。据说，这一次的"联络"，范围很大，包括盖章及点票根的。

一般的说来，人民总是厌恶捐税的。然而经理们例外，他们是捐税的拥护者，理由是：㈠一部分的偷税。㈡全部分侵吞赠券税。㈢迟延缴纳三个月，以此作为高利贷的本钱。

但不知为什么，曾有一家规模极大的京戏院，竟被查出偷税，受了处分。

舞场

舞场的组织是混乱的，经理们便混水里捞鱼，从中大事偷税。茶账数目小，还没什么。舞票数目大，就用了手法。

手法很简单，舞客买给舞女的舞票，向账房间去掉取现款后，账房间又重新把那些舞票卖了出去。但经过几次严查，他们也就与伪财局有了"联络"。

另一种逃税是永远无法破案的，那是一些老舞客，为了巴结所欢，直接把现钞交给舞女。这是既偷捐而又逃避老板的剥削的。

上面所说的只是各种各样逃税中的一麟半爪。我不是说现在还有这些现象，但我也不敢担保说没有。

上海屋檐下的咖啡情调

（作者：司马吁，原载《世界晨报》，1946 年）

立秋后晚来多风，地名叫上海，果然就夜凉如水。如此凉夜，一个在街上找寻"消夜"的人，很容易想起一顿丰盛的晚餐，尤其是散席之后，当大家用故事和笑话辅助食物消化的时候，贤惠的女主人用纤纤素手捧来一杯苦艳的咖啡……

于是健康的鼻子就闻到咖啡香，那是从街角飘来的。那里有一家"平面的国际大饭店"，在"活动的万象厅"里，摆设着一张狭长的餐桌，台布坦白地承认他三天没有洗脸，叉子长伸五指，抚弄着受伤的刀口，空洞的洋瓷盘中，停着一个乞讨的苍蝇，罐头上的五彩商标在夸说美国荔枝又大又甜，不知道罐内早已空无一物，红烧牛肉青筋毕露，沙利文的厨子而今安在？面包不像少女的乳房，倒像正在生气的老太太的脸。

这就是新兴的街头咖啡摊。

一位国家报纸的记者，用忧时之笔，形容这种咖啡摊多如"雨后春笋"，为"七重天"担心，贵族的饮料被搬到街头，市井之徒闯入了沙龙，他仿佛看见法国大革命了。然而这实在是一种杞忧，一个在七重天上，一个在褴褛的人间，两者还相去甚远啊！

在"难公署"干电灯下，我们来领略一回屋檐下的咖啡情调吧。

老板面带和气的笑容，从红铜茶炊中倾出深绛色的咖啡，再兑上"世界上最好的"金牛牌牛奶，不待顾主叮咛，即重重下了白糖，凡事"将心比己"，这东西愈甜愈可口。然后用烹调圣手的神气，把白脱油涂在面包上，涂得太慷慨，使旁边张口观望的食客发出感慨的微笑，觉得人间无处不温暖，甚至想到仁慈的联合国救济官员，所行所为亦不过如此。

坐侧席的是一位小公务员，听他的口音是重庆来客。他也许来迟了一步，至今还没有乘坐过百老汇的电梯。幸好他是一个乐观而且安分的人，现在吃着这种微苦的茶，便已经感到极大的满足。

想战时重庆，咖啡被列为奢侈品，总务科长宴客，就只得采用"巴利茶"，这种茶用小麦焙成，因此饭后的节目，明明是咖啡，而端来的却是一碗布丁。一位美艳的女明星，在阔人广聚之间，一连吃下两杯咖啡，这件事立刻遭到报纸的非议，认为"与其奢也，宁俭!"对她的"过分需要刺激"，加以难堪的指责。咖啡不久就遭到查禁，在那些有名的咖啡馆中，绅士与闺秀改用了枣子茶，欲啜时眉头微皱，因为那里面放有"节约"的薄荷。

这位重庆客如今吃到真正的咖啡，便觉得八年抗战不算白费，异国情调可傲同乡，对上海表示无上的钦崇。

他用满意的眼光观看座客，一个满面忧郁的人，无声地啜着"清咖啡"(此点必须向上流社会人士注解:此咖啡不加金牛牌牛奶，可便宜一百至一百五十个华币)，不时对白脱土司投以憎恶的眼光，大约是一位胃口不好的诗人。一对身份不明的男女，喝着滋养而无毒的牛奶，谈笑甚欢，并不温柔缱绻。看光景，大约目前纵不制造"辟室××旅馆"的新闻，迟早亦必演出悲剧:男人纵身向楼下一跳，女人"误服"弟弟梯，终于落入了不得的新闻记者手中。

一个三轮车夫，急如旋风，跳下车来。一口气饮下两杯青咖啡，太苦，便手指头挑起一点果酱，塞进大嘴中，赞美一声:"美国货，邪气好!"然后随风而去——他从来不知道什么叫失眠。

两个晚归的洋人，夹着他们心目中的"东方美人"，从摊前过身，像家长看小孩们办"姑姑筵"一样，发出咯咯的笑声。

一个过时的酒吧女郎，斜靠在附近的砖柱上，用低声哼出"泪洒相思带……"

重庆客啜了一口微苦的茶。一夜之间，他看见了潦倒洋场的诗人，又看见漂泊天涯的歌女……在夜凉如水的上海。

上海人"吃咖啡"

（作者:海蒂,原载《大众夜报》,1947 年）

"吃咖啡"一词,上海人口中时常可以听到。"请你到 CPC 吃咖啡",大约与"请你到羽春吃茶"同义。然而"吃咖啡"此词,在修辞学上大有毛病;"咖啡"可喝不可吃,而上海人是吃喝不分的,换诸"吃喜酒",即可证明。大概只有北平人才斤斤于"喝"之不同于"吃"罢。此其一。

其次,"咖啡"一词,本身也有毛病。这是舶来品,原文是 Coffee,音译理应为"哼啡"才对,可是堂堂国际饭店的菜单上,"哼啡"亦为"咖啡",货真价实的"哼啡"倒是在路边摊上照牌可以看到。"哼啡"误为"咖啡",尚情有可原;而一误再误,称之为"咖啡茶"者,重床叠架莫此为甚。君如不信,可以到各电影院去看幻灯片广告,赫然有"鹅牌咖啡茶"五个大字。

至于把喝哼啡的去处,称为"咖啡馆",尚无大碍。盖此处指咖啡馆,应巧合为 Cafe,而不是 Coffee Shop 之直译了。

客尝有见一红光满面的大腹贾,在咖啡馆中,高据一桌,向侍者大声曰:"仆欧,弄杯咖啡茶来吃口。"一语三病,把他的暴发户身份,完全暴露无遗。盖餐厅侍者为 Waiter,至于 Boy 乃专司启门拎箱之职的童子,此为一误;称哼啡为"咖啡茶"是二误;"喝"误为"吃"是三误。其实"吃""喝"都是多余,你点了酒菜茶点,自然是吃喝的,岂有"看看""嗅嗅"的乎?而该"豪客"之所以在大庭广众间高声吆喝者,无非示其多金耳!可惜现在已非昔日沦陷期,以数百金喝一杯SW咔啡为豪举的时代,贩夫走卒,固皆可高据路摊上喝台而蒙咔啡了。

然而也有"寒酸"的文士在文章中卖弄他的"西洋情调",以"洋场才子"的笔法,写其自身在霞飞路西区一外国咖啡馆中,向侍女点一杯Cafe!把店肆误为咔啡,已足笑煞外国人,而还要引诸笔墨,卖弄未成,反而献拙而已!

茶和咖啡

(作者:徐蔚南,原载《论语》,1947年)

什么时候养成我爱好品茶的习惯,正和旁人一样,很难回答的了。因为我国是茶之国,而饮茶又是那么普遍,在家庭里,在社会上,时刻有饮茶的机会,积渐而养成品茶的习惯,更进而养成要饮好茶的习惯。杭州的龙井茶,真是要得,泡出来有股幽香,而入口则味道甚厚,略带些些的苦味,而这苦味中却像是甜的。仿佛我们今日回想往时,就是困境也有点甜味,而今日要的甜味呢,却要如西洋人的饮茶一样,要用白糖掺进去,用人工方法制造的了。

福建的双熏、三熏,因为和有花香,所以味道特别的浓厚,而我却爱它的颜色好看,注在白瓷的茶杯中,黄澄澄的仿佛一杯蜜糖。安徽的祁门红茶也着实够味,色香味都妙。我去重庆时,在屯溪耽搁了一个月,好茶着实尝到不少。郊外密云岩一个庙宇里,游客到时常供给一杯清茶,取资甚廉。那种茶在屯溪是极寻常之品,但在别地,便是佳品了。我好几次去密云岩,可说是都为的饮茶。到了建阳,有人供给我品尝武夷山上最驰名的铁观音,只是真假莫辨。后来想想,一定是真的。到了桂林,又逢到中国茶叶公司的经理沈秋雁先生,他在公司所设茶室里请我们饮碧螺春。

我从屯溪到重庆，一路上随时买点土产，沿路送人，到重庆——送光，独有一包茶叶却不肯送人，要自己享受。那是屯溪一个茶店老板送给我的最好的红茶。用滚水泡出来时，首先，那股香味先钻进你的鼻孔，百般地诱惑着你；其次那味道真好，是厚的，但还是轻松，是一种感觉上的浓厚，一点不腻滞。可惜重庆水太重浊，常常泡坏了茶叶。尤其可惜的逢到淫雨天，工友取茶时，没有将铁罐闭紧，竟至使全罐茶叶发了霉，真气得我发昏。

泡茶的水要纯洁第一，而重庆的水却是泥浊，永远不出好茶。我到南泉王新甫家里才喝到清纯的泉水，注在杯子里，那是水晶；放了茶叶后，便是一块绿色的水晶，真美极了，可惜茶叶还是不好。在唐家沱同乡柴小姐那里也尝到好水。茶叶是本地沱茶，四川沱茶是不坏，但只是不坏而已。

"重庆茶馆的多，好比巴黎的咖啡店"，我初到重庆时，朋友就这样告诉我。我在城里城外观光时，真是五步一茶店，十步一茶馆，而且家家茶馆都有生意，高朋满座。摆龙门阵——瞎谈天的术语，是产自重庆，而摆龙阵最好的地盘，自然就是茶馆。茶馆里大多是放着躺椅，或者白帆布做的，或者竹做的。茶客躺在那儿，多舒服。如果和朋友们聊天到口干了，身边茶几上就是一碗清茶，顺手取来解渴，润润喉咙。茶馆大都带卖瓜子、花生、香烟，还有小贩不时来叫卖糖果，还有报贩，还有擦皮鞋的。进进出出，川流不息。躺在椅子上，茶客无聊时便叫茶花房拿盆瓜子吃吃，或者叫小贩敲下一点麦芽糖来甜甜嘴巴。识字的等报贩来，买份报纸看看国家大事。

茶馆拥有经常去喝茶的老茶客，或者是早上的，或者中午的，或者是晚间的。早上的老茶客大抵一起身就到茶馆，喝杯清茶外加吃点点心。茶已喝饱，点心吃过，然后回去，不知回去做什么。中午的茶客，大都是吃过午饭去的。中饭后小睡是重庆流行的风气，在家里或者因为人多，他们便去坐茶馆，因为这时茶馆比较清闲，他们喝了几杯茶，便躺椅上小睡,睡了一二小时,然后去办公厅工作。晚上的老茶客,大抵是晚饭后去的,他们是去茶馆聊天的,上至世界大事,下至臭虫白虱,无所不谈。谈到茶馆快要闭门,才陆续回去睡觉。

除开此种老茶客之外,偶然的茶客也是有的。因为路走得多了,便借茶馆来休息一下;或者要赶车子,时间未到,车子未来,便在茶馆等候一下;或者因有什么事务密谈,便约在茶馆相叙。

①

茶馆,不仅是在重庆,在任何一个地方,总是个乐园。在那儿一边放纵,一切自由,仿佛从严酷的人生下解放了一小时,仿佛从无情的社会压迫下逃避了一回,享受着闲适的趣致。

我对于坐茶馆是没有什么好感,但也没有什么恶感。在不讲工作效率、舒余闲适惯了的社会里,中国茶馆的存在是有其必然理由的。既然有存在的必然理由,便对于茶馆无好恶之可言,应当从更深处去着想

_____

① 20世纪30年代的重庆街景。

了。一个没有工作的人，而又无可以安居的房间，又无公园之类的场所，闲着的身体无处安排，除了坐茶馆外，请问还能做些什么呢？

争取时间诚然不易，而耗去时间何尝容易呢？要浪费生命，预支年岁，极短时间享受多年的幸福是有条件的，不是任何人能做到的。即如打麻将是杀时间的一法，可是打麻将要有赌本，没有赌本便无从借麻将来杀时间。茶馆中去坐坐，真正是最廉价的杀去时间的方法。

在破落不堪的社会制度下，在冷酷无情唯利是图的"人鼠之间"的城市中，借茶馆作为避难所，争取一二小时的安慰，我们还有什么理由来谴责呢？人人有向上的意思，而无自甘下流的，下流的社会才逼迫人下流。人人有爱好清洁的心，而无自愿污秽的，只有那污秽的环境才叫人污秽而不自觉。虽则不能因噎而废食，但攻击茶馆是不合理而且无效的。

我到重庆后，曾有一个短时期，因为一切工作的必需品都没有，又无生活的必需品，百分之百无聊中，便也去坐茶馆。在茶馆中望望街上来往的行人车马，或者瞭望江中的风帆与屋顶田地，将寂寞苦闷暂时赶走了，虽则并未得到一丝一毫的快乐，但至少在这一二小时里也没有任何的不快。

从无聊消磨时光方面说来，坐茶馆是为害最小的了。扑克、麻将、逛窑子、抽大烟等等，那为害之大，真是一言难尽了。我不是为茶馆作辩护，茶馆有其必然存在的理由，用不着我来辩护。我只是为坐茶馆的人说法，用不到坐茶馆的人不知坐茶馆人的心境，虽则坐过茶馆而从未反省的人也不知道坐茶馆的心境。

有人说中国茶馆等于外国的咖啡店。但是坐茶馆的心境与坐咖啡店的心境是全然不同的。前者是无聊的消遣，后是业余的休息哪！

喝咖啡自然也是一种嗜好。炒咖啡时那一种强烈的香味，是最诱惑人的。上海霞飞路上有家出卖咖啡的商店，老是放射那咖啡香味刺激行人，叫你一走到这家商店左右，立刻想咖啡喝，就到它那里去买一二磅芬芳的咖啡。朋辈中间，有不少喝咖啡的专家，像华林先生就是一个。他亲自烧咖啡,水泡得很开,咖啡完全泡透,不留一点余味。我到重庆后,蒙他叫我到中国文艺社讲过话,承他特别优待,将其秘藏的珍爱的没有启盖的一罐 SW 咖啡牺牲。凡到会的人都有一小杯。在重庆禁止喝咖啡的严令下,能得喝下这杯咖啡,实在是走运。后来在同乡丁趾祥兄处又吃到了他所秘藏的 SW 咖啡。后来,又在一个公务员的家里,又吃到了 SW 咖啡。我是与其吃咖啡还不如吃好茶的,但物以稀为贵,在上海战时只有喝 CPC 的咖啡,无 SW 牌子的了,到重庆后反而得着,自然最高兴不过的。还有位马宗融先生,他的喝咖啡癖是从巴黎带回。他在北平教书,据说还是天天在烧咖啡喝。

咖啡是一种常青树的种子。这种咖啡树是生长在热带区域,高的有二三丈,短的只齐到腰部。叶子像桂花,小而白,果像红莓苔子,中间有子二三粒,那不是咖啡,咖啡是半丸形,两粒背合,成为圆形,如桐子那么大小。果肉是甜的,但世人所喜欢吃其子,而不喜其果。

据说咖啡最初发见于阿比西尼的"加法",因其地而名,后传伪为咖啡云。后来有人将咖啡传到阿拉伯去栽种,大告成功,那就是现在著名的"木却咖啡"。到十七世纪末,又移栽于爪哇,于是热带区域都有咖啡树了。

近赤道或南或北约三十纬度的区域,如果温度终年在五十度以上,咖啡也能生长结实,不过不能如近赤道的那么的好了。咖啡最怕浓霜,经霜一染,咖啡即死;酷热虽不致咖啡于死命,但能阻滞其发育。所以种咖啡,以沿海、山麓二处为最宜,因为气候常常可以得中和。

全世界最大的咖啡的仓库是南美洲的巴西。那里所产的咖啡量占全世界产量三分之一,而全世界产量是二千三百余万磅左右。在世界经济不景气的年代,巴西会议把咖啡当做柴烧的。上面我所说过的 CPC 咖啡,是一个华侨所经营的。听说是巴西华侨,在上海静安寺路西端,开设一家美国式咖啡店。店中放几张很干净桌椅,顾客去买咖啡时,最初可以免费得饮咖啡一杯。那杯咖啡是在柜台上当场煮成的,所以又香又热。后来 CPC 牌子已经打出,免费喝咖啡的制度便即取消,而我们还可以去喝的,只要付钞。

咖啡的培栽很不容易,手续很繁。据说种子须播于特设的播种园内,等到苗长成数寸后才移种于山上,每本须用盆来保护,而盆上蒙以树叶,因为恐怕日光太强而致新苗枯死。等到四年之后,树才长大而能结实。像我们中国这种温带地方,七八月之交,正将入秋令,而在热带,则正是春季,百草怒发,万木萌生。到温带仲冬之时,咖啡树开花了,一片片白色恰像北平西山大觉寺的杏林,微风吹来,芬芳触鼻,令人心醉。到四五月时,咖啡果熟,作红色,累累如樱桃。农人便从事于采果工作,咖啡经送入工厂去肉留仁。此种咖啡一经焙制,便可煮饮。

世界上喝咖啡最多的,不是法国而是美国。据说美国人每年购咖啡所费的钱,要达九十万万金元,二倍于法国,四五倍于比、奥、英、荷,而美国每年每人所需的咖啡量,要十二磅多云云。喝咖啡的习惯传入于我国大抵在五口通商之后,因为我国大多饮茶,不必咖啡,至今如此。关于咖啡,也多笑话,我在东京曾听见神田町一家咖啡饮食店的一个笑话。据说那家咖啡店有若干时候,每天待收市之后,将所存余的咖啡茶,送给附近的工人喝。工人因为白吃咖啡,自然天天享受,可是工厂里,发见工人作工时都是没精神,一点不起劲,然而工人平日的行为又都是个个中规中矩。工厂管理人几经调查,总找不出工人颓丧的原因来。后来发现工人都在咖啡店里白喝咖啡,尽量地喝,喝得那么多,以致每个白喝咖啡的工人,夜夜失眠了,于是白天工作便毫无精神。工厂主人便跑到法庭控告咖啡店企图谋害工人,而致工厂大受损失。

但咖啡店的免费赠饮咖啡,也不知道会闹出很大的笑话,当然不肯承认存心谋害工人。后来那家咖啡店停止赠喝才了结。咖啡和茶这两种饮料,原来都有兴奋的作用。从好的方面说,服后能减少疲劳,使神智清晰,加强脑力与体力,增加血压而觉得温暖;从坏的方面说,则易失眠或神经过敏,头痛,心悸及间歇状态。消化不良或便秘等疾,也有原因于饮茶或咖啡的过量。

海南的咖啡之夜

（作者：君豪，原载《工商新闻》，1947 年）

不要说一个生长在北方的寒气中的人，对亚热带底温和的天气、傍晚的海滩、月夜的椰林，会悠然地飘起一串遥远的眷恋；即使是生在广东、长在广东的道地的广东人，很多时候，也会向这云海深处的海南岛抛出深深的遐想。真的，在想象中，海南岛是美丽的、娴静的、富庶的，如同一个出身世家的深闺小姐，遍身荡漾着迷人的馥郁的香气。然而，在事实上，她只是一个朴素的姑娘！

当笔者在一个偶然的机缘里，经过了两天晕厥得绝不好受的海上生涯，乘着一艘还不过七百吨的轮船，走完了由广州作起点的三百海里以后，显现在诧异的眼光前面的是那么地渺小和破旧得可怜的作为海南岛政治、文化、经济、商业中心的海口市，不禁愕然！

市街是静悄悄的，疏疏落落的行人只成了点缀，几条不长不短然而是颇嫌狭窄的马路，除了比较热闹的和经常有车子行走的以外，都给石灰铺成的路面，由于年久失修，都破坏得有点"褴褛"。市区内的房子，大部是平顶的，而且都很低矮，只有得胜沙路的胜利大厦是五层的魁梧的建筑，是全市而且也是全海南岛唯一漂亮的房屋。因为海南岛孤悬海外，太平洋和印度洋的波涛，是那么的放肆地喧吼，每年七八月左右，它便卷起了海风向岛上侵袭，威力是不可以形容的，所以如果房子如果建筑得太高，便很有问题了。此外，假使，你以都市人的眼光，企图在市区内发现那缤纷灿烂的霓虹灯，那极富诱惑色彩的大腿广告，那橱窗里的迷人的陈设，那代表现世纪文明的挽着玻璃手袋、穿着玻璃丝袜、登着玻璃皮鞋的太太小姐们，简直像一次毫无所得的狩猎，带回去的是"空虚"。

在海口，要嗅到一点儿都市的气味，是很难得的，它所能给你的印

象只是荒凉和贫乏。你来到这个地方，虽然不一定会像到了戈壁大沙漠那样感到寂寥和孤独，但是，那种心灵的空虚，那种冰窖似的人性所给你的冷冷的表情，你是无法忍受下去的。以前，曾经怀抱过琼崖的是富庶的观念，到了海口，不由不使你倒抽了一口冷气，这拥有五万多人口的城市，由于建筑在贫穷的农民和凋零破败、糜烂不堪的农村基础上面，更由于在地理上和大陆隔了一道海峡，滔滔的碧波的海水成为阻止文化交流的高不可攀的藩篱，造成了社会的闭塞愚昧的风气，因此繁荣是谈不到的。最近，琼崖改设特别行政区的问题快成定居，一般生意眼的商人，为了争取未来的营业，相继拿出一点资本，把门面稍为刷新；另外的，又不惜斥资另起炉灶，如国际餐室、良友冰室的出现，那比较带有艺术性的陈设和装饰，在电灯的辉映下，吸引了不少行人，但这也不过只是繁荣的片面而已。

作为在亚热带的海口市，并不是如一般人所想像中的"椰林月

---

① 1870 年的海口，约翰·汤姆森拍摄。

夜",走遍全海口,你只能在新华路蔡专员劲军公馆前,和九区专署所在地的"椰子园"内,才能看到。那些地方,到了夜里,差不多都成了禁地,军警森严,是不能以一个普通人的身份进去的,"椰林月夜"滋味究竟是别饶风趣还是味同嚼蜡,你便无法在海口尝试了。假如你跑到郊外去,即使你光临市郊的有名的五公祠吧,还是一样的使你失望。五公祠不愧是海南有名的名胜古迹,在绿阴深处中亲登"海南第一楼",远眺那青葱的平壤,和那平壤上升腾着的如沸的热气,你会禁不住赞叹五公祠的清凉,悠然入睡。假如你要找一两株椰树或整个椰林,你便只有乘车到文昌去,那儿的椰子树林,够你玩上一整天。如果你有一两位风趣的女友为伴,还有一支"吉他",那么,你们双双地坐在椰子树下,喝着椰子里的椰水,或者吃着"菠萝",更其写意的是能够对着那银辉烂漫的月亮,在夜风温柔的爱抚下,弹一首你最喜欢的《小夜曲》,由你的女伴轻轻地、低低地,用她的鼻音唱和,你必然会在这种真、善、美的怀抱中想到飘然的陶醉……

海口的特色第一是咖啡店多。你不要小看了这仅有五六万人口的城市,它却是麻雀虽小、五脏俱全,只要你在市上作一次巡礼,咖啡店的多,可以当得起"五步一楼、十步一阁"的美誉。在每一间大大小小的咖啡馆中,都挤满了喝咖啡的人,他们那种具备寻欢悠闲自若的神情,真使我们这些终年忙碌的记者羡煞。第二是妓女多。海口虽然在文明的尺度上是一个颇为落后的城市,但是,市民的色情的享受却并不亚于广州。一到傍晚,在瑰丽的晚霞辉映下,所谓城市的阴暗的妓女们便打扮得花枝招展的在街上作着兜卖货色的勾当,一些姿色较为端丽的,便相继在酒楼茶肆中建立她们的滩头阵地,在"提壶"的烟幕掩护下,她们一样地在征歌逐色的人群中把肉体出卖。第三是皮鞋多。皮类是海南岛土产之一,营皮鞋业的人不愁没有皮革供应。因此,皮鞋的价格要比大陆各县便宜得多,在四五月左右,一双皮鞋只值三万多元。现在,物价已经狂涨了很多,它还只不过是十万元左右。第四是敌伪物质多。据中信局粤桂闽区敌产清理处专员何名忠氏的统计,海南岛敌伪物质之多,仅不过稍次于东北,这一批敌伪物质遍布在全岛的每个角落,海口市当然也占了不少的分量,什么营养厂、皮革厂、水力发电厂、酒精厂、株式会社,还有敌人在占领海口期间所设立的很多慰安所,和慰安所中的数千名慰安姑娘,这一大批敌伪的遗产,都在接收时损失的损失,分散的分散了。

不要希望得太高,当你把一切的厌恶让深蓝的海水带走之后,你会觉得它仍是值得怀念的。

咖啡座上客

(作者:寅柏,原载《申报》,1947 年)

说咖啡馆是专供人们呷咖啡的去处,其实是并不尽然的。

不论是国际三楼或十四、十八楼,霞飞路的弟弟斯、复兴或卡夫卡司,乃至外滩的沙逊与汇中,就所有的座上客而言,很少是真正悠闲地在那里名符其实的"呷咖啡",他们大抵都是"有所为"而来的!

如果你有这么半天闲功夫,你不妨到几个著名的咖啡馆里去巡礼一番,那才够你瞧呢。

这里,首先是那些一本正经谈生意的朋友。所谓生意,当然是指广义的而言,它包括实货卖买,也包括空头掮客,甚至假咖啡馆作为"开调斧""讲斤头"的临时租借地的,于是有的眉飞色舞,唾沫四溅;有的垂头丧气,一筹莫展。他们大抵都是高谈阔论,即使四座的人们都投以惊异乃至讨厌的目光,他们还是津津乐道,旁若无人的。

以次多数计算,那末便是以咖啡馆作为临时歇脚地的人了。他们视咖啡馆犹如旅途中的一个驿站,其作用颇有类于乡间两个村落之间的十里亭,他们或则分别来自不同的处所,或则同自某个地方出来并且还打算同到某一个更远的处所去,于是就在这个驿站上,他们展开了下一个旅程的计划与憧憬,这批人,他们来既匆匆,去也匆匆,悠闲两字也是无从谈起的。

此外便是借咖啡馆为谈情说爱的"人间天堂"的情侣们了。当然他们与她们之间也有程度上差别,从"相亲"或介绍认识起,到做朋友,初交际以迄山誓海盟地谈情说爱为止,真是形形色色,莫不俱全。至于那些非耳鬓撕磨不足以过瘾的旷男怨女,感谢天,也自有设计周到的老板为他们布置了隔离的座位,福煦路上的叶子咖啡馆等便是以此作为号召的。

另一种人以专坐(他们称"孵")咖啡馆过日子。像是上公事房一样,每年每月,无分晴雨,他们都准时而到,三四或五六个蟠踞一桌,摆开龙门阵,上至天文,下至地理,既谈政治,也谈女人。谁说他们是在"消闲"那才可笑,在他们自己,这是再严肃也没有的公事呢。

比较占少数的是那些在咖啡馆里看书报听音乐的,像我这样以咖啡桌权充写字台来写稿的人,那当然更少了。但无论如何,终究都是"有所为"而来的,所以我终认为:说咖啡馆是专供人们呷咖啡的去处,其实是并不尽然的。

文艺咖啡馆小记

(作者:徐仲年,原载《新闻报》,1947 年)

世界上最著名的文艺咖啡馆集中在巴黎。咖啡馆上加以"文艺"字样,必然有它的特点。到这种咖啡馆里去的人是文艺家,当然不在话下;但是,这还不够构成文艺咖啡馆。在外表上,文艺咖啡馆不求华丽,却必须幽雅。所谓"幽雅",从室内装饰、灯光,直到音乐,必须予人以安宁,予人以快感。在精神上,每家文艺咖啡馆必然有若干中心人物,或某种文艺主义为中心思想。这些中心人物大都是"大师",即使不是"大师",至少也是文艺界的红人,为青年作家所崇拜者,他们走到哪里,青年作家跟到哪里,犹如拱卫。某学派自有某咖啡馆,而以主义为吸引力。换句话讲,二十世纪里的文艺咖啡馆,就是十七、十八、十九三个世纪里的文艺沙龙的放大。

在中国,偶尔有文艺茶会,在上海除了美术茶会、文艺茶话会、星期六文艺茶座而外,尚有香雪园的粥会、丽都与大观园的茶会;若论文艺咖啡馆,以前霞飞路的"文艺复兴",还有些文艺气息,自从店主换了人,这种气息已经消失了。

以前长江某埠有一家"文艺沙龙",我好奇,去探险了一番,觉得它的名称似乎应当改作"文泥沙龙",因为视文艺如"泥"也!

五月三十一日下午,我出席香雪园的星期六文艺茶座。华林告诉我,上海有一家新开的"文艺咖啡馆",主人认识我,希望我去玩玩。因为它开在香雪园的附近,华林便领我去。

文艺咖啡馆的门首有一尊银灰色的维纳斯像在那儿迎接嘉宾。维纳斯的古像很多,这尊是模仿弥罗岛上的维纳斯像而塑的。维纳斯是文艺女神,也是爱神:文艺与爱情不能相离。走近门,馆主已经笑迎出来,原来是留法建筑工程师、上海美专的老教授(迄今十一年)、艺林建筑公司的经理,洪青先生! 一切由他亲自设计督造而成。目下地方不太大,可容二十余人,但是,不久可以扩大一倍,或以上。

咖啡馆的对门是公园,没有嘈杂的商店或住家,这也是可喜的一点。总之,这个环境很合乎文艺。

上海咖啡馆的新噱头化装歌唱会

(作者:仲威,原载《寰球》,1948 年)

在上帝扯起夜幕的时候,上海的市民也燃点起霓虹的光彩! 咖啡馆、跳舞场、大饭店的门口,吞进了珠光宝气的淑女和庄严潇洒的绅士。厚重的绒幕和旋转的玻璃门里,不时传出那热情快乐的调子,夹杂着一些断碎的银铃般的笑声。苏北来的难民,害羞似的躲在门外黑暗的角落里,等待着那浅绿色的 Buick、奶油色的 Packard、紫红色的林肯、宝蓝色的 Oldsmobile……希望能从开关车门服务里,得到那高贵仕女们的"赏赐"!

娴熟的舞步,在那光滑的舞池里旋转着! 屋顶的灯光,在暗红色之后,随着那第二支舞曲,又变成浅蓝,映照在那些唇红肤白的淑女的脸上,愈显得一个个沉鱼落雁,闭月羞花。一曲终了,绅士们随着淑女的后面,走向自己的台子,礼貌而斯文的拖开椅子,让淑女们坐好。假如您由美国一直飞往上海,而当晚就参加舞会的话,您会怀疑这喊嚷着民不聊生的中国,正和纽约、旧金山或芝加哥一样的繁华、富足、美妙和快乐。

叠罗汉、翻筋斗和迷人的草裙舞之后,台子上的柠檬茶,只剩下了折损的麦管和干瘪的两片薄柠檬,咖啡杯里也只剩下了未溶解的糖粒和渣沥。白衣的侍者带着恭敬而礼貌的笑容向绅士们收取那以万为单位的餐费、茶资和小费,同时暗示那"化装歌剧"就要开始了!

①

麦克风里传出节目和歌手的名字,接着那台上的幕布就在掌声雷动里拉开,两旁的 Spotlight,投射那强烈的光柱,集中在歌手的身上。

---

① 《寰球》,1948 年第 30 期。

用软幕作的布景,渲染着歌唱主题的气氛,道具简单,歌手的表情和动作被麦克风所限制。同时为了"延长时间"或是为了符合"歌剧"的"剧"字,在歌的前面或中间,加进了几句或十几句的独白或对白。但是结果往往不如不加的好,所谓"化装歌剧",实际上应当解说为:"加添布景,由歌手化妆的歌唱。"

每一"幕"歌唱完毕,一定是掌声雷动,"再来一个!"之声此起彼落,于是麦克风移到幕外。在歌手在幕外另唱一支歌的时候,绅士们和淑女们,又成双作对的,挤下舞池,婆娑起舞。幕内的"后台人士",又在布置第二个节目的景和道具了!一歌唱完,站在舞池里的仕女们,立刻又以掌声来要求再唱一支,这倒不一定是歌手的歌唱得如何的好!真正的要求,还是在仕女们觉得一支曲子不过瘾,借了再唱一个歌的音乐,再跳一次!这在歌手们忽然唱出《蓝色多瑙河》曲子的时候,许多不喜欢跳华尔滋的仕女们退出舞池的脸色上,可以得到相当的证明!

绅士和淑女们连舞两曲之后,粉香由于汗气的播放,混合着 Camel 和 Capstan 的烟味,弥漫在这温暖快乐的大厅里,第二个"化装歌剧",又在"舞众"面前展开!

①

①　《寰球》,1948 年第 30 期。

大多数的"化装歌剧"，全是一幕一景，自成单位。有的勉强凑成两景，如"拷红"。这当然是因为流行歌曲里并没有变为"化装歌剧"而写的，而"化装歌剧"只是采用流行歌曲加以改编或对白独白的关系。如果真要打开"化装歌剧"之路，那必须要作曲家单为"化装歌剧"执笔才可！

最后的一幕"化装歌剧"闭幕，绅士们在衣帽间里拿出大衣和丝巾，帮助淑女们穿戴。小郎们拉开那厚重的绒幕，那玻璃的门，一阵寒风，提醒绅士和淑女已是夜深的时候，应该安息了！浅绿、乳白、暗红、宝蓝色的车子，喇叭齐鸣，苏北的难民在车轮转动下，挤着追着，恳求着仕女们给那小费中的百分之几的赏赐。霓虹的光彩，逐渐的黯淡和熄灭，最后，只剩下惨黄的路灯在上帝扯盖的夜幕下摇幌着。

咖啡馆谭

（作者：杏子，原载《台旅月刊》，1949 年）

在台北，对于那些满脑肥肠，以追逐声色为乐的人，有的是如林的酒楼菜馆；对于每日从八小时的办公厅生活解放出来，急需获得一点精神慰藉与怡逸的公务人员，也还有几家偶然上映好片时可以逛逛的电影院；但是对于所有的人，更能够提供一个富于适应性的、休憩环境的，却是散设市内为数不多的几家咖啡馆。

在某个角落里坐着一个青年，眼睛半闭，也许是在思索一个什么问题，也许正沉浸在那一支莫查特的夜曲的美妙旋律里。在另一个角落的椅上，靠坐着一个中年人，有时看钟，似乎是在约候着一个什么人，或是要在一定的时间内到什么地方去，但脸上一点也不显得紧张或焦炙。有些人打开书刊在静静地阅读，有些人在低声谈论着当日的新闻，有些人在接洽一些什么事务，有些人让自己为俗事的烦扰弄紧张了的精神完全松弛，一时入于毫无活动的状态——小睡。这是一个咖啡馆中一瞥间的景象。

你可以是其中的任何一个人，你一样会感到咖啡馆对你很合适。每个人的趣味和需要未必相同，但它可以适应多样的趣味和需要。音乐是每个人都爱好的，那几种简单的饮料或食品不会使人感到太花钱，更不会像酒肉之宴那样把整个场所闹得乌烟瘴气。坐下来温暖舒适，像在自己的书房里一样，进出自由，不像看电影那样受时间的限制。这是所有在没有咖啡馆的城市里久住，受够了与朋友漫步街头而得不到一歇脚之苦的人们最能够欣赏的去处。初到台北，你立刻会爱上了咖啡馆；住久了，假如不是属于沉湎花酒，一挥数十万的豪富巨商那一群，而是能够从恬逸中发现趣味的人，还是会觉得需要它。但是因为建筑、装饰、布置、设备、管理等等的不同，每个咖啡馆也各异其趣。此外，馆址所在地的环境中，因其多少可以决定经常进出人物的种类，使店主不得不以其经营迁就他们的趣味和需要，所以也是对于这个馆子的风格极具影响的因素。

试坐台北几家咖啡馆，我得到了几个不同的印象。

"朝风"，建筑和装饰都不很时髦，有几分古香古色，一望而知是一个老资格的咖啡馆子。室内藏聚，坐着有温暖舒适之感，只是夏天怕不大通风。不准在场内擦皮鞋，是这个咖啡馆子一直坚持的规则。随便惯了的人为此感到不便，可是更多的人欣赏这个办法。但也许因为进出的人太多了，椅桌和地板还未能保持可以满意的清洁。主人在以好音乐飨客方面，似乎特别注意，搜集和保存的唱片最多，让客人可以听到许多好音乐。不少人看书看报，表示到这个咖啡馆来来坐的人物，很多是知识分子。馆址的位置最合理想，靠近闹市而不面临闹市。人们很容易顺脚跑进去，但又能静思或欣赏音乐，而不受闹市繁嚣的干扰。大致说来，特别从音乐方面说，这是台北咖啡馆的第一家。

"哥伦比亚"，室内清洁幽雅，唱片不多，但都不坏。坐下来很舒适。一般说来，很够水准。只是地址稍偏，虽然离开电影院集中街道不远，一个生客还是不容易跑到那里去；且因为接近几家酒楼，偶然闯进一些醉醺醺的男女,整个幽温氛围便被扰乱了。

"可乐娜",面对着热闹的电影街,楼上是国际饭店的酒楼部分。清洁、宽敞、通体明朗,是它的特色。这个咖啡馆,与其称为咖啡馆,毋宁称为大餐厅。人多了,声音嘈杂,谈不到欣赏音乐;人少了,有冷清空洞之感,缺乏一般咖啡馆那种藏聚、温暖的气氛。

"美都",楼上有乐队歌星,是赶热闹的地方,对于真正欣赏音乐的人毫无用处。楼下地方大,座位多,没有音乐。口渴了进去喝杯饮料便可以走,没有什么好坐的。

"春园",面临闹市,便于歇脚。饮料不佳,但还便宜。室内原有的装饰还过得去,座位设备简单。音乐太不讲究,二十年前在内地流行的《毛毛雨》之类歌曲的片子竟也拿来开唱。

"天马",长长的一个茶室,经过一番装修,简单大方,但是气氛不够。座位很多,排列机械,音乐从屏后细声传出,所选唱片,大致还可以听。

①

---

① 20世纪40年代台北街景。

"波丽路"，是全省唯一有自动掉换唱片的机器装置的一间咖啡馆。室内装饰和坐位设备都不算坏，总之，可以坐坐。

坐咖啡馆，有人是为了喝咖啡。但是从饮料（包括咖啡）的品质来说，台北没有一家咖啡馆是够水准的。我对于一个咖啡馆的评价，主要地凭这三种感觉而构成：音乐之美、趣味和气氛。

咖啡与茶

（作者：羌公，原载《铁报》，1949 年）

士兵大都来自田间，既入北平，乃如刘姥姥进入大观园，于都市生活，咸诧为奇观矣。有啖西菜者，食后语人："西菜样样都好，只是最后一杯苦药不好吃耳。"苦药，谓咖啡也，殆未加糖，遂觉难以下咽。咖啡产土耳其与埃及，于二百余年前，始由一法国商人，运至欧洲求售，并故神其说，谓功能祛烦驱闷，提神补脑，功长消化，视为强身妙药也。法皇信其言，取作饮料，以代葡萄酒，每逢盛宴，必烹此以飨嘉宾，于是贵族之家，亦多啜之；寝至民间士庶，亦咸以喝咖啡为时尚；惟某公主独不嗜此，嗤为"烟煤水"。是咖啡之被目为药物，固有由来，而不喜饮此苦药者，亦不独士兵也。欧人以咖啡为饮料，犹后于茶叶。三百年前，欧人闻中国与日本有茶树，采其叶，可供烹饮，以为奇迹。至一六一〇年，有荷兰商人自爪哇贩茶入欧洲，大事宣传，誉为"灵草"，认为"仙丹"，劝人日饮四五十杯，可以祛病延年。有一荷兰医师且以茶代药饵，病人登门，则授以茶叶一撮，嘱煎服，百病可俱销。是则茶与咖啡，无非药物，"苦药"之喻，不能谓为所见勿广矣。

谈咖啡兼示羌公

（作者：勤孟，原载《铁报》，1949 年）

不佞嗜咖啡如命，以为日常饮料者约计二十年，积二十年之经验，人家喝了咖啡睡不着，不佞则不喝咖啡睡不着。

闲尝研究咖啡之起源，所知与羌公所记微异，咖啡出产地不限土耳其、埃及，但发现咖啡可饮，则确系埃及人。先是埃及人旅行沙漠苦热，需要一种提神醒脑的药品，既获咖啡，遂大量种植。不过当时咖啡是吃不是喝，把它炒熟，放在口腔咀嚼，犹中国人吃五香豆。直至一五三七年，一位回教徒名哈特撒者，无意中试验咖啡用水烹煮，加糖而饮，还较咀嚼可口，由是方法一变。

然而其间有过曲折。一六二一年夏，埃及某王子喝咖啡猝然发疯而死，埃皇震悼，疑心咖啡有毒，下昭禁止种植咖啡，已种者铲除之。这一禁令维持了五十年光景，卒由医生确切证明咖啡无毒而解禁。

羌公说咖啡由中亚细亚传入欧洲，历史不过二百年，这是可信的。它从欧洲传入中国，大抵不满百年。曾文正公日记九种里，曾惠敏出使英国，寄回咖啡稍许，供堂上试尝。曾文正呷了半口，忙谓性能乱神，夷人没有好东西，儿宜戒饮！

说咖啡不是好东西也有理由，第一次世界大战末期，色当一役德军折师廿五万，德皇威廉二世悍然不以为意，对侍从武官说："给我煮一杯道地的古巴咖啡！要滚烫的！"其时前线军粮匮乏，士卒整月吃不到白脱，一听说他们的统帅在后方如此享受，大骂混蛋！自后军心动摇，德国到底走上了败亡之途，而那位想吃古巴咖啡的德意志大皇帝，只能流亡荷兰做寓公了。

香醇的咖啡

(作者:张竞生,原载《浮生漫谈》,1956年)

当我少年时在国内,不加咖啡是何物。自到新加坡时被当地的咖啡炒出来的香气冲昏了头脑,我开始对它同情而迎醉了。

在巴黎时,咖啡比茶更便宜。而且满地的咖啡店热烘烘地一杯,不过十生丁。所以当我们下课时、散步时,都去饮一杯。就激烈性说,它与香烟与醉酒同样兴奋,但它别具有一种滋味:既不是香烟的干奋,也不是酒气的奋发,它的力量是深沉而又发散。若和以奶与糖,更在奋发中具有深潜的香醇。对它少饮时,不但能振精神,而且能助消化,尤其是能搜寻心思。

法国文豪巴尔扎克,在写作时一夜饮到八九十杯,打破古今中外饮咖啡者的纪录。它确实能够帮助劳动界的奋力,与文人的心思。尤其是在寒冷的天气,阴惨惨的气氛中,一杯入肚,即时就觉五脏回春,别有一种愉快的感觉。一杯饮后,就生一回的心思,再饮一杯,又多生出一样的心思,这样饮到极多杯,就愈能生出复什的心思来了。当巴尔扎克执笔构文时.他当然具有个人的才能,但借助这几十杯的咖啡,愈更能掘发他暗藏的才思,这是无可怀疑的。但这也不是说,一个平常人如多饮咖啡,就能生出好心思来。而且有时因太刺激了而反生出心脏病呵!

自回国后,我终为咖啡不够过瘾所苦了。只能偶然吃到,而终不能长时一杯在手,香气缭绕于唇边,神气迷离于脑际。

好些年前,我曾漫游于台湾。这个地方尚沿袭日本侵占时的风尚,对于咖啡还是极普遍的饮料。但我遍尝了好几十家的咖啡店,终未得到一回极好的味道。因台湾所饮的咖啡是台南所产。台南如海南岛一样的气候,但尚未够热度,不能产生出好咖啡。但我有暇时,就到咖啡店去饮一回,所谓慰情聊胜于无了。

在故园时,我常买罐头咖啡,只有初开时那一回尚有些味道,其余就不过瘾了。因为咖啡的香味就在新鲜炒出后冲出时最有原味的浓馥。若在久藏后,如罐头品之类,就消失去极大部分了。所以我在故园所饮的罐头咖啡,价虽不贵,但不能满足。

记得在德国第一次世界大战后,我在柏林时与一位德国博士交游,请他饮一杯好咖啡,他就高兴到神飞天外。他对我说:"现在我所能饮的,其味道好似'洗脚水'! 我是饮惯好咖啡的,到今日不能饮到,连大便也屙不出来!"

咖啡琐话

(作者:周瘦鹃,原载《花前新记》,周瘦鹃著)

一九五五年仲夏莲花开放的时节,出阁了七年而从未归宁过的第四女瑛,偕同她的夫婿李卓明和儿子超平,远迢迢地从印度尼西亚共和国首都雅加达城赶回来了,执手相看,疑在梦里! 她带来了许多吃的穿的用的和玩的东西,内中有一方听雪白的砂糖和一方听浓香的咖啡粉:她是一向知道老父爱好这刺激性的饮料的。据她说:在印度尼西亚无论是土著或侨民都以咖啡代茶喝,往往不放糖和牛乳。好在咖啡豆磨成了粉末,只需用沸水冲饮,极为方便。我已好久喝不到好咖啡了,这时如获至宝,喜心翻倒。从去夏到今春,每星期喝两次,还没有完;有时精神稍差,就得借他来刺激一下。

咖啡是热带产物,南美洲的巴西国向以咖啡著名,而印度尼西亚所产也着实不坏。树身高约两丈,叶对生,作椭圆形,尖如锥子,开花作白色,香很浓烈,花谢结实,像黄豆那么大,采下来焙干之后,就可以磨细煎饮了。

咖啡最初的产生,远在十五世纪,有一位阿拉伯作家的文章中,已详述它的种植法;而第一株咖啡树,却发见于阿拉伯半岛西南角的某地。后来咖啡的种子外流,就普及于其他地区,成为世界饮料中的恩物,可以和我国的红绿茶分庭抗礼。

咖啡是舶来物,是比较新的东西,所以我国的诗人词客,从没有把它作为吟咏的题材的。到了清代,咖啡随欧风美雨而东来了,遍及大都市,于是清末的诗词中,也可以看到咖啡了。如毛远征的《新艳》诗云:"欢饮咖啡茶,忘却调牛乳。牛乳如欢甜,咖啡似侬苦。"潘飞声《临江仙》词云:"第一红楼听雨夜,琴边偷问年华。画房刚掩绿窗纱,停弦春意懒,侬代脱莲靴。也许胡床同靠坐,低教蛮语些些。起来新酌咖啡茶,却防憨婢笑,呼去看唐花。"我也有一阕《生查子》词:"电影上银屏,取证欢侬事。脉脉唤甜心,省识西来意。积恨不能消,狂饮葡萄醉。更啜苦咖啡,绝似相思味。"其实咖啡虽苦,加了糖和牛乳,却腴美芳香,兼而有之;相思滋味,有时也会如此,过来人是深知此味的。

咖啡馆的创设,还在十五世纪中叶,阿拉伯的城市中,几乎都有咖啡馆,因为从沙漠里来的行商骆驼队,都跋涉长途,口渴不堪,就得上咖啡馆来解解渴,于是咖啡馆风起云涌,盛极一时。一般阿拉伯人渐渐爱上了咖啡馆,日常聚集在那里,聊聊天,取取乐,以致耽误了正当工作。甚至政治上的阴谋,也从咖啡馆里产生出来,一时闹得乌烟瘴气。于是掌握政权的主教们大发雷霆,下令取缔咖啡馆,凡是去咖啡馆去喝咖啡的人都要处刑。当时君士坦丁等各地的咖啡馆纷纷倒闭,而在阿拉伯最最著名的咖啡"摩加",已曾专卖了两百多年,几乎没有人问津,只得另找出路,流入了意大利的水城威尼斯。

十六世纪的中叶,法京巴黎的咖啡馆,多至两千家,而英京伦敦,更多至三千家,虽曾经过一次大打击,被迫关门;后来卷土重来,变本加厉,甚至喊出了口号:"我们要从咖啡馆中改造出新的伦敦,新的英吉利来!""咖啡馆是新伦敦之母!"也足见其对于咖啡馆的狂热了。

苏州在日寇盘踞的时期,也有所谓咖啡馆,门口贴着"欢迎皇军"的招贴,由一般荡女淫娃担任招待。丑恶至极!我偶然回去探望故园,一见之下,就疾首痛心,掩面而过。那时老画师邹荆盦前辈已从香山回到城中故居,他是爱咖啡成瘾的,密藏着好几罐名牌咖啡,而以除去咖啡因的"海格"一种为最。我们痛定思痛,需要刺激,他老人家就亲自煎了一壶"海格"相对畅饮,我口占小诗三绝句答谢云:

卢同七碗浑闲事,一盏加非意味长。苦尽甘来容有日,借他先自灌愁肠。

白发邹翁风雅甚,丹青写罢啜加非。明窗静看丛蕉绿,月季花开香满衣。

瓶笙声里炎炎火,彝鼎纷陈闻妙香。我欲晋封公莫却,加非壶畔一天王。

原来苏州人多爱喝茶,爱咖啡的不多。像邹老那么罗致名品,并且精其器皿的,一时无两,真可称为咖啡王了。他老人家去世三年,音容宛在,我每对咖啡,恨不能起故人于地下,和他畅饮一番,并对他说:"现在苦尽甘来,与国同休,喝了咖啡更觉兴奋,不必借他来一灌愁肠了。"

文艺复兴馆

(作者:曹聚仁,原载《上海春秋》,曹聚仁著)

我是不爱喝咖啡的,这是土老儿的明证。因此,上海霞飞路上的巴黎情调,北四川路上的神秘风光,我都很少有机会去领会。我的朋友,爱"孵"咖啡馆的,说得诗一般风趣,我还是跟张老先生(天放),去"孵"茶馆的好。张老先生,他倒是巴黎大学的文学博士,带我上茶馆,日久成癖。他玩他的古董,我赏我的今玩,各有所得,尽兴而归,且当别论。

有一时期，几位朋友带我去"文艺复兴馆"（RENAISSANCE）（门口并没有中文，只有这么个洋文）。我们谈新文艺的，对于"文艺复兴"当然懂得。这一文艺运动，乃是近代文化的初潮，一种黎明气息。我们也把19世纪末期以来的文化运动，称之为启蒙运动。哪知，这是一家白俄开的咖啡馆，他们所谓"文艺复兴"，乃是向往于帝俄王朝的重来，有如今日"忠贞之士"的梦想。

如爱狄密勒所说的，进出于他的门口的，不是帝俄分子，便是他们的同情者。流落在上海的那些帝俄时代的王公贵人、富绅大贾，都以此为集合之所。每天出现在这里的，都是一些熟面孔。陌生面孔也有时出现，他们不会一个人来的；在他旁边，一定有一熟面孔，一个白俄女人。

IN SIMPLE PRE-RENAISSANCE STYLE

"文艺复兴"中的人才真够多，随便哪一个晚上，你只须随便挑选几个，就可以将俄罗斯帝国的陆军参谋部改组一次了。这里有的是公爵亲王、大将上校。同时，你要在这里组织一个莫斯科歌舞团，也是一件极便当的事情，唱高音的，唱低音的，奏弦乐的，只要你叫得出名字，这里绝不会没有。而且你就是选走了一批，这里的人才还是济济得很呢。这些秃头赤脚的贵族，把他们的心神沉浸在过去的回忆中，来消磨这可怕的现在。圣彼得堡的大邸高车，华服盛饰，迅如雷电的革命,血和铁的争斗,与死为邻的逃窜,一切都化为乌有的结局,流浪的生涯,开展在每一个人的心眼前,引起了他的无限的悲哀。他们的心眼中,都只有过去。他们歌颂过去,赞美过去,憧憬过去,同时也靠着过去赢取他们的面包、青鱼与烧酒。这些话,我相信香港朋友一定很理会得。

我那时也去坐坐,因为那儿有一种麦酒,不像啤酒那么苦,可以喝得。

百乐门及其他

(作者:曹聚仁,原载《上海春秋》,曹聚仁著)

我在上海,咖啡实在喝得太少了。对咖啡,至少如我们这样的乡下佬,总是不大感兴趣的。何况上海有些番鬼佬的俱乐部跟大饭店,都不让我们中国人进去;我呢,当然也不高兴进去的。有位朋友问我:"一位中国人,要是他请外国朋友喝咖啡的话,就没有地方去了吗?"我倒想起来了,大概可到静安寺路角上那家百乐门去吧!

中国上流社会人士,和洋大人平等相处,洋大人仿佛很看得起中国人似的,在这种情况下,那就得上百乐门去坐坐了。当年成批的军火买卖,就是在那儿喝咖啡成交的。在那儿的洋大人,看起来都是笑嘻嘻,很和气似的。假若在上海总会门口,或是华懋饭店阶前碰到他,他就绝不会对黄脸皮朋友客气了。

洋人出了百乐门,当然可以和中国朋友一同到圣乔治去消磨一整夜,那儿有各式各样的酒,各式各样的女人,要找刺激的话,随你什么口味都有。假如不中意圣乔治的话,也可以到地梦得去,那儿是一色的白俄女人,这些女人,其中有公主和将军的女儿,她们会觉得你是世界上最富同情心的人。这几家,都有很好的咖啡喝。而我一向是喝龙井茶的。

①

　　我再讲讲几家华洋杂处的咖啡馆。"文艺复兴"以外,在亚尔培路上有一家"巴赛龙那"和一家"塞维尔"。"巴赛龙那"本是西班牙一处地名,在第二次世界大战前的西班牙反纳粹的内战中是很有名的。在"巴赛龙那"咖啡馆中,充满了西班牙情调。那里主要的买卖是替那些无国籍的洋人办真的假的护照,说明白一点,这是护照交易所。至于"塞维尔"咖啡馆,更是一个奇特的所在,它的服务、菜肴和顾客,都会使我们忘记是身在上海的。

　　就在那条亚尔培路上,有两种特殊场所。在"巴赛龙那"咖啡馆对面的是回力球场;往南过了辣斐德路,就是逸园跑狗场,皆赌场也。跑狗场和跑马场差不多,以跑得快慢比输赢;而回力球场,其实也和跑狗场差不多,所不同者,一个是四只脚,一个是两只脚,其为赌博则一样也(见另文介绍)。假如你在上述的咖啡馆里,和狗经理、球经理打好了

---

① 20世纪40年代上海的水晶咖啡馆。

交道,到场中去赢点钱,也许是很容易的。(不久,在澳门也要出现跑狗场了。)

①

要说喝咖啡,我们却爱到国际饭店的七楼咖啡厅去,那儿,对着跑马厅,清风徐来,可以消暑,颇有坐香港半岛酒店的味儿。那儿的咖啡也不错。

在旧上海喝咖啡

(作者:董乐山,原载《董乐山文集》)

我在前不久写了一篇关于旧上海的西菜馆的短文,编辑同志写信来建议我再写一篇关于旧上海咖啡馆的情况。其实旧上海咖啡馆的情

①　20 世纪 20 年代上海跑马总会。

况不如西菜馆的材料多,主要是因为吃西菜是为了尝新鲜,因此就到处去一试;而喝咖啡是为了会友聊天,因此为图方便或者为了享受情调往往经常去一两个场所,话由就不多了,似乎没有什么可写的。但是为了要纠正以前一篇文章的一处误记,就再续此一篇。

我离上海太久,年龄徒增,记忆不免衰退,又无上海朋友就近可以询问,因此在以前的一篇谈西菜馆的文章中把"文艺复兴"误记为"巴拉拉加"了(它们究竟是两家,还是一家? 我仍无把握,希望老上海指正)。文艺复兴是家西菜馆,下午也卖咖啡,在它马路对面,则是一家有名的咖啡馆,叫"DDS"的。除了霞飞路上这一家,静安寺路上沙利文的斜对面也有一家"DDS"。这两家算是上海最著名的咖啡馆了,里面都是火车座沙发。要了一杯咖啡,你可以泡上一个下午或者一个晚上,服务员绝不会给你脸色看。如要吃蛋糕,女服务员就会端上一个树型蛋糕盘,上下三层,每层放各式小蛋糕几块,你可任选,吃几块付账时就付几块的钱。吃蛋糕是用叉子在盘子上切着一小块一小块送到嘴里吃的,因此不会像现在的电视剧中那样用手抓起整块蛋糕塞到嘴里,以致嘴边尽是奶油,丑态百出,显得没有教养。(还有咖啡杯旁的小勺是用来搅拌糖和奶油的,绝不是用来一小勺一小勺喝咖啡的,搅毕放在杯旁的碟上,要喝,则要端起杯子喝。)

除了这几家,沙利文和凯司令下午也卖咖啡,但由于不是火车座而是餐桌,因此没有人在那里久泡。泡咖啡馆的有不少话剧界和文化界的人,他们喜欢常去的地方是亚尔培路(今陕西南路)回力球场对面的赛维纳,每天一到下午你去那里准可找到熟人。但那里的咖啡和蛋糕并不出色。当时上海最好的蛋糕是再往南走,快到上海电影院的转角处,有一家叫"文都拉"的意大利蛋糕,那里出售的蛋糕,尝后令人赞口不绝。

南京东路的吉美厨房和它附近的一家马尔斯西菜馆,也卖咖啡,但前者顾客主要是美舰水兵,后者是外侨居多。在南京路上国际饭店旁边的西侨青年会下面,也有个喝咖啡的地方,里面的特色是蛋糕,它既不是大裱花蛋糕,也不是小块蛋糕,而是叫 Iayer's Cake 和 Iog's Cake

的。前者是多层蛋糕,切着卖,后者是圆木型卷筒蛋糕,也是切着卖的,是地道的美国式蛋糕。

当时的咖啡都是现做现卖的,因速溶咖啡尚未问世。为了要品一品现烤、现磨、现做的咖啡香味,静安寺路哈同花园西北角斜对面有个好去处叫CPC。落地的玻璃窗,你就是站在外面的马路边就可以看到里面在把烤好的咖啡豆磨成粉末放在酒精炉上烧煮,香气扑鼻,禁不住要进去喝杯,喝完还买一包带回家去喝。但不知怎么,自己烧的总不如那里的香。喝咖啡主要恐怕就是喝氛围,喝情调吧,否则在西摩路(今陕西北路)小菜场旁路边摊上喝一杯所谓"牛奶咖啡"不就得啦?

咖啡癖

(作者:石生,原载《夜光杯文萃》)

打开电视机偶然听到一位年轻的诗人歌唱咖啡的伟大作用,使我为之神往。我想写得这首好诗歌颂咖啡的青年人一定是一位咖啡癖好者,不然怎么能体会这般深刻,词句这般热情。可惜我没有能把这首诗记录下来再欣赏欣赏!

我在年轻的时候就染上了咖啡癖。说来话长。那时我还在吴淞一所名牌大学读书。学生不多,功课很紧。稍一悠闲,就毕不了业。当时学生生活真有点不好过,"十年寒窗",虽没有悬梁刺股,然而工科晚上要赶图,画到深夜;医科晚上还要夜以继日地解剖死人,要干到万籁无声的时候,才从阴森森的解剖室里出来。宿舍里规定10点熄灯,而课堂里的灯火则允许彻夜通明,鸦雀无声,都在埋头苦干。

那时校园一角有一个小小的"营业公司",是国立大学中的一个个体户企业,卖一些零星的物品如牙刷、牙膏、肥皂、袜子等等,有一点像弄堂口的烟纸杂货店。这里从清早到深夜都供应着西点和滚热的咖啡,真可谓"全心全意为学生服务"的。上午课间休息,学生们可以去吃一块点心,喝一杯热咖啡,点饥醒脑;下午操场上运动回来,可以去喝一杯热咖啡,补充流失的汗水;画图或解剖累,也可以去喝一杯热咖啡,振作精神。一杯热腾腾香喷喷的浓郁咖啡,那时只卖 12 个铜板(约 5 分钱),尚可和学生的腰包相称。

我们这些同学,个个都是夜游神。深夜钟敲 12 点,从画图室出来,都哄到营业公司去,每人手捧咖啡一杯,海阔天空,还要聊上半个钟头才回到漆黑的宿舍里摸上床去睡大觉,似乎不喝这杯咖啡,这天生活里还缺了一个什么节奏而睡不着觉。我回溯这半个世纪前的吴淞学生生活,无非是考证一下我养成为咖啡癖的起源。

整个第二次世界大战期间,德国生活物资,非常短缺。老百姓最熬不过的是没有白脱油和咖啡。德国人的生活早上必喝咖啡,吃现出炉的小面包。我们租房子住,早咖啡包括在房租之内。房东清晨端来早点,必然少不了一壶咖啡。学生课间到"门沙"(德国大学食堂之称)喝咖啡,下午应约拜访,也请你喝咖啡。当时德国人发明的许多代用品中,就有所谓的"齐柏林咖啡"。用炒焦的大麦粒代替咖啡豆研碎冲饮,也是望梅止渴之意。大麦粒形似"齐柏林飞船"体壳,因赐以"齐柏林咖啡"的佳名。圣诞节到来时,每人都可以分得一小包特殊配给——咖啡豆,拿到手后都忙不及待地打开小包,数了又数,还不到 30 粒。有的人倾包磨尽,煮上浓浓杯,一饮而尽,真是味道好极了。有的人要细水长流,认为咖啡豆比珍珠还贵,每次取三五粒与"齐柏林"掺和而饮,既有画龙点睛之意,又有君子但尝滋味之风。人们都知道德国人爱喝啤酒,可知道他们更爱咖啡?我在啤酒之国多年,偏养成这咖啡之癖,不是无因的。

今天一提到"味道好极了"就令人联想到咖啡,500 克速溶咖啡,市价七八十元。即使 50 克的简装小听,也要 6.8 元,仅足一人 10 天左右的享用。这是咖啡癖者的苦恼。抽烟的人说:"饭后一支烟,快活似神仙!"戒烟不易,谁体会到戒咖啡之难呢!

(1987 年 11 月 18 日)

文艺沙龙和咖啡馆

(作者:何为,原载《朝花作品精粹(1956—1996)》)

　　《文艺报》(1987.10.24)八版刊登一篇文章《作家诗人·沙龙·老板》,副题是"台北文坛拾趣",文中谈到台北文人经营过家风格迥异的咖啡屋,店名分别为"野人""文艺沙龙"和"我们咖啡屋"。作者说,这一类文艺沙龙倘能普及,"有利于作家与作家的接触,有利于作者与读者的交流,使封闭的文学作品,成为开放的文学作品"。对此我颇有同感。

　　作者鲁真大概就是数年前定居大陆的台湾作家陈天岚先生,文中有一段提到我,引援如下:"前年在福州作客,散文家何为先生告诉我,四十年前,上海也曾有沙龙,作家闲来有去处,情意交流自然丰富了文风。"

　　这"前年"不知是哪一年,平时我在闲谈或会议上倒是多次说过,不妨在福州市区设立一二家格调高雅的咖啡馆,门面装潢和内部陈设既要现代化,又具有独特的艺术趣味。新颖柔和的灯光,非具象的壁饰,若有若无的典雅音乐,造成一种恬静闲适的气氛,主要是给创造文学艺术的人们,提供一处创作后休憩和相互交流的所在。咖啡馆首先须有较高的文化素质才能谈得上"文艺沙龙"。我想当不致引起任何曲解。那时在福州的青年女作家唐敏初登文坛,对创办"文艺沙龙"的兴趣不亚于我。她不像我只是说说而已,她是实干的。我们商谈了几次,不久她就全面展开高效率的筹办活动,可惜后来由于说不清的原因,这事成了泡影。

　　我和唐敏在想象中描绘沙龙蓝图时,不免回想起四十年前的上海咖啡馆。今天不论天涯各一方的老上海,大概还记得当年上海有名的几家咖啡馆。如霞飞路(今淮海中路)上的"弟弟斯"(DDS)和"文艺复兴",南京路上的"飞达"和"沙利文",现在锦江饭店旧楼底层拐角处的咖啡馆等等,都能唤起前尘旧梦般褪了色的回忆。

①

　　南京路外滩的汇中饭店,是洋人经营的一家十九世纪英国式旅馆。
楼下咖啡馆富丽谲皇,一排光可鉴人的开阔玻璃窗面向繁华市街。下
午三四点钟,举止阔绰的顾客们擎起银质咖啡壶,悠闲地眺望街景。几
名洋乐师演奏着《如歌的行板》或其他室内乐,技艺上乘。这从《义勇
军进行曲》作者聂耳的三十年代日记中可资印证。年轻好学的时代作
曲家,多次站在石砌墙面的大玻璃窗外,"免费欣赏"大厅内西洋古典
音乐的演奏,赞叹不已。

　　四十年前的上海咖啡馆多半是社交场所,自然也是情侣们约会的
地方,没有什么文艺气息可言。咖啡馆不等于"文艺沙龙",文人也不
可能有钱当咖啡馆的老板。不过,以某一咖啡馆为据点,一批文艺界常
客出入其间倒是有的。这类咖啡馆层次较低,一杯廉价饮料,任凭坐多
久,于是就形成一处所谓"文艺沙龙"。

　　例如在我的上海旧居附近,亚尔培路(今陕西南路)霞飞路以南,

---

① 　1903 年的上海汇中饭店。

有一座回力球场，原是西班牙人或葡萄牙人开设的赌场。赌场对面的酒吧间和咖啡馆的店名都带有异国情调，如巴塞龙纳和赛维纳等。赛维纳咖啡馆设备简单，取价低廉，顾客也不多。当时以昆仑影片公司为主的不少电影工作者，还有画家、作家和诗人，据有几张固定的桌子，往往从下午坐到晚上。

大约在 1946 年至 1947 年间，为了田汉的著名话剧《丽人行》搬上银幕，我一度协助电影导演参加电影剧本的分镜头工作。郑君里、赵丹和黄宗英等时或涉足赛维纳，黄宗英并在影片中担任角色。每天下午，我们"泡"在赛维纳喝咖啡，高谈阔论，思想活跃，当然主要是研究田汉的话剧改编影片的工作。这也可算是文艺沙龙吧。某次，著名漫画家、"三毛"之父张乐平即席为我画了张速写，可惜这张画与岁月一同流失了。

我喜欢上海过去的小型咖啡馆。亚尔培路近辣斐德路（今复兴中路）有一家白俄开设的"小小咖啡馆"，上下两层颇为雅洁。我和朋友们喝一杯柠檬红茶便赖上几小时。大学生的口袋里总是干瘪的，饮料早已喝完，只能索取免费供应的冰水，借以延长时间。好在白俄女招待并不在乎，更不会遭到白眼，于是坐在宁静的橙黄色灯光下迟迟不走，取得繁嚣都市生活中的一角清闲。

近年来我往返于福州和上海之间，这两个城市在开放改革中，市容大有变化，咖啡馆也多了起来。街旁茶色玻璃的雅座，有的富有情调，有的俗不可耐。有宽敞华丽的，也有小巧玲珑的，格调各不相同。某日我路过上海南京东路某咖啡馆，不待就座，便有一阵喧嚣的声浪夹杂着浑浊的热气扑面而来，只见昏眩的烟雾里人头攒动，宛如进入农贸市场,令人望而生畏。

现代化的高层次咖啡馆,在今日上海当然是有的,然而多半设在门禁森严的宾馆高楼里,一般市民不得其门而入。也有开放型的,如国泰电影院左边、锦江集团食街外侧的咖啡馆,入夜道旁的霓虹灯闪耀着一个红色的"梦"字,像开放在夜街上一朵热艳的红花。据说台湾也有叫"梦"咖啡屋的,顾客并可即兴上台,擎起麦克风引吭高歌,或邀请女歌手伴同合唱。上海的"梦"咖啡馆亦然。陈设布置是一流的,可与国外的同类咖啡馆媲美。朦胧隐约的淡雅纱帘内,有一片幽静温馨的气息,这在嘈杂拥挤的上海街头是不可多得的。然而,此"梦"的最低消费标准远远超过一般人的生活水平,对于财大气粗而举止谈吐却有失文雅的暴发户似又不甚相宜。过往的路人每每驻足窥探,说"这是给外国人去的",于是在"梦"的边缘徘徊一阵就走了,到"梦"中去的毕竟是少数。

虽然这两年我常住上海老屋,平时深居简出,若问我现在上海有没有"纯净高雅的沙龙",我是不知道的。

1988 年 3 月 1 日

咖啡馆的余音

(作者:冯亦代,原载《归隐书林》,黄宗英、冯亦代著)

老友何为寄赠一册《老屋梦回》,一看便知是本忆念旧时岁月的书,其中有篇谈到《文艺沙龙和咖啡馆》的文章,读后掩卷,当年情景油然记起,因为我也是个于咖啡馆结不解缘的人。

我一向喜欢读外国文人的回忆文章:海明威的巴黎瑞兹咖啡馆,爱伦堡与巴黎洛东达酒吧,以及纽约文人群集的阿尔龚耿饭店就是他们发迹的地方,我羡慕这种波希米人的浪漫生活,这些也都是我做文艺学徒的憧憬之处。

1936 年我大学毕业，凭考试在上海谋得了一个啖饭的职业。我在上海孑然一身，只得找到一处亭子间住下。上海的文人大都住在亭子间过清苦的生活，我住了亭子间，工作之余，便读书写文，梦想有一日能够进入缪斯的殿堂。虽然寄出去的稿件，都进了编辑的字纸篓，杳无音信，但自我感觉还很好，因为住了亭子间似乎与文艺事业，又跨近了一步。彼时混迹十里洋场的文人，不论有否成就，大都与亭子间、咖啡馆和街头闲步三者结合在一起。

我这个沉浸于做作家白日梦的人，住亭子间与漫步长街是做到了，但却不敢一临霞飞路（今淮海中路）上林立的咖啡馆。咖啡馆的幽黯灯光和柔和音乐显得神秘与诱惑，可是进进出出不是白皮肤的男女就是间有黄皮肤的高等华人，我这个揩大，只能自惭形秽，怎敢越雷池一步？但是心里总十分不甘。外国人不论，为什么同是中国人，只因为他们有钱，便可以堂而皇之自由进出，而囊中羞涩的我，却只能望而却步呢？真太不公道了。因之，心中一腔怨艾，总盼有一天能出这口鸟气！

①

---

① 20 世纪 30 年代的香港街景。

一九三七年"八一三"事变，上海沦为战场，只有住在租界的人可以隔岸观火，但是心里总不是滋味。中国军队撤退时，闸北大火，几天几夜的火光与浓烟，滚滚不散。我含着泪在高楼上张望，那时情景至今不能忘记。我想离开上海，不愿在租界里醉生梦死，却好我工作的保险公司要去香港设立办事处，派我去筹备，我便搭船南行。

　　香港人有坐茶楼的习惯，无论是商场买卖或文坛求稿，都是在茶楼里成交的，老派的在茶楼里，洋派的则以坐咖啡馆作替代。上海去的一批文化人大都进出于中华阁仔和聪明人俱乐部，两者都是饮茶和喝咖啡的地方。那时一元法币可以换两块港元，特价又便宜，大家都可应付。刚好诗人徐迟把在一家晚报做电视翻译的工作让给了我，我每天下午工作完毕，就坐在中华阁仔和文艺界朋友闲磕牙，但也觉得我是在受文化的熏陶。许多作家、诗人、艺术家，我都是在这里认识的，有的成了我终身的挚友。我们也没有在咖啡馆里白坐，多少支持抗战的工作，都从这些地方商谈出来。英港当局要在中日战争中保持"中立"，禁止中国人进行抗日活动，又要对付中国共产党，所以对于中国人如果家里客多了，便要受到"政治处"的注意，但是在咖啡馆里，我们说着上海话，他们听不懂，而且认为是在公共场所，他们也就不那么注意了。

　　那时我刚入世不久，对什么事都有新鲜感，因此只要有人要我去做有利于抗战的工作，我都全身心投入，逐渐也为朋辈所认可了。共产党的代表廖承志公开住在香港，他每天下午必在皇后大道一家咖啡馆（大概名 ABC）会见朋友，这处便成了他公开而又秘密的办公室。香港文协的工作，几次筹款的义演，几次纪念会都是在这里商谈的。我那时不知高低深浅，居然为鲁迅纪念会导演了哑剧，原来的剧本是女作家萧红写的，但场面太大，无法演出，就由丁聪和我另写。世人只知丁聪是漫画高手，其实他写文章也是高手。那幅舞台上当背景用的鲁迅画像，则是漫画家张光宇、正宇、郁风等人的集体创作。只要交代我做什么，我决不打折扣，因此赢得了"跑龙套"的美名。一个人要做跑龙套也是不容易的，乔冠华征求我入党意见时，我便迟疑了，因为我害怕铁的纪律,从此我做了一辈子自由主义者,此是后话。

　　1941年初我到了重庆,即使是战时,在危墙败屋中间,也会出现咖啡馆,而且经常夜夜客满,最有名的一家叫心心。这里尽管有纸迷金醉、花天酒地的人出入,但这里也产生了严肃的工作。中国最初的歌剧《秋子》,便是由诗人李嘉冒着酷暑,在这里写成的;而花腔女高音张权和男高音莫桂新的美妙歌喉,便夹杂在日帝的轰炸声里响彻云霄。不过令人难忘的是中华剧艺社前进穿堂的那个老式茶馆。这是重庆常见的平民出入的地方,一碗沱茶可以消磨半天,这时浓浓的茶色早已变为白开水了,但幺师不会来赶客人起身。墙上张着莫谈国事的招贴,茶桌上却还有人在叫骂抗日前线的节节败退和贪污大案。枪毙宋蔼龄的干儿子林世良,就在茶馆里成为最吸引人的谈资。这里的座上客除了市民之外,还有电影戏剧界里的剧作家、导演、演员、艺术家,经常在那里出现的有陈白尘、应云卫、陈鲤庭、贺孟斧、秦怡、熊晖、赵慧琛、舒绣文、蓝马、江村等,都是熠熠生辉的人物。他们忍饥挨饿在舞台上做着宣传抗战、暴露世相和抨击反动派的工作。如今他们有的已经作古,有的还在为中国的富强和现代化作斗争。我常常回忆到这些同仇敌忾的友人和那些喧嚣的日子。

　　抗战胜利后,我回到被我当做第二故乡的上海,这时已经可以昂首阔步进出过去进不去的咖啡馆了。夏衍老人住在静安寺路一所弄堂房

子里,附近就是DDS(蒂蒂斯)咖啡馆。我当时在办一张《世界晨报》,有事请教,就都在这家店里;我把这里称作夏老的会客室。这家咖啡馆有个特色,喝的咖啡都是在柜台上现煮现卖的,煮时清香满室,一缕蓝色的火焰在幽暗的店里格外夺目,令人好作遐想。有时夏衍老人就在卡位里写他脍炙人口的《蚯蚓眼》短文,使反动派头痛万分。

何为在他文中提到的赛维纳咖啡馆位于亚尔培路(今陕西南路)回力球场对门,抗战前座上大都是西班牙回力球手和周身珠光宝气的洋女人,中国人是不去的。抗战后成了中国剧人进出的地方。进得店门是南北两行靠壁的火车座,经常在北首坐着重庆归来的游子,南首坐着上海的剧人,似乎这里存在泾渭之分,但也掩不住座上的星光璀璨。

我一直是个戏迷,初到香港,就以为报纸写影评而跻身文坛,一辈子也写过两个电影脚本。其中第一个是根据我给《星岛日报》刘邦琛编娱乐版写的中篇小说《紫瑛》,司徒慧敏看中了这个故事要我改编的。1941年我花了差不多一年的时光,数易其稿写成,但在重庆寄出后第三天日本军国主义者就入侵香港,这电影脚本就此不知所终。另外一个《金砖记》,是抗战回上海后写的。故事是上海某家银行的实事,当然我也加进了上海滩的形形色色,写一个银行职员因沉湎于投机买卖证券,生活堕落而偷盗银行金砖的故事。这个戏已经由金山经营的清华影片公司预备开拍了,但是1948年淮海战役的大鏖战,上海时局紧张,投资人抽回资金,不得不停止摄制。我当时自叹命运多蹇,一个电影,正如十月怀胎,看着要分娩了,结果却是个死胎,为父母者岂有不痛心的?如今看来,这却是我的造化,如果那时拍成电影,这将令我迎来噩运,也许1957年侥幸过关,到了革文化命时,就会成为文艺黑线中的喽啰。"祸兮、福之所倚;福兮,祸之所伏。"电影拍成固然风光,可算起账来,也就吃不消了;我不得不佩服老聃的哲言。

1938年我离开上海时,还有租界,南京路外滩一些大厦里,如堂皇豪华的汇中饭店和沙逊大厦以及福州路都城大厦楼上的咖啡座等,原来中国人是进不去的,日本军国主义者代我们收回了租界,这些场所也为中国人开门了。我以一种愉快的心情出现在那里，但是心里也有嘀咕，如果是我们自己收回的，那又多么自豪！

当时，《世界晨报》的地址相离不远，我经常与朋辈到这些地方去喝咖啡，谈时局，交换一些报上"开天窗"的消息和原来文字，那是为反动派报刊检查机关所不许刊载的，也谈谈海内外文坛。我们常聚在一起的有董鼎山、乐山兄弟，已成作家的何为、李君维、吴承惠诸人，都是《世界晨报》的编辑、记者或撰稿人，惨绿年华，风发意气，想不到如今都已翻然老矣，但也各有所成了。

解放后，我举家北迁，案头烦冗，便与咖啡馆久违了。记得初到时，东安市场有家起士林，偶然去了一两次，店里的气氛与当时的社会潮流，显然极不协调，坐在那儿，很不舒服，已找不出半点儿波希米人的浪漫情调了。50年代开始，政治运动一个接着一个，知识分子惶惶然过日子，今日不知明日事，咖啡馆也关了又开、开了又关，就不敢去再临了。80年代初，我曾去上海参加美国文学研究会年会，晚上无事，曾与梅绍武等去访问静安寺路上的咖啡馆。还是那家DDS，上得楼来，满座青年男女，高声欢笑，嘈杂不堪，而且在一片朝气中忽然掺杂了几个华发老人，显得格外触目。我们也局促不安，匆匆喝完冷饮，便怏怏然离去，不敢稽留。我们的时代与座位，早已为青年人所占有，惟有退出历史舞台，安安分分地做槛外人了。

域外咖啡馆

南溟息羽记

（作者：中实，原载《申报》，1920年）

巴西出产，以咖啡著，与我中国昔时之以茶为出产之大宗者，颇足遥遥相对。今我中国茶之销路，渐为锡兰等地之出品所侵占，在海外市场，支那茶几属名存实亡。返观巴西，彼此情形，适得其反，万里外孤客得此现象，诚不禁有"高岸为谷，深谷为陵"之感。

我中国俗语有云"看到老学不了"，世界愈进化，商业竞争愈剧烈，科学作用愈神奇，其中幻化，迥非浅识者意料所及。我中国虽以地大物博、天产富饶著称于世，然设朝野人士徒尚叫嚣，而无"实事求是"之科学知识与商业眼光，必不能与世界各国相见于生存竞争之会。闻诸友人，谓欧战前数年，日本商家已有利用北美人民习尚者，日商知东洋牌号出品，必不能于北美获重价，特就法国设丝织工厂，用法文牌号，假"法国制"美名，以吸收巨额之美国金钱。此亦商业竞争上一种策略，颇足与今日巴西"染咖啡"之奇谈，后先相辉映也。

咖啡为西方人士晨夕会餐之习用品，而巴西人喜"坐咖啡店闲谈"，与我中国人士之好"上茶楼"者相同，似与此暗黑色豆大细粒，尤有密切关系。然设有人焉，谓此咖啡细粒，尚须经一次之色染，而后运送销售，则巴西人鲜有不掩耳反走，而窃笑其所述之谬妄不经，而孰知实行此技术者，即为巴西首都丽河城业咖啡之六大商行乎。

巴西为世界咖啡之最大出产地，其销路之普遍全球，自将无往弗逮。然全球各国人民之需求咖啡为饮料者，积习既殊，所嗜购之货品，亦遂不能一致。但他地所产，为数不多，远道运输，或鲜利便。巴西产欲为桃僵李代之谋，遂不得不有褚叶乱真之巧，如南非洲方面有嗜中部美洲及美属"普渡丽果岛"等地之咖啡者，则染绿色令带微蓝以应付之；有习饮南洋群岛中爪哇等地之咖啡者，则乞灵化学，运用机械，成黄色细粒以仿效之;对于嗜黑咖啡之"北部巴西",则染色加黑;对于嗜白咖啡之各地,则染制微白若乳清。综上所述,或漂白,或染黄、蓝、黑、绿等色,为类至不一。迄今智利饮料,闻亦用此染色之品,数年前此制且遍及欧美各口岸,然以其有碍卫生,终有数处弗令进口。至其漂染时所施成分,如铝粉、如黑铅、如蜡与滑石,大抵皆矿物质,惟赭色之颜料,乃写一种之植物质;西国有机化学未发达,其寻常药品亦以矿物质为多。如我国以数千年经验,能处处利用植物,则就此色染一种小幻术,已觉大有胜人之处。惜乎一般通新学者,崇拜外人过甚,不能利用本国之特长,而悉心研究,此诚科学界一大缺憾。前数年德国诸大学教授,每言及此,辄深致慨焉。

德国人士,最善于探索科学上一切应用知识。有某君谓我中国山东产之府绸,初以华人不谙化学原理,新制绸服,一经洗涤,必渐灰暗,嗣经德人设法改良,故今烟台出品,可愈洗愈白。此极少数擅改良新法之府绸厂家,盖即昔日有德厂工作之伙友,得其薪传,出而自立者云。

今巴西丽河城所独有之咖啡洗染奇术,实即创始于德人。初以所收买之咖啡,加以种种色彩染制,别向需求上感缺乏之各口岸运售,而得大利。迨欧战开,交通阻绝,此洗染法,遂为巴西业咖啡者所独擅。洗法以工业上有特别秘奥,外间不见宣传,而其染制之方,系倾咖啡粒满圆筒,和以一茶匙之染料,疾运轮机,从事摩打。每圆筒中,可容纳咖啡六包,共重七百另二磅,可以二十分钟毕事。如是则每机在一小时之间,可染成咖啡十八包之多也。每一次染成时启圆筒旁之小口,随以容纳六基罗重之咖啡,纸袋承其下,纸袋满时,即就封固,而备运送,法至便也。美国开设巴京某厂家,并有极精之分析器,使大中小各粒,自然分析为若干号,并附两风吹,清除其梗碎粒与秒屑,诚极有趣味之机件也。

咖啡之染制与挑选,虽经下述种种设施,然至各埠临售时,一经烘焙染色已不可复辨,若在烹煮诸人,更绝不料自采取至运售间,经有此等之作用矣,而孰知此豆大圆粒,于工业上曾演如许神出鬼没之幻术乎。呜呼,一国工业不发达,虽有天产,亦不能保持其优势,甚可怜也。

维也纳之战后观

（作者：秋燐，原载《申报》，1921年）

昔管子以礼义廉耻为国之四维，而张此四维者，首在足衣足食。大战以前之欧洲，民情醇厚，胜乎美洲，而维也纳人尤以纯良著称，所谓"黄金之心"，洵足为维也纳市民专有之美名，洵足代表奥地利人士特具之美德。乃经此大战，欧洲人心，变易至速，维也纳市民黄金之心，亦将渐为大战中秽气熏染而变成黑色。欧洲人士至今日，莫不知战争之贻害人群为患非浅，而在昔日欧洲战局未告终时，少数著作家理论，所谓"经此大战争足令大多数国民精神重新振作"等语，及今追思，理想与事实，适得其反，此诚非数年以前所能逆料者。

天下不能逆料之事正多，德奥在战后，与他国情势愈隔阂，他国报纸所载，大抵为捕风捉影之谈。昔者雄视欧洲之德意志，且自顾不遑，不复计及外人对彼观感，遑论最□东偏之奥乎，是以亚欧美各国人士，在未履奥境或未抵奥京维也纳时，更多怀疑之点。举其最普通者而言，第一，外方人士，常于英法报纸，窥见奥国民穷财尽之困难情形，深恐一抵维也纳，将与奥人同为饿莩；第二，奥国既已民穷财尽，而其地又在欧洲东部，难免不沾染俄国"布什维克"主义，又恐久居奥地，将混入革命旋涡，身陷危地而不能脱避；第三，奥国今日，万事恐慌，维也纳都市必将了无意趣，而成清静寂灭之世界。

乃不意上文所述各国人士共同应有之理想，适与维也纳实情相反背，外客之自欧洲西部英法等国经瑞士或德意志赴奥者，一从维也纳城西车站下车，即见摩托车、马车之属，接踵衔辔而至，骅骝开道，□举风扬，司机之役，执缠之徒，不见有鸠形鹄而等穷酸气象。偶越衢市，灯光虽不及法国巴黎向爱丽舍广场驰道间林园灯火之繁密，然道旁咖啡馆相望，宝炬华堂通□彻夜，不独法京巴黎，梦想所不能及，即在大过奥国若十倍之德意志,亦不能如维也纳城之酣嬉与恬适以。

记者抵维也纳城之第一夕,即亲历咖啡馆若干家,其中有数事足令人惊:一则楼观宏敞,陈置精雅,倚垫畅适,灯光灿耀,在北美惟大旅社名绅淑媛对舞之华堂,差可与之比拟,乃在维也纳,小坐进杯茗,即可共享此权利,行遍各国,恐无若此之便宜处所;二则咖啡馆之大者,鼓乐竞喧,弦歌杂作,众客环坐而听,俨然欧美大会餐之气象,然其加收之费,为数甚微,又令人百思而不得其解;三则咖啡馆中,烟酒无禁,男女杂坐,正不乏明装盛饰以姿态炫人者,旅客至此,诚不得不叹奥京风化之日形堕落。然据奥人自言,繁华处所,胜此者尚不胜枚举,若仅据咖啡馆中之繁华以窥测维也纳,亦犹管中窥豹,井底窥天,其所见尚甚狭也。

视咖啡馆为进者,尚可分为两大类:一为口腹之娱,一为耳目视听之娱。记者身分,仅属苦学青年,对于穷极奢侈之奥京,宜其少见多怪,论耳目视听之娱,以大戏台 Theater 及舞剧场 Opern Haus 为最上乘。奥京平民生活,无论若何困难,而以上两处之营业状况,绝无减色。次为舞馆,Tanzsalons 正中有一缩小范围之戏台,台左右有包厢,两旁而及封面,有较高之厢楼,其下仿佛如正厅,夜十时方开演,有各式跳舞连续而出。座客男女,数略相等,女子容度,高出咖啡馆人物万倍,雍容华贵,一望知为璇闺丽质,以咖啡馆人物与此相较,诚当诵"婢如夫人难复难"之句。此等舞馆,不卖咖啡,每瓶一千五百古仑之香槟酒,倾杯豪饮,漫无限制,而此夫人模样之高贵妇人,各手一烟卷,颇不能脱咖啡馆中人物之恶习。

星期休假,出游奥京各名区,若草场 Prater,若熏布泷 Schonbruna,乘摩托车挟丽人二三辈,傲然左右顾盼者,所在皆是,而摩托车终日奔驰,所费奥币之数,动可逾万。若进言口腹之娱,每届上灯时刻,各大餐馆,座无虚席,而其挟两三丽人自随之情状,正与摩托车中相似。奥京舞佩环 Opern Ring 一长街,有第一流大旅社数家,其客室无日不满,虽驰电预定,亦不易为此数家大旅社中之豪客。有某豪商名嘉泰若 Mr.

123

and Mrs. Gardezza,曾于舞佩环街大旅社中宴客,一夕之费,在奥币一百万以上,诚不世出之创闻也。此皆维也纳之表面情状,骤焉视之,似乎维也纳城,并不因此欧洲大战而稍形减色。虽维也纳人士谓,奥京全部三千八百家咖啡馆,大战前后,盛衰迥殊,言念往昔,大有不堪回首之慨。然此精微之见,非久居其地者不能明,似非仅从表面观察之外方旅客,所能即行计及者。

某夕,记者偶于晚餐后访友,登楼不见灯火,悚然忧惧。而与咖啡馆相较,益感明暗不均,赴友人五时茶叙之约,地毯几垫之陈旧,为在他国中上等人家所未经见,与各地游乐场妇人之明装盛饰相较,益感显晦不均。某日赴某大银行,登楼入经理室,在经理席对面坐之某君,方啖粗劣之黑面包,其况味实不逮我中国各银行最初级之一学徒,以与晚餐席倾杯豪饮之辈相较,益感饥饱不均。星期日野外旅行,虽弱女子尚肩

---

① 战时,巴黎街头的咖啡馆。

负巨囊,挤入三等车中而谋一插足地,区区数十古仑之车价,已觉甚昂,以与挟妇人数帮驾摩托车疾驰之狂奴相较,益感劳逸不均,然此尚可就观察上所得而比较者。

留英法学生琐谈

(作者:振声,原载《申报》,1921 年)

留英法学生,同一来自中国,而因所入社会之不同,故两处学生之异点,颇足耐人寻味。法人尚虚华,英人崇朴实,其不同之处,无一不自此发源也。惟吾人须注意者,英法之称实应改作伦敦巴黎,中国学生在英法者大半集于两国首都,伦敦不足以代表全英,巴黎则更不足以代表全法,巴黎人民之习惯与他处适相反,对此留法较久者均能道之。

巴黎人民之消遣地为咖啡馆,虽有公园亦不多,而所谓公园者,特一大咖啡馆,且园中有咖啡馆、音乐场、跳舞场等等。而运动场,所占之地不过极小一部分,且前数者为大众之所归,而运动场不过为一种特别好运动者之场所,其中设备并无应用运动器具。尝见有赴公园拍网球者,携球板与球不计外,并需携网,且其中并无所谓网球场,打网球者只将网缚于二大树上,随意乱打而已,因此善打球者殊不愿前往。中国留法学生擅长运动者,十无一二,而十九善打弹子、跳舞、下外国棋、打纸牌等,凡此皆咖啡馆中之营生也。巴黎大学近旁有咖啡馆一所,普通称为中国学生咖啡馆,中国学生在巴黎大学读书者,一部分住学堂左近之旅馆中,课余或休息日则无不在此咖啡馆中消遣,甚者或因旅舍迁移,信札或有遗失之患,乃将咖啡馆之地址作为其通信地址,学生入咖啡馆则先看收信处有无其私人函件,初见时,甚觉可异也。

上所述之学生,系属官费生及俭学生外之自费生,俭学生则因城内之生活程度太高,多居巴黎生活较低之乡间。俭学生之中,俭者固有,然其中亦有家资小康力能挥霍者,亦有性素奢华宁将房租积欠而上咖啡馆者,亦有节缩衣食而以所余报效法国女郎者。以法国今日之穷,中国之俭学生已有财神之目,因金钱之魔力处处可以沾光,咖啡馆、跳舞场、节会无不有此等学生之踪迹。

于此一端,英国之普通学生,似觉较胜一筹。英国无咖啡馆,有弹子房、跳舞场,而不多以言公园,就伦敦一城,计有大公园数十所,园地则数十亩。以至百亩冬间风和日暖之时,英人多在公园中散步,四时后及星期六下午,在公园中足球者,常数十起。夏日则有网球,网由公园设备,拍网球者纳资若干(数甚微约三角),四人即可拍球一点钟。此种网球场,每一公园少者十余,多者数十。夕阳将落,红男绿女杂沓而来,非拍球即看拍球者。中国学生从小"斯文",足球尚非大多数之所好,而网球十九喜之,善此道者,人数颇多。每大学中必有一二中国学生在网球界享盛名,有吴、魏二君者广东人,曾加入全世界网球比赛,虽不能常操胜券,然得置身于此种竞赛已非易事。在英学生擅长运动者,罕有所闻,以国内著名体育家年来多赴美留学,赴英者竟缺如,故中国人之运动成绩,英人无一知之所知者。中国之宽袍大袖,走路作官步,如是而已。跳舞场、弹子房学生之踪迹殊少,此乃学生界之风气使然,

---

① 法尔唯恩公园中之咖啡馆,刊于《学生杂志》,1923 年第 10 卷第 11 期,第 6 页。

无人开端,无人引导,于是竟永远无人过问也。

留英学生相聚时,即大谈时局,不论何种学生,似乎较多政治学识。留法学生不习于咖啡馆者,亦莫不然是亦中国学生之特性,亦因入英法社会而转移者;英国学生所谈者为某处足球、某处网球、某胜某败等等,其性质颇殊也。

铁蹄下之新嘉坡

（作者:陈柏年,原载《铁蹄下之新嘉坡》,陈柏年编）

星洲居民喜喝咖啡。咖啡店所在多,有普通不称咖啡而称嗟呸。此物究系自何处所发源,殊难确实查出,惟据多人传说。当耶稣降生五百七十五年间,叶门地方已有咖啡。此物经人发见后,即移植于阿别西拉及阿拉伯等处。殆十五世纪时,移植咖啡者愈益增多,而仍以叶门为主要产地。阿拉伯人对于咖啡,小心翼护,不使其种传往他国,盖视其为奇货而图专利也。其所用之手段,亦极苛刻。凡咖啡未经热水浸泡过,可为种子者,虽一粒亦不准运载出口。然而事久弊生。阿拉伯人虽竭力防止,而偷运出口者,仍不能免。加以每年国外人士赴阿拉伯参圣者,为数近十万人,其中私自运出者,亦颇不少。阿拉伯人实有防不胜防之势。

及一六〇〇年间,有一印度人秘密运出咖啡树数株,移植于直克马格路尔之卖梭耳山中。现下英领印属所繁殖之咖啡,当系其遗种也。

殆十六世纪末叶,德意两国农业专家对于种植咖啡事深为注意,荷兰人民亦与之相竞。一六一四年间,荷人设法研究种植咖啡,嗣于一六九六年间。安司透丹市长劝马拉波尔之将军俄门氏自加那路尔运咖啡入爪哇,此为阿拉伯种咖啡自阿拉伯运往马拉波尔者。当时荷属总督为欧次和耳恩氏,命将该项咖啡树苗植于巴城附近之克大文种植园中。惜因连遭大水及地震,该项咖啡悉被毁坏。一六九九年中,沙尔得克隆氏复自马拉波尔运咖啡数株入爪哇,此次成绩较佳,获利颇丰。现下南洋荷属所有之咖啡,盖皆沙氏所运来咖啡之遗种也。

　　自是以后,荷人将咖啡业加以扩充,范围遂日渐增广,并将咖啡移植各处。俾成荷属之一种重要营业。此十七世纪以前咖啡之历史也。

　　一七〇七年中,荷人自爪哇寄咖啡树往荷兰之安司特丹,植之于农艺园中。欧洲所有之著名植物学社,皆自此树获得咖啡种子焉。在南洋之荷人,极力设法将爪哇之咖啡树移植于苏门答腊西利伯司甜汶巴利及其他各岛。同时法兰西人亦欲在其领土扩充咖啡种植业,曾数次自安司特丹购买种子在法国试种。惟毫无成绩可觌。殆一七一四年,经法政府与安司特丹市厅官吏长期协商,安司特丹之市政厅长即以一巨大强固之咖啡树贡献于法王路易十四。路易十四得之,如获至宝,植之于马耳内之堡中。厥后此树又迁往南特司,抵该处时,此树经过其隆重之典礼,始交由犹叟管理。犹叟盖当时之法国农学专家也。法王之所以重视此树者,因欲采受种子种植于法国领土之故。至南美中美及墨西哥等处,最先携带咖啡种子入境者,传系马尔悌尼克之步军上尉挪尔门地之贵族克留。先是一七〇二年中,克留氏曾赴法国,于其归程中携回咖啡树,然其树在中途即皆枯死。然克留氏并不因是绝望,未几又

赴法国,获得咖啡树一株。归家后即植之以沃土,土四周环以荆棘,以防外物之伤害。嗣又派人专司防守,亦足见当时之重视咖啡矣。

　　人们对于种植咖啡一事,既异常重视,且以传播咖啡于欧洲自诩。惟其他各国人士,则谓非利士人传布该项植物较早于荷人。欧人前此有无咖啡,颇难探考。惟一六一五年中,始得尝咖啡之滋味。当时之咖啡,实视同玉液琼浆,非天潢贵胄不能沾唇也。厥后咖啡移植既多,出产亦盛,一般平民,乃得尝试其风味。然喜饮咖啡者固多,而厌憎咖啡者亦颇不少。有传教士数人,请罗马教皇克能门第八颁发教律,禁止基督教徒之饮咖啡。据言此种黑物,乃魔鬼之产品。盖基督教徒当耶稣圣诞晚餐时,常饮葡萄酒,魔鬼惧回教徒效尤,乃造咖啡以代酒。若饮咖啡,是无异于陷入魔鬼之网罗中云。然咖啡在当时,虽惹起多人之反对,实益促进其势力。罗马教皇克能门氏一尝咖啡之滋味,以为绝美,谓若任其放置,以供异邦夷狄之饮啜。自此以往,咖啡乃成为世界人类中之重要饮料。而其出产,在世界经济中之重要,则固为人所共知也。

①

Stamford Road, Singapore.

---

①　20 世纪 30 年代新加坡街景。

吾人既知咖啡为现世界商业中之一种重要商品,则对于其出产之数额当极欲详知。据去年——一九二四——调查者言,全世界每年所产之咖啡,约在一百万吨左右,或约二万二千五百万英磅。如每担为四十盾,则每年咖啡出产之价格,当在六七千万之间。西人伍叩司氏计算咖啡之出产,每年为一千七百五十万袋,若将各袋置于法国巴黎埃菲尔高塔之侧,则其高宽当超过该塔一倍以上云。

世界各国中,用咖啡最多者,厥为美国。一九二二年中共享一·三〇三·五五三·七四六磅,次为法国、德国,又次为瑞典、比利时及荷兰。各国人中饮咖啡最多者,为瑞典人,一九二二年中,平均每人竟用至十五磅二五。从前荷兰人所用较瑞典人更多,每一荷兰人用咖啡十八磅八,但现下则已减至十磅二二,较从前已减用百分之四十。中国人饮咖啡最少,每年平均仅有一磅千分之一,此盖因我国人口众多,而国内大部分人皆不饮咖啡之故也。

巴黎咖啡馆

(作者:刘海粟,原载《申报》,1929 年)

时在六月二十日之午后,独自徘徊于 Musse Depomme 观日本美术展览会,罗列者皆日本画,装饰辉煌橘丽,而内容干枯,设色取材,均自我出,居然以之模行宇内,自尊高于大地者也。夫以五千年文化之吾国,反寂然无闻。独生冥想,怅然若失,出门憩于栢拉樗公园喷水池畔,倚栏视白鸽之唼喋,不知日之将夕也。

出公园,广袤十余里,林木翁郁,车马骈辏,石像碑碣峻然,雕镂至精,即公谷耳 Place de Comcorde 也。行渐前,乃为巴黎最著名之大道,所谓尚若丽遂 Champs-Elysecs,道广二千余迈当,中为车马道,两旁为行人道。此外左右二丈许夹以绿槐,碧荫丰草与红花白石相映,花木外左右又为车马道,旁近人家处,铺白丈许又为人行道。道凡树木二行,道路七行,用松木填,立于道右不见道左,广洁清丽,足以夸炫诸国。

徘徊其间,士女如云,绿鬓红裳,衣香人影,真可于此领略巴黎之神秘。虽电车疾速,风驰电掣,而不觉其嘈杂。盖车马之声,已为两旁之嘉木柔茵所美化矣,于人为美中寓自然美,在极繁华中有清雅味,确如大家淑女活泼中而寓庄严。人行于此,柔肌脆骨,不复有凶残之行为矣。两旁宅第市肆,多庄丽诡异,玻窗陈设,缤纷耀目,士女游者,昼夜不息。女子衣裳之新丽,冠佩之精妙,香泽之芬芳,花色之新妙,皆可于此见之,巴黎所谓繁华,尽于此矣。觇此而回想上海之所谓繁华,真有霄壤之别也。自公谷耳步行之凯旋门,红日将尽,灯光渐明,树荫之下,咖啡座上,随处皆是男女在隐约中互相搂抱,互相接吻,不以为奇,此诚非旅人之所能深识也。

①

余饮于咖啡馆,作壁上观。巴黎沿途咖啡馆栉比,闹市尤甚,男女杂沓,达旦乃散,盖葡萄酒之美,拥女之乐,故各国人流恋忘返,多沈醉于是矣。巴黎公倡十五万,私倡无数,亦奇闻也。法妇女过自由,多不

① 法国 Le Procope 咖啡馆。

乐产子,有胎则堕之,故人口日少,法政府忧之乃定优待条例,以奖多子,有三子者免房捐及杂税,有四子者可领奖,然妇女仍不乐多子,在吾国人闻之必以为天下之大变矣。盖法人之于子也,育之至艰也,抚之至劳也,待之成立,富贵于我无与焉,故不乐忍苦耐劳以养子,与我国之风尚不同,薄于父母子女之情。余居宅主,一建筑家,年六十,老矣仅有一子,今春娶后,别为自立,虽每星期日省亲一次,仅同作客,老人孤绝,膳食自炊,园花自灌,有病,子媳亦不之事,偶来省之,即采花而去,彼以为尽孝矣。法人多如此,今不暇征,吾国重父母而崇孝养,故人皆望子,轻重相反,故求弃亦相反也。

巴黎的珈琲店

——陈季同将军中国人描绘之巴黎人的一页

(作者:张若谷,原载《异国情调》,张若谷著)

在巴黎沿着热闹街路与交通要道的一带,我寻不到比珈琲店更特别的处所了。这些珈琲店是招待行人的休憩所。就在这里人家可以像在一本摊开的书上,任意浏览社会生活的一切形形色色景象。这仅在欧洲,在我们远东是寻不到这种景象的。

在法国,犹如在中国一样,行路疲乏的散步者去寻几家可以入座的款待所,用一点清凉的食料为解除休息他的干渴。实在的内容是同样的,不过在形式方面完全是异殊的。

我们,有我们的茶馆,普通是建筑在冷静市区与幽宜景地的近处。座客们都相认识的,低声谈话,洽议他们的事情。喝着一两杯国产的饮料,吸着只能抽几口轻气的小烟管而大家散去。总之,我们的茶馆终算很幽静,而每一小群的茶客总是分离其他的座客而孤立的。

现在我们进到巴黎热闹街道的一家珈琲店里去。在路口一家外式装潢华丽的屋子,开着双开门面,对着那便于流通空气的花玻璃窗。我们进去的那一间客厅，一切设备都能比上一个富家的食厅，一切装饰利用汲取近代艺术不可限量的泉源，为使室内的全部增加美丽起来。在天花板上，有绰容玉貌的妇女们，隐在云雾里，只待你抬头仰望，伊们微笑对着你，好像对伊们才接来的贵宾祝颂着吉祥与好运。墙壁的角隅，隐藏于各种美术磁罇之后，陈列着形形色色的饮料，可供你选取。在下边，这是古旧的地毡。在上面你可以追随着狩猎麋鹿的急驰，或者参加入一个武装军队的集会中，他们正在驻扎空地预备着出发死战。

全部的器物都有艺术的匀调，一种无比的习技把实用与愉美配偶在一起，使得视觉上得到快感而适当放置物的用处。坐在舒适的座位上，你可以乐心顾盼，惊叹这一切的布置。依异国人的眼睛看来是如此地新奇，但是巴黎人士却一些都不留视。他们是住惯在那里的，这些油画，这些玲珑纤微的装饰，这些同时有热暖与耀明情调的金银反光，使你好像被我们古旧童话中的魔术所施驱，在那里人家只消思念，就可以实现发见他的一切志愿。

你呷一杯这种由亚拉伯人贡献给我们的著名液质罢，为表示享受这种永久权利的感谢，你不久就可以感觉得有些温暖，心灵清明。你用眼光投射到你四周，去看你的邻座同伴们怎样的举动。

客厅坐满了座客。谈话，欢笑，看各地各种言语的报纸，互相讲传每日的新闻议论着，没有一点不自然的样子，但是也没有什么神秘。你不必去倾听，虽则如此，但你仍旧可以阅见一切。而且，也会有互相讨论交换印象与思想的，一种相互的得益，只在一瞬间产生的。那些初次见面的顾客进来，坐了不多时他们离去了，在这片刻间以后永不会再相重见的了。熙攘出入，好像一个家庭的家属一般。

这种强力鲜明的关系，就是法国民族社会性的所在。只消在一家巴黎珈琲店里小坐一句钟，就可以了解一切的礼貌、褥节、细微的留神：每一个人对众人的注视与众人对每人的，可以融化在法国精神的陶醉气氛里。于是也就可以推想到这种像如此快乐如此可爱的民族对于世界所展发的文物影响势力，是如此的锐人如此的广播的。

但是尤其是在夏季温和的黄昏,最合宜于参观珈琲店。于是为这收容这许多欲解消日间疲倦的来宾们的客厅,自然要觉得狭小不够坐了。就把桌子椅子搬到门口广阔的街沿上去。在这座嗡嗡蜂房的前面,电灯与瓦斯灯重新放出白昼的光明,经过来往有群众的散步者。这种生动活跃的生活一直须延至第二天的朝晨,直到载着供给城市中的日用粮料的重车子,转滚着两个大轮走向菜市场的时候,在那边开始活动时,这里就暂告个结束。

　　在珈琲店的顾客中,不但有小坐暂留片刻的路过者,还另有一种顾客,更留坐得长久些,但也是不时光顾的熟客。这个特别的世界人家就称做为爱热闹者。Boulevardiers 这个名词就从热闹街市 Boulevard 一个字蜕化出来的,为他们就好像是第二个祖国,在珈琲店里扮演一种特别的角色。

　　为爱热闹者,珈琲店是比他们的寓所好上千倍的一个处所。这是在珈琲店里,他来这里缮写信礼;如果他是一个新闻记者就整理他的访稿,或是校阅,或是写预备在第二天报纸角上发表的小说的一章。那些司空见惯到了第二天休闲的珈琲店,人家如果遇着这种事发生,大家就相互询问那些熟客将成为怎样,他们以前在那里当做住所而却不喜欢在那里寄放床铺的人们,一个重大的问题,为人家白费心思去探求而得不到结论的。

　　另外还有一个观念,珈琲店在法国民族的生活上也颇占重要的位置。政法家,尤其是一辈青年的政治家,在那里聚会而在那里组织他们的重大争斗。人家指给我以某家的珈琲店,在那里常有一个很能干有力的演说家的声浪。在某家,在每个黄昏上聚集了许多政治界与文学界的知名之士。还有几家,在那里的许多坐客会集讨论营业利益,谋定他们是公司方面的计划。

　　这一切都使我觉得奇怪,在初次发见的当儿,但是现在增进了一点对于巴黎生活的知识,使我联想到东方略相仿佛的情景,这一切就在我看来都很简单都很自然的了。巴黎人都是依着他们的趣味而表现出各种的性格,这种趣味都使他们在一切事物中,寻出最准确的均分与最完满的和谐。

在我参观了罗佛尔与 Cluny 美术博物院以后的几天,在巴黎做领导的我的一个朋友,领我去参观了许多珈琲店与啤酒馆,这些店主们喜欢模仿几世纪以前的建筑式样。

我不知道巴黎的居民是否与我有同样的感觉,他们都似乎有些留神到这种事物的上面。在我呢,却毫不经意。但是我也不能自禁地发生惊奇,与表示我的叹赏,看见所复制重造的建筑、装饰、器物、杯盏,都纯粹酷肖着湮没年代的式俗。

在博物院里我已参观过的一切,还能回想记忆着的,在这里表现出来,有强度的生命,在我眼前跃呈出好久时代以前的景象。在博物院陈列的东西,并不告诉我以什么重大的事情,在这些珈琲店里却是这样有渊源地布置着,有不可抵抗的诱吸华丽。

这是一种智慧的布置使古代的搜藏都有生命地放在这里,每一件东西放在从前原有的地位,放在人家所称谓的这个"良好的旧时间"中,在我初走这些建筑物的时日,我却并没有什么遗憾。

这许多事物告诉我的胜于一课历史的教授,我在那一瞬霎间的时间,生存在那些生产、劳作、死亡人类的古时代中。但我自从认识了昨日的珈琲店、麦酒馆的道统以后,我仍旧更喜欢供给我们以现代社会材料的今日珈琲店。

十七年八月十二日

咖啡店

(作者:庐隐,原载《妇女杂志》,1930 年)

橘黄色的火云,包笼着繁闹的东京市,烈炎飞腾似的太阳从早晨到黄昏一直光顾着,我的住室,我脆弱的神经,仿佛是丛林里的孤萤,喜欢忧郁的青葱,怕过厉害的阳光,只要是太阳来统领了世界,我就变成了冬伏的蛰虫,无声无气了,这时只有烦躁、疲弱、无聊,占据了我全意识界,永不见如春波般的灵感荡漾……呵,压迫下的呻吟,不时打破木然的沉闷。

有时勉强振作,拿一本小说在地席上睡下,打算潜心读两行,但是看不了几句,上下眼皮便不由自主的合拢了。这样昏昏沉沉挨到黄昏,太阳似乎已经使尽了威风,渐渐的偃旗息鼓回去,海风也凑趣般吹了来,我麻木的灵魂陡然警觉了。"呵!好一个苦闷的时间,好像挨过一个漫长的世纪。"在自叹自伤的声中,我从地席上爬了起来,走到楼下的自来水管边把头脸都用冷水冲过,一层遮住心灵的云翳,遂向苍茫的暮色中飞去,眼前现出鲜明的天地河山,久已凝闭的灵海也慢慢腾起浪波,于是过去的印象,未来的幻影,便一层层的在心幕上开映起来。

突然一阵阵刺耳的东洋音乐,不住的输入耳壳。唉!这是多么奇异的声音,不是幽谷里多灵韵的风声,不是丛林里清脆婉转的鸟声,也不是碧海青崖的澎湃之声……而只是为衣食而奋斗的劳苦挣扎之声,虽然有时唱得也皆妙曼,使街上的行人不知不觉停止了脚步,但是这只是好奇,也许还含着些不自然的压迫,发出无告的呻吟,使那些久负生活困厄的人同样的叹息!

这奇异的声音,正是我从隔壁的咖啡店里,一个粉面珠唇的女郎的门里发出来的——那所咖啡店,是一座狭狭的日本式洋房改造的,在三四天以前,我就看见一张红纸的广告,贴在墙上,上面写着本咖啡店择日开张。从那天起,有时看见泥水匠人来刷泥门面,几个精干的男人布置壁饰和桌椅,一直忙乱到今天早晨果然开张了。当我才起来,对着玻璃窗看天气时,就看见这所咖啡店的门口,左右放着两个红白夹色纸的三角架子上面各放了一个圆形、满缀纸花的繁丽的花圈,门的上端斜插着一枝姿势活泼朱红色的枫树。沿墙根陈列几盆松树,和桂花的盆栽,太面临街的窗子,挂着淡红色的窗帘,衬着淡脆啡色的石灰墙,真有一种说不出的清雅织丽。

在那两个花圈的下面，各缀着一张彩色的广告纸，左面除写着即日开张欢迎主顾以外，还有一条写着"本店用女招待"等字样。——我看到这条，不禁回想到我们敝国的西长安街的各饭馆门口，那些雇用女招待的广告来了！呵！原来东方的女子都有招徕顾客的神通。

我正出神的想着，忽听见叮叮当锣鼓的响声，不免推开楼窗向下看，只看见两个青年的日本男人，身上披着花花绿绿如同袈裟般的披肩，头上顶着圆形的凉伞，手里拿着铙钹真像戏台上的小丑般，在街心连敲带唱扭扭捏捏怪样难描，原来这就是活动的广告。

他们虽然这样辛苦经营，然而从早晨到中午还没一个顾客过问，门前除了他们自己作出的热闹声外，其他依然是冷冷清清的。

黄昏到了，美丽的阳光，斜照在咖啡店的墙角上，淡红色的窗帘下有三个青年的女人，跪在地上对着一面大菱花镜，细细的擦脸涂粉画眉点胭脂，然后袒开胸前，又厚厚的涂了一层白粉，远远看过去，真是"肤如凝脂，领如蝤蛴"，然后近看时，就不免有石灰墙和泥塑美人之感了。其中有一个是梳着两条辫子的，比较最年青的女人，在梳洗完头脸之后，换了一身藕荷色的衣服，腰裹紧橙黄色百花的腰带，背上背着一个似包袱的垫子。然后，轻步下楼，站在咖啡店的门外向来往的人"巧笑倩兮，美目盼兮"，大施其外交手段，果然，不久就进去两个穿和服木屐的男人。从此冷清的咖啡店里，骤然笙箫并奏，笑语杂作起来，有时那个穿藕荷色衣服的雏儿，唱着时兴的爱情曲儿，灯红酒绿直闹到深夜。我已睡眼朦胧起来，也顾不得看他们的究竟。总之，要钱的钱到手，赏心的开了心，圆满因果如是而已，何必神经过敏，多思多想自讨苦吃呢！

文艺茶话

（作者：华林，原载《文艺茶话》，1932 年）

东方名茶，亦世界佳品，较西方"佳妃"，其味淡而清，且种类甚多，各地名产，各有特长，香有浓淡，色有青红。中国素有"品茗"之雅集，故各城市之中，茶馆林立，较西方之"佳妃馆"，其性质亦正相同。不过佳妃浓而艳，富刺激性，此二佳品，亦可代表东西文化之不同也。

中国社会一般人之嗜好，大都以赌博、鸦片、做官、嫖妓为生活；女子在家庭中，除烟赌外，虽不做官，但不务正业则一也。如此卑劣下贱之娱乐，丧失人格，堕落志气，损害身体，妨害事业，而遍布国中；此种亡国灭种之娱乐，大家安然处之，不以为怪。吾人为纠正此种恶习计，竭力提倡"文艺之高尚娱乐"，于是乎"茶话会"应时而起。此种精神集合，不计利害，不分门户，是无所为而为者，不含任何之作用也。超然于利害之外，以清白纯洁之心，为文艺朋友之雅集。在文化发达之国家，无不有此设施，其重要亦等于美术馆、大戏院、音乐会等。当意大利文艺复兴开始之时，佛罗杭司之文艺学者，集合朋友讲学于"伯拉国学院"，其讲学方法，不拘形式，不设讲座，亦类似文艺茶话。此风流行甚广，法国南方，古代即有"春野歌舞"之雅会，考诸史册，不胜列举。今将最近欧洲之文艺生活，约略述之，以祝"文艺茶话"万年！

瑞士湖畔之佳妃馆

瑞士之山光湖色，异常佳丽，澄清之碧波，洁白之雪峰，当夏日炎炎之际，身历此境，涤净心中一切念虑，把社会中所染习之虚伪险诈之流毒，洗刷净尽，而感觉山崖上一朵野花，湖中一条游鱼，都是纯洁可爱。余曾在莱梦湖边度暑，每夕乘一游艇，沿湖荡漾。最恰人意者，即湖滨之佳妃馆，清雅而幽静，侍者多年轻少女，姿色佳丽，与山湖相竞美。各国文人雅士,多游玩之,且佳妃馆中,常有诗句留饰壁上,桌上遍插名花,如"未折玫瑰,休离莱梦"等句,读之始觉怡情。

卫尼丝游艇中之佳妃

卫尼丝是风流歌咏之地,幽静沉入海中,美妙超出尘上,莫说建筑之华丽,绘画之色彩,令人心醉神驰。其最著名之"游艇",形式古雅,装饰富丽。每当夕阳西下,或明月当头,约一二良友,泛舟中流,遥望市场,灯光辉煌,海上微风送来音乐之声,杂以幼女之歌唱,若断若续,醉在爱情之摇篮中。此时若在佳人之旁,略饮佳妃,深深含情,默默无语,只在各人之血脉震动中,与海天之节奏相谐和。此则"茶话"中之"话",并不是用口讲,是用心讲,盖真能谈话者,是把心开开来,并不见其口动也!

罗马著名之文艺佳妃

大家都知道,罗马有一街道,大都是文艺家居住的,这街名 Via Deicondotti"公道地"。街旁有一著名佳妃馆,房屋最不广大,但布置极古雅,壁上绘有罗马等各种残迹,并有各国大文艺家之墨宝,如歌德、拜伦等亲笔题字,用镜装悬在壁上,房中并有文艺家像片,令人追念徘徊,恍如与古哲相遇。因我想到中国城市中,应当有文艺茶馆,且要有文艺家居住之区域,如巴黎拉丁区,为教育集中之地,文艺家大家都住在相近之街道,则公共文艺事业,更便于发展。

巴黎之蒙巴那司之佳妃馆

巴黎在现代诚为文化集中之都市,各国文人艺士,多聚会于此,在蒙巴那司大街,有数家大佳妃馆,如"烘洞得"之类,皆文艺家聚会之处。凡一繁盛之区,当然不能纯粹,自然有许多流派,然固无碍于文艺之发展。世界著名之文艺家,亦多到蒙巴那司佳妃馆中聚谈,并有音乐歌舞,以助谈兴。此种设施,吾认为城市中必要之举,注意文化之教育

①

界，苟不提倡，则烟馆赌场到处皆是，而社会反宽容之，吾诚不知一般人是何居心也！

以上约略述之。吾认定"文艺茶话"为必要之精神集合，互相勉进于光明之前途，如杭州观潮，苏州寻梅，皆可随时提倡，务使文艺空气，充满南华。岂余一人之私幸哉！

德国的莫佳咖啡

（作者：莫佳，原载《文艺茶话》，1932 年）

我用很软弱的记忆力，在过去的一切生活中浮荡，似乎我的过去没有什么留恋或遗憾的毒蜫。我虽然不敢自傲我的青春之得意，我亦不怨恨我的落魄之难堪。这是我回国五年以来的原则。今晚，可有点两样：茶话会的咖啡，使我已死的死灰重燃，我的原则因之有点动。是否

---

① 巴黎的伏尔泰咖啡馆，画中有高更、塞尚、罗丹、波德莱尔等人。

咖啡的劲儿使我发疯,亦或茶话会的空气使我癫狂,实在我莫名其妙。但是没有茶话会,喝不着咖啡,已喝着咖啡,当然以它为题。似乎法国的咖啡不甚起劲,虽然我有九年的享受,咖啡从未战胜过牛乳,少分的咖啡和上充分的牛乳,徒然使人肥胖而已。我真恨我在法国时代胖得和猪一样,因之法国的咖啡与我没有好感!英国的咖啡似乎高明得多,漆黑的液汁,不加糖又不加牛乳,一股劲儿能使你兴奋与心跳。可惜这股劲儿法人不敢享受的。

德国有种咖啡名莫佳(Moka)的,它与我同名字,我认它为咖啡之王。莫佳的味儿来得特别猛,一缕香气,有如四十年前的印度白土,能喝莫佳不加糖的才配称好汉。可是喝惯了它,世界上没有第二种咖啡能使你满足了!因为莫佳,我在柏林闹过笑话,现在我虽然没有达到老年时期,脸皮确实老厚多了,现在我敢不害臊地追谈自己的莫佳笑话。

一九二三年的夏天,所有的同学都到海滨去过暑假,而我独自到柏林游荡。天知道,那时候的德国正在经济破产,马克惨跌的危险时期,在我们吃大菜喝莫佳是家常便饭,而在德人则有不敢梦想之慨!一只大洋,可以换上无数百万的马克,天之骄子,皇家饭店,何尝一天不到!

有一天,在地道电车上逢见一位天使,表面上虽然高贵而骨子里却是难堪万分,脸有菜色。那时候,我这浪人,灵机一动,觉得她可怜,青年人和少女闲谈,在外国是公开的,我也不在例外,结果我请她吃了莫佳与点心。天使之饥饿,几乎使我掉舌,鸡蛋糕一打,莫佳四大盅,我在坐着呆看,这顿点心,使天使流泪狂欢。

挨饿的肠胃忽然装满了莫佳,事实上,能安稳如常是不可能的。可怜的天使,兴奋的可怕而可怜,她开始怨恨战争之赐予,毒骂法人之狠心!"我请小姐吃点心,而你在骂人;假如我请你吃大菜,你将骂我吗?"我这句话把可怕的天使变成可爱的羔羊,很服从地望着我。那天晚上简直是天使的生日,因为我请她吃点心之外还请她在皇家饭店晚餐,逛花园,开房间,阔得落花流水。这都是莫佳的赐予!平常,我很怕吃咖啡,尤其是喝莫佳。今天的虽然不是莫佳,因为没有加糖,不幸燃着我的死穴,因之使我难过,也许是心疾。

我们贵国能喝咖啡的算是摩登人物,今天我们都在做新人物,可是中国的咖啡与德国的莫佳是完全两样的:我们的咖啡给我们精神的联络,德国的莫佳能给我们沉醉的留恋!

咖啡店与墓地

(作者:萧石,原载《申报》,1933 年)

烈文旅欧时,尝作《巴黎物语》在《申报》发表,颇受读者欢迎。今烈文归国,主编《自目谈》,来函征稿,因作《巴黎谈屑》应之。"效颦"之诮,所不计矣。

我们平常感到要了解一位朋友不是一桩容易的事。有人说要了解一个人,首先要对那人有情愫。如果你对那人漠不相关,或者意存鄙视,就令你和那人相处一百年,也决不会有了解的时候,我个人对于这个见解是极端赞同的。我觉得不仅对于朋友应当这样,就对于另一个民族,另一个国家,也应当取这种态度。大概因为我住在法国有相当的日子了,一天一天爱着起来,尤其是对于这新奇古雅两臻极致的巴黎。我爱法国,是爱法国民族性有几分和我们相似,特别是在她那近人情的地方。杨恽说"人情所不能止者圣人勿禁",苏老泉说"不近人情者鲜不为大奸慝",近年来有许多人批评孔子立说的长处就在平易近情,外国人恭维我们的时候也说我们近情知礼,不背中庸之道。如果说我们这个民族有长处,我个人很相信我们祖先的长处全在透彻人情。这自然是说春秋战国我们思想界的黄金时代,以后因为政体专制,思想界便也漆黑一团,见不到一线光明。但我们现在凭借书本去设想的那种盛况,我们仅可以在巴黎的咖啡店和墓地中耳闻目见。这并非笑谈,凡游过巴黎的外国人大抵有同样的认识。

一眼望去巴黎的咖啡店比我国各市镇上的茶馆还要多,坐在里面的人,不消说,以谈天的占大多数。可是他们有时谈得很到家,许多新的哲学、新的文艺就是在咖啡店里面谈起头的。例如英灵庙(Pantheon)前的一间咖啡店,是诗人魏尔伦(Verlaine)每日必到的地方。蒙巴拉斯(Mootparnasse)的某咖啡店是画家马烈(Manel)等聚会之所。现在仍健存的比国戏剧家梅特林当年少游巴黎时,亦是在一间咖啡店遇到象征派的先驱者玮里耶。他们彼此很相得,有时在咖啡店谈到天光。我们如要调查大人物的逸事,咖啡店便是这类逸事的大宝库。

我看中巴黎的咖啡店还另有一点,即是在那里面可以看出法兰西民族的性格。上面已经说过我最爱的是在她那近人情的地方。比方有几个人走进咖啡店来,如谈政治,无论左派、右派、共产党,乃至王党;如谈绘画,无论印象派、新印象派、后期印象派、野兽派、立体派、未来派、新浪漫派、新神秘派、象征派、新古典派、鞑鞑派、表现派、超现实派,他们都可坐在一张桌子上辩论。有时他们自然免不了吵闹,但决不致于吵闹到不可收拾,至多请警察来弹压一下就散了,散后依然互相尊重。他们极相信自己的主张,同时也尊重别人的主张。所以巴黎有极端的

---

① 普罗可布咖啡馆(Café Procope)位于巴黎第六区的老喜剧院街(rue de l'Ancienne Comédie),是巴黎第一家咖啡馆。

守旧派，也有极端的革新派。这种现象在胸襟狭小的人看来，似乎非常矛盾。但在教养深厚的法国人眼中，绝不感到矛盾。他们有一个基本信念——人决不是完美无缺的，各有各的长处，同时各有各的短处。既不相信世间有什么白璧无瑕的圣人，也不相信有什么万恶不赦的坏蛋。

再举一个例，我们在巴黎那四个华美庄严的墓地中，看见许多思想流派迥不相同的大人物，埋葬在一个地方。生前各人的思想尽管天南地北，死后却作贴紧的邻居，这也可以看出人生的悲喜剧。巴黎有四大墓地，东西南北各占其一。东方墓地（Pere-Lachase）中葬有莫里耶、拉丰迭努、贝朗哲（Beranger）、谬塞、巴尔克扎、画家科罗、德拉科罗阿、音乐家休班（Chopin）、史家米西列（Mich1e）等。西方墓地（Passy）中葬有近代音乐之父德毘奚（Clande Debussy）和近代绘画之父马列。南方墓地（Montparnasse）中有波特莱尔的纪念像，圣伯甫、莫泊桑、柯贝（Coppee）等的碑铭。北方墓地（Montmartre）中有佐拉、小仲马、雷南和画家米列等的墓碣。而国人所熟知的红颜薄命的茶花女，传说实有其人，我们在这墓地中亦可找到她的埋香的标帜。

---

① 伏尔泰在普罗可布咖啡馆（Café Procope）。

总之,法国人不独善于遣生,而且工于送死。巴黎的四大墓地装点得十分雅洁,从咖啡店走到墓地,不由人不恭维他们死生两得其所。

柏林咖啡一夕谈

(作者:渊若,原载《国际现象画报》,1933 年)

柏林为德国之首都,亦为世界著名之大都会。其景物繁华之秀丽,其社会之富庶奢侈,实可比拟法国巴黎,凌驾美国纽约、英国之伦敦、意国之罗马,非其伦也。柏林既为世界繁华之都市,则其娱乐场所之众多,自不殆言。而娱乐场外表之庄严宏伟,及其内容之精美艳丽,尤为未到柏林者所能想象。若欲以我国上海号称神秘之北四川路之歌台舞榭,以相比拟,直小巫之见大巫焉。咖啡者,亦柏林娱乐场所之一种也。因其中有饮食,有音乐,有跳舞,故人民无不趋之若鹜。各咖啡店主为招徕生意故,亦莫不于饮食、音乐、跳舞以外,更进一步,为种种之新奇之设备。举凡科学上声光电化之足以助人乐者,几无不搜罗之以供应用。兹篇所述,虽仅限于咖啡,然柏林咖啡,既为柏林娱乐场之最主要部分。则谈柏林咖啡,可以类推其他之娱乐所情形矣。吾知读者,读此文时,恍然如置身柏林之咖啡中,亲见柏林人士之娱乐生活,恐不免有手之舞之,足之蹈之者。

佛媚奴 Femina

佛媚奴为柏林最新式咖啡之一。建筑崔巍灿烂,设备典丽堂皇,瓦面全以玻璃为之,可用机器为之启阖。其在冬季,帘幕重掩,满室生春。其在夏季,则可将玻璃瓦面张开,繁星在上,清风徐来,无数之男女来宾,狂歌甜舞于大罗天下,几如置身广寒宫,不知人间何世矣。每一客桌上,设置自动电话一具,并附客桌之位置图及电话号数表。凡欲由此桌与彼桌通话者,可用电话为之联络。盖便于男女相约跳舞之用也。

另又仿照德国邮局最迅速之"气管送信",特设小规模之"气管邮政",以便男女爱情通信及游戏通信也。座位之下,设有升降机,若场中小舞台有所表演时,可将座位用机使之升高。前列低,后列高,如电影戏场之位,然亦以便在座者之观剧也。此外场中又聘有舞女及舞男多人,俾男女之欲跳舞而无伴侣者,得此以慰其寂寞,至于音乐之靡曼欲醉,更不必言矣。盖此咖啡实为柏林之最新式咖啡也。

露德华格臬 Lutter & Wegner

为历史上有名之地窖酒吧。屋高仅一·九〇公尺。所有酒侍,均穿古代酒吧服装,其中饮食特佳,故识者莫不争趋之。因其中有甚多之历史的纪念品,酒杯茶盅,多为古式,凡外国游客之至柏林者,殆无不一游焉。

爱恨 Fugen

位柏林最热闹固禄惠斯登大街之附近。在昔为一庄严典重之咖啡,至今日则变为法国"望麦"式之饮食大营业所矣。故往来者,各阶级之人物均有之。浪漫之诗人也,天才之艺术家也,颓放之文士也,乡曲之老头儿也,妖艳而秀丽之少妇也,青春之荡子也,五光十色,杂沓非常。该咖啡又时用游诗文,以极滑稽之情调,引动座客之欢娱。是为咖啡中之别开生面者。

---

① 即爱恨咖啡馆,原文中所配插图。

欧罗巴凉亭 Europa Pavillon

系在无数高楼大厦中而特开建者。林木森然,音乐曼妙,中为跳舞场,酒绿灯红,坐者莫不逸兴遄飞。出入此咖啡者,多为善交际德人及外国游客。

葡萄酒店 Wein Lokal Traube

在柏林动物园车站附近。为柏林最华贵之饮食娱乐场所。中有温室、喷水池、椰子树,及各种极名贵之热带植物,而为德意志本国所无者。陈设之典丽堂皇,殆莫可名状。实为柏林咖啡中头等之头等也。高等社会人士,多喜来此。

丽娃栗坦 Rio Rita

为柏林西方即新柏林区之大交际酒吧。外表虽殊平常,但内容则甚精美。附设跳舞场小酒吧。其余新的设备,应有尽有。德国之电影明星,及世界电影明星之游柏林者,无不聚集于此,以度良宵。

圣保利 St. Pauli

亦为柏林西方最新之咖啡。其建筑如船式,酒吧亦在一船上。美女万千,称为柏林之最快乐的咖啡。

墨西哥 Mexiko

为柏林下流社会人物所广集之咖啡之一,在柏林中央区亚历山大广场附近。每当夕阳西下,则见男妓女娼、鼠偷小窃,出没于其间。如有人持照相机而往者,坐者莫不掩面避去。

太白浓 Ta Canon

旧日名称为 Bigaine,原系居留柏林之黑人往来交际之场所,近则变为国际的咖啡矣。其中保留黑人的风俗习惯甚强,亦为咖啡中之另具风味者。

梦想国 Florado

吾人一见此名称,即知此咖啡之神秘矣。凡外国人之游历柏林者,尤其英法两国旅客,抵于柏林时,莫不询其译述曰:"吾人可往梦想国一游乎?"盖在咖啡中,可见男化女妆者、女化男妆者,扑朔迷离,雌雄难辨,宜乎其吸引力之大也。

老跳舞场 Altes Ballhaus

本为柏林最老之跳舞所,迄乎近日,改设为新式之浴场及跳舞场,故顿变为世界最摩登之新咖啡矣。其中有一运动场,以供来宾之男者、女者、老者、少者,为游戏及运动之用。

祖国咖啡 Cafe Vaterland

位于柏林波士丹广场附近,以善布景变化,著称于全世界。置身于此咖啡中,几如置身舞台,忽而见百花怒放,忽而见大雪纷飞。俄顷之间,奇变万状,令人惶惑,忘其身之在咖啡。当其为山川风物之布景时,则坐咖啡中者,又如置身科布伦慈,远望维也纳。但见暮霭沉沉,人民城市,若隐若现,其大观几非笔所能述矣。此外该咖啡又于其中摹仿世界各国风俗,分设各国茶室酒家,如土耳其室也,则其中之陈设,完全为土耳其式,即当炉少女,亦为土耳其之少女焉。类此推之,则中国室也,美国室也,法国室也,日本室也,无不一一仿效其本国之实景,使入者悦如亲游其国。故此,咖啡实为大世界之缩影,无怪乎游者,流连不忍言去。

在帷幕中 Inden Zelten

在昔为用帷幕围成卖杂物之所,故名在帷幕中。至今日则为有音乐之咖啡矣。大抵来此者,多为少年情侣,或为老年之独身妇女,然亦有扶老携幼,全家而来此共品咖啡、絮絮话家常者,盖其性质,实适合于此等人云。

约栗约喀 Jolly Joker

为柏林妇女界所最常往来之咖啡,其性质适于男性的"梦想国"咖啡相反。凡在此娱乐者,固不必有特别之贪图,然因妇女之杂沓,偶于其中得闻妇女界片段之奇闻秘事,即已足以偿其所愿而有余。

老巴燕 Alt Bayern

亦为地窖酒吧。在此饮者,类多放浪形骸,狂歌蛮舞,佐以繁弦急管,其乐乃为无艺。其一种天真浪漫、粗鄙犷干之情形,为其他咖啡所少有者。

麻露华宫 Schloss Marquart

位于柏林与波士丹之间,风景绝胜,为昔日某大实业家之别墅,今则改为咖啡而兼酒店矣。每富春日晴和或秋高气爽,柏林之最高等社会人物,几无不来此,作竟日盘桓,盖如此胜境,飘乎若仙矣。

亚利安诺 Ariane

为世界人类所喜欢的无数夜总会之一,四壁绘饰,异常艳丽。凡结合同类,作长夜之消遣者,多喜来此。因其中放任自由,毫无拘束,另有一天地之故。

闷涤 Mundt

为柏林最著名之咖啡。柏林人士几无有不知者,凡在此往来者,均为三旬以上之人士;廿八岁以下之男子,则禁止入内。此为咖啡主人之苦心,诚不欲使惨绿少年在座,而减两鬓如霜者之豪兴也。闻此咖啡系特为三旬以上之独身男子为求伴侣而设,故生意非常发达,其著名,诸出其他咖啡之上云。

谈谈暹罗咖啡

(作者:刘意光,原载《四中周报》,1933 年)

和朋友去饮冰,偶然在饮冰牌上见到"咖啡牛乳"这四个字,忽然想起饮咖啡的一段趣事来了。

我好久没有饮过这类东西了。当我在北揽——暹罗湾的口岸——的时候,饮这种东西倒很平常,因为那里的咖啡的价钱,比起这里还要便宜好几倍,只非五士丹——暹罗所用的铜币——就可饮得一杯,而且味美可口。合以经济,假如你肯多出点钱,也可添多一盘罗的(即我们往日所吃的面包)胶椰或牛乳做配饮的东西,要不然,也可买点蜜浸的食品,用铅线做成的叉子一块一块送进口去。合着几个朋友,有谈有食,真是什么痛苦的事都可把它忘掉了。

所以那里饮咖啡的人很普遍,晚间尤其热闹。在十字街头的一家叫合心店里,你总可以看见充满了一般顾客,有唐人的,也有番人的;有红男的,也有绿女的;有赤着上身的,也有挺着露腹的,你静悄悄地坐在那里,细细的听着他们的语音,也很有趣。有文雅的公子声,黄莺一般的姑娘声,也有丑陋的大汉声,唐话番话弄成一片,找不出一些小的头绪来。本来北揽的咖啡店原是不少的,但是要论生意都没一家比得上合心店,虽然店里布置的都是旧式的床椅,可是整齐而洁净可观,所冲开来的咖啡也比别家的滋味好。

据我的堂弟说,——我的堂弟是在合心店里当长工——合心店所购的咖啡子多是从星加坡来的。其实暹罗也何尝没有产咖啡呢,不过为数很少,并且咖啡子也不如星加坡、爪哇一带的佳。以色泽来说,也没有星加坡、爪哇地方的黄大,炒起来也容易着火,只好被认为下等的咖啡罢了。至于价钱,当然也比星加坡的要便宜了些。

　　论到咖啡的好坏,和炒咖啡的人也很有关系的。因为咖啡的炒法非有经验的人绝不能胜任。在最初的功夫须先把咖啡子放在筛上,筛去其中的砂粒和死子,然后再盛在一个筒状的铁桶中,铁筒中心穿过一条铁轴,于其一端做成曲柄以便转动,在筒的旁边挖个小孔,这小孔可以自由开闭,咖啡子就从此孔装进去的。铁轴两端挂在一根丫状的柱上,下面烧起火来,此后炒咖啡的人,就须跟在旁边把铁柄慢慢地旋转,等到咖啡子渐渐黑了,这时益须特别留心,不然炒得太过火了,那么一经冲饮时候,便会觉得太燥而且太苦的滋味;假使炒的火候不到,当冲饮时又要觉得淡然无味了。所以咖啡的滋味,最好是炒得恰到好处为佳。照此看来,那当炒咖啡时,便非有久长的经验不可了。在咖啡炒好以后,还须趁着咖啡子热着时候,加上了牛油放在桶里,用竹板把它拌得很匀,然后方可把它倒入磨器里磨碎,这时便成为日常冲饮的咖啡碎。

①

　　有许多善饮咖啡的人说,如果咖啡精只下了白糖和熟牛乳(即普通的罐头牛乳),饮起来并不觉得有何特别气味,应该加上一点生牛乳,始觉可口有味;要是再加进了冰霜,那就应该多下一些生牛乳才行。依上面的话,和我的经验告诉我,实在是不会没有理由的。不过有时我自己买点咖啡在家里和兄弟们冲饮,不要说没有生牛乳可以下,就是那熟牛乳尚且也没有可以下呵。但是兄兄弟弟,围在一起享用,虽然单下了白糖,也并不觉得没有滋味和兴趣呢!

　　现在居然来到潮州,不要说咖啡是极少饮,就是饮也觉得已和从

---

① 炒制咖啡豆的机器。

前我所记忆的大不相同了。一方面因为这里所饮的咖啡多是不纯净的,何况又少有人和我一样的喜欢饮它呢。这样,虽然我自己觉得满意却没有一人来和我同情,空空放过了这么趣味的东西实在可惜得很!

全盛时代的日本咖啡店

（作者：云超，原载《社会新闻》,1934 年）

咖啡店是什么？这有利与害两面说明的存在,目下日本民众对于咖啡店的营业,攻击的甚为厉害。其理由为咖啡店不但损坏个人的品性,其遗毒于社会亦不浅,何况游惰化,私娼窟化的今日,站在人生分水岭上的意志薄弱的青年,怎能战胜异性间的牵引力,而有所不堕落呢？毫无疑义这充满了诱惑氛围气的咖啡店,的确！是颓废与荒惰的巢窟,应绝对加以驱除,始能挽回今日的颓风。咖啡店虽在这种理由之下受着攻击,但无论何事,总有利害两面的冲突,智者去其害而就其利,愚者则抹杀其利而生其害,此东西古今不易之至理。盖利害之存在,实视人之运用如何耳。如咖啡店亦然也,一面虽受了抨击,一面也有拥护的呼声。据赞美者说:咖啡店是恢复民众疲劳后取得慰安的唯一场所。它能使人倍加活动力,增进元气,固不啻为元气制造所,活动力的发源地。咖啡店实是极乐的天国,女招待则是温存柔和的仙女;吾人出入其间,始能憧憬着前途的希望,而致力于事业。然世间有不少的假道学家,以咖啡店为堕落的泥沼,进出其间的是堕落的子弟,这就成了偏见。

依据上列二论,各有其堂堂正正的理由。孰是孰非,实难加以判定,盖如所述,"确视其人之利用如何"而分歧为！那么,咖啡店它虽受着了多数的排斥论所攻击,尤其是妇女团体的压迫,然而竟不稍受其所屈,反逐年与妓院莫大的恐慌,如飞腾般的猛烈发达,这到底是什么道理呢？

　　大凡一物的存在，各有存在的理由要求着，过了烂熟期而呈凋落的日本资本主义的现代社会，那儿有种种的罪恶和腐败，套落于青年的头上，因生活困难的烦闷、自弃、焦躁，再加上了结婚难；彼等因不堪受了性的恼闷，向这比较妓院省费而安易的咖啡店里追求异性，的确是极其普遍的心理，也就是咖啡店繁盛的根由了！所以世上虽然大闹着不景气风潮，独咖啡店发达，依然有加无已。单东京银座一条街市的表里，足足三百余家之多，且大规模的咖啡店，女招待甚至拥有一百数十名之众；莫怪乡村里的东京观光团，以为是什么游艺场或娱乐所，曾经询问了入场券资的多少，而闹了滑稽的笑话。

　　夜！全盛时代的咖啡店之夜！无线电留声机的交响曲，美貌异性的欢笑声，红的酒，绿的酒，的确！它是具有十足的吸引力，使人留恋不舍，乐而忘返。且一杯的咖啡，逛了半天，也不会受丝毫厌恶的表示，其得青年热烈的欢迎，有今日之发达，实非偶然的一回事。至于设备，则完全西式而摩登化，女招待亦以美丽聪明，伶俐而亲切为第一要件，其侍客的目标，则处处使客清心爽快。无论是银行长或是穷小子，一视同仁，无以身份高低而分待遇（然表面上虽是这样说，结局其里面的差别，是难掩饰的）。故当排进玻璃门，不上三五步，至少会享受二个或三个的美丽笑容，这里是人生的乐园，阶级平等的天地，也是国际的观光船。看呀！洋行买办、出店、书家、音乐家、会社长、大学生、店员、浮浪者，还有亡命的白俄女、墨西哥的领事、英国的绅士、美利坚的富豪、苏维埃的官吏、印度的魔术家等等。这五光十色的人物，浸润于甜蜜的同一氛围里，实无所为国家，无所为阶级了！因之，一杯咖啡或一杯威士忌为机缘，而开放了国际爱情花以及阶级悬殊恋爱的事实，时有所闻。亦有因不得如愿以偿，而至于拐逃、自杀、情死等，种种惨案发生。故咖啡店是与妓院和跳舞场鼎足而立的现代社会罪恶酿造机关之一了！况世风日下，人心不古的当儿，加之空前的不景况。女招待独靠微细的小账，是难得度日的。于是受了生活的压迫，虚荣心的驱使，纯良少女的心，终于入了诱惑的环套，而群趋于下流，习于时世。况咖啡店主本来是以柔弱的她们，为其摇钱树，于是半催半迫，将她们堕落于深渊之中，故今日的咖啡店，无异于私娼窟，女招待就是秘密卖淫妇了。

诚然呀！日本现时的咖啡店，实在已是游里化、私娼窟化了。对于本身的抱负，本来的目的，抛弃之殆尽，残余的表面上一副遗骸而已；大多数的咖啡店里，都有私设着秘密的房间，供客人的游逛，而女招待只消破费五角或一元的代价，就能任意摸索、拥抱、Kiss等等；假使破费五元、十元的代价，不必说，那就得肉体上的快乐、性的安慰了！

自称"咖啡店通"的K君，对于诱钓女招待的猎奇术，曾告诉我门径，他说："咖啡店的女招待，她们最欢迎的无非是四五十岁的资本阶级的人物了；因为他们的竹杠是敲得出来的，三元五元不必说，十元二十元也是很便当呢；至于青年们，那就不同了，最起码的也不过二元，况大多数青年，都是为了喧闹的目的而去，真欲为着解疲劳的实在很少很少，所以女招待对于青年，也是敷衍过去而已。假使欲得她们真心来爱你的话，那末！第一，跑进了咖啡店，眼睛是不可如贼眼般东张西望，不过，在这时候，应偷偷地选择好你心目中的美人，看她的桌子是在哪里，叫了一杯东西，匆匆吃完就走的。到了第二天，你就要一直跑到你昨日选定好的桌子去，除叫一杯咖啡以外，不可再开口了第二句的话，约在二十分钟左右的光景，将这杯咖啡吃干了，拿了一元放在杯子上面也就走的。她虽在向你多谢，你也似乎不听见般——这样一连跑了半个月光景，她一定对于你抱着无限希望，盖她平常所接待的都是那些如色情狂般的人物，今一旦睹你这样羞答答如处女般的青年，她的心就会渐渐地倾向于你了。在这当儿，你就如梦中初醒般以为几时来在咖啡店里的样子，而向她作惊奇的表示。那末，她一定会来询问你安慰你了。你尽管真的好，假也好，将关于失恋的话说了一大篇给她听，她定会替你表同情，而以你是个多情多义的男子，益加发生无限的感慨，来爱慕你，赞美你了。这天你千万不要忘记多加她一点小账，那末！再经过了三五天，不必你开口，她必定会来邀你逛公园、看电影、吃大菜,而至于开房间哩!……不过!
这也不是一概如此,如野鸡式咖啡店的下等女招待,那就毋须下这种
的苦心了!她对客人,是强要着小账,强卖着春啊!

①

孟马特之一夜

(作者:程万孚,原载《华安》,1934 年)

　　"孟马特,孟马特!"这个音节在巴黎人的耳里听来,正如同一个在
纽约或在上海的人听说"巴黎"一样使他心动。整个的巴黎的底下,正
包含着多少种不同样的区域,住着多少种不同样的人,过着多少种不同
样的生活,这正如所有的大城市一样。巴黎的孟马特,正是个特别的区
域,这"孟马特"三字的音节,使任何巴黎人听了,马上他就联到的是:

---

① 　日本名古屋咖啡馆。

女人、醇酒、音乐、舞蹈、美画、名歌，这都不是些醉人的东西吗？在孟马特，正都是这些东西充满了这一个区域。

巴黎有二个出名的，同样使巴黎人心动的地方。一个是孟马特（Mon-tmartre），一个是孟巴纳士（Montparnasse）。在很久很久以前，这都是巴黎城外的二个小山丘。后来巴黎发展开了，这些地方都圈在巴黎的名下了。孟巴纳士是莱茵河南岸的，可以算在拉丁区里。孟马特在河北，我先说这河北的。

平时经过不少次这一区，在街车上只看见的是来往不绝的人，明亮如白昼的灯、戏院、电影、舞场、咖啡，那三步一间五步又一间的咖啡。我也不知道为什么就没有在这有名的地方来流览过。直到某一夜，我才看见孟马特。

是我的意大利朋友波加底告诉我说在孟马特一家舞场里新来了一队古巴乐队。因为他在西班牙、在古巴住的有好几年，似乎是给古巴音乐迷住了。

"这古巴音乐之好，好得我简直说不出来！"这意大利人把双手举起来，把十指须先一紧缩，再一张开，这是南欧人说好的表示。意大利人说话更是离不开他的双手的。

是一个秋夜，天晴，不冷不热。我们在晚饭后出发。这个地方是在一个小山丘上，走来并不觉得，始终都在热闹的街上，由汽车把我们装着跑，并不知道什么时候上了山的。我的朋友

---

① 德加《咖啡馆》，布面油画，92cm×68cm，1875—1876 年。

是一个老巴黎,他知道许多地方,法国话也说得同法国人一样的纯熟。时间是太早了,这区域还没有开始活动,孟马特的人每天也是工作八小时,时间是晚上十点起到第二天早上六点止。我们先去一家有名的大咖啡。这咖啡是一个主人独开的,在巴黎就有许多分号。主人是姓一个法国人最多的姓,和中国人姓王、姓张的一样普遍,咖啡字号就是他的姓,Café Dupont。他有一句广告,这句话深深印在巴黎人的脑子里,"Chez Dupont tont est bon"意思是说宝朋家的东西样样好。同我们那有意想不到之效力的百龄机,同美国到处标贴的 They Satisfied 吉士香烟是一样轻轻地,可是深深地印在人的脑子里。

咖啡是同别的咖啡差不多。这宝朋咖啡的客人似乎比别家多,不知道是他的咖啡味好,还是四周坐满了些找主顾的野妓使得他的座客比别人多。

"这么早就出来了,这才是些真的起早的晨鸡呢。"我的朋友笑着向我说。奇怪的是我们上海叫妓女是野鸡,法国人也同样。如果说孟马特的女人能醉人,我想决不是这些济男人饥荒以谋自身生存的鸡罢?

我们又另外走进一家咖啡。这是一特别的,巴黎上千上万的咖啡里怕只有这一家。一进门,惨绿的灯光照得人面如死人,发银灰色,发青。侍役是一个活骷髅!整个咖啡是一片坟山,一个大坟墓。棺材是当作桌子使用,桌当中就可以看见下面躺着的尸身。坐的椅子是些残缺不全的墓石。壁上画满了些怕人的尸身、骷髅、恶鬼。远处有枯干了的白杨,有乌黑的云,有阴惨的墓碑。看看我的朋友,平日一红二白的面庞是如此的银灰可怕,看看自己的双手手指手背是同死了的人一样,一丝红血色没有。没有嘈杂声音,只听得不知从哪一角上传来微微的、悲楚的哀歌。活骷髅侍役在你面前穿梭来往,你的咖啡就在一个墓里端出来的。

"莫不是到了鬼窟里来了?"我时时就有这种感想。记得方才还在那热闹非凡的宝朋家的东西样样好的,怎么马上就到鬼窟里。

走出了重门,才又发现这满布了声,满布了动的世界。经过一家戏院,名字是就叫"十点钟戏院",说是到晚上十点才开始的,大约早晨二点才完。

经过一条小街,几乎完全是小旅馆,街灯也不明,只看见每家旅馆门上的灯,照出 Hotel 一个字。不用问人就知道那是些特种买卖的交易所。这条街上倒冷静的非凡,只不时从那些小窗子里传来些笑声或怒骂。几分钟我们穿完这小街又到了大街了。

有一个天堂,有一个地狱,并排地站在大街旁。天堂的进门是云是雾,地狱的门口就是一张嘶牙的大嘴!进地狱的人就从这嘴里进去。我们没有进天堂也没有进地狱。我的朋友告诉我说这地狱里更怕人,黑漆漆的甚至看不见走。等你的眼睛看惯了,你又发现到处是鬼,不同样的凶鬼。断了头的美人,吊死的男人到处有。一转弯不知是脚下踏着了什么机关,一个凶鬼从你的面前扑上来。如果你是同一个女人一起去的,无疑的,她会倒在你的怀里,要你的保护了。那一边是天堂,天堂他亦没有去过。

我们是慢慢地在那粪蛆一样多的人群中向前挤。经过不知道多少大大小小的咖啡,大半是个个有音乐,奏的是巴黎流行的歌曲,一家咖啡的音乐还没有从你的耳边消逝,别一家的又送到你的耳边了。同时就有听到几家,只觉得耳边一片响。也同那些在你眼前的人一样,一个女人的红嘴唇,那一个的一双好腿,这边一顶高帽子,那边一个大胡子。你看见乐台上的女乐师向某一个人做眉语,卖风骚,你自己就被一个女人猛然的碰一下,接着是一声"对不住,先生",眼角上是一丝微笑,你就可以明白她的意思了。在这一些声音、颜色、活动都混乱到如此的地步,你还想我能告诉你什么东西呢?我自己就不知道看见了什么,听见什么,我的腿是无意识的在动而已。

又是穿过一条静静的街,照样有不少旅馆,也听得见笑声怒骂,也听见在你后面追着在喊"我的小宝贝"的女人声。同样在街头的暗街灯下,有一个壁立无言,把便帽反口朝天当做一只袋子似的,求你开恩的人。

愈远走,好像愈是乱,愈是人多。这些人大半是工人。咖啡的音乐刺人耳朵?这些客人也满没有把音乐放在耳里,音乐只是多添一种混乱声音。客人是左一杯右一杯灌啤酒。女人也一样,左手指尖一支烟,右手握着一大杯啤酒。

"唉,雷米,我的老相好的,这一杯就祝你健康呵!"

"少放你的屁吧!我够了!"

"哈哈哈哈!"

这孟马特,街上看得见的就这些,还不够吗?有多少珍奇是在某一种地方的,出了相当的代价才能看,这代价把我的脚止住了,我的嘴也给止住了。

孟巴纳士的咖啡馆

(作者:程万孚,原载《华安》,1934年)

巴黎有两个醉人的小区,一个是孟马特,我已经说过些了,另一个就是孟巴纳士。这两个区域都是不夜之城,满遍着女人、酒、音乐的地方,是市政府的老爷们规定下所谓娱乐区域。

孟马特在塞茵河北,孟巴纳士在河之西南。到孟马特去玩的人,把两腿走得发酸,眼看得发花,头发昏,还没有走完看完那一区里的好东西。在孟巴纳士可不然,什么东西都在十四区、六区、十五区交界的中心点,跳舞场、咖啡馆、电影院、杂耍场、小戏院、玻璃房……以及可以把你皮包里的钱吸去,使你高兴、开心,所谓娱乐的东西应有尽有。

我们的寓所在六区,离这里不过四里路,在平时很少去玩,原因是没有功夫。白天里那里没有什么,非到夜深才上市。去玩的人五颜六色,上中下齐全。只要适合你的钱袋去开销,任何地方的门亦是开着的。是给人玩的地方,也可以说在欧洲,从没有像纽约、芝加哥的那样以"非会员不得入"的盾牌,拒绝任何人进去的。

各咖啡馆、各舞场的红绿电光招牌,到处刺眼;东也是,西也是,音乐声传来。经过舞场时,那门一开,马上泻出一阵热风,风里有酒气,有女人香,有音乐,有笑声,这一阵风就能够把你的心熏得醉迷迷的飞上七重天!

"请进来,先生们。"每个舞场门前的满面笑容、身穿制服、能通六国语言的招待,都是同样的招待过往行人。

经过多少舞场,多少咖啡馆,我们终于闯进了孟巴纳士最大的一家咖啡馆 La Coupoule。这里楼上是饭馆,楼下是咖啡座,地窖里是跳舞场。每天早晨四点半才停止营业,五点又重新开始营业。只关起门来打扫半小时,让那些疯狂够了男男女女回去温柔,卖乐们接一些赶早起来去上工的工人,站在柜台前面,喝杯牛奶,吃条油条当早点。

差不多二点了,可是里面的人正挤得满满的。一眼看去全是人头在摇动,满耳杂乱声音。侍者看见一群醉孩子走进来,赶紧给我们找位置,怕惹事。坐下来,每人还是要了一小杯助消化的蜜酒。

坐咖啡的人本来都是无事可做的。男人找女人,女人找男人,画家

---

① 巴黎街头的露天咖啡座。

速写,闲人看报谈天,我们这一伙进来,能够看得见我们这一角的,全把我们当目标望着。这一集团,有法国人、有英、德、瑞士、罗马尼亚、希腊、中国的代表,差不多一眼看得出是真正代表着他祖国的青年聚到一起,叫那些无聊的男女正好把眼睛移到这一团人身上。

喝醉了的安德烈同伊黎是话多,闹得花样更不少。把我们喝酒的盘子送去给邻座,要求惠钞。法国人是生性爱闹的,不爱闹的人还这里来干什么? 二点钟了还不早睡了?

"Shut up!",有两个一望而知是美国人的,围着一个时髦婊子在谈心,好像给吵得不耐烦了,叫了出来。

英国人知道这两个字的分量,马上不高兴,把这意思告诉了给大家听了以后,第一个跳起来的就是安德烈,他跑到那两个美国绅士面前:"你说什么?"

"我说叫你们安静一点。"美国绅士样子很不示弱。

"去你的罢! 你知道这里是巴黎吗!"跟上这小桌子面前就站了上十个雄赳赳的,想动手打的好汉。

"我们有的是'自由',不比在纽约。"戈东到过纽约,想来吃过美人的闭门羹,借此出气。

"不错! '自由、平等、博爱!'你总不能够把眼睛丢在老家没有带来!"

二个美国人是一句也不说了。侍者赶快把二个美国人搬了场,又把这些野孩子扶着回座。

快四点了。街上的人渐渐少了。没有把夜报卖完的报贩,彳亍街沿的妓女,背了一身卖毡子的土耳其人,还零零星星在活动。穿鲜艳衣服的女人,挂在男人的腕上,嘻嘻哈哈的说舞场又走进咖啡。咖啡里的人渐渐少了。居心找女的已经找了去,漂亮点的女人也早就有了买主了。桌上一杯咖啡是三点钟之前就喝完了,左右无主顾,哭丧着脸在那儿担心思的野鸡还不少,看见这些福气,至少是走运的女人,穿戴的漂亮,快乐得忍不住每分钟都有笑声刺人耳鼓,使得那些找不到人的女人更伤心。伤心不是一朝一夕的事,到孟巴纳士去找乐子的人,只配着他的钱包找他应得的快乐,谁来注意到这些人。

我们喝醉的人都醒了不少,有的已经在打哈欠,胖子彭加乐是已经爬在桌上打呼了。这时候,力气闹完了,规规矩矩的在谈天。所谓谈天,不如说是谈女人好些,几乎全是说到女人的事。

四点一刻,我们走出咖啡,比刚才还更清冷。这深秋的早晨,逼在酒醒后的面上身上,更显得沁人。街车横三斜四的随便的街心找主顾,黑暗暗煤气灯底下不时听见:"来呵,我的小宝贝。"晨风中还有野鸡没有归巢。

我们沿着卢森堡公园的铁条园场走,东方树尖上已经透了鱼肚白,回首西北一看,孟巴纳士的灯光,还照得天上一片绯红。

拉丁区咖啡馆

(作者:程万孚,原载《华安》,1935 年)

巴黎大区之分,以数目名;可在每一大区里又有些小区域的分别。这些小区域的分别多半以每区的有名建筑或公园戏院等名之,可是在巴黎无论大区小区上就找不到有拉丁区的名字,而事实上在巴黎的人没有一个不知道拉丁区,没有到过巴黎的人也许闻名拉丁区。

第五区在巴黎市的中心,塞茵河的南岸,算是巴黎最旧部分之一。因为巴黎大学的大本营在这一区,还有其他的学院、中等学校、专门学校都在这一区的多,现在所说的拉丁区就指此区而言;又因为拉丁区的无明文规定,所以有人把第六区亦算在拉丁区内。

拉丁区的命名,据说是因为这一区的学生多,从前学的、说的多半是拉丁文,因此名曰拉丁区。虽说如今拉丁文只成了学校里的一门功课,并没有人用拉丁文谈话(大教堂里的教士可还是用拉丁文说教,而教徒是十个有九个听不懂的)。拉丁区的名字一直流传到今,并且传得如此之广。

几百年来有多少有名的文学家、画家、雕刻家、诗人、美女的一生都在拉丁区里消磨过去的,多少的风流韵事流传至今。即使科学是如何进步,生活方式是如何改变,拉丁区到今天还有的是不怕天、不管地的在这里过他的浪漫生活的人!

走到拉丁区里的时候,使你感得什么特别呢? 看得见的是无数的学生,大街两旁的书店,简朴不华而多得特别的小咖啡,可是曼妙的是有一种感得到说不来的空气。使你一吸这空气,马上就觉得心上轻松。譬如说在别的区里去了半天,黄昏后,你乘街车回到了拉丁区。一过圣米舍桥(Pont de St miheel 是介乎市中心的岛与南岸之一桥),辉煌如画的热闹咖啡,流泻不完的行人,卖晚报的叫得惊天价响,这情形马上使你感觉你是回到了自己的家里一样。

①

① 拍摄于 1899 年的斯图加特广场。

一天到晚只见到处是学生,法国的学生不像英国学生的戴小帽,或是绣一个校章在胸口袋上,也不像美国学生穿套绒衣就到处跑。法国学生除了一二个特别军事政治学校的学生穿制服外,不论中学、大学是没有制服的,也没有什么校徽,可是谁也看得出在街上,在公园里,在咖啡室里的青年就是学生。披着漆布雨衣,衣是只披在肩膀上的,不论晴雨,甚至不论春夏秋冬也如此。头上是十个八个就没有帽子,虽说欧洲的风俗,无论男女出门不戴帽子是非礼,这礼在拉丁区的学生脑子里还没有打好根基。年纪明明只有二十左右,可是把下巴颏的胡子也养起来了,再嘴唇含枝烟卷,远看来活像他的老师,近点就可以别出胡子里还有奶气未除。手上老是抱着书包,腋下夹的书板。有课在课堂里做,无课就是在咖啡里混。功课在咖啡做,情书也在咖啡里写。学画的在咖啡里找对象速写。座客、管钱掌柜的女主人、小伙计都是画材,什么事也没得干的人就可以找邻座的谈天;再不呢,咖啡里备的各种报,他是有随便翻阅的权利。再有多余的时间,他也可以在咖啡里消磨过去的。在中国,虽说在上海曾有咖啡店出现,不过马上就被社会上认为是一个不正当的地方,说是有女招待,并且可以同女招待随随便便。在巴黎,在法国各处,据我所知,据我所见,从来就少极了女招待,至少是没有以女招待为号召的咖啡。英国到处是女子当茶役,可以也没有听说是以女招待为号召的。我以后写法国咖啡,再细说。

拉丁区的女学生也渐渐的加多了。同男子有同样的豪放不羁,不戴帽子,这一点,我就亲自听见不少次从别一区来到拉丁区坐咖啡的老太太为此叹气。

"你瞧,她们学摩登,连头发也不梳得好好给风吹得乱蓬蓬的。"

"什么风吹的,打球的呵,同男朋友打架的呵。"

"日子是不像从前了,你还不知变到什么地步呢!"

两个老太婆来到咖啡,这是她们唯一的谈话中心。

从咖啡馆谈到巴黎之夜

（作者：王搏今，原载《海外杂笔》）

在欧洲，咖啡馆好像中国的茶馆一样，到处都有，只是风气不同。

一把小茶壶，一碗煮干丝，一个瘦老头对着痴坐，捧着头，像在想什么，也好像一无所想，自早晨可以坐到下午。这是南京茶馆的情形。广东茶馆可不同了。穿黑参布衫裤的人，大裤脚在风里荡着，茶馆门口一群群出入，口里三句不离本行，总是生意经。这显然是两个不同的社会的表现。自然，南京自建都以来，风气也渐渐的变了，服饰摩登，开口主义闭口部长、科长之类人物也时常出入茶馆之门，不过他们对茶馆到底是偶然光顾，好像清朝皇帝偶然想吃窝窝头样的，他们正式光顾的地方，自然是那些新兴咖啡馆。

拉丁民族对于喝咖啡有特别的风气，他们爱把椅子、桌子摆在街上。到威尼斯就看见满街小桌、小椅为喝咖啡用的。据说罗马也如此。巴黎几乎每条街都有，直把闹市当做花园。

这个风气在英国没有，英国只是在铺子里面喝，他们是反过来，不但不把闹市当作花园，就花园也不当作花园。诗人济慈（John Keats）的故居，离我在伦敦的住宅很近，有朋友来时，我们很爱邀到 Keats groye 的尽头一个咖啡店里坐谈。咖啡店旁边，古木蔽天，绿荫如油。我们很奇怪他们为什么不学法国把桌椅搬出户外，利用这天成的花园。

法国的咖啡馆很可表现资本主义的两面。有一种咖啡馆，一进门就横着一个柜台，柜台里面站着服役的人，顾客在柜台外面要了一杯热咖啡，站着喝，或者加吃一块面包，匆匆就走了。这些人是别人要求他们的劳力的，不愿意他们去多费时间吃东西，妨害工作时间，他们自己也被迫着非这样不足以维持他们的最低生活，好像美国近来鼓励工人在街上走路时吃面包一样。另一面是有闲阶级消磨他们的有余时间，几个人在街角上一坐，可以看人，可以谈天，一坐就半天过去了。

巴黎之夜尤其有各种各色的咖啡馆之类的点缀。有金碧辉煌的咖啡馆，专为有钱的人们而设，尤其让美国人去豪奢挥霍。也有为工人们而设备，几十生丁就可消磨永夜，以榨尽他们维持生命的工资的。在巴黎有两个咖啡馆的命名和装饰，很可说明这两面的生活：一个叫天堂（Ciel），一个叫地狱（Enfer）。天堂的门口雕塑许多美丽的天使；地狱的门口则以许多丑怪凶残的魔鬼作为装饰。一个大魔张开一张大口就成了一座门，许多男男女女从森然排列的牙齿中间出入。多少资本家们在过着天使般的生活；多少劳动者的膏血送进了魔鬼的口中。

予倩邀我去过一个工人的咖啡馆，一进门听着呼哨一声，一群赤裸裸一丝不挂的女人风拥而前。这些女人中间，或有一两人披着些丝织之类的东西，但只是披着两小块在手腕上，特别显出别的部分全是赤裸着的。我和予倩每人择定一个位子，照例要了一杯咖啡，每人旁就有一

———————————

① 巴黎街头的露天咖啡座。

个女人来坐着。

"你为什么要做这样营生?"我问她。

"面包不会在天上掉下来啦!"

"找点别的工做不好吗?"

"有工做,我们就不会到这里来了。"她把上段臂膀夹紧,两手向左右展开些,做手势,表示高贵的女人她也会做的。

"在街上做野鸡也比这样好些。"

"那是外行人的话。在我们这是最好的营生。你想许多人在街上拉客的,到更深半夜,冷森森的苦好受的吗? 并且要招揽生意,总得要几件漂亮衣服才能诱惑人。做衣服是要钱的。这里屋子又暖,什么衣服也不要,少赚点钱也无所谓,生活总维持下来了。客人们也方便,一杯咖啡可以坐一夜,随便他给多少酒钱。他要是看中了的话,楼上就有休息的地方。"

这是一个多惨的供词!

客人多半是工人,他们喝喝咖啡,抱着女人跳跳舞,非人的度过工作之余,又没有家庭来休息他们过度疲劳的身躯,就以这样的生活来发泄他们的肉的要求。他们为"价廉物美"所引诱,"管他,一杯咖啡和裸体的女人们混一夜去"! 但是,一到咖啡馆中,制不住的进一步的要求往往把他们的钱袋掏光了。

他们很少学会了那些狐步、探戈之类。我们看见一个工人抱着一个裸女,只是转圈子。只是转圈子,上厅转到下厅,下厅转到上厅,脸上没有苦的表情,也没有乐的表情,也不管音乐的拍子,瞪着一双紧张的向前直视的眼睛,只是转着,转到两个人都颓然倒在椅子上,我们感到说不出的凄怆,急急地逃出这悲惨的魔窟。

予倩说这条街几乎每家都是同样的营生。他邀我再去看所谓玻璃房子,我再也没有这样的勇气了。

第二次到巴黎时,一个法国左倾女子亚伯尔(Appert)和咸让邀我同去 Manparnasse 一带去看巴黎之夜。随便踱入了一个听音乐的咖啡馆。那些卖艺谋生的艺术家们正在拼命拉唱,希图博得顾客们霎时的欢笑。这是咖啡店的又一型。我和亚伯尔在音乐的嘈杂声中谈法国的社会、法国的女性、法国的革命政党种种问题。她都有很正当的见解,法国有这样的女子,使我吃惊。

"你会跳舞吗?"亚伯尔问。

"不会。"我说。

"我的朋友简直没有会的。"

"巴黎有不会跳舞的女子吗?"我很惊讶。

"我是说'我的朋友',不是说'巴黎人'。"亚伯尔笑笑。她接着问我:"那你对于这些咖啡馆之类是没有兴趣的了。"

"不,看看也有趣。"

"对呵,不看这些就不算全部了解巴黎的社会。"

出了咖啡馆后,亚伯尔和咸让指点沿途的咖啡馆及"夜箱"(Night Boxes)之类加以解说。"夜箱"是中国所谓台基一类东西,是一切未成眷属的男女们寻欢之所。

招摇过市的,除了女娼之外,还有男娼。少见多怪的我,从前以为男娼是中国的国产。在西欧,只是古代有过,恩格斯在《家族的起源》里说:"对女子的侮辱也报复到男子,使男子一样的受侮辱,简直堕落到了可耻的男色(Boy-Love)。"至于中国呢,男女社交不公开,因此男女不能得到适当的伴侣,前清穷京官不能带眷属,又不许嫖妓,于是发生这种变态性欲,而"相公"的制度以生。哪知也是普天之下莫不皆然的事,所谓"文明"国家并不除外。听说德国也曾经盛行过,现在已禁止了,自然禁止仅限于公开的。

别时,亚伯尔说:"这就是所谓巴黎之夜。"

映画,舞台,咖啡店

(作者:姜缦郎,原载《申报》,1935年)

　　教日语的青年,是东京人,无父无母无妻室,他读书是别人帮助的(在日本,这样的例子很多,一个资本家或政客至少帮送几个穷学生的)。现在虽然在专门学校毕了业,但还是没有找到工作,但玩是要玩的,有一个钱就玩了,吃了。这恐怕是都市青年的气息吧。介绍的人首先就把这个脾气告诉我们,假若要多学几句话的时候,就只有利用这个弱点。

　　第一次,同了他到银座看了一场电影。第一个,是描写穷汉和一小孩在都市挣扎着生活的情形,有点模仿卓别灵所演的苦笑不得的滑稽

---

① 20世纪40年代日本东京银座街头。

剧（即《水上情死》），即是一个青年为了爱情及生活的苦闷和艺妓情死的事。日本的国民性，勇义、热情、扁狭，一种一往而前、至死不悟的精神，于此可见。

关于东京的舞踏，我们在新宿第一剧场，看了松竹少女歌剧的《是夜的拜情诗》《玫瑰》《巴黎》。五光十色，金迷纸醉，耀人耳目已极。单以舞女，就有一二百，以数量之多，颜色的华丽，肉感的丰艳，刺激观众而已，其余无所取。所可取者，即是舞台布置的迅速，这大概之机器化了吧，因为那舞台是可以圆转的。

这里的舞星，最叫座的是水的江龙子。日本的妇女杂志上时常登着她的像片、生活状况及自传等，尤其妇女高兴她。因她扮演男的，扮演得最好。也等于中国人，喜欢梅兰芳的男扮女装一样，这种"性的假装"，恐怕只有礼教最甚的东方才有吧。

咖啡店有两种，一种是纯卖咖啡及食品的，还有一种卖笑的。因为同来东京的一位先生是享乐主义者，在大阪即进了一个卖笑咖啡店，坐一坐，开一开玩笑，即是六七元。到东京又同了他去了。日本人之柔媚，卖淫妇之下流，至此已完全看到。站在爱观的我，觉此并非人间，但绝不天堂，只可说是地狱的水晶化罢了。但在东京留学的许多人，都有沉迷于此道者，可叹。

咖啡都市桑多斯

（作者：一发，原载《图画周刊》，1935年）

我国摩登男子深染欧美风气，咖啡的嗜好，与日俱增，国产的红绿茶，因此也受相当影响。南美洲的巴西是产咖啡出名的地方，首都圣保罗的外港桑多斯，是世界有名的咖啡都市。

巴西的咖啡，每天从桑多斯运出，至少要在千万袋以上。全世界咖啡树统计，约四十七亿六千万本，而巴西所有，占三分之二。在首都圣

乔其亚省的小咖啡店

保罗附近已有十三亿本,所以每年出产咖啡,可得二千五百万袋,每袋重六十启罗,要占据全世界总额的十分之五六。最近销路激增,十个月中出售二千二百余万金磅,殊可惊人。我们在不知不觉中,吃了一块咖啡糖,或是饮了一杯咖啡,哪知合了全国统计起来,我国咖啡的消费,也很可怕。咖啡的唯一主顾是美国,占十分之五以上,其次是法、德、意等国。巴西政府所收出口税十分之二,我国进口税抽十分之三,这样原值一块钱的咖啡,税金已需半元,另加运费,故售价昂贵。摩登人有价廉物美的国产茶不喝,一定喝远道而来的咖啡,未免太不合算。

桑多斯也可算是世界上神秘的都市了,凡是外国人初到该处,莫不为之惊奇。在船未靠岸的时候,已经从风里嗅着咖啡的香味。那里街上的灰尘,尽作鼻烟颜色,白石的建筑,黑色的土地,都薄薄的盖着一层咖啡。埠头上仓库里,只见咖啡袋堆积如山。街道很狭,两旁都是咖啡行经纪店库仓和保险公司。全市十二万人,都靠咖啡过活。

咖啡的交易制度也十分奇怪,分现货、期货、直接购买三种。以现货买卖为多,交易的地方,没有一定。大批买卖,大都在交易所、事务所里,或者在港口咖啡船的甲板上,谈论货值。仓库的角里,聚着几个人,极安闲的在讨论价格。银行门口的石级上,时常有商人拿着咖啡的样品铁罐,等候主顾。也有商人和农夫直接购买,不经经纪人的介绍。

　　还有人骑着马到内地农村里去收咖啡。农民的袋里,终日满藏着各种咖啡豆(未研磨成粉末者),当遇到主顾的时候,便一种一种的拿出来观看,两个人一面咬着已焙过得咖啡豆,当面试验香味,一面互相讨论价格。咖啡交易,并无契约,简单之至,常在电话中口头上决定了买卖,双方在记事簿上,用铅笔写好,就是买卖确定。虽然时价忽然极度上下,双方都履行交易,绝无欺诈和后悔的事情发生。所以桑多斯的商人,时常夸口说咖啡的营业,在世界上最有信用。

　　以营业而论,像桑多斯港口也可算是繁盛的都市了,但是到了下午四时以后,交易自然的停止了,街上寂静,毫无夜的繁华,这也是很特别的现象。

日本的咖啡店与街头的艺术

(作者:喜吕,原载《中央日报》,1936年)

在中国乡间有所谓"市集"的,日本的"夜店"倒很相像,也有一定的日期和一定的地方。有"本田夜店",它是每逢"四"举行的,初四、十四、廿四。在廿四日,正是"本田夜店"的日期,吃过晚饭,约几个朋友一道出去赶了一回热闹。干"夜店"的商人,是聚集在一条街的旁边,把他们各种不同的货色展开来,卖买就这样开始了。不过,这夜的电灯光是比平日特别亮了些,看的逛的人也比平常挤上了几倍。"夜店"里所卖买的货色是比较蹩脚的,价钱自然也相当的便宜。"夜店"也有书摊,卖的全是一些旧书过期杂志,所以无产阶级是"夜店"最大的顾客了。

　　日本人的爱饮咖啡,有如中国人爱喝茶。在大阪市每条街上都有许多家的咖啡店设着,装饰是很艺术化的,座位也很精雅,有亲切的下女(女招待),也有悦耳的音乐。我们一口一口安逸的喝着可味的热咖啡,一天的疲倦便一步一步的和你离开去。

咖啡店里,不只单单饮咖啡而已,还有牛奶、柠檬水、啤酒、葡萄酒、汽水、冰激淋、红茶、面包等等,价钱是高低不一的,大概咖啡每杯自五分至二角,因为同是一杯咖啡,味道却大有不同。到咖啡店里来的人,上中下阶级都有,有钱的吃好一点的,没有钱的吃普通一点罢了。

日本的"街头艺术家",就我看到的有三起。第一是"街头音乐家"(我给他们的头衔)。他们以四五个人组织成的,乐器以"怀话林"为主,再合以二三种别的东西,其中一个人唱着歌,歌曲则系流行歌曲为最多。因为日本人民理解音乐的程度比较的高,所以欣赏的人也很多。一曲终了后,他们并不向人们勉强索钱,只求同情者的给予一点赐予,他们就这样的在街头流浪着的。在他们所唱的歌里,流露出人生的悲哀,满腔的不幸。

第二是"街头漫画家"。他的营业是卖"漫画烧"的。所谓"漫画烧"者,就是把面粉调成了液体,再和以各种不同的颜色,成功了各种颜色的粉液体,然后,将这各种有色的液体在热平锅上画出各种各样的动物。画的时候是极快的,要等画已画好,饼也刚好煮熟,所画的动物等(也有人物的),都很能够传神达意,活泼大方。因为只是随手涂来,

---

① 20 世纪 30 年代日本的咖啡馆。

趣味又浓,故称之为"漫画烧"。这就是"街头漫画家"和他的工作了。

此外,有所谓"街头写生家"。他的工具最简单,只一支毛笔和几张铅画纸,他在街旁的行人道上徘徊着,为来来往往的行人写生。假使你需要写一张,就对准着你写。不到几分钟,他把一张写生的你自己的尊容递给你,只要二角钱。写出来,都很有几分像你的。从这很常见的情形里,也是可以看见日本艺术的水准的。

咖啡店之一夜

(作者:张若谷,原载《游欧猎奇印象》,张若谷著)

白露塞虽则是我常游之地,我只度过一次很有趣味的夜生活。一九三四年二月二十二日,比京举行亚尔培王出殡哀礼。那一夜,我走遍了南北车站,卢森堡站及那摩尔门一带的大小旅馆,都宣告客满,无法觅一栖身处。各游艺场、咖啡店等,也都因国丧休业。我正在林荫道上彷徨的当儿,来了一个巡警,由他导示一家半夜咖啡店,我想在那里坐等天亮。

这家古怪的咖啡店,设在那摩尔门附近的一条冷僻小巷里。老板是一个退职的巡官,那夜只有这家小店有通宵达旦营业的权利。那里的大蒜汤是很有名的,店号便叫"大蒜咖啡店"。我一推进门,店里已经坐满了十多个客人,其中有汽车夫、巡警、邮差、大旅馆的侍役、公用车的稽查员等,从各式制服上,便可以看出各人的职业身份。他们看见我一个黄色黑眼的东方人进去,都表示非常欢迎的样子。

那个退职巡官的老板,亲自过来招待我。我先吩咐来一杯"半儿"(Undemi)麦酒。比人嗜饮麦酒,似我国人的嗜茶,法国人的嗜好咖啡。麦酒在比国的消耗,竟居世界第一。据一九三〇年的统计,比人每年一人须饮一百八十六斤,英人八十八斤,德人八十斤。在比国习惯,沽麦酒一杯,因每杯容量为半杯,故俗称为"半儿"。如在巴黎饮"半儿"者,视为阔客,普通辄饮小杯,叫做"四分一"(Unquart),比国麦酒代价的低贱,也为世界第一。一杯"半儿"的代价为一方二十五生丁,合国币一角七分。我干了两杯以后,老板又推荐该店特制著名的"大蒜汤"一大碗,内和煮面包,芬香扑鼻,味甚可口,价二方五十生丁。

座客们都不存阶级的观念,酒酣耳热,大家自由谈笑。用着几种不同的方言,纷呶争辩亚尔培王忽遭惨死的原因,及对于新王雷奥堡的印象。他们看见我一个人坐在一角记录通讯稿件,拉我加入他们的雄辩会,要我发表意见。原来比国的人民,不分士农工商,都很热心注意本国的政治问题,而

且生性好辩。两个人聚在一起,便要刺刺不休地争论;三个同志,便要组织团体;五人齐心协力,即可以成立一个政府。

不到半小时后,我已变成了一群吃得半醉的无产阶级者顶要好的朋友了。因为他们从我的谈话中,听见许多生平闻所未闻的事情。比国人民和欧洲其他各国的人民一样,平日对于中国,向来视为童话或山海经中的国家。即使一般自命研究远东问题的智识阶级,对于中国今日社会的政治社会状况,也非常隔膜,他们所知道的,都是二十五年前的中国情形,最熟悉中国近代政治史的政论家,也至多知道中国有一位叫做孙逸仙的革命家而已。

为表示亲善好感起见,十多个一见如故的异国酒友,发起给我做一圈巡行敬酒礼(Faire un tour),其法每人轮流付钱一次,请众人干杯一次。那一夜,我也豪兴勃发,无暇彼此请教尊姓大名,举杯痛饮。我喝到第七圈时,已不胜酒力。幸亏窗外东方已白,有巡警便衣侦探数人,进店检查各人的居留证及护照,我出示比京市长签发的新闻记者特许通行证后,即得解围,踉踉跄跄向王宫赶去参加青年新王雷奥堡第三的登记宣誓典礼。

莫斯科的咖啡店

(作者:贾茗,原载《宇宙风》,1936 年)

朋友 C 在英国伦敦住得烦腻起来了,决意要到莫斯科来换换空气。C 和我是多年的老朋友,到了莫斯科少不得要我招待招待。

很久没有见面的朋友,见到自然更加格外的亲热。C 和我都有咖啡癖,我们过去原都是上海霞飞路上的老伴当,所以等 C 安顿好了行李,首先我就是提议到咖啡店去坐坐,C 当然是满口的赞成。我把 C 导到莫斯科一家较大的咖啡店去,是高尔基街的普希金咖啡店。当我们拣定了一个桌子坐下,向女侍者要了两杯咖啡和两盘冷菜(因为我们还没有吃夜饭)后,C 东张西望的微笑着。

我知道了 C 的意思,就问他道:比伦敦的风光如何?

C 很快的回答我说:比伦敦的则有余,比巴黎、柏林、维也纳的则不足。

我点了点头,但尚不十分同意的又问他道:你可会觉到这里的咖啡店有什么特殊风光?

这一问把 C 愕住了,他眼光四射的把这咖啡店上下左右搜视了一番,似乎是要去找"特殊风光"来回答我这一句话。很久,C 方告诉了我,这里缺少了神秘性,没有打扮的妖冶向人挤眉弄眼的妇人。

我禁不住哈哈大笑起来,C 大概忘了他是在莫斯科了,当下我便对 C 说:朋友,你所说的缺点,正就是这里的特殊优点。自到这里来,我喝咖啡的观念完全变了。不是来咖啡店吊膀子或是像东京银座把帷拉拢来和女侍胡调一阵,咖啡店应该是恢复工作疲劳,和几个知己朋友静静的谈心休息的高尚地方，所以装饰得美化，环境要幽清。这里你可曾注意到灯光、桌椅、墙壁和女侍的衣服的颜色都是配合得很好的，故走进来你就会觉到一切都很调和。这里咖啡店的第一个特点就是没有卖淫妇。卖淫妇已成了苏联历史上的名词。像伦敦、巴黎、柏林、维也纳越是大的咖啡店，卖淫妇越多。差不多你只要抬起头来望望，那到处女人的媚眼就会投着你射过来，真使你感到四面楚歌，如坐针毡，一杯咖啡喝下了肚去也觉得浑身不痛快。第二个特点是咖啡店的门口没有伸手的朋友。巴黎、伦敦、柏林、维也纳都有这路数。穿着破西服长头发算是顶背了时的艺术家，一顶旧得不堪的帽子放在地上，预备盛钱，向着咖啡座上的顾客装着女人的音腔，如泣如诉的唱起来，或则拉一曲如怨如慕的梵哑林，此景此情，真也要叫到来舒散舒散的顾客们喝不下喉了。第三个特点是到这里来喝咖啡的都是由自己挣来的钱作工余的消遣，既不是有闲的消遣，也不是苦痛的消遣，这和别的地方喝咖啡的人自也不同。

我正还要说下去，C便急急的插嘴道：我懂了，一个是资本主义社会下的咖啡店，一个是社会主义社会下的咖啡店。是不是？我拍手道：好，怎么不是呢。你这算是给我结论的补充。谈到这儿，我们各人的咖啡已经喝了剩半杯了。我又问C道：你觉得咖啡的味道如何？我以为比伦敦的好，比起巴黎的来就有点逊色，原来都是用一种豆质做的，不是真正的咖啡，但喝起来却也够味儿。

C赞同了我的意见，一面掏出表来看已是晚上十点钟了，有要走的意思。我说且慢，还有跳舞看呢，你看台上的音乐不是快要奏起来吗？这时来的人更多，C看到这许许多多穿得很整齐漂亮的男男女女，便又向我发出一个奇怪的问话道：这些人难道都是工人么？

我笑答道：除了工人，还有些什么人呢？当然此外还有智识分子的劳动者和农民，但已变了质，不是资本主义社会下的智识分子和农民了。接着我又告诉C说，莫斯科还有几家有名的咖啡店不可不去：一家是红樱粟花咖啡店，有一出戏名《红樱粟花》，故便以"红樱粟花"名了;一家是运动咖啡店,一家是艺术家咖啡店,布置都很精雅。夏季的几家露天咖啡店也不坏,可惜已收场了。最近更新开了一家电影咖啡店,我几天前曾去观光了一下。说到这里,C又好奇的问道:电影咖啡店里不会有电影吧?

①

我笑道:电影有的,正是有电影看,才叫电影咖啡店。坐在咖啡店中,喝着咖啡,一边就可以看电影了,不过有一定的时间。据我想:将来莫斯科的咖啡店就如同公园一样,也趋重文化与休息方面,不但到咖啡店里休息去,并还有种种文化上的享受。例如:在红樱粟花咖啡店就可以看到每天出版的各种报纸。

C被我说得异常兴奋起来,就嚷着立刻要上电影咖啡店去。可是时间已是很迟了,快到十二点,我向C说:别忙!放着我咖啡专家在这里,还不会都导着你走个遍吗?C是第一天到莫斯科,路上一定很劳

---

① 莫斯科 Ilynsky Gate,美国地质学家张柏林摄于 1909 年 6 月。

顿,我该让他早点休息去。出了普希金咖啡店,我把 C 送到了旅馆的门口,但我们临别的时候,C 还要我明天早点儿来,好导他上电影咖啡店去。

东京之"茶室"与"咖啡馆"

(作者:白砂,原载《桃色》,1936 年)

在东京消闲的地方很多,除电影、舞场、歌舞座之外,一般人主要的消闲场所是吃茶店与咖啡了。东京咖啡馆的设立之多真是会使初到东京的人吃惊的。在热闹的街上,三数十步就可以找到有那种的馆子。无论谁到东京,第一夜会去尝尝那种滋味的。那里的顾客多为商人、工人,学生而智识阶级到这种场所是极少。那里虽名之为咖啡馆,但究其实只不过间接的性的交易所:普通十钱的咖啡的代价在老客方面是可以享受到许多优待的,但那种优待虽然特别,可是在她们却好似引诱顾客的唯一手段。

①

---

① 日本咖啡馆的女招待。

咖啡馆已是那样的场所,所以,一般老东京稍高尚的人都不喜欢进去,固因为那种下等趣味所致吧。多数咖啡馆的外部装饰都是现代立体式的,内部在春天有少不得的樱花之外,秋天有红叶的纸饰。狂欢的夜里可以在咖啡馆听到的是"东京音韵""樱花音韵"之类的变相的爵士音乐,下女们尖锐刺耳的歌声之下,在红绿灯的香烟氛围之中,夜生活的一般下等趣味的人就在那里沉醉了。在河之泥水般的咖啡啤酒,和樱唇之间,总是离不了味噌味子趣味的。

吃茶店的设立,在数量上是与咖啡馆不相上下的,但是吃茶店因为是高尚的艺术的缘故,是诗人、画家、文学家、学生等聚谈唯一的地方了。在现代日本,吃茶店已为他们日常生活中所必到的地方。

吃茶店的女招待们是美丽的、受过教育的少女,她们的举动比之咖啡馆的真有天地之别了。我们到一家吃茶店去一水时,在红茶香、音乐的悦耳和美的少女之间,真好像置身在天国的乐园般。那里的音乐多是高尚的名曲,譬如比多芬的《月光曲》等等都是能引诱高尚顾客的。内部的装置也很美丽,例如现代式的就有现代的音乐;古典式的就有古典式的吃茶店,无异是置身在王宫里;西班牙式的则又充满西班牙的风味;非洲式的有土人的音乐和雕刻。这种综合式的娱乐场所是艺术的、健康的兴奋剂了。它的名称也是特别的,例如"味觉,视觉,听觉"之店,"街之谈话室""南蛮茶房""海之家"等都可为一例。

画家们有时利用茶室为展览场所,那种效果在双方所得都好,诗人们在音乐的即兴之间写作,音乐家们则可在那儿听听名曲。这种场所的取费亦廉,而所享的趣味则又充满着感觉。现代生活的进展,吃茶店必定随之发展的,这种场所在我国还是少有的,譬如就在最浓厚法国趣味的上海界的 Ruo Do Joffro,也是不可多得的。

日本咖啡店的伟观

（作者：吉云，原载《礼拜六》，1936年）

到过日本的人，谁都感觉到非常时期的日本最发达的商店，便是咖啡店。所谓咖啡店者，并非只有咖啡，凡是各种饮料冷食以及轻质食物均应有尽有。去年日本比谷公园对过的美松百货公司倒闭之后也改成了"味之百货公司"。今岁二月，日本最初的国际咖啡店，又在银座开业了，定名为 Metroplitan。和从前的"银座 Palace""银座会馆"等成为银座街上的霸者，这是"银座会馆"方面的阵容。

另一方面，有朝鲜事业家李起东从前经营的"Grand 银座""银玉""伦敦"咖啡等店吃茶店等，以"Salon 春"为主，另成一个集团，和"银座会馆"等抵抗。日本人认为现代的咖啡店吃茶店，并不是专饮咖啡啤酒的享乐场所，是近代企业中最新颖的事业。所以双方投资都要三百多万，在普通事业中，这样资本也很可观了。

"Grand 银座"客席近五百坪，女侍者二百四十人，男子从业员百人，座位百四十，容座客约七百人。"银座 Palace"客席四百五十坪，女侍者一百五十人，男子从业员八十人，座位百五十，可以收容顾客六百人，居第二位。"Salon 春"的客席二百五十坪，女侍者百六十人，男从业员六十人。总计"Salon 春"方面各属店，总计客席占地千二百坪，男女职员七百五十人，以供养有闲阶级享乐着。"银座会馆"方面总计占地三千坪，大二倍有余，从业员亦较"Salon 春"多一倍。

"Salon 春"是合资会社，社长奥广之下，年四十岁，明治大学商科毕业。以贩卖起家，连襟安福静枝是"大黑正宗酒"的制造家。他经营咖啡店以营利，一方面又可以用不到宣传而推销他的大黑酒。"银座会馆"方面是极本正的个人经营。他原来是一个食堂的使用人，一蹴而和本乡酒店托斯拉冈本正次郎并驾齐驱。他只有四十岁，当"Salon 春"开设的下年,昭和五年十一月他在银座街头开设"银座会馆"是大阪式营业,首次侵入了东京,后来渐渐扩充成一集团之外,又创设吃茶店。以美丽服装、年轻女郎为茶客的侍役。客席二百坪的座位,一角五分钱一杯的咖啡,每月可以收入三万。以二分利计算除去开销,即得六千元。至今"美松味之百货公司"第一层的吃茶部,从早至晚,始终客满着。

"Salon 春"的社长奥广之下,由堺嘉市为总经理,他是高松商业毕业的,在大阪开设"合众食堂"和"合众跳舞场",是咖啡店的经营专家。下有参谋本部,分庶务、计理、贩卖、宣传等股。宣传部长是青年文学家宫城专太郎,管辖美术、文艺、摄影、建筑、设计等,参谋本部职员约三十人,每天要工作到夜深十一时止。

"银座会馆"方面所经营的咖啡店,都由极本正的兄弟主管着,亦有会计、宣传、计划、庶务、统计、贩卖、秘书、设计等部,各有部长及职员,专司其事,和公司银行一样。他们都采用独裁制,权利集中在首脑部。而各咖啡店的经理大抵是四十岁左右,只有高等小学毕业程度罢了。能经营这样大规模的企业,真使人佩服的。

①

据"银座会馆"方面"美人座"的经理兼松说:"譬如那里有九十三个座位,每一个座平均坐四个客人,便可容纳三百六十人。每人平均吃四角钱的食物,一次客满,便有七十元的收入。每天大约可以客满九次,便得七百元,每月合计二万元。除了一切经费,以二分利率计算,便得纯利四千元了。"豪华上等的咖啡店,以酒食为主,每人至少耗费二元。每天有一千人,得二千元。也以二分纯利合算,月得一万二千元。故咖啡店事

---

① 银座会馆的头牌女招待。

业的发展并非无理的。

"Grand 银座"的女侍，是用月薪制的。二百四十人中，一半是在楼下，最低是五十元。小账是由店方分配，亦可得十八九元。靠了面庞美丽、毫无一技之长的少女，月可得五十元的月薪，毋怪乡村间的美貌姑娘都要向东京跑了。"Grand 银座"的小账是由店方规定的，各座都有一定号码的女侍招待着。每人有一个女侍坐在旁边，斟酒劝饮收小账一元。指名叫唤的要一元半。座上的女侍被人家叫了去，由旁人代替，只收半元的小账。此外便不得再受客人的赏赐，很显著的写明在桌上。但是规则是规定，听说"Grand 银座"的楼上仍是采用小账制的。那里的女侍当然都是年轻貌美、浪漫风骚的。客人的小账没有一定的标准。最红的女侍，每月有五百元收入的，约五六人。

"银座会馆"方面的"Metropolitan"也有一元及半元小账的规定，但是也以超出规定的为多。另外有指名伴席，不再应酬其他顾客的，每夜要有十余人。如菊龙鹤江等，每月至少可收入二三百元。那里最起码的女侍，平均也在百元左右。每月向店方辞职的女侍，自五六人至二三十人不等。大半均因了出嫁与疾病，但每月志愿报名的常达四五十人。他们选择的标准，除了青年美貌之外，更需女学校毕业，或是十分温文驯良的小家碧玉。吃茶店没有小账，月薪也低，只有二十五元至三十元左右。但是职业比较高尚，有膳食供给。衣服是店方发的，每月一次。是定制的花纹，由专家制作设计着。不住在寄宿室的女侍，需有保证人保证其能准时到店服务。如在契约期中，遇着诱惑性的客人，介绍为电影明星或伴舞娘等，必须经理的允许才能解职，这是店方的特列权利。

咖啡店

（作者：佚名，原载《中国农民银行月刊》，1937年）

离开了巴黎这个世界著名的繁华城市已是整整一年，然而，"坐咖啡"三个字却常常回到记忆上来，尤其当我经过杭州许多茶楼的门前，喝的东西虽然中外不同，而那种喝的动机却极其相似。在巴黎，你常常听见同学的说"坐咖啡去"，你可以判定这去的动机是在"坐"而不在"喝"，等到一杯在望——因为大多数的人是望而不饮，饮而不尽——这"坐"就正式开始了，除了星期六、星期日拥挤的时间以外，这"坐"可以延长得三小时以上。

巴黎咖啡店的设备上很有差别，大马路上面的往往穷奢极侈，普通的却是因陋就简。在拉丁区——学生区内的是介乎二者之间，一间宏敞的大厅，墙上画些新体画，沿墙装着些舒适的凳子，配上桌椅，所以客人虽多一点，也可以合坐，并且"坐"的范围还要推广到行人道上的一半，夏天装着花布的太阳伞，冬天围上玻璃挡子，生着大火炉。这种情景，使我想到北平玻璃厂在历新年庙会时的茶座，在"喝""坐"之外，还兼有"瞧"的意思。咖啡店里面无疑的是社会的一个小模型，我们可以看见许多颜色不同的人种，可以观察形形色色的态度，听到莫名其妙的语言。

"坐"虽是一个共同的目标，然而人各异趣，有的在那儿情话，有的看报，有的画速写，有的讲生意经，更有等着找寻意外伴侣的。许多咖啡店因为客人的自行集中，于是显露特别色彩，例如打台球的、下棋的、画家，甚至我们同胞——多数是工友——都各有常到的咖啡店。咖啡店大些的兼卖菜点，所以巴黎很有一部分是生活在咖啡店内的，除了极冷僻的角落以外。巴黎可以说是咖啡店的世界！

美国之咖啡店和酒肆

（作者：守怀，原载《星华》，1937年）

　　美国政治舞台上，"乾派"得势的时候，严肃的禁过一次酒，全国的酒店都只好关门大吉，大多数酒店老板摇身一变，改开饮冰室及咖啡店了，一时美国各地街头形成饮冰室咖啡店林立之势。

　　但是许多美国人是嗜酒如命的，他们拿到酒不会像中国人似的顾到时间，一口一口的慢慢的呷，美国人呷酒实际不在"呷"，而在"灌"。这不必要亲身到过美国的人才能领会到，就是看美国电影上宴会的镜头，擎着满杯的香槟、白兰地、啤酒，不怕喝醉的，汩汩的向肚里灌进去的情状，也就可以惊异了。

　　美国的饮冰室内出卖的大都是冰乳酪及冰乳酪汽水等，价格还算

---

①　美国的咖啡馆，摄于1937年。

公道。大的咖啡店多附设在旅馆里,住旅馆的可就近交易,固然便利,不住旅馆的也可以随时进去。美国这类饮料店,除出售饮料外,同时还可以简单地解决膳食问题。低级薪水生活者及一部分劳动者,自己弄朝餐怕讨厌,早上起来都喜欢踏进咖啡店,随便吃一点就上办事处或工场去。

美国人凡事讲求实用,讲求效率,自然,他们的饮食方面也不例外。这种好尚倾向的反映,美国的饮冰室咖啡店组织都很简单,多类似美国所特有的一种酒场组织酒,场里都不预备桌椅,顾客喝酒就在柜台上站着喝的,绍兴酒店的"柜台靠"很有点相像。顾客们到饮冰室咖啡店去,想藉此消磨光阴的动机是很少的,多吃好喝好,拔脚就跨出店门,像欧洲人那样一杯咖啡要坐上半小时一小时的情形,在美国真是凤毛麟角。至于中国有一批欧化的绅士们嘴说到咖啡店去喝咖啡,实则"醉翁之意不在酒",想和店内的女招待搭搭讪讪,这个那个的谈谈不休,那更不易看到了。美国人民的忙碌、紧张的生活缩图,在这种细小的上面隐隐地也可以看出来的。

玛德里的咖啡馆

(《申报》特写,原载《申报》,1937年)

我在这个时候来到玛德里,可算得千载难逢了。城中的街道,因为没有清道夫工作,遍地都是垃圾;公园中的椅子,都七凌八乱,倒在地上;商店都紧闭门户,有的玻璃窗已被捣碎,有的招牌已经除去,有的铁棚倒下,把大门挡住,出入的人,必须俯身蛇行。时钟都已停止,邮政局内部,业已烧毁,但壮美的外壳,却仍然存在,四面要口,都用邮包作障碍物,但不知袋里是否装着从未寄递而为人望眼欲穿的家书。有一家报馆,门前用未卖去的报纸堆成一座障碍物,上面排列着几盆冬青树,好像巴黎酒肆门前所见的一般。身体强壮的男子,每天都须受军事训练半天,所以粮食店只在早晨开门,买客当一排排地等着,有些店铺却在午后开门。有一家精美的商店,专卖外国运入的男子服装,还在出卖存货,买客大都是军官们。旁边的商店都已完全破毁,它却巍然独存,大约是恃着所挂的法国或别国的旗号吧。商店所存最有用的奢侈品,只有晚餐用的精美器具,和同类的物品,因为无人过问,到现在还剩着哩。应时而起的交易,都在沿街叫卖,其中有些是中国人,卖的是兵士所需的物品,如便用刀、修面用的材料、呢帽、廉价的宝石、假珠等类。我不知道这样东西从何处贩来,又不知道怎么能运到玛德里。那些小贩有的在"大维亚街"人行道上设摊,有的在"浦尔太台尔索尔"大炮弹炸成的巨穴旁边铺着叫卖。因为地面弹穴很多,电车驶过的时候,郁非常谨慎。我曾见一个女子在一片青翠矮树场上喂羊。

①

城中的生活,凌乱无序,从前极壮丽的住宅,现都满住着乞丐和难民,他们是由遭兵灾的各处逃来的,也有在内搭成席棚,作久居之计。兵士对于他们,施舍很慷慨,可见在这杀人如麻的当儿,人的慈善心还没消灭。有几家作新时代装饰的咖啡馆,虽是取价极贵,但到了下午开

---

① 西班牙内战时期的马德里。

市以后,都卖满座。那些顾客都是请假出游的军人,他们的服装,形形色色,难得看见,有戴着哥萨克帽的,有穿着羊皮大衣的,也有衣服很褴褛的。他们的语言,也很纷杂。他们都是国际纵队的战士,西班牙人民称之为英雄,他们所要的东西,人民们只恨没有,假使有的话,很愿意供献给他们的。他们像学童一般,一盆盆的糖馒头送到他们面前,一霎眼便狼吞虎咽地吃光了。他们因为没有巧格力糖与果子酱吃很不悦意。现有只剩几家咖啡馆,还能供给些食品。

德国兵士的状貌,比他国兵士觉得苍老,西民都很信任他们。国际纵队的兵士会对我说道:"你瞧我们都是雄赳赳气昂昂的,自己彼此见了也害怕。"从前咖啡馆的四壁,都装饰得很华丽,现在呢,都满贴着宣传的图画,看了使人惊心动魄!玛德里城中有一座大红色的高塔,现在弹孔累累,有卐字记号的一条大青蟒很想把它吞下。检查员的办公室,灯光黯淡,写字楼上多铺了被褥,办事员夜里都睡在上面。外国新闻访员都经过一间厨房,来到"大维亚旅馆"的底层餐室,坐在一张长案前进食。得闲,各人到他的本国大使署,盘桓片刻,在那里可吸到些中立的空气。

我的食所,是在一家西班牙报馆地窖之中,报馆职员的厨房,设在里面。那些职员们高谈阔论,十分欢乐,有时还把面包互掷嬉。我们常常用大豆充饥,目前不用说美味,便是家常的食品,也很不容易得到呢。

巴黎咖啡馆的发迹

(作者:畏,原载《福尔摩斯》,1937 年)

法国巴黎咖啡馆的众多,这是谁也知道的,那里无论大街小巷总有着几家咖啡馆,好像我国的茶店一样,一天到晚很热闹。茶店在我国,已有极悠久的历史,然而巴黎咖啡的发迹,还不过是近几世纪的事情。

咖啡首先在巴黎被人作为饮料,据说在一六六九年,那时有一位土耳其大使索里金亚牙,他是一位酷爱苦味的咖啡的人,从祖国带了许多咖啡到巴黎,每日饮用。不过这咖啡除了他的亲朋能够一亲异味外,普通人是没有福分吃咖啡的。

一六七二年,咖啡在巴黎渐渐地流传起来了。那时巴黎的街道中,时常可以听到咖啡的叫卖声,这些卖咖啡的人都是阿尔巴尼亚人,他们身上挂着一把铜壶,里面放着咖啡,沿途叫卖。巴黎人对于这新奇的饮料,自然很欢迎,于是不久以后,咖啡就在巴黎立下了它的基础,终于为一般人采作日常必需的饮料了。

至于咖啡馆在巴黎的创立,当在一六八九年,创办人名叫佛兰缎安,馆内的陈设很精致,墙壁上和屋顶都画着美丽的壁画,使身入其间的人,发生幽静的感觉,所以当时高尚的叙会、谈话,大都就拣在咖啡馆中举行。

①

到十八世纪初期,咖啡馆几乎已变成著作家、戏剧家、音乐家的集会场所,他们每天坐在咖啡馆里,讨论,研究,而艺文坛的动态,也就在

---

① 位于法国巴黎第九区的和平咖啡馆,于1862年开业,此画为亨·朱利安·杜蒙的作品。

那赤色的咖啡杯中变化出来。这正像我国的文人雅士坐茶馆有些仿佛，所以那时节的咖啡馆，可说是很高尚的场所。

但是，现在巴黎的咖啡馆，已一变过去文绉绉的状态，而成藏垢纳污、浪漫淫荡的神秘所在了。强盗妓女，都以咖啡馆为唯一的接洽处；公子哥儿，也以它为寻欢作乐的胜地。这大概是初创咖啡馆的人所始料不及吧！

巴黎的咖啡店

（作者：一帆，原载《东方日报》，1937年）

巴黎的咖啡店，恐怕比世界其他各国要多许多。在巴黎，尤其是咖啡座大都设在人行道上，这光景，初到法国的人都感到特别刺目。桌椅分列，饮客边谈边啜，其乐陶陶。每逢假日星期日，咖啡座位更向外发展。例如七月十四日国庆日，咖啡桌子简直淹没了人行道和十字街口，一连几晚，男男女女意气洋洋，跳跳唱唱，煞是热闹。法国国庆节恰在夏季，给巴黎男女更高的情绪，而况法国人爱好热闹，喜欢快乐。就是冬季吧，露天咖啡座也不销声绝迹的，有许多人觉得坐在露天喝咖啡也很受得了。

巴黎是世界的花都，街上有的是热闹，坐在露天咖啡座，与其说在喝咖啡，不如说在欣赏街景。因为有许多人一杯在手，要喝那末大半天呢！是的，看看这些急急忙忙在街上奔走的芸芸众生，也是一件赏心的事，而况在你面前如流星般驰过的各式汽车，永远新鲜的巴黎时装，矜持娇贵的妇女，奇装异服的外国宾客，冒汗高喊的报贩，街边卖唱的流浪汉……足够你欣赏细瞧，恋恋不舍。

但是这街边露天咖啡店，据老巴黎人说，还是这世纪开头的玩意儿。在十九世纪，可不是这样的。那时有所谓酒店，像我们的冷酒店，客人进去站在柜台前喝一杯酒，就走路，顾客当然都是老百姓。还有饭馆,那是专门吃饭的,啤酒铺专售啤酒,带些食物。至于咖啡馆与上述三种饮食店是不同的,同时与现在所谓咖啡店也有所不同。

①

咖啡的来源,还是阿剌伯,但自从十七世纪传入法国后,竟成为完全法国风了。那时咖啡馆只是上流人物,大家聚拢来交换交换意见的一种沙龙,其中有些咖啡馆,至今还盛名不衰。例如"波罗各蒲",现在还存在,在十八世纪时,法国狄德罗派哲学家、丰脱纳尔派作家,伏尔泰、罗素等常在此集会。"摄政皇"咖啡店,在雨果生前多少小说家经常在此会面的。"泰蒲兰"咖啡店家,由波德莱、杜明维尔而出名。"贝勒基雅"咖啡店,谬塞、郭几埃、纳尔华的集会处,俱因此传名至今。

自然,那时咖啡店不像现在设座在人行道上,那时咖啡馆内总有一二间精致雅座,墙上有大镜子,装有二三只煤气灯,并备纸牌、棋子等玩意儿,以供客人消遣,有的还有比力牙球的设备。

后来,咖啡店逐渐的普及和平民化了。咖啡店生活变为一般市民不可缺的生活的一部分。大概在廿世纪初期,巴黎咖啡店达到了最高峰,几乎没有一家咖啡店不设有乐队,一俟太阳落山,乐队就大吹大鼓,

① 1847 年开业的丁香园咖啡馆(la closerie des lilas),位于巴黎蒙巴那斯大街上,照片摄于 1920 年。

引得高朋满座,咖啡店逐渐的由店面排到人行道上,也是从那时起的。现在咖啡座设在人行道上,居然成为理所当然的了。从此咖啡店也不成为单纯的文人雅士的集会处,而与巴黎市民除了剧院电影院之外常临的场所。自然其中还有若干保持了古风,成为某种集团中心人物的聚会场所。例如巴黎热闹区中,"穹顶""圆楼""花神""利蒲"是作家集会的地方,但这种咖啡馆究竟为数不多了!

　　要计算起来,巴黎的旅馆总在万数以上,差不多每条繁华的区域都有许多大小的酒店,至于咖啡店,几乎沿途都是。这些酒店里的厨司多半是长于烹调之术的,无论你走到哪一家,都能使你吃得满意,而且有此任着招待的青年女子,那殷勤的态度尤使你感觉快意,可是这些酒店的菜单价目颇不一致。譬如在上等的酒馆里,随便的吃一顿也得花上三四十个法郎。有一次我到大陆酒楼(在巴黎最讲究的一家)吃晚饭,我点了一小碟的香瓜和青豆,花了我三十个法郎;一个甜美的红桃,价①

① 1885 年开业的花神咖啡馆,位于巴黎第六区圣日耳曼大道和圣伯努瓦街转角。

廉华币约五角。又有一次我在一家较小的酒店里，陈设和布置却简单而整洁，食堂的两边按着三两张围着白布的长方的餐桌，那已坐着十来位中流阶级的男女人物。我拣着一个靠近美女油画架前的安适的位下，这张餐桌的当中置着葡萄酒、啤酒、果子汁、辣油、甜浆、牛油……我胡乱吃了顿饱，还抄得十七个法郎。这种小酒店略像上海马路上的经济小吃馆，只是内部的排场和器用还逊于他们的富丽整齐了。

讲起咖啡店，实际上是种没有客座的酒店，那里面备有啤酒、咖啡、柠檬汁、柑香酒和葡萄酒之类，排在桌上，也有搁在里面的橱窗里，价目每杯约在一角以上。倘使你是一个绅士的上流人，那么还得赏赐一二分的小账，你要是不给付的话，侍役亦会向你索取的，普通的小账约是菜价的百分之十。

咖啡店是巴黎的一种特色，亦可称为一个公家俱乐部，大都是宾客盈门，不管男女老幼，甚至于全家的人，流梭般的在咖啡店门口进出。这地方，朋友们天天在同一张桌子上相遇，有的在那里看报，有的在那里闲谈着，也有的在默默下着棋。这种咖啡店同时是妇女幽会的场所，他们在抽着短笺写信去约他或她的情人和妻子来相会。是的，这种是人间的乐园，在那动人的缭绕的音乐声中，他们开始拨动着齐一的轻快的步调，在油滑的地面上狂舞着。这种跳舞用的咖啡店在巴黎无论哪一处都可以找得着，特别在浓荫密布的街角、车站的附近。那些在酒店里所备有的各式的点心，如牛油面包、饼干等，在有些咖啡店，也都备着而且有几家并可得丰富的膳餐。它们大都在早晨七点钟就开门，晚上因为等待那些寻夜生活的顾客，一直要延到午夜时分。

中国人到巴黎以后，因为环境的驱使，自然而然的会养成了"坐咖啡店"的习惯。这种闲逸的生活的经验，会使你厌恶到中国特有的茶楼酒肆的烦嘈和肮脏，而感觉这样"生活"的比较高尚，怡情。

别离咖啡馆

（作者：邵洵美，原载《辛报》，1937 年）

从语言学校经过几条小街道，便是绿森堡公园的后门，打公园西首的边门出来，便是我居住的客栈。但是我散课以后，总不直接回去，我一定会到对着公园前门的一家咖啡馆里去坐它一两个钟头。

这家咖啡馆占据着十字路口的一个转角，名称叫做"别离"，因为另一个转角上是地底火车站的大门，住在乡村里的小姐们，在上火车以前，都会到这里来和他们的朋友们约定明天会面的时间。所以别离咖啡馆里便最多这种"头对头"静默地坐上一二十分钟就走的客人。

天狗的大本营便驻扎在别离咖啡馆。天狗并不曾住在巴黎，一大半都在附近的乡村里租着房子，所以每天下午总到这里来聚会。天狗的行当不一，有学医的，有研究政治的，有弄文学的，有画画的，可是大家的趣味相同，谈话的题材便脱离不了文学和艺术。

这是法国交际社会的一种风气，不论男女，见了面总会谈到最近出版的一本小说或是最近上演的一出戏剧，或是最近举行的一个展览会，这种谈话既高尚风雅，又可以避免单调与重复。有时因了各人的意见，也许会引起一些小小的争论，而弄得面红耳赤，但是究竟不伤脾胃。法国的小说每星期总要出版几本，好的剧本也时常有上演的机会，文艺的谈话既然成了风气，于是要在

交际社会厮混的,有新书便一定得去读,有新戏便一定得去看,有新的展览会便一定得去参观。无形中他们竟变了提倡文化的大功臣。天狗便也想在中国的交际社会里造成这一种风气。

有一天不知是谁带来了一位北方朋友。他姓严,单名一个庄字,人家称呼他起来,连名带姓一起叫。严庄在我们这一群里,年龄怕要算最大了,至少看上去比我们要憔悴得多。他也许是已做过一番事业,经过了一番锻炼的,说话圆浑得像一颗珠子。

他一见到我就好像很熟悉,拉着我的手说:"洵美,明天我带你去见你的哥哥。"

严庄所看见过的面孔,何止几百几千,居然也说我像志摩,志摩的脸一定不短,鼻子一定不低了。

离开他说这句话大约不过五天,我和老谢在中华酒楼吃了午饭出来。太阳大,于是沿了大学路的左边走,预备到吕都去打几盘弹子,或是玩一下纸牌。走在我们前面有两个服装很整齐的,身材并不像中国人,可是帽子底下露出来的是黑头发。靠外边的一个忽然回过头来,原来是严庄。他一见到我们,立刻叫他的同伴停了步,自己就到我们这里来。他不说什么话,拉了我又跑回他的同伴那里,高声地狂叫:

"来了,志摩,我把你的弟弟找来了……"

志摩态度的亲热会叫你相信世界上再没有一个陌生的人。他没等严庄把话讲完,两只手早已拉住了我的两只手。

"弟弟,我找得你好苦!"

他又对我说,悲鸿怎样和他讲了许多关于我的话,以及他怎样到四处去打听我的那些事。我们于是一同走进最近的一家咖啡馆。

他一听我是从剑桥来的,脸上更显出一种他乡遇故知的神情:连忙问我吉勒柯区是不是仍旧在那里授课;海法书店的薛百里是不是仍旧活着;我天天到不到大学后背去划船;我的方帽子和黑被肩是新做的,还是从老学生那里去买来的旧的。

可是老大卫对我说的话却叫他思索了好久,又笑了起来,接着便说：

"这老头太糊涂了。我要译拜伦的诗是有的。可是谁给他讲要译全集？他真说我的老家在黑龙江？啊，不错，这话有来历。我上次回去是走的西比利亚，我对他说那段路又长又冷，到了中国还得经过黑龙江。"

他说话的时候，我总仔细地对他看，我们是有相像的地方。我们的长脸高鼻子的确会叫人疑心我们是兄弟；可是他的身材比我高一寸多，肌肉比我发达，声音比我厚实；我多一些胡须，他多一副眼镜。

他听我说想学政治经济，并不表示失望；可是又好像有些不相信地说："真奇怪，中国人到剑桥，总是去学的这一套。我的父亲也要我做官，做银行经理，到底我还是变了卦。"

要不是严庄提醒志摩说，他们得在四点钟以前把船票买好，我们也许会谈到天黑。严庄付了钱和老谢先站了起来，我们于是也只得跟了他们走出门。我忽然想起了严庄方才说的话，就问志摩："你们为什么买船票？"

"啊，我忘掉对你说，我们明天回国了。"

生活在咖啡馆里

（作者：王搏今，原载《新中华》，1937 年）

过维也纳仅一日，别维亚纳近一年，而爱怜维也纳之心无时或释。趁此病中，不能离枕席，他事皆不可为，遂援笔一记旧游。

去年赴俄看五月节，不愿过德境，而波罗的海又未化冰，遂绕道经维也纳，由波兰入俄。无意中成就了维也纳之游。可是为了经济与时间的不允许，不但久所梦想的布达蓓斯不得一往，就想在维也纳多往一二日不可得，未免是缺憾。

车进奥大利境，空气已迥不同于西欧。同车厢两个女子，一个以红

196

巾包头,眉目间有乡野天真气,似在俄国画中。另一个带着两长片滑雪具,一进门就扫视一番车内的人,似乎搜寻着滑雪的对手。外国语言,在这些小国家的需要特别多,所以只要你能说英、法、德语中的一种,在这里是游行无碍的。若在英法旅行,不懂其当地语言,饮食居住都成困难。

维也纳的男女是以有礼貌著名的。在车上就领略过了。那位红巾包头的女子以德文音的英语问明了我是初到维也纳,而且是不会说德语的,她就满口答应我到站时就替我找一个旅馆。另外一个男人,是在大学图书馆的英文部主任,毛遂自荐地作了一个一日游观计划。那位大学图书馆主任大概是过厌了图书馆、博物馆的生活,力劝我不必看那些东西:"我不主张到一个活生生的城市去看死东西,我奉劝你在街头在咖啡馆里看点活生活。"

他的话是对的,可是他不明了一个远来人的心思。在一个远来的旅客,到一个一生不易重来的地方,虽然时间只有一日,可是他想在这极短的时间中,把这个地方连古带今都囫囵吞下去,不能再分别什么死的与活的了。这是我到处游观的心情,在维也纳当然没有两样。所以他所安排的"活"游程,在我是并不甚感兴趣的。

蒙红巾女郎的指引,在一个比较便宜的旅馆住下以后,就出到维也纳的街头逛了。一来看看街头风景,二来找点东西填填肚子。一路有小摊子卖食物的,香肠火腿都有,只是没有热咖啡,于是信步踏进一个平民咖啡馆。这样的咖啡馆在欧洲别处还没有见过。一个柜是卖菜和面包的,一个卖酒,一个卖咖啡甜点心。桌子也特别,有些是通常桌子一般高矮,坐着吃东西的;有些是高到脐下一两寸样子,专为站着的人用的,非常方便。圆形周围恰好站四五个人。

我先要了一碟烤牛肉下面包,站着吃。然后到另一面要了一杯热咖啡、一块新月饼,坐下来详细赏鉴里面的生活。我的对面正有一男一女坐着。男的小胡子,粗花上衣,无领带,大有电影上武士格调。女的怯瘦,带着微咳,咳时以脸就男人臂,如求爱怜。男的侧脸亲之。男的面前一大杯黑皮酒,女的不吃也不喝什么。那万种亲昵状态,似是介乎狎邪与正当情爱之间的。我的右手边忽有女人哭声,一转头正好看见两人在接吻。女人以双臂围着男人的头,时常咬着耳朵说话,备极挑拨之状。大约是妓女吧?这揣测十有八九是不对的,满咖啡馆有男女的地方多是如此,自然不能便都认为娼妓。

咖啡慢慢喝了一杯,再要了一杯,已经到了半夜,那些人并无散去之势,我只好独自去了。

次日,一早起来,信步出去找东西吃。走进了一个不甚阔绰的咖啡馆。到时真像是为吃早餐而设备的,与昨夜的空气又自不同。里面已有许多人,每人面前两杯矿泉水、几份报,像阅报室,不像咖啡馆。来往的人都像是常年的顾客,一来就直奔他所要到的桌子边坐下,绝不左顾右盼,似乎一切都预定好了的。

当我坐下来时,茶房也送来一份报纸,可是我不懂德文,不能享受。要了一杯咖啡、两块面包,咖啡加上极好的奶油(Cream)。咖啡甜滑,再加上极好的奶油,其美自不可言。面包种种都香美,难怪维也纳人就这么消磨一个美好的早晨。

下午两点半有一趟游观车,可以奔车看维也纳。车是从歌剧院方场出发的。主要可看的东西也集中在歌剧院方场附近。所以早茶后我就乘电车赴歌剧院,在附近按图索骥看了些教堂博物馆之类,就找了一个相当高尚的咖啡馆坐下。"差异"在极现代的处所消减了。在这里的空气,与巴黎是很相仿佛的,只是咖啡的种类极多,至少也在四十种上下。以冷热别,有冷咖啡、热咖啡、冰咖啡;以颜色别,有白咖啡、乳白咖啡、浅灰咖啡,以至于黑咖啡。

我要了一杯 Verkehrt Gespritzter,其味香腻媚人。与同类的英国来安小吃馆(Lyon's)的"牛奶加一点"(Milk and Dash)相比,那"牛奶加一点"简直不堪与之为媲。我觉得巴黎人是生活在咖啡馆里,可是维也纳人简直离开咖啡馆不能生活。

马来咖啡

（作者：李词佣，原载《椰阴散忆》，1937年）

好像是谁说过：电影、跳舞、咖啡，是现代都市生活的灵魂。喜欢鉴赏好莱坞女明星们的粉腿酥胸的，戏院去吧！喜欢软玉温香满怀的，舞场去吧！我呢？却欢喜咖啡，如同影迷的渴慕明星，舞场的热恋舞女一样。你说电影好，跳舞好，当然有你的理由，我说咖啡更好也是更有我的理由。

在水泥铜骨的高大建筑物下，你一点也不觉得厌烦，以声音颜色来装饰你的官能，以肉感触觉来润泽你的身体，你是聪明人，永远在侦寻你新鲜的刺激，我真佩服你锲而不舍的精神！我自己呢？生活像被范铸在一个狭隘的模型里，无论是闷热的白昼，或是阴暗的昏夜，都是给窒息得透不过气来。但我需要呐喊，需要挣扎，需要一服兴奋剂，哪怕是一杯鸩毒的酒，一颗猛烈的炸弹。当摇笔杆儿既不耐烦，看书也不起劲的时候，我将怎样打发我倦乏了的脑细胞和麻木了的神经纤维呢？于是我不能不想起我的唯一称心适意的良伴——咖啡来了。

我记起，我托足在炎岛的一个闹杂的城市，我常把自己幽闭在斗室里，慷慨地支付了许多无聊的日子；天地虽宽，好像没有我的份儿，而我的天地，就寄寓于一杯咖啡之中。我默坐在一把旧圈椅里，擎着一只精巧玲珑的白瓷杯，杯儿里泛浮着闪灼的光彩，杯儿上升腾着袅娜的烟圈，都会叫我发怔了好一会儿。我还未把咖啡呷进口里，心头早已闻着温馨的香味。那是调和着一颗殷勤的芳心，一双殷勤的素手的香味。我把唇儿吻着杯儿的边缘，细细的吮啜着，觉得它比蜜浆更甘甜，比奶酪更丰美，有着一种和谐而优美的韵律，充溢在唇齿间、喉头里、心版上。而一个更柔美的语音："凉了呵，不调一点温的么？"至今犹固执地萦回在我的脑际。在人生的旅途上，出处所碰到的是冷酷无情，能给我以温暖的,就只有这么的一杯咖啡,叫我怎样忘记它呢!

　　离我寓所不远的一片咖啡店,也是我常去的地方,那片店很小,陈设也很简陋,但却是一个热闹而有趣的场所。店老板是琼州人,说得好一口马来话。每日从天亮开店到半夜闭门,店里的顾客似乎没有一刻间断过。我去的时间常在午后,正是"座上客常满"的时候,有时竟找不到座位。但这并不能算是生意兴隆的现象,因为顾客最多的是马来人,他们原不一定为着充实肚子而来,倒是到这里来找寻瞎聊天的对象的居多;泡上一壶咖啡,坐两三个钟头的,已算是好主顾。有人嘴里叼着纸烟,偏着头呆呆地不知想些什么;有人慢条斯理地把老叶抹着石灰,卷着一口一口的槟榔,放进嘴里徐徐地咀嚼着;大家都有一副古怪的肖像,在那肖像上面刻划着,是闲散的神色,是永古的沉默。偶然有几把鹤嘴锄倚在门前,闯进一群修路的吉宁人,扑着满身的尘粉,哗啦哗啦的聒噪一阵,也不过如向一泓死水投掷一块瓦片,微微地泛出几条波圈,过后便宁静了。

---

①　20世纪40年代马来西亚街景。

当咖啡店里进的角落里，挂起一幅花花绿绿的帷幕，遮住外间的视线时，那便是报道人们一年一度的禁食节到了的标识。虔诚的回教徒，在禁食节期间，依照教规白昼不得进食，甚至连口涎也不敢吞进肚里。咖啡店里的生意足足有一个月是清淡的。然而这种泯灭人性的教条，能够叫人们绝对遵守的吗？何况是好吃懒做的马来人！看他们中间有些各自背着人蹑手蹑脚地从咖啡店的后门跑进来，隐藏在帷幕后，偷偷吃喝的慧黠的神情，使我们觉得世间一切不合理强制的禁律，往往是徒劳心机的！

现在我应当说述我为什么常到这咖啡店来的目标了：那是为的在这里永远看不到那些高等华人的难看的嘴脸，和一般洋气十足、奴气也十足的人的气派；也没有娼妓变相的女招待，省却争风吃醋缠夹不清的麻烦。满室闪耀着和平、静谧、古朴、冲淡的气氛，就让这气氛，随着咖啡的流汁，渗进我的虽放下了工作而仍未能平静下来的心境吧！在这里听那些在都市里听不到的发生在"甘榜"（马来人的村落）里的新闻，如读了一部情文并茂的传奇，离奇曲折，亲切而有味，可以填补幻想的空白，可以拭去苦恼的记忆。而且，它又是天天在更换新的节目，有不同的内容，不同的结构，那才是令人百读不厌的呢！

但是，在富丽堂皇的高等旅馆里，在肉感、粉香、汗臭、炭气充塞着的游艺场中，在烟榻横陈、吞云吐雾、红中白板、雀战通宵的俱乐部里，在海边舞场的露天座位上，在剧院积满尘土的包厢板凳上，在年红电炬的黯光下，在梵哦铃、披亚娜的响声中，我知道，咖啡是曾经被委屈的利用为逢迎交际的工具的。

然而，我的咖啡的回味，却永远是圣洁、光辉、甜蜜而美丽的。

廿六年六月

无人招待之咖啡店

（作者：詹纯舰，原载《工商通讯》，1937 年）

普通之咖啡馆或啤酒店，均是侍者盈堂；上流一点的，男招待穿着礼服，打着黑领花，女招待身围白裙，头戴白帽，好像蚨蝶穿花似的，在人群中穿来插去，显得又庄严，又美丽。其所以如此者，无非是求欢顾客，以广招徕而已。今若开设咖啡店，而无人招待，岂不会使生意萧条，门可罗雀么？然而事实却正与之相反，有时它的顾客，会比呼唤随意、招待周密的咖啡馆还多呢！

这种咖啡店，发源于美国，逐渐推及欧洲。店内设有自动饮料橱（金属制）数个，彼此相连，设于店之一面，亦有分设左右二面者，内部各装啤酒、柠檬汁、矿泉水及葡萄酒等。各橱之表面，开有一如扑满之小缝，及装有一自来水龙头，龙头下六七市寸处，装有一宽约五市寸之横板，与橱等长，一面与其相连，其他三面，边缘稍高，上置玻璃杯，并与相当距离安有自来水管，管端高出板面约五六市寸，正如一垂线垂直于板面。管口有塞，塞上装有弹簧，如将弹簧压下，塞则自开，清水四射。板面开有圆孔，与去水管相连，射出之水，由此排出。

橱之前方设有固定不动之椅凳，以备顾客休坐。顾客欲饮何种饮料，可先取玻璃杯，将其倒置，即杯口向下，然后套于突出之自来水管上，用力将杯底下压，管塞即开，清水射于杯壁及杯底，将其内部洗涤洁净；然后转置于板上，正对龙头之下，再以辅币一枚投于如扑满之缝内，机关受钱币之重力作用，则行开放，饮料于是经龙头自动流出，装满一杯，自动停止。如欲再饮，可再依上法为之。

此种咖啡店，近来日益发达，其所以发达之原因，有下列数种：

第一节省小账。这是一个很主要而且很重大的原因，普通饮一杯啤酒或咖啡，大约须国币二角，而小账往往要耗七分之多。欧人不常饮茶,而啤酒、柠檬汁等则无论冬夏,均极嗜饮,倘以全年合计,此项小账的消费,实足惊人。而且这种消费,实际上又得不到一点物质的享受,顾客虽欲免除,然限于俗习,无可如何。今此种无人招待的咖啡店一开,顾客自然就趋之如鹜了。

第二免遭白眼。城市里许多离家较远的小职员,以及入城购物的许多村夫,为着讲经济,每不愿入饭馆进餐,他们都随身带有面包,上涂牛油,有时还有一点熟火腿,或几块熟肝片,夹于面包内同食;惟这些食品,若不佐以饮料,每难下咽。而各种饮料,又均为液体,极不便于携带,故必投咖啡馆而食之,但馆中侍者,每多势利之流,对于此种自备食品之顾客,常享以白眼,予人以不快。今此种咖啡店,既无侍者在旁监视,顾客自可为所欲为,纵有其他顾客在旁,然大都同病相怜,绝不致以白眼相对也。

此外,此种咖啡店,饮时手续简单,且无须等待,较之普通咖啡馆省去不少时间与麻烦也。

维也纳的咖啡生活

(作者:雨相,原载《新新新闻每旬增刊》,1938年)

一、苦中作乐

一次大战把好大一个奥匈王国弄得身首异处,维也纳虽然没有被划入割让区里去,同时也没有失去奥地利的首都的资格,但显然是一颗没有躯壳的头颅了。这个六百万人的民主奥地利,最初只是孤儿寡妇和白发老翁,属国的供应是断绝了,像捷克的工艺品和匈牙利的农产,就不再有它随便享受的份,委实是度日为艰。幸亏凭着有天赋它一幅曼妙山水及男男女女的一张笑脸和他们的一般柔情,所以不断地有一批又一批的外国游客来登山临水,饮酒作乐。

逢到阿尔卑斯岭上积雪,来的人格外拥挤,只爱美人的温莎公爵也是年年光临的大主顾,无可奈何中,政府就把"吸引游旅"树立了国策,来称补她的国际收支的逆差,那是已多么可怜的一回事。一九一三那年,又加上奥地利信用银行,Oastor, Kreditanllal 的倒闭,掀起了世界经济恐慌的狂澜,撒了第二次野火的奥地利人,自己当然没份观火(第一次是向塞尔宾下爱的美敦书引起欧战)。总算国联出来帮了一阵忙度过难关,不过这种帮忙,还不是羊毛出在羊身上的办法,奥地利人民有时气咽不过来。有几个年头,预算委员会无法平衡,几个亲黑的阁员硬着头皮上几次罗马,捧着利尔(意币)回来,才算过去。

这个穷相毕露的绅士,借债度日,好容易混过了几年,国内苛捐杂税一天胜似一天,老年人只有喟叹,年轻的(战后生的)却漠不关心,冷水面包的生活阻挡不住他们狂欢豪兴。好在有的是葡萄美酒,又多着前朝音乐大师 Mozart, Beethoven, Schubert 等遗下来的歌曲,有那些婀娜多姿的姐儿们,所以多抱着今天有酒今天醉的精神,泄泄沓沓,每天那些茶楼(咖啡)酒馆中萧白脱的醇人妇人甜歌 Wein, Weibu, Gesang 歌声,真是响彻行云,酒甜耳熟。又来几支蓝的多瑙 Schoener, blauer Donau 这也是萧白脱的作品,男男女女就起来盘旋一回,唱奥地利人不会的,和莱茵河边唱的《我生在莱茵,便死在莱茵》(一样容易上口),这种生活,好不安闲自在,哪想到有三月事变的来临。

二、维也纳

像花都香散丽赛 Champs, Elysee, Paris 那样宽的一条城圈大道 Ringstrasee 中间排列着四行或六行的栗树和菩提树,年年着花生叶,从没有间断过,但显得有各种姿态了。两旁不高不低的拜洛克 Barock 建筑,代表那时代的隆盛气象,墙壁上却到处垩粉剥落,道上树荫里放着供行人坐憩的长椅,褪了原漆色泽已是好久,却又加上斑斑点点的鸽矢,一群群的灰鸽在忙着寻找人们偶然抛弃的余粒,不过一阵紧一阵的吹奏着的乐声从树梢里不断地传送出来,迎风飘去,正是那些咖啡所在。

　　谈起咖啡,到过欧洲的人们谁也不会否认,伦敦是等于没有咖啡的,散播在地下车 Tube 出口处那许多犹太人开设的里昂咖啡 Cafe Lyon 是备着公事房散出来的饥饿人们果腹罢了。果然也有咖啡(伦敦人好品茶)也有音乐欢奏着,但谁都感到意兴索然,饱了就想跑,也就是肚饿才想进去,所以只是午茶时间确实热闹。一般伦敦人的门户观念很深,公共场所轻易不屑去光顾,那些绅士们只知纠合同志组织总会,因此咖啡馆也就抬不起头了,除了乔治摩尔 Georqe Moore,似乎伦敦没有巴黎新雅典 Nnuvelle Arhenes 一类艺人咖啡,除却喝喝咖啡就是观望行人道上(露天咖啡那末在膝前)蠕蠕的走动着的巴黎新装,喝完咖啡还是不由得不走。

　　柏林的咖啡当然也是仿佛,何况那一架架机械式的北德人,无论炉火暖到什么程度,你老会感到冷冰冰的。不过一般北德人很爱惜时光,去坐咖啡为的仅是果腹,那般留恋忘返的茶客,不是退居林泉的官吏,

①

①　柏林贝柳酒店,摄于 1899 年。

就是犹太人，此外也许是几个异国孤客。德国的青年如法国青年一般，如果你要听说他们游手好闲，他便要强拉你去找一个大咖啡里去证明，这种证明，无论在巴黎在柏林，你得赌输给他们的。

罗马的咖啡，似乎嫌太重视一些音乐和歌唱，去坐咖啡会感到是在音乐会里一般，不爱听的人，未免分外觉得嚼蜡。斯多噶姆（北欧瑞典京城）有几家咖啡，他们很醉心我国文物（经斯文·赫定、安徒生一流介绍），想一变欧洲的风格，特地陈设着中国椅桌，还备有中国茶，操着吴侬软语似的瑞典人（瑞典人颇文明而文化极高），谈吐选择又选择的辞句，作为闲谈的场所，然而不逢知己，未免又感冷落一些，他们坐咖啡之风并不盛，咖啡散场也早（瑞京市风极好，入晚九时途人已稀，无大都市气）。话太远了，还是回过来说维也纳的咖啡。

维也纳的咖啡娱乐场所是家庭，是总会，是公事房。究竟是什么，却顾着各人身份而异。这是和伦敦、巴黎及其他都市不同的最大特点。从数量上维也纳的咖啡也多得惊人，总数不下一千家，它的分布是很平均的。我们经过随便哪一个路面，要是望不见一家咖啡，那真是稀罕的事。大概的说，邻近的人到邻近的咖啡去，他们有他们固定的座头，叫做老座头，所以每家固定咖啡有他们的老顾客。一般维也纳人一到晚上，等他们的子女熟睡了以后，大概是七点模样，就摇摆出大门，跨进他们风雨无阻天天光临的咖啡去，在茶保们打躬作揖祝福的声中，他们坐定了老座头，随即接过一二十份大小报纸，和一小杯咖啡。咖啡价值大街小巷各有不同，大街上要一块钱，小巷中四五角一杯就够了。他们看完报纸，换上画报，接着杂志，规模大的咖啡订上一二百份的国内外大报刊物是很平常的。

老顾客一面喝着他们的咖啡，直到无可存着的时候，才揉了揉眼，开始他们的谈锋，第一句就是今天咖啡好坏的评定，据说大咖啡备上咖啡有二百种之多哩。继着讲些时政，然而不尽人意的是男人不免要讲一些前朝盛事，那又不外梅脱涅克或是维也纳会输之类，继着一阵感喟。

①

太太们唠叨些旧时宫闱琐碎，或关于卢却尔（奥国犹太富翁）的豪华，和几个贵宾的起居逸闻。爱时髦的太太们才摆好了那几本巴黎时装画报，却又翻着沉吟；管家的主妇忙着新杂志里食谱的抄录；男人们逢到对手就下一回棋，或者向茶保要过文具来写上几封信，邮票是茶保钱袋里向来不缺的。咖啡完了，接着要些甜酒Pum浅斟低酌，直到那些奏乐人散去才肯起座，相扶还家。

这一杯咖啡虽比巴黎伦敦的要贵上一些，可是那一晚上的灯火炉炭，却省去了。这是所谓咖啡家庭。至于咖啡是娱乐场所在，前面"苦中作乐"里已经约略谈起了。

咖啡除了家庭的娱乐场所的以外，有那些像总会像公事房的，他们的设备倒不在音乐好、地板光滑，但是要多备上些辞典百科全书和各国重要都市的行名录或电话簿，此外订上不少的专门的像医学、工程、军

---

① 维也纳的萨赫（Sacher）咖啡馆。

事种种杂志,数量和种类当然随时由咖啡老板酌量他们的老顾客的需要而定。全市各种娱乐场所的节目单,也是天天完备的,张贴在墙的一角,一望便知。

那些咖啡在城圈大道一带最多,他们的老顾客都依着职业而聚。一个老座头是坐着外籍新闻记者的,另一个是做买卖的商人,一个是搜集邮票的,也有一个是律师的。这类老顾客,侍者们深知有素,老顾客一进门,第一件事当然捧着一大堆报纸放到老座头上,老顾客约略按标题先翻上几翻,然后侍者们才带着颤声问他们要否来些咖啡,听到的回答却是"且慢"。好一些辰光,老顾客们才把那开心的新闻看完,却是欠一欠身,索帽便走。侍者们纷纷出门相送,继以祝福。不过这种老顾客到了茶点时间,还会要来,即时候侍者们,就不要问他,还把他们平时常要的咖啡端过来,如果问了一声,倒会得罪老顾客们的。

咖啡不止是平民爱去的地方，老顾客中间自然不少大哲学家、戏剧家、艺人、作家、谱曲家、音乐家，就是那痛恨人类的有乐圣之称的贝多芬，从前也常到圣人村 Heiligenstalt（维也纳近郊）的咖啡里坐，莫察 Mogart 的魔笛 Faubertlcate 还在又低陋又脏臭的自由屋 Freihaus（一家咖啡的名称）里得过不少启示，萧白脱老是上银色咖啡（店名），在一家叫葛利泰咖啡的里面，我们可以常常会到不少当代的文豪，他们虽谈国论，批判古典派的不当。葛利泰是关张好久了。近博物院附近一家就叫博物咖啡，他们那几间矮檐小屋烟雾迷漫中间，像梵夫尔 Wefel，数一数二的戏剧家，其他小说家和 Segessian 派画师，不少的谱曲家，像谱《风流寡妇》的 Franz Lehar，《金元公主》作者的 Lea Eall 都是光临无虚夕的。那些绕着地球被歌唱的乐谱大都是咖啡桌上的产物。博物院咖啡每在仿佛巴黎百口雅典咖啡，而是乔治摩尔所赞美的啊！

文化人以外有政治人物常到的咖啡，像社会民主党领袖 Dr. V. Adier 及 Eabiar，社会主义者汉尼熙博士（奥地利民主国第一届总统），潘耐斯多勿 Peverstorfer 和他的高足李尔博士 Dr. Riehl 辈，都有他们的老座头。李氏是国社会主义的即造者，不过他的主义很想不到会逾域去大演而特演！

有一家叫中央咖啡 Cafe Central 的向老顾客要了像片悬挂，许多照相中有一个有名的时装匠叫 Peter Altenberg，因此他的朋友都上他们那里去，但是战前常去光顾他们的托洛茨基（即托派领袖）却没有什么纪念给他们。托氏常和一个棋友到那里喝咖啡下棋，这个棋友也叫阿达拉，不过不是前面提过的政治人物，他是心理学家，是个人心理派的倡导人，是富洛特 Freud 的高足，可是似乎在北美放逐生活中死去了。

军人也都有他们的老座头，参谋部长和他的僚属似乎都不以为坐咖啡有损尊严，就是赫贞道夫，也常可以见到他在窥窗人咖啡 Cafe Eensterqucher 那里窥望，这家咖啡在维也纳大剧场 Wiener Openhaus 的对面，在城圈大道和砍登纳街的街口。砍登纳街 Kaeutuerspasce 是维也纳的最热闹最漂亮的一条马路，往来冠盖，无非是贵人巨贾，苗条的

姑娘也像蝴蝶贪花似的不断地往来，有的正对那些大橱窗里锦绣罗绮打量着，无论她们手里牵着的小锦犬怎样因不耐烦而顽强，却移不动它们主人的一步。华耀的军官们的视线，无疑地也时常集中到她们身上去了，同时还注意着有什么新到的间谍人物，因为新到维也纳的旅客们不会不上这条街溜一下的。这家咖啡关过一次门，改了一家银行的办公房，不过没有多少时间，银行倒闭了，咖啡又得旧业重整。那家倒闭银行里有过一个小职员叫富朗度的，在维也纳组织过国社党，下过狱，现在却高高坐在德意志国会里了！

三、三月事变

卐字军奉了令开进他们领袖的故乡，正是维也纳城圈大道上栗树

---

① 维也纳的中央咖啡馆（Café Central），开业于 1860 年。

的着花时节,夹在花影的咖啡断断续续地送出它们的容声,忙着欢送它们一般老顾客的远行。那些文化人也好,政治活动者也好,军人也好,上集中营的上集中营,流亡出奔的流亡出奔,真是风流云散。却换上黄衫黑衫的时代人物,他们腰间的纸币却给不到咖啡老板身上去,但是一块奥币的咖啡要变一马克了,在贫困里挣扎的奥地利人只好少去咖啡走动,咖啡老板们除却卸下三色旗,挂上卐字旗外,偏偏还得

在它们店门上贴一张非阿里西血统不欢迎之纸条(排犹运动),弄得几个不是弯鼻子犹太人的异国老顾客也有些忸怩不安,从此不想跨进去了。又加上把一批一批的外籍记者赶走出境,咖啡的门庭分外显得冷落惨其。萧白脱之歌声跟着他们的老顾客而消逝,而换上什么"德意志高于一切"的释想,人们相见千百年惯用的祝福,只敢打从齿缝里微微地透露一些,生怕第三人听了会出乱子;那一种"欢呼希脱拉"的颤音,却充满着维也纳银灰色的市空!

咖啡老板的一张愁脸,老是欢喜望着他们的老顾客们像片出神,年老的人们在房间的一角憧憬着王朝盛事,维也纳人不知几时重会有吸到自由空气的日子。正是"雕栏玉砌应犹在,只是朱颜改"!

① 彼得·阿登伯格在维也纳中央咖啡馆门前,摄于 1907 年。

日本咖啡馆之色香味

（作者：东郎，原载《上海报》，1938年）

　　我们在小说里，时常可以看到一般作者说起日本的咖啡馆，是怎样的华丽，女侍们怎样的娇艳。然而，据我那位留学日本的同学回来说，日本的咖啡馆，并不都像一般小说里所说的那样，甚至有的完全不同，不过事实上，总是一个销金窟罢了。

　　日本的咖啡馆很多，不但是热闹的街市满坑满谷，即或是冷清的地方，也尽多着这种营业。据一般的统计说，光是"东京"一处，至少有几万家，因为在热闹的马路上的房价太贵，所以有许多在比较幽僻的小巷里营业。把很小的门面，尽力的粉刷，耀人双目的霓虹灯，装满了墙壁。一旦夜华灯初上，那些妖妖娆娆的女侍，有的在门口，或在窗户里，抛头露面的在等候她们的顾客。

　　咖啡馆所占的地方是很小的，差不多都仅仅坐上十几个人，但那五光十色的电灯，好像蓄电不足似的，发出暗淡色的光线。

　　女侍们更挨着身子坐在顾客的身旁，任意调笑；同时留声机，或是无线电机奏着麻醉人的音乐；女侍们有的会唱，便和着调子唱歌，使得顾客在"色""香""味"之外，再听着这个"靡靡之歌"。就这样，想能不令人销魂吗？

　　咖啡馆断不会仅以两毛钱一杯咖啡的收入便可以维持了的。因此，他们不得不靠着"副业"做生财之道，这个副业，便是喝酒。然而这"喝酒"玩意儿，那就要靠女侍们的手腕来畅销了。它的价格并不一定，两三个朋友一次用去二三十元是很平常的，其他女侍们的小账，更无可估价了。据说顾客们吝啬了小账，她们便在顾客出门时，在身上一把食盐，表示不希望这种顾客再上门来。

　　女侍们的收入，除了老板按月少数的酬金外，便得靠顾客们的小账。她们都各有她们的老主顾,来做大量的报效。此外,她们可以兼营副业,来维系个人或是家庭的费用。女侍们大半是未结婚的,所以极容易与顾客发生恋爱。

至于规模较大的咖啡馆装饰很华丽堂皇,女侍也多,数目总有一二百,编订了号码,印着小小的卡片,在每个桌上的盘里,顾客可以任意选择号码,叫伊陪坐。这里的食物都有一定的价目,可是昂贵一点。即是女侍们的小账也有规定,每人一元。像这种咖啡馆仅有三四家,每天的营业要有好几千元左右,据说咖啡大王李起东氏(朝鲜人)就是开设这种咖啡而起家的。

咖啡馆中神秘的习俗

(作者:张若谷,原载《社会日报》,1938 年)

外国的旅行者到了捷克布哈拉,随便走进哪一家咖啡馆,吩咐侍者预备一客咖啡,侍者在送上咖啡时必定要附带送上一大杯的清水,你把咖啡喝下去,摸出一枝香烟,划上了自来火点烟时,只有几秒钟的动作时间,侍者便会趁你不提防的当儿,把两只盛咖啡的空杯子连同盛满清水的杯子同时收去,但是不到五分钟后,侍者重又出现,他送来两杯满满的清水,放在你的座位前。

这是什么意思呢?外国的旅客们老是莫名其妙。

若是你故意把咖啡只喝下一半,你仔细再去看那个侍者的颜色,他会在你的桌子前梭巡不去,他望着那盏未干咖啡杯子不时地看你,再望杯子。他的眼睛间有一种古怪的表情,好像要在暗暗地诧异着你的母亲没有好好地尽着她的教育的责任,又好像在谴责你的父亲没有教会你喝咖啡的方法一般。一会儿,只要你偶一不注意,他趁机把半杯咖啡和清水杯子同时拿走了,但过了五分钟,在桌前又安放了两杯的清水了。没有一个外方的旅客,能够明了布哈拉咖啡馆中侍者们的这种神秘的习俗的。

在瓦伦西亚咖啡馆

（作者：绳武，原载《战地》，1938 年）

出了新闻局的大门，约会参观儿童军事训练时间还早，小林提议去咖啡馆耗费两个钟头。在德国法国养成了坐咖啡馆的习惯，到瓦伦西亚已将近有一个星期，还没有坐过一个咖啡馆呢。去尝尝本地咖啡馆的风味成了大家一致的欲望，再加上来时每个人都换上不少比阿斯特（注：西班牙币名），可是入境后我们处处受人家最优的招待，至今连一个钱也没有用，比阿斯特现在也得想办法给它找个出路。小林这投机的提案一出，坐西班牙咖啡馆的欲望与比阿斯特的出路都得到了解决，遂成了我们全体一致拥护的议案。

在市中心一个路角上，坐落着一家装潢华丽的维多利亚咖啡馆。人们在里面有的三个五个一桌喝着红酒，正在很兴奋谈论着，大概是讨论政治问题吧；有的穿着满身泥土的军衣很得意地向对面坐着的情妇指手画脚的讲，那有东方美的西班牙少女睁着圆而大的美丽眼睛用全副精神静听着，时惊时喜，那个样子一定是在听她的爱人讲述他如何在为保护西班牙祖国的自由民主独立与那叛徒法西斯们外国侵略者们作英勇的斗争；有的顾客含着大雪茄烟在听着有热情的、时时夹着克拉拉声音的西班牙典型式音乐，种种样样把维多利亚咖啡馆的大厅弄得非常热闹。

我们七个人也选定了在这咖啡馆的一角围着一张大桌子坐下。不大功夫，茶房把叫的橘子水送来，笑着脸，一面把杯子放在桌子上，一面用不完全的带着西班牙声音的法国话说："诸位中国同志的钱那面一位同志已经给过了。"顺着茶房手指的方向看过去，那面坐着一位不相识的老头子笑着脸点点头对我们表示友意。这使我们很受窘，平白的又受了人家的招待。大家相顾着带着不自然的笑，在说："好容易想法

214

子去花掉一点钱又未能实现。"喝着橘子水,带着一种惊喜的心情很热烈的讨论刚刚所受到的异族弟兄给我们的友谊。有完全不同的血,处在远隔万里东西两大洲上,只因是同处在患难的境遇,同为民主自由而奋斗,而双方都有了绝大的同情,这是多么伟大啊!

　　正说着,茶房又送来一瓶著名的西班牙葡萄酒,说是一位政府的同志看见中国同志到来,为表示他对我们的欢迎及对中国人民的绝大同情送这瓶酒来庆祝中华民族解放斗争的胜利。我们受宠若惊的举起酒杯向送酒的西班牙同志高呼:"西班牙民族共和国万岁!打倒法西斯!"以表示我们对西班牙人民的同情和谢意,跟着满场高呼着"中华民国万岁!打倒日本帝国主义!"回答我们。我们没有会喝酒的,酒是这样的美,人又是这样子的兴奋,从全场的每个角落都有人举起杯子来敬我们酒。不一会儿酒已喝了大半瓶。每个人的脸也都红了起来,带着半醉。忽然看见一位穿着军装的同志,满脸通红歪歪倒倒的拿着一

①　西班牙巴塞罗那蒙特斯特街的"四只猫"(Els Quatre Gats)咖啡馆,1899 年毕加索在此举办
　　第一次画展。

个大酒瓶直照着座靠外面的小石奔来，双手把小石拥抱起来，嘴里喊着："今天同中国弟兄痛快的醉一下子。"我们每个心上明白，这样的坐下去，喝到明天也喝不完，醉了，一会怎么去赴约会呢。赶紧同这位武装同志干了几杯酒，连忙戴上帽子，在"中华民国万岁！打倒国际法西斯！打倒日本帝国主义！"的呼声下跑出了维多利亚。

维也纳的咖啡馆

（作者：余新恩，原载《西风》副刊，1940年）

一个严冬的晚上，我独自在瑞士的朱利希城（Zurich），在那雪花纷飞中，踏入了车站，预备去维也纳。这还是第一遭。

维亚纳早经给我一个动魂的玄想。早年，在国内听那流行的歌曲《晚安了，维也纳》，莫不心神俱往。维也纳的美丽、妩媚、至高，一切的一切，想象得如同仙境一般，这还是人世间吗？

可惜，这已成为过去的荣光了，只是些历史上的点缀。当年盛极一时的匈奥帝国，拥有欧洲的大半，谁不恭之敬之；其民则可甘其食，美其服，安其俗，乐其业。但是现在呢（指在德奥合并以前）？已是朝不保暮，衣褛食缺，有如过了青春期，——在她晚年时期垂垂危殆了。

真的，维也纳实在是穷！第二天早晨，抵达了维也纳车站，这是一个多么兴奋的时辰，因我到了一个占有历史极其重要性的地点呀！至少，我猜想，还存有些庄严、伟大、隆重的遗迹。可是，大失我所望，她已遮盖不住她内身的破褛，所见到的只是些污秽、破旧及昏黑。车站外停着的几辆雇用汽车，也是那样的陈旧，式样的古老，就在中国也早已绝迹了。

先将行李存在车站，站里连食堂的设备都没有。独自步出站外，若不是地上及屋顶上厚厚的披上一层白雪，恐怕所见到又是些污秽、破旧及昏暗！

当时所急要的是热咖啡,在那冰冻的清晨,饿着肚,一夜未得好睡,手脚都快冻僵了。我要找一个中等的咖啡馆,既没有最上等的那样昂贵的价格,也不致被像小咖啡馆那样的敲竹杠,因我是外国人,尤其是东方人。很奇怪的,走遍了两条街,见到许多招牌都写着"Café"字样,而找不到一家店。我曾疑惑好一会这到底是什么意思?记得从前在上海,这种地方就是跳舞厅,难道维也纳街街这许多跳舞厅吗?若这是咖啡馆,奥国既是用德文的当写着"Kaffee",我为饥饿寒冷所逼,就当它是跳舞厅,就让它敲竹杠,终于在一家门口撞了进去。

进到里面,并不是跳舞厅,实在是咖啡馆。里面也已经有了好些人,有的在饮咖啡,有的在看报,有的在谈天,有的在打弹球,有的在下棋。原来维也纳的咖啡馆是这样的多,差不多每数武就有一个。后来我知道他们所以用"Cafe"这个字代替"Kaffee",也是受拿破仑的影响呀!有时他们说"再见",也不说德文的"Aufwiedersehen",却用法文的"Adieu"。

维也纳为什么要有这许多咖啡馆?我起初也解答不出。我先是住在旅馆,后来因为要长住的缘故,打算住在人家里较合算。

在维也纳找房是不难的。许多像上海 Apartment 的入口处,招贴了许多分租房间的广告,多半是写着几楼几号,有几间房,有或无家具,供或不供给早点,什么时候可以看房间等字样。好几个朋友分时来陪我去找房,虽看了不少,但是合意的却极少。

难合适的问题有好几点,这在我起初也不知道,久住维也纳的同学告诉我的。第一,这些租房,建筑家具都相当陈旧(新的虽有,但是少而价昂,不如住旅馆),至少有几十年,也有已过百年的存在,而在维也纳,臭虫之多是无人不知的。所以第一,找房不容客气的要把床褥翻开看看有无臭虫;同时,还得同房东预先讲明一星期要换一次被单,否则她会一个月不同你换。第二,自然是价钱方面的,租钱要公道,而且包括电灯、水及打扫房间,否则还得自己清理房间,或半夜正在看书时,电灯被房东给关上了。第三,最好不要找犹太人的房东,可是犹太房东事实上又是那样的多,因为犹太人最难合适,一点没有中国人那样的豪爽、讲交情,连一个铜板之差也要闹得天翻地覆的。还有,住房要退租,要早在一个月前通知(英国是一个星期前通知),所以,择租要谨慎,否则要吃亏两个月的房钱。

也是巧合,因把屋子的门牌号数给记反了,结果倒找妥一个安适的房间,一直住到离开维也纳去柏林的那天。先是同朋友看报上的分租广告,晚上我们就照报上的地点去某街某楼看屋,门牌是三十一号。看过之后,对于我们的条件勉强合适,不过尚非十全十美。我们没有定下,同时仍留心出租房间的地方,找了几天,尽没有一间比那更满意的。一天晚上七点左右,我们说再去那家仔细的看看,若能将就便租下算了。我们找到那条街,可是把门牌号头给忘掉了。我们都记得大概是十三号吧,就从那里进去,也是在三层楼,门口是一个样式,按了铃,也是一个老妇开门,可是这老妇面貌很慈祥,里面的布置也比较精致,而且干净整齐。我们一看就知道弄错了,但是既开了门,也不能马上就走,遂告诉她我们想找一间房,当地情形不熟悉,希望她能举荐一间否?谁知事情是那样巧,她说她那里正有一间出租,问我们要不要看。这正是我们希望的,于是她带着我们进去。走到一间门首,她敲了两下,里面一个男子的声音说"请进",她让我们在外稍候,她进去了。一下功夫,她出来了,说可以进去看看,我们就跟着她进去。

里面房间相当大,全个地板都有地毯,一个高大的花磁火炉,家具虽然式样不新,但显然的有了过去相当考究的场面。床是铜床,还算新,床上正坐着一个中年男子在那里看书。我们互相打了个招呼,略约的看了一看,就退出那室。

我问房东那客是有病在床上吗?否则怎么会七点多钟就睡觉?房东于是慢慢同我们讲了。那男子也是奥人,在维也纳某乡间业农,因为也要管理大批牲畜的关系,最近他来到维也纳,打算读点解剖学和病理学。不知怎的,家里最近没有钱寄来,他连房钱也付不出,自然没有钱买煤生火,因为冷,只好藏在被里取暖。她又说她的丈夫不久以前去世,家境也不宽裕,只好将这间最好的房间分租,她不能长期的收不到房租,若是我愿意住那房间的话,明天就可叫那人搬出去让我住。我们讨论了一会,各事都预先讲妥了,并付了定洋,第二天我就搬了进去。

住惯了旅馆,在住在人家,就感到许多不便的地方,天气冷,又没有热气管,还得自己买煤买柴生炉。除早饭外,午饭都得上馆子。房间里没有自来水,洗盥的设备都是些磁盆磁缸,大多数没有浴室。因为电费在内,房东为节省用电起见,电灯是那样的不光亮。建筑老而家具旧式,沙发椅已失去了弹性。不但是我家如此,家家都如此,我那里还算是考究的了。

我向来不爱去咖啡馆,因在国内及他处得的经验,觉得喝完了咖啡就得走,多坐坐,侍役们就觉得你有点那个。可是出我意料之外,在维也纳适得其反。

我们住的是城内第九区医院及学校地带,咖啡馆之多有过于他区。没有一家不是设备新美,有热气,至少有火炉,有最舒适的沙发椅,晚上的电灯点亮如同在阳光之下,与家里的一比,真有黑白之分。

一进去,没有一家不是广庭满座。我进去,总觉得是上北平的馆子,侍役们一列一列的站着点头笑迎,"早安,医生先生","晚安,医生先生"之声不绝于耳,同时找一个很好的空位给你。脱下大衣,他就同你拿去放在存衣室里,这样等到要走时,给你穿衣的又得给点小费,否则就放在椅子上就不用另给小账了。将坐定,侍役就拿了好几份报纸给你看,早报、午报、晚报,此外还有许多书刊,各国有名的杂志。若你是年青的女子,他就会给你看巴黎最新时装的杂志。普通就要一杯咖啡,我常喝的是"Kffee mit Schlag",就是咖啡上加点奶油。咖啡喝完了,侍役自会机敏的端上两杯清水,这是微微带着点甜味的山水,是维也纳天然的特产,不另收费,预备你坐上几个钟头慢慢的去玩味。喝完了也不用说话,侍役自然会另外再端上两杯。

不但是叫一杯咖啡可以坐上几个钟头的,而很便宜的只花几十个格罗新(Grochen),就是坐一天也是很欢迎的,而且往往也是常事。咖啡馆里什么样子的人都有,老头、老太太、年轻的男女,小孩倒是很少见的。常常看见老头在那里打瞌睡或是下棋,老太太十之九在打绒线,男女在那里情话,学生们在那里读书、写信、写文章。

①

我头一次去咖啡馆,为的是去看报,对面坐着一个罗马利亚(后来我认识他)的医学生,手里抱着一本神经解剖学,眼望着墙顶,在背诵各种神经的曲折的路线。另外在一角里,也是个医学生,手里拿着本厚厚的病理学,嘴里喷着烟丝,在默记各种病状细胞的形式。倦了,还可以看四周各式各样的坐客,藉以息息眼力。这里,咖啡馆里,无疑的,出了不少"秀才",许多博士论文都是这里写成的。谁都想,咖啡馆是个消遣的地方,怎样谈得上学问两字。但是这是事实,维也纳的咖啡馆是足以自豪的。

有一点不能不说明,虽则各种咖啡馆常常总是满座,但是绝不像他处咖啡馆,倒是从无喧嚷之声。大家很安分守己,谈话都是轻声息气的,绝不妨碍他人。因为大家都把咖啡馆当着第二个家庭,也有人把它当着办公处,什么事商、交易、谈判,都在这里接洽。

我自搬到人家住了之后,感到许多的不便,才发现咖啡馆真是第二个家庭,甚至说是第一个家庭也无不可,这也无怪维也纳差不多整个城都是咖啡馆了。这是什么原故呢?

维也纳是个老城,有了悠久的历史。它的建筑,已有好几世纪了。如今奥国正在苟延残喘,莫说是无钱来整顿市容,就连常年的军费都在踌躇不能自给,人民又是这样的穷。自然有钱的都是犹太人,大的商铺,几无一不是犹太人的资产,就是咖啡馆,也多半为犹太人所经营。人民穷,没有力改善他们的住宅,以及装置新式的设备,都不愿在这上面花一个钱,过着得过且过的生活。

为了迎合普通一般居民的需要,于是咖啡馆相继的开设起来,以补缺家里不完善的地方。只花几十个格罗新,可以去咖啡馆坐一天。那里的沙发椅又新又舒适,不花钱可以看许多报章杂志,冬天可以省下柴煤的钱,家里不必生炉,咖啡馆里是那样的温暖。晚上不用在家点灯,可以省不少的电费,而咖啡馆里的灯比家里的亮上无数倍,可以看书、写信,咖啡馆都要在晚上过十二点才关门,所以一直可以坐到半夜。有些咖啡馆还带有厨房、浴室,这样去到咖啡馆连吃饭洗浴的问题都解决了。一切生活上的需要都可在咖啡馆里求得,除了晚上回家去钻被窝外,在家旁无所事。因此咖啡馆得称第二个家庭,甚至称为第一家庭,也是名符其实了。

我本来是不惯上咖啡馆的人,到这时,除了去医院及要去的地方外,也有了跑咖啡馆的习惯,去看报、去读书写信、去吃饭、去洗浴。这样,家里省了生炉的钱,除非我预备在家一天,那就将炉子生上,同时也同房东省下不少电费。房东喜欢我,夸奖我们中国人好!

坐在咖啡馆里,除了看那些侍役往来忙碌不堪外,咖啡馆的老板也亲自在那里指挥帮忙,常常还得巡游一周,去到每个座位同客人道早安或晚安。这种礼貌的周到的服务,对于营业的兴旺是很有关系的,因为咖啡馆太多,人家不一定每一次要上你这里来。我先跑了许多大小的咖啡馆,然后只去几家最合适的。我曾去过在我住所不远西角上的一家咖啡馆。第一次去,我曾问侍者要一份伦敦泰晤士报刊,事后总有一个多月没有去。一晚我去了,这是第二次。我将坐定,还未开口,那侍役就笑着拿了一份泰晤士报给我。他那种记忆、机灵、招待、客气,使我以后常去那里。

每次要走时,就叫侍役头来算账。小点的咖啡馆就由侍役本人算账。算账时得告以吃了些什么。好比吃了带奶油的咖啡一杯，几块点心，怎么样的面包蛋糕，都得说出名字，因为价钱不同。把钱交给算账者，并给他点小费。若是他是侍役头，除了给他点小费外，在桌上另放的一枚十个格罗斯，是给侍役的小费。离座走出咖啡馆时，侍役们都立正对你说再见，这又使我回想到在北平走出东兴楼时，两排的侍役立着对你鞠躬道谢的状态。

维也纳每个楼房入口处的大门，在每晚十点钟就关锁了。晚回家的人，自己得带钥匙，有些住所的甬道及梯灯，十点以后也关了灯，得自己带手电筒。有个朋友也是学医的，常常也是十点以后才由咖啡馆回家，有时他忘记带手电筒，就在那漆黑里摸着上梯。当时没有月光，又是那样的宿静。到了那时，处于那种环境，鬼样的幻想会立刻冲入他的脑海。他告我，他唯一的办法，就是马上背诵解剖学，有哪几条血管，怎样的分枝，这样可使他立刻停止妄想。有一次他记不起一根动脉的枝管，这使他专心的去想，他住在三层，他却不知不觉的一直走到四层里去了还未想起。等他走到了门口才发觉，于是再退回去。我有时也忘了带电筒，晚上摸黑上梯。有时并不是忘记，实因出门时并没有预备晚回家，临时有事弄到过时才回去。虽然如此，我们仍旧去咖啡馆，仍旧晚回家，多背几次解剖学只有益无害。

在咖啡馆里有时很窘。偶尔逢到一个青田商人提着小包进来，包里拿出领带、丝巾、磁器等等，轻轻走到各客人前售卖。有的客人看到有上等中国人也在那里喝咖啡，于是过去讨教这磁器是不是中国货，值多少钱。由磁器上印着的字知道并不是中国货，因此回答起来是很困难的。

当奥国最危急时，我藉着咖啡馆的无线电得听到由柏林传播来的希特勒的演词。事隔不久，在维也纳，在希特勒到达的那一天，也亲聆了他的演说。

德奥合并之后，维也纳的咖啡馆并无若何分别。只是在那常去的咖啡馆里，侍役看见我有时向我摇头，表示那天泰晤士报被德国扣留了,不能阅读。

许多犹太人开设的咖啡馆,有的已被纳粹党收去自办,有的尚未收去,在咖啡馆的大玻璃窗上被用黑漆大字写着"犹太",表示这是犹太人开设的,非犹太人得知而避之。再有许多咖啡馆的窗上写着"犹太人不得入内"。

德国是吞并奥国了,可是维也纳人去咖啡馆的习俗是无法改变的,除非把整个城里的建筑设备给换成同柏林的一样,那又是谈何容易。这样,维也纳的咖啡馆依旧保存着它原有的特性,成为一般居民的第二个家庭了。

巴黎咖啡馆的秘密

(作者:奋斋,原载《东方日报》,1945 年)

市内最重要的为政府区,最著名者为马拉·贡高达广场,凡阅兵游行,必须经过该地,历史上享盛名的为巴黎凯旋门,该门在香榭丽柔大道之起点,有八大要道,都以该道为发射形中心,向四面八方射出,附近树木茂盛,而市容极为美丽。其次为法国王宫,现已改为博物院,法国大革命时代的巴士的尔大监狱及拿破仑举行加冕典礼的圣母寺院,该寺院又为法国大文豪雨果名著《钟楼怪人》的背景,凡是看过《钟楼怪人》影片的,或能忆及该寺院的盛况,及当时巴黎的普罗阶级,至于巴黎闻名全世界的伟大建筑,有巴黎铁塔,凡到过巴黎的总要买巴黎铁塔的模型为纪念。

巴黎的市面若是我们苛刻的来说完全是咖啡店来支撑,且不能说满街都是咖啡馆,但是在每一区的热闹中心里,所有两旁人行道都被咖啡雅座占据着,几乎是每五六家,便有一家咖啡馆。这些咖啡馆的老板,十分经济,他们把在门口的人行道,都改设雅座,放着很舒适的椅子与小桌子。来吃咖啡的顾客,大概可以分三种:第一批是早晨来吃咖啡,这部分人都是上办公厅的法国人,他们早上都不在家吃早餐,几乎都上咖啡馆吃,一杯牛奶,吃一种法国型的细长面包,人行道上用□□摆成各式各样的□□,以增美观;第二批是下午来吃咖啡的,一半是觉得想要吃咖啡,一半是来咖啡馆消遣,这完全像我国内地的茶馆;第三批是晚上来坐咖啡馆的,这一帮完全是问花寻柳的客人。

　　巴黎咖啡馆之多,甲于全世界,而咖啡馆的性质亦十分繁复,大部因区域而异。例如第五区的拉丁区乃为文化中心,坐咖啡馆的都是一般学生或文人。商业区内都是一般商人。宫殿区的都是一般旅客。可是不论任何一个咖啡馆,都有着一种共同的特性,这种特性虽然在别国的都市中也有,但是绝对没有像巴黎的那种放浪不羁。咖啡馆是男女幽会室,这并不希奇,可是巴黎的咖啡馆是男女调情处,甚至于有的咖啡馆简直成为待合所。这种待合所性质的咖啡馆在巴黎并不十分普遍,但也有相当的数量,我们若是用道学先生的眼光或是顽固的头脑到巴黎去看看,那简直不成话。

　　男女间的性问题,在西洋人目光中绝对不看作一种神圣不可侵犯的事件,而尤其是巴黎的妇女,把性交看作一种像吃饭一样的普通事情,她们感到需要时,就可以到咖啡馆去找对象,不论已婚未婚的女子,在生理上感觉需要时,便设法解决。所以巴黎的男女间,绝对没有像鸿沟的那样深远暌隔,只不过是像纸一样的菲薄,很容易打破。巴黎的市侩们,他们用尽各种方法以女人为赚钱的工具,同时为迎合男女的心理,尽量予以特别便利的机会。所以巴黎的市面完全靠女人来维持,尤其是到了晚间,完全是女人的世界。

　　神秘的咖啡馆散在各区,例如文化的拉丁区有某咖啡馆,规模极大,内分三层,楼上楼下都设雅座,可是在楼上另有一个小扶梯通至三楼,普通客人不能随便上楼,据说楼上是一间一间的小房间,专给野鸳鸯幽会,或是茶客临时在咖啡馆内找到配偶,也可以上楼销魂。这些咖啡馆最热闹的时间,是从下午四时开始至晚间九时止。

224

　　巴黎一到夜里便完全变成一个男女撒野的场所,尤其是礼拜六下午,街头的咖啡馆都成为了战场,夜巴黎最神秘的区域,除蒙马得拉的低级娱乐外,要算巴黎歌剧场附近的几条大道两旁的咖啡馆。一到夜间,咖啡馆里外都拥挤着人,道旁路中的来来往往的人,好像在戏馆一样的情形。巴黎女子,到夜里换上黑色或其他深色的夜礼服,头戴着阔边的帽子,在马路上徘徊,专供猎艳者的欣赏。猎奇者都安静的坐在人行道旁,很舒适的座椅上,尽量选择。最热闹的时间,是在八时前后,但是到歌剧院散场时,也是十分拥挤的。

　　这些徘徊在街头或是坐在咖啡座上的香粉女郎,也用不着问她们的出身或是职业,只要适合你的条件,便可以上去搭讪,绝不会像上海女子的碰橡皮钉子。可是在巴黎要玩这些上等的街头女郎,有一个必须具备的条件,就是要会讲法语,最好能说十分流利的法语,这是无往而不利的。法国的女子对于种族的观念绝对没有,不像美国女子在战

---

①　巴黎的花神咖啡馆,罗伯特·杜瓦诺摄于 1945 年。

225

前不愿和一个有色人种的男子在马路上挽手同行。在巴黎的一句俗语"牛奶和咖啡",意思是说巴黎女子(白色牛奶)最喜欢和非洲的黑种男子同在一起,这一点是法国女子最看得透的。法国男子气量很大,绝不像美国男子的气量狭小。

咖啡与音乐

(作者:干戚,原载《侨声报》,1946年)

酒与诗人墨客自古结不解之缘,一部人类艺术史,几许灿烂辉煌的杰作都产生于此。灵感的源泉,似乎没有酒那样得人崇拜,其黝黑与浑浊根本就没有可赞美的价值。然而现在有几多人沉醉于其强烈的芳香醇郁之中啊!咖啡在今日几乎已经代替了酒,而为一种更高于文艺气息的饮料,其实在历史上,咖啡的记录也不弱,它作为文化艺术的养料,其功绩也许不在酒之下。以咖啡与音乐的关系而论,在过去正有说不完的佳话韵事。

咖啡与酒比较起来,大概要年青的多,关于它的起源这里不必作详尽的考据,我们只知道现在以生产咖啡著名的巴西,在几百年以前还没有咖啡这种东西。咖啡的发源地在近东土耳其一带,在最早的时候,威尼斯商人把这种"贵重"的饮料输入于欧洲,当时只有富贵的所谓美食家始能享受的到。直到十七世纪中叶,一般民间还不知有咖啡一物。

于是感谢战争把咖啡带给欧洲人,土耳其人在一六八三年大举入寇,所向无敌,直奔维也纳的城下。维也纳在当时是德意志的京都,在被围的危机情势下,四方勤王之师会集,然而与城内不能联络,无法解围。当时有个波兰人叫柯尔锡斯基,自幼生长土耳其,熟悉城邦声语服装,于是乔装了一个土耳其人,偷偷地突围而出,与援军取得联络后,又潜入维也纳城,于是再里应外合之下大举反攻。土耳其人一败涂地,溃不成军。在战利品中,他们发现有许多土耳其人遗留的不知名的食物,其中并有大量的一种棕黑色的豆类,他们不知其用处,预备放火烧掉,那时幸亏柯尔锡斯基赶到,他见了急得发喊:"干嘛你们要烧咖啡!这是东方最珍贵的饮料啊!"

柯尔锡斯基建了解围大功,他不希望其他的奖赏,只要求把这些大量的咖啡豆统统给了他。于是他在维也纳市上开设起西方第一家咖啡馆,柯尔锡斯基因此是咖啡馆的老祖宗。

维也纳是世界音乐的中心,咖啡就自然而然与音乐发生亲热的关系。凑巧得很,西洋音乐差不多也在那个时期蓬勃发展起来。维也纳的乐坛大师如格乐克、莫扎特、海登、贝多芬都深嗜咖啡,而且把咖啡馆当作第二家庭。例如莫扎特所常光临的一家叫"国家咖啡馆",他在那里经常啜着咖啡并参加叶子戏。莫扎特的一家都嗜咖啡若命,莫扎特父亲写给他女儿的一封信还是咖啡史上很饶兴味的一页,使我们觉得奇怪的是他们把咖啡当做一种轻泻剂,在临睡前服一杯竟有通便之功。莫扎特在他亲自指挥《唐奇望尼》歌剧的演出,深夜戏毕被亲友们簇拥着回旅店时,经过咖啡馆,他必要过去叫一杯浓咖啡,一饮而尽,然后回家上床睡觉。

①

---

① 位于萨赫饭店(Hotel Sacher)内的萨赫咖啡馆,1794年开业,为纪念莫扎特而开设。

维也纳乐人所最爱上的一家咖啡馆叫"维也纳",至今仍为音乐家集中之地。还有一家叫"第一"、一家叫"三狮"都很有名,当年贝多芬就常常降临。贝多芬也是一位咖啡专家,他的好友为传记作者新特拉说他"一没有咖啡就食不甘味"。贝多芬喜欢自己烹煮咖啡,有客人在家时,尤其高兴。他喝了咖啡后,精神勃发马上到钢琴上随兴作曲,许多不朽杰作都是在这样情形下产生的。

　　劳伯脱休曼也是一位咖啡的热狂爱好者,甚至对着咖啡盛赞它是"天堂样的,黄金样的,值得热吻的……"。休培尔特是个酒鬼,然而对于咖啡的兴致也不错,他老见与几个友人在一家叫 MILAUI 的小馆子里,啜着咖啡,闲谈竟日。在那时咖啡的价钱相当便宜,三个克劳采(KROUTZOR)大概等于三分钱就可以喝一杯,一杯咖啡可以坐上半天,读报纸、作乐曲都由你便,侍者绝不来干扰你。

　　咖啡馆成了音乐家的第二家庭,食于斯,息于斯,作曲于斯,出版、上演、谈生意经也在于斯。以后如勃拉姆斯、华尔孚、勃鲁克纳、玛拉无不花了半生的时间在咖啡馆里,并在那里作成大部的乐曲。

　　在其他的大都市如巴黎、罗马、马德里等地,咖啡馆也一样为音乐的胜地,但它们大都比较嘈杂而低俗,不像维也纳咖啡馆有纯净的音乐文艺气息。但如威尼斯的 FORON 也十分有名,大作曲家如罗西尼、浮地等都在此消闲,近代的乐家如托斯卡尼,也是那里出身的。

　　至于美国,咖啡馆的本色更失去得多一些。美国的 CALE 与欧洲的 KAFFEE 完全不同,在 CALE 里差不多可以吃到任何样东西,而且烦嚣的爵士音乐会搅得人心里发毛。倘若我们要在美国找一个比较文静而且古典艺术意味的咖啡馆,那末,纽约百老汇大街上的 FLOIS-CHMANN 可说是仅此一家的当选者,在那里也曾发生过音乐史上可纪念的事情,就是那个波西米亚的作曲家特伏若克在游美时作成了《新世界交响曲》,就在那家馆子里把作曲稿交给当时的乐谱出版家 SAIDE,他们是在咖啡台上讲生意经的。现在这支乐曲已经天下闻名,万众传诵,连那家咖啡馆也沾着了不少光荣。

①

德国咖啡并不怎么高明，然而德国是个音乐家之邦，因此咖啡也不免连带发生了关系。莱比锡在一七三〇年已有了八家咖啡馆，当时大音乐家巴哈就常常到这里光顾。说也不信，这样一位虔诚而严肃的宗教家，似乎只宜躲在幽静的教堂里作曲，想不到他也是一位咖啡馆的老主顾。而且，巴哈还作过一首很有名的《咖啡曲》(*Coffee Cantata*)，Cantata 是一首配有歌剧的乐曲，普通都是叙述一个故事。《咖啡曲》的故事富有动人的情趣，里面说一个美丽的姑娘叫兰馨，她非常爱喝咖啡，甚至爱喝得成为一种不良的嗜好。于是她的老父起来干涉，他恐吓她说，假使她不把喝咖啡的嗜好戒绝，他将不给她找一个如意郎君。兰馨姑娘在口头上只得答应听好老父的要求，然而她又偷偷对外宣传她的择偶要求，就是未来的夫婿必须允许她在结婚后有喝咖啡的自由，结果自然是她胜利，也就是咖啡胜利了。这个乐曲庄谐并陈，是巴哈作品中精美之作，也是唯一的著名的"咖啡音乐"，这与现代咖啡馆中的音乐，如吉普赛音乐、爵士音乐等比较起来，当然是雅俗不可同日而语了。

---

① 奥地利作家茨威格。

春宵咖啡馆

浓醇

(作者:姚赓夔,原载《民国日报》,1929 年)

常常奇怪为什么女郎们不欢喜喝咖啡,咖啡店中不大见女顾客的光降,然而这也不免太寻常了。毕竟因为世界上的男子荒唐些,哪一个男子不想把女郎当玩具般玩过? 如果咖啡点钟没有了妖媚的女侍,城市中就绝不有许多嗜好咖啡的男子了。

据说一个女郎能把一杯咖啡先端给甲客喝,又能旋过头去和乙客攀谈,还能转着她的眼波向丙客笑时,这才是咖啡店中最能干的女侍了。顾客们都会得称赞她:"她的面貌真美丽! 她的谈吐真清柔! 她的笑真娇媚!"

然而,只要一个不大懂得这种做咖啡店女侍的秘诀者,便常常可以听见顾客们不满意的话,非但她每天的进款要受影响,便是店主人的傲慢而不流动的白眼也常常使她难受!

呀,顾客的满意不满意,并不在咖啡的做得很不好,却只看着几个女郎的状貌和体态,这是什么一回事? 究竟是咖啡店呢,还是女郎店呢?

你们看:招牌上放出灿烂的金光,那屈曲得像人体美样的字体,不是明明写着"香海咖啡"四个字么? 那四个字却是有些诱惑的魔力,一般称为懂得些时事的青年,一看见这四个字,就仿佛看见了妖媚的女郎对着他们媚笑的笑容一样。

所以那扶梯上有登登的革履声时,那楼头的女郎早已俯首下望,笑容可掬地在迎候着登楼的嘉宾了。

那楼中的空气,常常像人造的浓春,临街的长窗,关闭得紧密地不容许有丝毫寒气的侵入,又满糊着悽艳的彩纸,不让自然的日光照透到楼中,所以时候虽还没没到傍晚,楼中的灿烂珠灯,已映着女郎的娇红的唇脂而发出那可怜的光芒了!

当楼中暂时的清寂时,女郎们早已准备好了她们的晚装,搽粉的轻轻在脸上抹着,涂脂的细细在唇边匀着,她们如此地为自己的荣华点缀,也许并不在可惜着自己的韶光,却无非为金钱着力。因为她们已深知世界上有一般青年,宁愿少买几册书籍读而把钱销镕在脂团粉阵之中。

有几个在默想着遥夜的余欢,也有几个在凝望着灿烂的前程。那虚伪的环境中合该有虚伪的迷恋,她们已深忘却自己的可怜而轻恕着人们的罪恶了。

账房先生听得时钟打着五下,便放下了他手中的报纸而预备起来了。因为这正已到了上市的时候,眼见得顾客们将一个一个把钱送上门来。在他黝深而不大流转的眸子中,果然见楼梯边拥上来的人群互搂着,就有杂乱的喧笑之声打破了楼头的清寂,一室的人全活动起来了!

咖啡的浓香,早已熏染着顾客们神秘的思想,领略过从妩媚的女郎纤手中所递过来的小琉璃杯中的浓液者,大概都知道这些关于咖啡女郎的故事了。

那最先登楼的一个,显然是个老主顾,一领大衣斜披在肩头,口里一支纸卷烟会喷出一个个上升的绵延的烟圈,当他走上楼头,便向四边探望了一周——这是一个老主顾必有的态度——就随意拣了一个座位可以坐下了。

"唔,时候还早,'好望角'还空着!"那最先登楼的先生说。于是随在他后面的四五个男子都鬼鬼祟祟东张西望地走了上来,如众水归壑地拥向那个临窗的座位上去,几个咖啡女郎也就堆着了笑追随过来。

"王先生,今天'好望角'空着,等着你来呢!"女郎中的一个说。

那个所谓王先生者,今天特地领了他的几个朋友到咖啡店中来见识见识,所以他须先说些咖啡店中的故事。当他走到那个临窗的座位旁,把头上的呢帽脱去,把肩上的大衣卸下,然后坐了下去,指着那个座位向同来的一群人说:"这个座位叫'好望角',原是取材于地理上美洲一个要塞之名,不过在这里所谓'好望角'者,正因为这一个地位,雄踞此楼正面,可以好好地望着全楼的景象呀!"一席话说得大家都笑了起来!

"那么,你也来了多回了,有些什么景象?"他同来的一个人问。

"喏,小弟弟呀! 那穿着美丽的鲜艳的衫子的,便是女郎! 有了女郎,不什么都够了吗?"王先生说着,继以得意的怪笑。但他的话还未完毕,他又说:"那浅绿衫子的叫 A,那淡红袍子的是 B,那烫着发的是 C,那垂着长耳环的是 D,那常在嘻嘻地笑的是 E,那……"他一边说,一边把右手不停地指着一个一个女郎们好像钟摆一样移动。

一群同来的人给他说的反而茫无头绪了,那斜立在一旁的一个女郎才开始了她的照例的问询:"王先生! 红茶呢? 咖啡呢? 可可茶? 还是面点? 蛋糕?"

"随便拿点来了!"王先生说,于是那个女郎退去了!

这时,梯子上有连续的履声,显见得那些咖啡女郎忙碌的时候到了! 一间狭长的楼面中,各处咖啡座位上都有了人,有留着长发不剪的诗人,有挽着长而阔得领带的艺术家,有特别艳丽的像女郎般修饰的大学生……长的、矮的、肥的、瘦的、俊的、俏的,只绝对没有花白的胡子或着曲着背支着拐杖的老头儿。

纸卷烟的浓雾,脂粉的微馨,还有从楼后厨房中发出的复杂的芳泽,把楼中的空气染上了一种莫名其妙的臭味,可以使一个头脑清楚的人,也觉得神智迷糊。

一个需要咖啡的客人,绝不把一杯咖啡分做几十次饮下;一个需要点心的客人,也绝不会把一片蛋糕作几十口嚼;然而在这里,一般顾客们耗费的时光,真要令惯于狼吞虎咽的人惊奇到他们态度的温文与闲雅。

咖啡女郎们只拣老顾客的桌子旁坐下,她们有说有笑,会说着平常的女郎们说不出口的话,会笑着平常的女郎们做不出声的笑,然而在她们说笑的时候,顾客们的心愿都满足了。

王先生的一桌上,也有一个咖啡女郎在尽她招待的责任,这个人,正是这里一个最活泼最懂得交际艺术的女郎,王先生早已和她熟识了。从她口里,可以知道这一些奇特的新闻!

"A 的臂上一只白金的手表,有一段故事!"她说。

"女郎们手上的一切东西,往往有故事可听的,这也没有甚么奇怪!"王先生其实是很想知道,不过他这样说,或者才可以知道得详细一些。

"你不要胡说,这个故事,可以登报,若给报馆里的人知道了,也许会开了汽车来采访,记者来拍照!"

"自然,女郎们的事,现在报纸上最注意了,不过,也许是寻常的,未必一定值得注意吧! 关于 A 的事情,你且说来听听!"王先生说。

"老实对你说,A 的确有些法力,在这里,凡是她所招待的客人,没有一个不第二第三次的继续来作成生意,从这爿咖啡馆开幕到现在,五个月中,我们自己也有过统计,单单 A 的小账收入,已经五百多块钱,难怪账房先生对她要另眼看承了!"她低低地说。

那个 A 忽然跑过来了!"你们在讲些什么?"她说。

"小 D 又在捣鬼了,讲我什么坏话?"A 伸手拍了 D 的肩上一下,D 笑着立起身来,又巡行到旁边的桌子上去尽她的招待的责任了!

"A 小姐,有些新闻可么?"王先生问。

"D 的胸前有一只别针,有一段故事!"她说。

"呀! 奇了! 你们的事,半斤和八两!"王先生带着笑说,他一同的几个朋友却耳根子痒得难过,D 讲着 A 的事还没有开始,哪里知道 A 口中也有 D 的故事可讲。

"你不要胡乱嚼蛆,关于 D 的别针,倒跟我昨天所看的一张影片中的事差不多! 唷,一个男子,一个女子……"A 这样娓娓地讲着,话还多着哩。开始王先生却截住了她的的话说:"是呀,一个男子和一个女子,还不是相识、恋爱、接吻、拥抱以及其他的一回事吗? 还不是一个咖啡馆中的男子,和一个咖啡馆中的女子……喔,那是事情更多哩!"

A 立起身伸着手假装要打王先生,王先生一边讨了便宜,一边陪着不是,A 这才重复坐了下来。"规规矩矩!"她说:"D 的别针,原来是一个姓许的送给她的。"

"那么,你的手表又是谁送你的呢?"王先生真没有涵养功夫。

"又是 D 胡乱嚼蛆,那是我的姑妈送给我做礼物的呀!"A 却大有愠意。

"喔!是了!那穿着大裤脚管的洋装的,胡子刮得很干净的,嘴里香烟吸着不停的,手里还拿着打狗棒的,而且每天晚上总到此地来的,那一个人是么?"王先生这样取笑她!

"狗嘴里总落不出象牙,我的姑妈要是这样一个人,还不是个老妖怪。"A 偏有这种说法。一边却笑得连旁边座位上的人也注意。

从妓楼到咖啡店

(作者:沈美镇,原载《大夏月刊》,1930 年)

妓楼与咖啡店这两个名词,似乎很难连接的。因为照普通的观念,总以为到妓楼与到咖啡店,是丝毫不相涉的两件事。纵然你会在妓楼里喝过一杯很浓郁的咖啡,也不能唤起什么意义。但我们从文学上去考察,觉得妓楼与咖啡店这两个对象,是非常相似的。因为它们都曾与文学结过一度很亲密的奇缘,做过一般所谓浪漫派文学家的情人。自然,说到这里,就有一点小小的区别,因为现在的妓楼,究不是从前的妓楼了;现在的文学家,似乎对于为先辈所与妓楼所结下来的姻缘也多不接受了。我们见着他们与妓楼渐渐离远,同时却很亲热的聚到咖啡店来。是以"到咖啡店去!"乃为现在很热耳的呼声。这个显著的转向,正足以表示近代文学思潮的色彩。这个且按下不谈,我们且先来看一看先辈怎样的和妓楼结奇缘。

我们晓得在中国的文坛上，曾有一个时期，有几个天性浪漫的文人到过妓楼，留下一个很值得注意的异迹。虽然，那时候曾有到妓楼去的经验的文人，只不过那几个，未足以代表全体；然而从其所表示出来的意义，却很值得注意。在其极盛的时期里，一般天才作家，因着浪漫颓废的性格，相率到妓楼去，过其欢笑酒歌的生活。到了后来，便产生了一些清艳色情的文学。因为他们于酒歌之余，与感所作，要不外关于妓楼的悠情韵事。这样难怪，因为他们有了那样的环境，自有那样的文学啊！同时一般妓女，因为与文人相处，日子过得久了，便也歌吟起来了。所谓："欲寄意浑无所有，折尽市桥官柳。看君着上春衫，又相将放船楚江口。后会不知何日又，是男儿休要镇长相守。苟富贵无相忘，若相忘有如此酒。"这正足以代表当时一般妓女所吟唱的口吻了。

至于曾到妓楼去的作家，我以为李太白是最适当的代表。他天生着一副颓废的性情，半生的生涯，无日不在吃酒、狎妓中度过。他既有了这种生活，所以他的作品，真不知有多少是吟咏妓女的。现在我们不妨抄录几首在下面，做个例子：

美酒樽中置千斛，载妓随波任去留。

吴娃与越艳，窈窕夸铅红。

呼来上云梯，含笑出帘栊。

美人在时花满堂，美人去后花余床。

床中绣被卷不寝，至今三载犹闻香。

此外尚有许多，我们不必细举。至其他作家有类此作品产生的，亦复不少。如李义山的"神女生涯原是梦，小姑居处本无郎"，柳永的"几多狎客看无厌，一辈舞童功不到"。要搜集起来，真多得很，总之，妓楼与一般浪漫作客结缘的这个异迹，是千真万确的了。从这里，我们想象到当时文学的颓废，生活的悠闲自存。但到了近世，生活的巨弹炸裂了，一切都改观了。同时因为社会日趋文明，道德的巨链扼住了人们的肩膀，一般自尊的智识阶级，因之当做到妓楼去是一件不道德的事。一般文人在妓楼渐渐绝迹了,于是代之而起的,乃为咖啡店。自是以后,行见有许多的作家,在咖啡店里消磨日子了。

咖啡店,原是近代的产物。在有一个时期,曾当做探访新闻的处所。是以一到闲暇,或是在创作疲乏之后,他们总很喜欢到这里来。一边作清谈,一边捧着咖啡拿向口里呷。因为咖啡有刺激性,吃了自然很兴奋;兴奋的结果,自然又把人生当前的问题,拿到脑海里来回旋。同时咖啡店,也为他们创作的题材了。所以现在,我们又找得着一些咖啡店为题材的文学作品了。

由上说来,从妓楼转到咖啡店,虽说前者的表现是在中国,后者的表现是在西洋,但亦不碍于表示古今文学的转向。进一步说,那悠闲的到妓楼去的生活,既没有存在的余地了;今后的文学,将要如咖啡那样的含有刺激性了。这是我们从由妓楼到咖啡店的研究所得到的一点小小的意义。

日本咖啡店中之接吻潮

(作者:不肖,原载《国闻周报》,1930 年)

日本的咖啡店,是一般诗人、画家认为最足消遣的一个地方。他们之所以能吸引顾客,就全在那明眸善睐、娇艳动人的侍女。近来东京的咖啡店,日增月盛,日本的青年学生,和一班骚人雅士,差不多要终日沉迷其中。据日本报纸的记载,青年人到咖啡店去,并不是受着西方的影响,因为去的人,不一定要穿西装、跳狐步舞。他所需要的,只是娓娓的清谈,而且最销魂蚀骨的,就是那甜蜜的偷吻。但是那最惹人厌的警察,却不时要在门口徘徊。倘在正甜蜜的时候给他看见了,那可就麻烦极了。

自从七月一日至今,东京的咖啡店,由当局勒令暂停营业的,有三十家。他们停业的原因,就是因为侍女和顾客偷吻。近来的日本,正在大闹不景气的时候,一切商业,都现着一蹶不振的现象,尤其是咖啡店。拿今年的上半年和去年的上半年比较起来，顾客差不多要减少百分之三十。所以他们的收入，也差不多要短少百分之三十至百分之四十五。小账呢，不用说，因此减少了。有一大半侍女，除掉小账外，竟拿不到薪金。

最近，有一家咖啡店的老板，眼看着生意如此清淡，忽然异想天开，生出一个绝妙的方法来。这个方法，就是叫每个侍女和顾客接吻。读者试想想，喝一杯咖啡，有美人伴着清谈，已是很有艳福，如今还加着甜蜜蜜的一吻，你道天下最便宜的事，还有再过于此的吗？所以这样一来，生意大盛。可是不作美的警察，好像专喜欢管人家风流的勾当，偏偏又给他查着，于是乎老板捉将官里去，而咖啡店也就关门大吉。第二天，报上本拟详细的记载，而警察署却请报馆里的记者，轻轻着笔，最要紧的，就是别把那家咖啡店侍女可以和顾客接吻的店名注销，因为这种接吻，是不应提倡的呀。

但从事实上讲起来，侍女和客人接吻，委实是一种悲哀的事情。她们所以肯如此牺牲，就是为着家累。因为许多侍女，都负着家庭的责任的。如今生意清淡，收入减少，只有这一个法子，还可以增加进账。她们也知道警察在外边守候，近年也就偷偷摸摸的起来。然而警察是何等乖觉，他便把制服除去，时常便衣侦查。于是有许多侍女，都和顾客约定，走出咖啡店，在那没有便衣警察的时候，来这么一个甜蜜蜜的偷吻，然而这正是社会上一出大悲剧呢。

东京珈星

（作者：志群，原载《循环》，1931 年）

上星期写了一大段的《上海小姐》，如今又来上了一篇《东京珈星》。表面看来不免有些小报化，与本报第一卷第一号建英女士的讽刺画，似乎有些矛盾，然而不然。因为要考察一个国家、一个民族的兴衰，决不是专看政治法律方面所能了解，一定要注重他的社会风尚与国民性。右训昭示我们的"人国而周俗"也就是这个意思。胡展堂先生在《日本论》的序言上说："日本人把我们中国不知解剖了几多次，我们对于日本的事情却太不关心了。"这几句话很有些感慨！试照日本出版的书报专讲中国的事情的，它的数量至少可以专立一个图书馆；返观中国的出版界，有没有研究日本的书报呢？说起来可怜极了！只有两位要人，做了一部半书：陈德征先生做了一部日本研究，由世界书局发行的。陈先生并没有到过日本，能做出这一部大著来，可谓煞费苦心。还有半部书便是戴院长的《日本论》了。戴先生是中国数一数二的"日本通"，因此这一部《日本论》由民智书局出版了，以后，也就不胫而走，一版再版成为中国凤毛麟角的名著。可惜只出了前编，那后半部呢，因为戴先生传政中枢，贤劳党国，没有工夫来执笔，所以前编出了四年多，徒令看书的人望穿了秋水，更没有其他的"日本通"敢把狗尾去续他老人家的貂头，只得付之缺如罢！贤话（贤话者有关贤人的话，并非闲话），休提，言归正传。

上海只有影星、舞星，论到珈星，却与《日本论》的后编，同样的没有产生。就是东京的珈星也是最近才应运而生的。论到珈星的发生，必须先讲一讲日本的风俗。日本在物质文明方面，虽称为东方先进，他的风俗，却很守旧，社交并不公开，恋爱并不自由。他们自诩是东洋的旧道德，被我们的新文化先生批评起来，一定说他是时代落伍了。因此之故，日本的女子，至今还是受那良妻贤母的训练，度着三从四德的生活。日本的男子，想要得些异性的慰藉，他唯一的相手方，从前只有"艺伎"，同上海的"长三堂子"差不多。说她专门卖笑罢，有时候倒也不止卖笑；说她不止卖笑罢，倒也偏重卖笑，可称为一种尴尬营业。但是去找她们的男性，大多数的目的止在买笑或是买醉。可是要买一醉或买一笑，必须费掉许多的时间和金钱，于是乎女招待遂应运而生，艺伎不免成了时代落伍者。

女招待在日本本来平常的很，酒栈餐馆所用的侍者，原来都是女性，不足为奇。所谓应运而生的女招待，专指珈啡女招待，日本话叫做

"珈琲女给"。珈琲，是 CAFE 的译音，RESTAURATN 兼 BAR 的营业。珈琲女是专选貌美年青女子，这一流的"珈琲"，差不多与昭和年代同时发生，至昭和三年（民国十七年），大为盛行。现在，东京的"珈琲"，只银座（银座是东京的南京路）方面有大小五百余家，每夜出入"珈琲"的客人，平均每家二百人，就有十万人，每人消费二圆钱，就要二十万圆；东京全市当珈琲女招待的，至少有几万人。

天下事一利一弊，到珈琲去看女给，比较到料理店去叫艺伎，在时间上、金钱上，经济的便利的多。一方面却成为社会上一种大害，因为游艺伎非资产阶级办不到，珈琲去是个个人做得到的，最容易沉醉流连的是青年学生。

就女性方面说起来，流毒更为可怕，日本因为不景气，所以男子失业的渐多。因为男子失业，所以女子更要求职业，职业之中最容易赚钱的，当然是"珈琲女给"。起初当珈琲女给的不过是小学毕业，要找高等女学毕业的已经不多。近来连高等女学做过教师的也有了，大学女生更算不了什么事。她俩以为这种一时的卖笑，是无碍于终身的。然而她们的结果，十有八九是堕落。堕落的阶梯，便是诱惑。而况日本男子的国民性，对于女子，向来抱一种轻侮的心理，"咖啡女给"更属下贱的女性，正可不诱而惑呢。

女招待的制度，说起来也可怜，近来因为想做女招待的太多了，供过于求了，所以珈琲的老板，招募女招待的条件很苛。有些老板，竟写明要高等女学校毕业的程度，要美貌，要伶俐、苗条，要有爱娇（爱娇便是媚态），对于老板要绝对的服从（好在日本女子认服从为天职）。以上是女给应有的资格和义务，论到她们的权利呢，薪工是完全没有。从前有一家珈琲狮子（Cafe Lion），要每个女招待贴堂二圆，其余生意好些的珈琲，也要贴堂一圆或六十钱（即六角），后来被警视厅禁止了。服务的时间，分早班晚班，早班正午十二时至夜午十二时；晚班下午五时至夜午十二时，轮流值班，每一个人值了一天早班，便当两天晚班。一片珈琲的女招待，分作两组，或三组，因为楼上、楼下、店前、店后，位置有好歹,招待有繁简,所以各组轮管招待,有一定的次序。每组招待到店,要在出勤簿上划到,如同各官衙一般。客到的时候,按照划到的先后轮流接待,譬如第二十四号女招待,这一天第一个划到,那么第一次有客人来店,就轮派第二十四号去接待。那客人们所给的小账,就归第二十四号所得。但是成为熟客之后,可以预先知照,指定某号女招待,临时要自己所爱的女招待来侑酒,也可照办。不过对于常值的招待,还是要另给小账。大凡一家珈琲,至少有三五十个女招待,所以一天不过当值一二次,所得不过一二圆,甚至不得当值,空手回家。再一方面讲起来,需要熟客,方能维持。熟客多了,一天可得四五圆。拉熟客,不得不放手段,痛快讲一句,完全是卖笑生涯。在老板方面,只图多卖酒菜,所以女招待对于客人,还要劝酒加餐,甚至与客人共饮。因为要献媚讨好,不得不讲究服装,近来穿中国装的渐多。

日本政府对于这新兴的咖啡,认为社会上一个重大的问题,警视厅正在想法取缔女招待。据本月三日东报所发表的,取缔大纲约分三项:(一)不准强索小账,(二)不准强客添酒添菜,(三)限制奇装异服。更有社会名流,主张设立女给学校,因势利导,造成一种女招待专门人才,已与警察当局商量过,很有成立的可能。

捧影戏女演员的,称她们为影戏明星;捧舞女的,称她们为跳舞明星;如今要捧女招待的,应当唤作招待明星,照日本人的捧法,有些巧妙不同。东京大正新闻,近日举行美女给选举,以银座为中心,征求投票,选举结果,当选第一名的,为珈琲波加寿(Cafe Bacchus)的爱子娘,其次百合子等多名。原文称为当选女给,记者把它译作珈星,以与影星、舞星鼎足而三。

珈琲波加寿,系亡友藤岛宇太君所创,民国十六年春,记者随同戴代表在东京,戴先生曾题赠匾额一方于波加寿,至今仍然高高的挂在那里。我此次到波加寿去访问藤岛夫人,看见了那匾额,不免发生无穷的感喟。

(七月六日)

日本咖啡女郎的魔力

（作者：艾艾，原载《申报》，1931年）

　　初到日本的人定要非常的奇怪，为什么日本人——尤其是日本的青年学生——这样喜欢喝咖啡。当我们走到一个大学区域时，我们首先发见的，便是那些门面带着未来派图案式的小咖啡店，这个正好比拿破仑在未发现新大陆以前，先发现一些树枝水草，是一样有趣的故事。

　　据日本警视厅的调查，截至本年三月为止，单是东京一地，现有咖啡店三千二百十五家，咖啡女给（女招待）二万零四十三人。要是我们能将每日出入咖啡店的客人的消费数，如以统计，必定是一个可惊的数目呢。

　　咖啡店因为开设多了，营业竞争，是非常的剧烈。他们——咖啡店的老板们——勾心斗角得力求布置的特别新奇。有的把客座装饰的古香古色，好像在开着古董展览会；有的是欧化的尖端。最近在银座——日本的百老汇路——又有一家叫做日轮的咖啡店开幕，长虹万道的招牌照得人眼花撩乱，然而那内部的布置，却骄阳不入，幽邃得像一座森林。惨绿的灯光，放着无限的凉意；妖娆的女郎们的歌声，在诱惑着来往的行人。据说日轮咖啡店第一日开幕的收入将近二千元，谁相信日本闹着不景气呢。

　　很多的有心人，对于青年们的浪漫，对于这醇酒妇人的享乐者的增加，常常表示忧虑和慨叹。但是在政府方面，却以为与其让青年们闲空着去研究马克思牛克思，干那些开会结社的勾当，对于这种逢场作戏的事情，乐得不闻不问。

　　咖啡店的发达，这不是偶然的。一方面青年们需要着异性的安慰，而这些妖媚的女郎却是细腻熨帖的解语花；一方面女性为求职业心的迫切，而职业中最易赚钱的，当然是"咖啡女郎"，同时伊们的副目的，

①

可以顺手牵羊在这熙熙攘攘的顾客中去寻找伊们理想的爱人。所以从
前当"咖啡女郎"者,不过是些高小毕业生,现在连女教师女大学生,也
有充"咖啡女郎"的了。日本女子在处女时代,本就无所谓贞操,伊们
以为这一时的卖笑是无妨的。伊们已深忘却自己的可怜,而轻恕着人
们的罪恶。

华灯初上,那成千上万的女郎,都已经整备好了。伊们的晚妆,乌
油油的鬓上,插着凄艳的□花;娇嫩的面庞,薄薄地匀上了胭脂,淡装浓
抹,百媚千娇。伊们都是为了金钱的着力,而注意地打扮着自己的
容华。

一个咖啡店的营业发达与否,并不在乎会做精巧的细点,或咖啡调
制得浓厚得宜,它的命运是完全系在这些神秘的女郎身上。那常常被
顾客所称赞而欢迎的女郎,是具有特殊天才的。伊能一面将端着的咖
啡,凑到甲客的嘴边,而一面和乙客谈话;同时将灵活的眼波、黝黑含情
的眸子,照顾了丙、照顾了丁,丙丁都恍同触电似的有点不自然了。便
是那些座位距离稍远的客人,仅能望见女郎颈背的客人,他们也都为着
伊轻盈的体态、曲线的纤腰、富于弹性的臀部而表示好感。总之女郎们

---

① 日本咖啡店(喫茶店)的女招待。

244

一个轻微而普通的行动,好比是一个石子投入一汪清水一样,会扩大成无数的圆晕,而博得满座的羡叹。女郎们很聪明,伊们看见客人们兴奋的情绪,也就格外的做作,唱着迷人的小曲,表示着异样的温存。伊们会说着平常女郎们所说不出口的话,伊们为做出平常女郎们所做不出的笑声,伊们的薄怒佯羞、一颦一笑,伊们的一切的一切,都使客人满意、陶醉、沉迷。

这是一个疑问。研究日本民族性的学者,不都说日本人的性情是很暴躁么,何况是那些血气方刚的青年呢。但是在咖啡店方面看起来,他们简直是那些女郎们所豢养的一群绵羊。他们从那些妖艳的女郎纤手中接过来的一个不到五英寸长的小玻璃杯中所盛着的咖啡,缓缓地喝着,分十几次的喝着。咖啡店里的那些弹簧凳子,被客人们长时间的坐着,都有点倾斜了,呀有魔力的女郎们哟!

大街上坐咖啡

(作者:程万孚,原载《华安》,1934 年)

从电影院里出来,不要看表,你再也不会知道这是将近午夜时分了。街上的车,街旁的人似乎更多更活动。有点疲倦,到一家咖啡去坐下罢。

咖啡似乎都一样,四面有椅子,椅子之前是小桌。这椅子是依着四壁做的,不分界,人多就挤点,人少就宽坐。咖啡的人当然多,女人十个八个是来找人的,或者说是来找钱的。那二个是跟男人,且不问这男人是她的丈夫、情人,以及其他,单身的女人多是找男人的。单身的男人可并不见得是专为找女人的。因为这些从外国来的,当然是到处跑,可是你说他连看也不看这些巴黎女人,这也是使人不能相信的事。

似乎是巴黎娟妓特有的微笑,只要你的视线遇见她的视线,她马上就有一丝眉目传情的微笑。我说不来这笑是真是假,可是给你的印象是真有可爱之处，因这一笑而坐到你的座位旁来亦是常事。只要你耐心，半点之内你就可以看见别人是如何的好笑，后来就一同手挽手的俨然一对夫妇似的走出去，再有半小时，女的又一个人回来再向别人微笑。或者，她走到你的座位不受欢迎，她不会麻烦你，也不肯白费了她的时间，她会复归原位找别人去的。

乐台上的音乐是不时奏演，我看那些可怜的落魄王孙是在白费力。真正留心听的就没有几个人，他们正如同徙放在西伯利亚的平原上，奏诉他们的哀思一样。乐完，大家拍手。这拍手是成了一种习惯了，并不是一种欣赏赞同的表示。乐奏谈天，或眉语，乐止，耳朵边没有声音了，手自然而然的拍二下。那些乐师还强着站起来鞠躬多谢。如果再多拍二下，他们又得要重奏一曲。这些可怜的人算更倒霉。

坐在街旁的椅子上的，更不关心这里的音乐了，连乐终鼓掌的义务也没有了。他们正随便的谈天，看街上的行人，同时也摆在那里给行人看。女的找男的，男的找女的，灰尘飞扬，乐声嘈杂。这些讲卫生、找快乐的女女男男，过的是如此的巴黎夜生活的一种。

倦了吧？该回去了。街车把你送到你的窠里去。塞茵河南岸的人在另一种空气、另一种方法下正热闹着。只有冷清清的市西荒凉区里的人在做梦了。明天早晨他们被小闹钟催起身时，那热闹区的人还正从跳舞场归来，上床去寻好梦呢。

伦敦的重要商品区，到晚上冷静无声。有人说伦敦交易所门前白日里是人山人海，到晚上可让老鼠在那里作游艺场。事实上真如此。巴黎呢？日里热闹的区域，晚上亦热闹。活动的方式不同，其热闹轰轰是一样。巴黎之所以别于他城市者，此其一也。

大阪的咖啡店

（日本通信,原载《申报》,1934 年）

日本乡村,迭遭旱灾(九州岛方面最厉害)、冻灾(北陆地方最凶),加以其副业的蚕丝一类,又受丝价猛跌的影响,收入减少,竟至三万万圆日金之多。所以乡村间特别困苦,经济力的衰落,非常厉害,农民的购买力,差不多快等于零。因此乡村的人,多数都现出营养不良的状况。

可是都市恰与此相反,中流以上,有多少的人感受到对外输出增加、轻工业进步的恩惠,又有军事工业的灌溉,好得不知道什么是不景气,总一味的扩张其事业,向前发展。不但产业资本家、金融资本如此,即一般薪俸生活者和劳工多半都很快活,以为前途远大,更无忧虑,只要不失业,在都市上总很方便。所以体格大都很健康,一个一个都显出肥满的形态,甚至他们所使用的牲畜都喂得很好,瘦马是绝少看见的。正值风水灾害之后的大阪,大家都特别忙碌,从事于复兴工作,电车、汽车、公共汽车,塞满了几条重要街道,充分的表现他工业上进气概。

但有一宗引起初来人特别注意的事,即是咖啡店吃茶店格外多,几乎每条街平均都有一两家。各吃茶店所用的女招待,虽不必漂亮动人,可是都很妖冶,预备吸引客人的。而其吃茶的价格又便宜得出奇,例如一盅咖啡,只要五钱(约合银四分五厘),红茶亦同,冰淇淋也只十钱,其余点心等项,最多也不过二十钱。在吃茶店里可以听听留声机、无线电放送,甚至可以和女招待们打闹解闷,她们也不因此要小账,在咖啡店里,不过要求雇主给她开点心钱而已。

如此现象,在社会风习纯朴的日本,何以会有这样多? 市面并不十分兴盛,其消费余力,为什么有这样大? 素以提倡善良风俗为职责的日本政府,又何以准许这类事业的存在? 我初看见有些不懂,后来经多方面的考查和研究，才略晓得这种关系。

　　勤俭朴质的风习，从前是递被整个日本社会，现在青年男女学生，都穿洋戴很整洁的制服，轻易不容易看见着和服的。他们的外套、皮鞋，大概都很讲究，发搽得亮亮的。原来一般社会，特别是大都市上，因为生产增加、产业发达，一般消费，也跟着长进。而娱乐的需要，也同时起来。然而产业发达的结果，工场生活扩大，家庭制度在经济上就不容易维持，所以日本男子颇难建立家庭。因为有了家之后，须担负两个人以上的生活和将来的子女教育费，女子则宁愿从事于职业生活，不肯作家庭主妇。轻工业所用女工，又比较的多，所以妇女大都向职业界狂奔了去。于是男子要求业余的娱乐，而工业界又不能容纳全数的职业妇女，咖啡店、喫茶店，就应男女双方需要的运道而生了。

　　大阪是工业区，工人占人口的多数，日本一般工资并不高，其消费力自然有限。但其需求娱乐，则并不后人，尤其是在百忙中的短时间娱乐，耗费不多，又能略为松弛工作紧张底他的情绪，那末，喫茶店就是他们惟一消遣的场所了。

（十月二十日于东京）

日本咖啡馆的奇观

（作者：吉云，原载《申报》，1935年）

　　吃咖啡原来是欧美人氏的习惯，不知怎样流传到了日本，造成了最神秘的魔窟。我们在日本风的中国新小说里，作者总把东京银座街的咖啡馆，赞得跟广寒宫似的华丽，女侍如何娇艳，知识如何高深，使读者想到日本咖啡馆，是怎样好的去处。但是事实是大不同的，简直是销金的魔窟罢了。

　　日本咖啡营业之发达，令人可惊，凡是热闹市街，银座、新宿、浅草等处，触目皆是。就是很冷清的地方，也有他们的营业，全东京至少有几万家。大街马路两旁,房价很大,又太触目,所以都在附近的幽街僻巷里。很小的门面,外面美丽的年红灯,媚人两眸。每到华灯初上,侍女们打扮得妖妖娆娆,在小门口隐头探颈的候着顾客。

普通的咖啡馆,地方十分狭小,尽你布置得经济,至多坐十多个人。五颜六色的小电灯,发着暗淡的灯光,侍女们挨着身子,坐在顾客的旁边,任你戏弄。座留声机是重要的工具,奏着各种麻醉性的音乐,使顾客于色香味之外,再加听觉。侍女们都能唱歌,和着留声机,清歌一阕,真要令人消魂。

①

一杯咖啡最贵,也不过两角,他们全靠咖啡收入,哪能维持。唯一目的是喝酒,几瓶啤酒洋酒,价值便很可观。况且价格没有一定,两个人喝一次,费三十块钱,是很平常的事情。侍女小账更无可估价了,全由顾客随意。但是遇着吝啬的顾客,小账太小了,伊们便要恶作剧,在你出门的时候,身上撒一把食盐,表示不希望此种主顾登门了。

---

① 叶浅予画作。

因为东京咖啡馆的发达，乡村里的小姑娘，都往东京跑，旁的职业不容易找。如若年龄相当，面目姣好，便可到咖啡馆去做侍女。因为咖啡馆门外，一天到晚贴着雇用侍女的广告，大有来者不拒之势。伊们至少是小学校毕业，好一些是女学校毕业的。有人说专门以上的女学生，也有入咖啡馆的，那是凤毛麟角究竟不多。伊们从下午起营业上市，至夜间十二时为止，大都有两批人，轮流休息。伊们一天到晚要强作欢笑，陪着客人喝酒吸烟。肚子里装满了啤酒咖啡，冷的热的，也不是受用事情，所以伊们差不多不必吃饭，肚里没有饿的时候。

伊们的收入除了按月计算外，普通全靠顾客的小账，好在他们都有各自的老主顾，不时要来大量报效，还可做做副业。否则时常更换的衣服，家里的食用，如何可以维持呢？日本女子出嫁原来很迟，侍女们又都是黄毛丫头，所以极易和顾客发生恋爱。为了失恋和婚姻问题而自杀的，每天总有好几处。而同性恋爱，亦以女优和侍女最多。

大规模的咖啡馆（有时称洋酒店），有二三层楼，装饰华丽，可与游戏场大公司并驾齐驱。侍女在一百以上，每人编订号码，送着小的名片。顾客可以随意选择哪一号叫伊陪座。此种咖啡馆比较正经，各种食物都有定价，不过价格特贵。佐酒的小盆子，放在小车子上出售，一块生豆腐，二三十荚毛豆，都要四角大洋，在我国小饭店里购买起来，四五十文足矣。侍女的小账也有规定，每人一元，但是另外小小账，当然多多益善的。银座一处，此种大咖啡馆已有两三所，每夜都是应接不暇，要有好几千元一天的营业。咖啡馆大王李起东，是朝鲜人，以经营咖啡馆而起家的。

日本人时常要批评美国人讲究跳舞喝酒，奢侈靡费。但是自己国内的喝酒喝咖啡的恶习，也很兴盛。此种魔窟已渐渐被朝野洞悉了，去年便不准学生入咖啡馆，近来官厅想把银座和丸之内的咖啡馆洋酒馆等，一并驱逐出境，那末这种神秘的魔窟，将要迁地为良了。

咖啡女

（作者：惠若，原载《礼拜六》，1935 年）

　　是的，朋友，你如果看到了"咖啡女"这么三个字，也许会引起你的一种奇异的情绪的，而且，你若是一个渴慕于都市的享乐的人，那末，你将对于"咖啡女"的这种罗曼蒂克的趣味，当不至于忽略了的。

　　假使，你已经倦于艳腻的狐步舞，或是厌弃了那种肉的正面的享乐，以及不喜欢回力球、跑狗、扑克……但又不甘愿冷冷清清地，坐于屋子里，老是抽烟，老是喊寂寞；况且，你若是一个年青的人的话，那你当然更加不能忍受这一份冷寞的生活的。于是，你就在脑筋里搜索，你需要搜索到一点新奇的玩意儿，来换换你的口味，同时，也就此来消磨你的寂寞的日子。

　　你总不会说，上海是一片沙漠地啦！因为你早已熟悉大上海是一个值你迷恋的地方，有酒，有女人，有辛辣的淡色菇，那些都是这么妙的，更何况，都市的女人们是多情的，你需要她的甚么，她都可以供献给你。只是，只要你有兴致，只要你有着多的钞票。

　　那末，咖啡女，也是一个很好的例子。譬如说，是一个洒过了一阵潇潇秋雨以后的黄昏，你正在讨厌那淅沥的雨声，然而，这淅沥的雨声，却也就不久便停歇了！于是，你便拉一拉衣角，出去了！霓虹灯的妖媚的光，映在秋雨洒过的土沥青大道上，那便给予你一种明快舒适的感觉，在这"已凉天气未寒时"，像你这样的都市里的年青人，正应该乐他一乐的啰！你说，这难道会不适宜于你的生活环境的吗？

　　你不妨随意的跳上一辆街车，或是自己驾驶一辆跑车，到霞飞路，到北四川路也可，于是，当你刚到门口，就有一双手拉开克罗咪的玻璃门，等候你进去。自然，这里面并不富丽，可是，这里却有着静美幽雅的几点优点,如果打一个譬喻,则此地是小家碧玉,楚楚动人,而那些富丽的地方,却犹如大家闺秀,装腔作势。

如果你在那车厢式的咖啡座坐下,很快的就有一位,一位满有爱娇的咖啡女,她的脸上是挂着够魅惑的笑,而且,她使用着一种足够悦耳的声音,满有礼貌的对你说:

——先生,咖啡?还是可可?啤酒也开一瓶吗?

——不,先来一杯柠檬圣代,因为我实在太热了!

当你说完了这几句后,她便姗姗的去了!而她却轻轻的托着雅致的白盘磁来了!盘中,是你所没有说的,那里有,冰可可、啤酒、白汁桂鱼、牛排、炸虾球、柠檬圣代……总之,是那样的多那样的多哪!

于是,于是她很敏捷的开了啤酒,在你面前的那双捷克斯拉夫的高脚杯,满满的斟了一杯,同时,她也替自己斟了一杯。一面便轻盈的坐下来,在你的身旁,和你贴得那样近,那样的近,而你的尊鼻的嗅觉,是同时有着酒的香味,女人的特有的香味,可以供给你尽量的容纳的呵!

如等你并不缺乏都市男女的调情的本能,那末你尽可以施展一下,你不妨请她喝一杯,也不妨喝下一杯她拿到你的唇边的酒。而且,你也不妨运用你的手的或是脚的,甚或是唇的感觉力,在她的相当的允诺里,获得了相当的满足,但你也不要太狂,太大胆。

咖啡女,咖啡女不仅是供给你一杯香浓的咖啡而已,她给予了你,一朵笑,一回娇嗔,一回妒恨,一点温馨,她可以为你助兴,只要你是豪兴的。她也可以为你解愁,那种顽皮的、薄嗔的、爱娇的神情、姿态、眉眼、话语,实在是使你忘记了你的疲倦、忧郁。你想,咖啡女,难道只是给你一杯咖啡而已的吗?

自然,在你这样的都市男女,是不能了解咖啡女的整个的身影,她对你笑,她向你调情,她为你擦粉点口红。在你,你总以为她,她是愉悦的,夜花园中仙女一流的人物吧!这是难怪你的,因为她的眼泪,她的在生活的挣扎下的呻吟,她的揩去了脂粉后的瘦黄的脸,你是没有机会去见到她的,虽然,我这句话是多余的。朋友,你无须伤心或叹息,因为仅仅是给予她们一点怜悯,或同情,都是没有多大的裨益的哪!

咖啡店·妓院·点心店

(作者:百合花,原载《影舞新闻》,1935 年)

记得几年前,咱们的前辈明星王汉伦女士,曾在霞飞路上开了一爿异国情调的美容院,一时颇引起了社会的注意力和一般人的关心,并且生意兴隆,一般时髦姑娘,在好奇心的驱使下,群趋之若鹜。后来虽不知何故,此大名鼎鼎的美容院,很凄惨地宣告大关双扉之吉,但是女星们的副业之会受人注意是无疑义的。固然它的寿命是和她们在银幕上的寿命那样地短促……

说起日本影界的女明星副业,可谓是现代最流行的一种趋势了,差不多每个女明星都有一种副业,只是性质不同,办法互异罢了。现在就把其中较有趣的几种介绍于后。

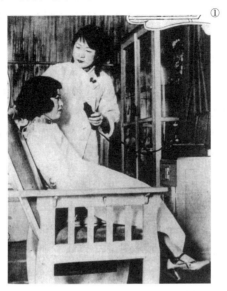

松竹蒲田高岛雪子在新宿车站前开有一爿咖啡店,起初生意虽不十分坏,但也不十分好。简洁地说,平平而已。后来,这爿咖啡店系高岛雪子开的消息,从一本电影杂志的记者宣传出去以后,生意可真就两样了。新宿一带的咖啡店固不必说,就是银座浅草等处的咖啡店也受了相当的影响,至于高岛雪子自然是眉花眼笑,没有拍戏的时节,总是在店里指挥一切并亲自与众侍女分任招待。现在,她已以一开间扩充至三开间的门面了,并且尚嫌地方不敷之慨。所以她堪说是日本女星副业中的女王,同时也可说咖啡店经营是她的正业,拍影戏反变成副业哩。

蒲田女星尚有一位叫做千叶直江的,在数年前真是红透极点,但现在已是年老色衰,不得不屈就于扮演老太婆一类的角色了。她的副业可就特别,旁的不去干,偏偏要在浅草的挺热闹的区域,张立大门户开

---

① 电影明星王汉伦在自己开设的美容院中为客人服务。

254

起妓院来,不过当你们听见她的出身的时候,就会心照不宣。原来她在年青时代是干过妓女职业的,并且入影界以后,也同样地不离开她的本职。此事知者甚鲜,就是肚里明白的人,也都秘而不宣,原因是大家有好处。她的小姊妹正多得很,可能跟你介绍,任你取求。不过她自身并不出来接陌生客,只是在几位相谂的富朋友之间鬼混罢了。所以当三年前她公然开辟雉院,竖起了艳帜的时候,并无人觉得惊奇或诧异,反视之为自然之结果。至说她的营业,据云平平,无甚发达,原因是她本人已年老色衰啊!

再来一个新兴公司的樱井珠子吧!她是在小石川町车站前开设点心店的,贩卖物品计有支那面、红豆汤、寿司等等,换句话说,就是一间大众的食堂。所以她的主顾也以洋行公司的一班小职员为大宗,虽也有坐汽车的买办大亨之流,但此等不外是一种的点缀品而已。据说,她的公司里的同事,也时常跑去吃白食,她非惟无怨言,反欢迎不已。这其中自然也有原因,即是利用一般喜欢看影星本来面目的影迷的心理,使她的同事来做她的效果百成的广告了。

咖啡座

(作者:山中狂夫,原载《春色》,1936 年)

负有东方巴黎盛誉的上海市,在许多人传说与见闻之下,其一切色情的表演,确不让于巴黎的。这些色情,透解地说,不过是淫亵靡秽;遮掩地说,就等于诱惑神秘。故所以有许多见闻锐敏的人们,都称什么地带是神秘街头,什么处所是迷人窟等等。其实这些总括一句讲,不过是"女人要金钱,男人要泄欲"的交易所吧!

这种交易所,你一时会受感情冲动而走到里面去,那么最低限度你要受着相当损失才能走出来的,并且你所得的结果,绝不会有像你理想一般的快感。现在据作者见闻所及,走笔记之以飨未窥全豹的大众们。

咖啡座在上海是最普及的消闲地点,大多数是外国的潦落侨民所办,尤以日本人居多,北四川路和霞飞路是它们集中的地带,但有许多是挂着酒排间的旗帜的。

咖啡座里完全是用女人来招待,她们个个都打扮的如花招展,血红的口唇、迷人的媚眼,一对裂衣而出的胸乳,浪浪荡荡如落水的葫芦。她们常常又扭着圆滑的肥臀斜倚在门口旁来招徕客人,遇有色狂的哥儿们走过,她们便斜丢着媚眼向你微笑,这样一来,不容你不走入她们的魔窟里去了。

到咖啡座里喝咖啡,她们必群群的围着你,或紧偎在你的旁边,或搂着你的项脖子;在你,或者可以大胆地进一步的向她们亲个嘴巴,甚至动手摸索,她们也不至于拒绝的。可是,这时她们已经将她的希望向你提出了:"请我吃蟹啊!"在卖蟹的时节她们便如此向你说。但,如果是水果的节令,她们又会来一句:"拿点钱来请我们吃荔枝好吗?"

这时,你受了她们许多温存,你是不会拒绝的,而且这个时候,也许她的手正在向你那个,于是一两块钱的小意思,绝对是豪爽地拿了出来。不过所谓"蟹"、"荔枝"的东西,在钱入了她们手中以后,永不会在你眼前出现的,你是休想来一动食指,直至你走了,在几角钱一杯咖啡账付过之后,你还要付出一批比正账大几倍的小账,你才可以交下面子。

当你走出咖啡座门口,她们早在微笑地一五一十的在计算这批外快了。这时,你孤零零地在走着,会较量起刚才的沉醉和金钱到底是哪样宝贵。

漫游日本咖啡店

每次走过北四川路附近一带时，常常从日本咖啡店的窗子里飘出那异国情调的日本音乐，轻微的，像一阵春风一般的抚在心灵上。于是我意想着一些憧憬，想到东洋姑娘的温软，想着那另具风味的情态。可是，始终没有勇气单个儿的走进去开一开眼界，虽然好奇心始终在我的心头撞动。

但有一次，机会来了，有一位朋友邀请我到日本咖啡店去，而他自己，是常到那儿去玩的。当然，他对于这里边的一切情形，是很熟悉的了。我们去的一家日本咖啡馆，是在距离老靶子路并不远。那是夜里的十点多钟，老靶子路①处在静寂的空气中，随着我们的只有二个斜卧在淡黄路灯下的人影。

在一座红砖砌成的半高墙头外边，这位朋友立定了。铁门是开着的，于是走进去，再推开一扇玻璃门时，眼前就是日本咖啡馆了。地方很小，设置座位的有两间，一间和普通的屋子差不多，还有一间只是一个半圆形的。大的一间里的位置像火车座位相仿，而那一间小的，只是当中放了一张小圆台，四周安着几张安乐椅。

一进门，五六个日本姑娘一齐围拢了来，莺声呖呖的，像一群小鸟似的。这些，都由朋友应付去了，我只得跟在朋友的身后。找了位置坐下来，朋友要了两杯咖啡，就在这当儿，那几位日本姑娘都坐在我们的四周，一阵阵浓郁的脂粉香，一条条雪白的手臂，一只只鲜艳的樱唇，一个乱动的香艳的镜头啊！

日本姑娘都穿着简制的洋服，虽然现在春寒如此之甚，但她们只

---

① 今武进路。

是一层的薄绸包在她们健美的体格上。日本女性，我是第一次的接近。日本女性温软，是世界有名的，于是我冷静着头脑去观察。结果使我的幻梦一齐打破了，我觉得日本女性对化妆，大不懂得。虽然有康健的肌肤，但白粉却加重的涂上去，近身一看，那会使人感到非常不快的。

我失望之后，我的兴致大减，而不够温软的我，尤"吃不消"日本姑娘的媚态，当一杯咖啡吃完的时候，我是要去了。可是朋友的兴致非常浓厚，怀里搂着一个十七八岁的小姑娘，脸靠脸做着耳语。

朋友以为我寂寞，也将一个姑娘推在我怀里，可是天啊，当那个娇躯塞进我怀里时，我的腿是承当不住了，我只好忍痛敷衍了一回，然后硬拉了朋友走出来。姑娘们很客气的送到门口，操着上海话喊着"再会"，但我暗想真是："再会了吧，东洋姑娘！"

在咖啡座里

（作者：野菲，原载《夜生活》，1937 年）

在一个春风骀荡的晚上，我跟着一位朋友，闯进了北四川路的一家咖啡座里。推开一扇百叶门，一位绿衣姑娘彬彬有礼地打着躬，道了一声"晚安"。她大约二十来岁，瓜子脸儿，苗条身材，虽然并不长得怎么美，但瞧着倒也不觉得如何讨厌。她熟习地把我们招待到一双座位上坐了下来，从那血红的嘴唇边泛出了一个浅鞶的酒窝儿，随手她递过了一枝铅笔和一本拍纸簿，然后，她才垂着手静静地站在桌子旁边等待着。

"请拿两客牛奶咖啡来吧，如果你有闲，不妨也来一客……"我那朋友旋转过头，低声地对她说，于是她点了点头，把身子一扭，向里面走了进去。但不多一刻，却端着三杯热腾腾的牛奶咖啡，放到了小桌子上来，一杯摆在我面前，一杯摆在朋友面前，另一杯却放在一个空位子上，她自家也就在那儿坐了，微笑地和我们攀谈一些应酬话儿。

她的谈吐还称得上温文尔雅，而举止也算得起大方。据说她曾在 XX 中学肄业，后来因家道中落了，所以她也就失却了求学的权利，而且走上了这条生活线来，开始和生活挣扎了。三年来，她在那灯红酒绿中，送往迎来了不知若干人，她感到职业的厌倦，她感到生活的悲哀，可是，在这失业恐慌的狂潮中，她终于成了激流里的一点泡沫。虽然，她的职业要比一般搂抱生涯高尚一点。但，在这人欲狂流的社会上，一个少女要想去和环境的恶魔搏斗，那就多少要遭受一些侮辱摧残，说不定，一个圣洁的少女，在此一霎那就会将毕生的幸福牺牲了。

据说，她的家里还有一个五十多岁的母亲和十五岁的弟弟，他们的生活，全要靠着她一个人职业上的收入来维持的。然而，她每个月应得报酬又是那样菲薄，于是，为了满足她一家的生活，遂不得不设法去找一个适当的副业，可是在这个年头儿，要觅一个专门的职业已经不容易，有了一个职业而要想再去找一个兼职的副业，那自然更难比登天了。现在她找不到比咖啡女好一点的职业，所以只好继续干下去。虽然报酬上是谈不到丰厚，不过她也学会了奉迎一般主顾，因此小账方面似乎给她开辟了一条经济之路。

我们和她谈着，谈着，非常替她兴起身世之感来，同情着她的遭遇，慨叹着她的命运，她也是无数不幸少女中之一。我们忘记了她是一个女招待，仿佛，她在我们面前作着生之呼吁。

在那柔和的灯光下，坐了将近一小时，听她讲她的身世，我们全感到像在听一个故事一样，虽然那故事是极其平凡的，然而我们无论如何总觉得不应该让她遭受的呵。

东京咖啡女侍之生活

（作者：湫萍，原载《实报》，1937 年）

　　东京咖啡馆生意之景气，还在其他各业之上，不论市中心之热闹区域，或市外乡村所在，它们到处都有，而当开市之时，皆告客满。在这不景气笼罩下，百业皆呈不振之势，而咖啡馆独另处一境，有增无减。所以乡村妇女以及城市贫民，因受生活之压迫，多投奔此路，以求暂时栖身。表面上妇女之出路加多，而实际上却反映着资本主义统治下之社会，人民所受痛苦之一斑。

　　咖啡馆之主顾多为学生，去年警视厅虽有禁止学生之令，然而因市镇广大，和学生之改装，而且在夜间，怠忽之事自所难免。银座（市中心）一带虽不见有学生之进出（实际上穿洋装者亦有学生），而神田一带则比比皆是，最近又因中国学生之增加，中野方面也见特别兴盛，而其他中国人多的地方，也较他处起色。进去花不了多少钱，一杯咖啡即可敷衍，下女可以轮流陪人，一毛钱（咖啡之代价）即可尽情畅叙，然而欲求一时慰藉，除另给相当代价外，最低限度须开啤酒，店主人美其名曰"性之冲动"，原因关于醉酒之故也。一方既有所藉口，且可多得金钱，对劳动者施以压迫，为资本主义社会之必有现象。笔者为明了其下女生活情形计，特延长时间，与一二家新旧下女做长时间畅谈，其间轮流所过大都相同，而她们自身之声明亦为"万不得已"也。

　　据说，咖啡馆等级之分，报酬亦随之而异，而薪金少者劳动反较多。银座一带平均每月每人薪金二十元左右，次之如神田十几元，而中野一带则七八元至十余元，而每人报酬各有不同，依面貌而定。但大家者多为一色，无上下之分，次等则有之，生意无各人成绩之奖励（指揽酒客者），普通五一之分，主四，工一。而工之一成非个人所有，更分与全体,不过她们大匹,大都靠诸顾客之使人酬给,不当为花彩,否则仍全体充公也。然亦有因其他之反对,则规定无论如何皆隶公之例,此对于主人又有渔利也。上等者大概晚上才开始工作,早上稍有余闲,但此时间仍属于主人,仍当帮忙店务;次等之则由早至晚,夜十二时至,早上九时即须上工,而她们在离店时间后,又须在家做事,统计几无余闲,而休息时间均不足。为丈夫者(她们大概有丈夫的居多),当然能明了妻的苦衷,而不肖之徒又都赖其妻子。她们十二时后回家,至快须于十二时半休息,早上七时半即须起身(也有六时起床的)为干夫子的事,事后即须上工,一日之忙即可想见。所幸她们午后二时以前未至开市之时稍有时间补眠,但以她们时间如此,十二时即须就寝,问及夫妇间之问题,据答:概多于次日为休息日行之。她们虽迎宾接客,并做买卖之勾当,顾客之要求,当非心之所愿也。

以上述情形视之,当可想见日本咖啡女生活之苦况。然而在同一资本主义制度下之社会,哪一国不如此?

白相犹太人开的咖啡馆

(作者:高飞,原载《铁报》,1946 年)

这次世界大战后,产生的中东民族问题,将列入安定世界秩序的重要节目之一。是无可否认的,这世界有一千五百万以上的无家可归的犹太人,不能不说是过去各国用偏狭的种族界限,及暴力支配政策,所造的历史悲剧。

外白渡桥北块,东向百老汇路、公平路、提篮桥一带,都是这些被希特拉的排犹政策所流浪到上海来的犹太人。可是至今他们并不因希特拉的坍台,而得到什么,他们的求生本能,还是在各种不同的壁垒上,遭遇歧视,迂回地成长着。上海的犹太人是比较幸运的,他们可说是赤裸裸地到上海,现在已是建树起他们自己的乐园了。

神秘的百老汇路,满是犹太人所开的咖啡馆,抖颤而迷炫的"霓虹",远远地映着"Cafe"的广告,丁东丁东的钢琴声,配着勾人心魄的梵哑林,弹出了"风流王孙"的调子,像是跟着缓缓而流的苏州河,低诉出无底的怨恨。

长眼睫毛的女人

"哈啰!"站在咖啡馆门前的流浪犹人,他们的眼睛露出求乞似的眼光让你进去,或者他会用一种妩媚的声调,告诉你他们新来一位绝色的外国姑娘。

从窗外看不出里边的布置,一踏进里边,香粉、夜巴黎、咖啡,混合的气味,就会让你醉倒。

就在柔暗的灯光里,一双长睫毛的大眼睛就会凝视着你,问你喜欢喝咖啡,还是喝别的。要是你喜欢喝咖啡,当她把咖啡送来的时候,她就会向你低声说:"你再要一杯鸡尾酒吗?"说时她向你秋波一转不由你不想要;如果你回说:"of course(当然想要)。"那么她就认为你是老

---

① 20世纪30年代末位于舟山路上的白马咖啡馆,为犹太人开设。

内行,就会摆酒待坐了。

色酒迷人

这杯酒就要二千元一杯,她们的酒量往往很好,于是发现二杯,三杯,……要是发现你是个豪客,她们之中别的姑娘就会借故向你来要求你请客,请她们吃蛋糕。

如果你不能控制你的情感,那么你就不能控制你的法币。音乐由狐步而探戈,而华而斯、伦巴、康茄,你们纸币除了跟着音乐的节奏,向外边跳了,你是不会得到什么的。

①

家世可以写两大巨册

你也可以冷静地坐在沙发上,执着她们的手,轻轻地问她们从什么地方来,家里的情况怎么样,这样就会制止她们的豪饮。

"你为什么问那些,你是个新闻记者吗? 不然问它干嘛?"有时她们或许最感伤地说:"我们在维也纳的家宅很大,我们在德国读书。"或

---

① 白马咖啡馆的内部。

者说:"我的身世,让我写两大巨册,还诉述不尽……"

不论你喝得酩酊大醉,或者满带着伤感出来,百老汇罗曼蒂克的夜色,会给你不同的感觉的。

神秘的咖啡馆

(作者:燮山,原载《申报》,1946 年)

一个暗得看不出东西的地方,一个周末偶然的机会,我到了这一个地方。假使你正有一个爱人,假使你正欲倾吐你的衷情,而且或者你还顾到她的羞涩,你将一定要拍案惊叫起来:什么,竟有这末一个好地方!

是的,这个地方不太差吧——不,太好了! 全室分成几个"房间"(说"房间",实在仅此隔一层薄板好一些),只中间一盏半明不灭的灯,分配入每一个房间内。昏黄与幽沉笼罩着,音乐没有生脚跑不到这里来。是的,这儿没有很好的情调,或者简直沉闷得透不过气来。然而你决不会感到这些,你能感到的是亢奋。当你手臂上挽着的正是你热度非常之高的爱人,你的心许会夺腔而出呢!

当你俩坐下来,当你叫了某一件茶室中最简单的东西,"跑孩"就永不再冒失的来碰一下你所已经占有的门,一直等你与尽意倦几个钟点后揿电铃告诉他,你应当把你们的交易——二杯咖啡的价格——告终的时候。

在这小房间中,外面射不进一丝冒失而贪婪的眼。假使你来此已有一次的经验,那末你将更会大胆地畅所欲为。热情放纵的高涨与环境压力的冲动,使你会明白这种空间设置的用意。

啜饮品的价格是破格的高昂,他处只售九百元一杯的咖啡,这儿售一千五。然而你并不感到这儿的东西太贵,因为你太兴奋了。你会同热恋你的爱人同样的热恋这个地方。你下次还要来,并且你也许会支使出更多的小账叮嘱"跑孩"在次日几点钟再留下一个座位。

这个咖啡馆在什么地方？你很想知道吧！要我告诉你？然而到这里我一定将要使你失望，因为非但我还没有膺任该咖啡馆的义务宣传员之职，而且，告诉你也是徒劳。那儿每天觅不出一个多余的座位，除了中间的几个太平常的座位之外。然而假使你是一个聪明人儿，你自己也一定会去找到这样相同的一个好"地方"。在为了供应全市四百万人口中若干庞大人数的需要起见，这种地方比比皆是！

咖啡女郎的出路

（本报特刊，原载《星期日画报》，1948年）

我看见报上登着《咖啡女郎请愿》的新闻，便各处去打听真实的消息，认为她们的举动，多少含着请求救济的成分。后来真个的访问明白了，的确是为了她们出路的问题，叩求参议会，予以设法救济，更希望社会上的先生、太太、小姐们，给予同情的赞助。

可是，她们已然预备着出发，预备着希望各界的援助，但是，因为在这戡乱建国的时代，兴师动众，是不合适的。于是，各咖啡厅的老板们，便死乞白赖的一解说，把这好多位女郎给安慰住了，这才慢慢地给她们向有关当局请求出路，话句话说，便是希望当局赐予救济。

本来女子的谋生的出路，并不若男子的广泛，尤其这许多位咖啡女郎，而又在社会上有做事的经验，不见得有几人，统计起来，还大多数是为了生活的压迫，而学会了伴舞卖唱的这一门。再说天津的舞厅，经当局指令停止以后，她们的生路，马上便窄了许多。一些有钱而漂亮的舞星，早被人家量珠聘去，已然坐上汽车，当了太太。再不然飞到港沪，仍然去做火山的轿子，度其蓬拆生活。剩下这些位姊妹花，便渐渐蜕化而做了咖啡女郎，恃其天赋一条好喉咙，出卖色相，勉强来维持一家的温饱，这是再痛苦没有的事了。可是，社会上人士，不原谅她们，把她们看轻了，她们，冤屈，到哪里去诉呢？

关于她们吃饭的问题,据说正在研讨中,有的说锻炼个人的能力,除去在游艺厅登台唱歌外,很有几位女郎,近期可以在电台上广播流行歌曲。另一方面,研究推出几位代表,去参议会和有关当局,请求救济,意思是民生至上,吃饭第一。不要以咖啡女郎是女流之辈,而忽略了她们吃饭的问题,最大的希望和要求,准许"咖啡厅加添唱歌",那末,她们便都能以播唱的工资,和客人点曲卡片的收入,来维持大家的生活。她们知道守法,知道守秩序,希望她们的要求能够实现。她们的希望,能够达成,因为统计她们的现有人数,不过几十余人,再加上各人的家属,靠着她们过活,那末,人数更多了。

①

自从津市停舞以后,一晃已然一个年头了,当局为了她们的出路问题,很费了若干宝贵的时光,可以说始终给她们想办法。但是,时代的巨轮向前推动,经济又以达到最高潮,而且举国正在戡乱建国期中,哪里顾得到她们的当前问题——吃饭问题。

---

① 咖啡馆女招待。

印象咖啡馆

中国咖啡

（作者：张余庆，原载《实业浅说》，1925 年）

外国人旅居我国，举凡服用饮食，无不用祖国或属国出产品。我华人反是，无一人身之衣服无舶来品，无一人之居室无舶来品，尤以士大夫之家为尤甚。不爱我国之物品，是否爱国？不购国货，好用外货以示侈，是否知有中国？可为浩叹。

西餐中之有咖啡 coffee，每食不能或缺，实饮料中之重要品也。此种植物，产于英属非洲印度等热带区域，高二丈左右，叶椭圆开白花，子大如胡椒，研子成末以供饮料，有助消化提精神之功用，故西人最嗜之。以制糖果点心，值尤昂贵，华人之嗜此者，亦如西人之每食必需。此种消耗品，每岁漏卮，约在千万元以外。我华人对于国货与外货之分别，如再不急觉悟，噬脐无及也。

我国地大物博，出产富饶，如善用之，无在不能出人头地。区区饮料，何须仰给于人，兹本研究所得试述制造咖啡之代用品以备国人忝考法。用绿豆七成，上品茶叶三成，同炒焦黑，研成粉末，以代咖啡。味甘美有过之无不及，即提精神，助消化之功用亦适与咖啡吻合。本草谓茶苦甘微寒，下气消食，去痰热、除烦渴、清头目、醒昏睡、解酒食油腻烧炙之毒，但平常饮不宜过多。

又绿豆甘寒十二经清热解毒，一切草木金石砒毒皆治，具征绿豆为良好食品，虽嫌性寒，然业炒焦，性又不同，苟能制造发售定获厚利，愿我国人，起而试之。

咖啡话

(作者:吴明霞,原载《紫罗兰》,1926年)

水为一种天然之饮料,人与禽兽,有同嗜焉。夫人为万物之灵,故能利用万物以自娱。饮品虽小道,亦为人生日常所必需。考世界各国,莫不有特产之饮品,种类不一,要皆取植物为原素,普通之饮品如茶,如咖啡(Coffee),如可可(Cocoa)以及啤酒(Beer)、汽水、冰奇冷、果子露、葡萄汁等是也。

吾人欲饮茶或咖啡、可可时,必取少许,倾入沸水中而调和之。盖若是,则其甘美之味可尽收于水中,然后趁其热而饮之。若啤酒、汽水、葡萄汁之属则为冷饮者,此尽人知之。

咖啡系一种植物之浆果,以阿剌伯国(Arabia)所产为最盛。他如爪哇、锡兰、西印度群岛以及中美洲巴西国(Brazil)等处皆产之。初,种植家开广场一片,以为散播种子以及养育之园,迨种子萌芽而树生,则排种之。长成后,树高达八尺许,能渐渐长至十五尺,或二十尺之高。惟种植家不欲任其生长,故鲜有高出八尺者。盖以阻其高长,可望结实多而收成丰,且易于收取焉。树枝长而细,相对而生,常青之叶,丛生其上,叶形似月桂(月桂为一种常青之灌木,其叶有香),而不如月桂之干而厚也。叶梗之上,盛开白色之花,花开一二日而落,花落而咖啡果即随之而生。如土肥,则花开茂盛,而结实大。果愈成熟,则色泽愈鲜红。近山之地,气候温和,泥土干燥,雨水亦调和,产咖啡最盛。生于平原者,往往为大树所遮蔽,不得阳光,故未易发育。咖啡生三岁而始结实,最初一二年间,结实最丰,此后岁岁结实,共历时二十年之久,为结实时期。一夜花开,种植家朝起视之,四顾皆白,似夜来为雨雪所摧残也。

咖啡果内含卵形之咖啡子(一称咖啡豆),二大如豌豆而坚,上覆以色黄而质黏之皮,果外形圆而内扁,豆之二端,有细直之沟痕,其外裹以软壳。咖啡之收获,一年有三期,以五月一期为主,如果熟而不收,则自落地。阿剌伯人之收取者,辄于树下地上,盖以布张之,然后以全力摇之使堕,俄而布上累累者,皆成熟之果也。果落后,则置之席上,晒于日光中。晒干后,取转动机重压之,使外壳碎裂,而内含之豆亦与皮脱离,然后可制为种种美味之咖啡。然制法不一,西印度所产者,其制法与此稍异。

若夫品质之优劣,恒随地土之肥瘠、气候之寒暖,及栽培与制法之完善与否而异。如地土肥美,栽培得法,则收成丰而结实大,然味美与否,不可定也。实大者味甚劣,小者味甚美。全世界之咖啡尤推摩嘉(阿剌伯之海口)(Mocha),所产者为最细腻而味美;爪哇与锡兰所产者次之。

咖啡一物在亚细亚之西部几为人人日常之饮料,上自达官富绅,下至贩夫走卒,殆无不饮咖啡也。距今约二百年前,咖啡始运入英国。一九〇二年英国咖啡进口,总计达三千万磅之多,今则岁入不止此数矣。咖啡可供饮料,可作食品,饮食之法不一,嗜之者当有数万万人焉。

国际的珈琲贸易

(作者:谢富兰,原载《申报》,1929 年)

世界珈琲贸易之发展,已有三世纪之历史。当十七世纪中叶,珈琲之使用,渐由亚洲播及西欧,而供给之者,则为亚剌伯之一小部分区域。泊乎一六九九年,荷人移植珈琲于爪哇,竟告成功,于是珈琲之输出贸易,嗣后遂为爪哇占夺以去,如是者历二世纪之久。当时栽植之制度,乃处于荷属东印度公司指挥之下,征发人工充役,凡东印度诸岛,播种殆遍。至一七一一年,开始有整批珈琲按期运抵其母国。

其结果如何乎,荷兰因此遂成为全世界最大之珈琲消费者(按人口比率计算),同时亦即成为全世界最大之珈琲贸易者。当欧战以前,平时每年进出口之数量,常在一百五十兆磅至三百兆磅之间。当十八世纪初叶,加勒比海 CaribLeanSea(在南北美洲之间)群岛,即开始栽植珈琲。而在十九世纪之前,珈琲之由西印度群岛输入西欧者,每年已不下数百万磅,遂衍为两大珈琲贸易源流,其一由荷属东印度而往荷兰,其一则由西印度而往法、德、荷、英诸国,迄于欧战为止,始终流泻无间。自是以还,巴西崛起代兴,其重要遽驾此二大源流而上之。其贸易之源流,亦分为二,一由巴西流入欧洲,一由巴西流入美国,今日爪哇珈琲之运往阿姆斯丹(Amsterdam)及鹿特丹(Rotterdam),均荷兰大城,暨巴西之散土司(Santos)及里约热内卢两地珈琲之运往法之勒哈佛尔(HavreLe)比之安都尔厄比(Antwerp),荷之阿姆斯丹,与德之汉堡者,为数日见减少。世界珈琲贸易之主要源流,乃在巴西、美国之间,盖以巴西已成为珈琲之巨大生产者,而美国则正为珈琲之巨大消费者之故。

今日珈琲在巴西之经济地位,正与棉花之在美国相同。考此业在巴西之发展,已越二百年,当其开始移植之际,时为一七二三年,然在一七七〇年以前,珈琲尚不能成为重要商品,自一八〇〇年以后,每年由巴西出口之珈琲,日增月盛,以迄于今。

大抵巴西土性,适合栽植珈琲,故全国境内种植区域不下数百万方哩,占地之广,远越美国大陆三分之一。有地曰饶保罗者(SasPaulo)为境内最著名之产区,每年所产数量,几占全世界产额之半。考巴西珈琲之栽植,均各由主事者辟地为大规模之种植场,名(Fazendas)而出之以最新式之设备与方法,故出品佳而且盛。中有一种植场,大至六万九千英亩,面积在一百方哩以上,其间能结珈琲之树约三百万株,占地一万英亩,平均共产六万袋。该种植场置有私家铁路及运河,俾由此得输运至机器厂制炼,此外大部分之地,则供造林之用,即以木材燃料出售于人;而成人之工作寓居场内者凡三千余人,场主更别置百货商店、药房、礼拜堂、牛奶棚、影戏院各一,学校二,修理店若干,及医生一名,以应本场人员之需要。

珈琲为热带植物,生长区域在北纬线二十五度至南纬线三十度一带,然发育最佳之地,尤在高出水面一千二百呎至三千呎之间,此物与岁多草本植物不同,不能于一年之内开花结实,以至收获,往往于植后四五年,始能结实。每树之平均年龄,为二十年至三十年,亦有继续结实垂五十年之久者,大抵经过十八年或二十年之后,结子逐渐衰减。至树之高度,辄能达二十呎,或且过之,特为采集便利暨培养苗壮起见,常将其顶端剪去,勿使过高焉。

栽植珈琲之法,普通先将种子播于预备之苗林,迨苗至三四呎高,即可移植田中。通例每行隔开八呎,而各树之距离,亦须相等,故植时作排三角形,庶每树之距离均得整齐划一,又为保护幼树,避免热带烈日之猛炙,兼为利用隙地起见,习俗均于每行空间,遍植各种植物,尤以甘蔗为最。惟在西半球则类植番石榴、丝兰、香蕉等物,据称巴西地方,每英亩能有树八三七株,每株能获净珈琲二磅,即为良好之成绩,又巴西珈琲当收获期间,系分三次采集者。

时则妇人、男子,以及儿童,均任采集之职,随摘随置筐中,成绩佳者,每人每日能得三十磅。先将果实拣净,除去枝叶碎屑,然后散铺于平坦干燥之旷地,曝之使干。每于晓露初干之后,爬网一过,果实之外部,干后即成为坚韧之硬壳,其内即系果肉,而每一子实又各分别包有薄皮一层,一俟干燥,即可置之簸壳机上,簸去外壳。

洗过珈琲之产生方法,乃将透熟之果实,浸桶水中,凡浮在水面者,均系不完全之果实,亟应移去。待浸至八小时至十二小时后,将水倾出,仍留珈琲于桶内,复越八小时,至十小时,即见发酵。次际外壳甚易剥除,仅余薄皮一层,包围每一子实之四周而已。至是即将所得之珈琲,置于干燥之旷场或水门汀场地上,藉空气日光之力,使之干燥。亦有别用人工热力者,至包围子实四周之薄皮,往往任其留存至数月之久,不即除去。盖以热带地方之珈琲,每须经过若干时间之酝酿,始能发生许多重要变化也。此数月中,子实之色,由绿而黄而褐,形状增大,而质量亦起重要变化,然后方以机器除去薄皮,一俟种种手续完毕,即准备应世界市场之需要矣。

珈琲在世界贸易之数量,每年不下三十亿磅,核其价值,约在美金五百兆元以上,其中三分之二,均来自巴西,其余三分之一,则由南美其他各国、中美之若干部分、西印度群岛,以及亚洲与东印度数处,分任供给。而巴西之散土司为饶保罗珈琲之主要产出地,亦即世界之最大珈琲输出口岸也。此外若里约热内卢,若维多利亚,在珈琲贸易上均占重要地位。若巴义阿 Bahia(巴西海口)每年经此输出之珈琲,亦有二三十兆磅。其余巴西各海口,亦各有较少之数量出口。

纽约进口珈琲之巨,正与散土司之输出盛况相埒,盖美以珈琲为适口饮料之一,而欧洲诸邦,尤著者若法、德、荷、瑞典、挪威以及丹麦,亦莫不具有同嗜。若以人口比例,瑞典实堪居消费之首席。然以美国幅员之广,人民之众,故珈琲之最大顾客,要当推美,而亦巴西最佳买主也。按美国每年消费之珈琲,约占全世界贸易总额之大半,其中三分之二均由巴西供给。例如一九二六年输入美国总数共有十五亿磅,价值美金三二二七四六一五一元,其间来自巴西者,实有十亿磅之多。

因美国有此巨额之消费量,是以轮船之载巴西珈琲运抵北美各海口交卸者川流不息,而由纽约上岸者,实占全额之半;纽奥尔连司(NewOrleans)占全额四分之一;而旧金山则占百分之一二焉。此项商品,在欧美各大进口中心点之交易法,分为二种,一种现货市场,乃系进口商、经纪人、批发商、零售商,就近入口岸堆栈所存之实在货物互相卖买。纽约之珈琲现货市场,地处下华尔街,贸易甚盛。一曰远期市场,其交易也,并非确有货物在手,或许此时珈琲尚在树上,乃预先订就将来交货付银之契约耳,此等贸易,均于正式交易所中为之。如纽约之珈琲糖类交易所,实为全世界上项商品之最重要市场,该所对于来自南北中美、东西印度之一切珈琲,均行交易,而指定七号里的珈琲(TypeNor7Rio)为交易标准。

纽约市上之珈琲其阶级有二,一为巴西种,一为温和种,后一种凡非产自巴西者均属之,此外复各因其来源之不同,别为若干类,即以产区之名名其珈琲。爪哇珈琲昔尝名著一时,迩来几成绝响,虽亦间可购

致,顾其价殊昂,非常人之力所能任。考爪哇老政府珈琲,质量之所以特佳者,大半缘处强迫栽植制度之下,货由政府收买,往往庋藏数年,而后出售,故其成熟之程序,自觉优异,不特此也。迟至如一九一五年,爪哇珈琲之输送,尚出之以驶行迟缓之帆船,一如一世纪前之所为,因是之故,其旅程常须四五月之久方达,而船中之珈琲,遂得接受一种天然的蒸发使色香味俱随之提高。然处今日之下,全世界珈琲之生产与产出情形,与昔时完全不同,真正之爪哇珈琲,虽出重价,亦不易多得,堪相仿佛者,厥惟来自苏门答腊之珈琲,因其亦每于热带气候之下,庋藏至二年以上也。

巴西珈琲又分为散土司、里约、维多利亚及巴义阿四类,均以产地得名至;温和珈琲,大都系供□□□□□□□,珈琲苟非经过适当调制,初不能即作为饮料,易言之,必须置于华氏表三七五度之温度上,烘炙至若干时,使成为焦糖,兼使细胞内所含之一切成分,均因火烘之故,而分解蒸溜,造成一种物质,是曰珈琲酸,此物能使气味芳香可口,为未经烘炙之珈琲所无者也。

烘炙珈琲别有专厂,每日能烘制五十袋至一百五十袋,其范围大者,每日且超过千袋。至每袋之标准重量,凡巴西、委内瑞拉及荷属东印度所产者,均作一三二磅,哥伦巴亚为一三八磅,中美为一五四磅,波尔多黎谷(西印度大岛)为一八七磅,今日除少数批发商将生珈琲售于零售商,田后者自行烘制外,大部分之趸批贸易,均为经过炼制之货物矣。

咖啡漫话

(作者:烟雨,原载《申报》,1931 年)

咖啡为一种热带植物,产地以非洲为首,南美次之。需先经过一番精炼后,始足以供饮料之用。早时,惟热带土人嗜饮之。厥后海外通商日兴,遂流传全球。至于今日,则世界上饮咖啡之风,已普遍于各色人种。嗜之者久辄成瘾,与烟酒相仿佛也。兹采集海外关于咖啡之趣屑珍闻缀成斯篇,藉供谈助。

非洲人嗜好如命

非洲人习饮咖啡至早,迄今已有六百余年之历史。盖十四世纪初叶,即已有人发明习饮矣。其饮法虽历经无数改革,但士人之嗜饮如命,固始终未变也。非洲地处热带,终年炎暑异常,而午中尤令人难耐。故非人性情,大都懒散。每好就棕榈荫处,裸体横卧,以消永昼。抵晚始起,则又群聚歌舞于月色星光之下,而以咖啡佐兴,载舞载饮,乐趣无穷。一杯在手,万事尽忘,大有南面王不啻之概焉。

英京伦敦流行亦早

英国在十六世纪,正值女星依利萨伯执政,积极发展海外通商,开今日帝国殖民地之渐。即于是时,咖啡与茶叶,开始由非洲及中国引入。但数量极少,饮者极罕,不过流行于伦敦之皇室贵族间,作为一种珍奇之饮品耳。其间并有一段小小轶闻,至今英伦人尤每传为谈助。盖女皇依利萨伯,凤好文学,提倡不遗余力,而当时大戏剧家莎士比亚,尤蒙优渥。一日内廷召见,以对应称旨,破格特赏御用上品咖啡一杯。莎氏于受宠若惊之余,一饮尽之。俄而辨味奇苦,蹙首无语。女皇对之,亦不禁莞尔。盖莎氏之饮咖啡,此番犹是破题儿第一遭也。

报达城遍地咖啡店

阿剌伯人生性爱听故事,而嗜饮咖啡之风亦盛。阿京报达,为一极富于东方色彩之繁丽都市。吾人游旅其地,则可见街头市梢,遍地都设有若干咖啡店家。据一九三〇年夏,英人威尔勃氏之调查云,报达全城内,大小咖啡店家,竟有二百五十余座之多。试往各咖啡店视之,辄有一年老之阿剌伯人或土耳其人,高踞一榻,娓娓向座上听众讲述故事。

而咖啡与烟草之芬香气息,每充满室内中,人欲醉。亡国民族,聆闻故国王室之遗闻,于嗟叹之余,乃以咖啡及烟草,排遣其烦。此情此景,殊令人有诗情画意之感也。

华盛顿欧文之巨

已故美国大文豪华盛顿欧文氏,著述极富,文名藉甚。生平雅好游历,尤喜凭吊古迹,足迹遍欧洲大陆,于西班牙流连尤久。晚年,并曾由美政府任命为西班牙公使,故与西国人民情感特深。据西班牙民间流传云,欧文生平酷嗜咖啡,旅居西国后,益为当地人士所同化,盖西班牙人之嗜饮咖啡,固远过于美国也。常人之饮咖啡,每在酒罢饭后,辄有一定时间。而华氏则晨兴辄需索饮,全日之饮料中,咖啡几占十之九焉。每当华氏握管著述之际,案头之咖啡壶尤不可或缺,否则文思且将因而钝迟矣。

---

① 1910年,埃及街头的露天咖啡馆。

咖啡

(作者:陈惠夫,原载《江苏广播双周刊》,1935年)

中国的茶,与西洋的咖啡,有同样的神秘,而同时同是各方面日常生活中的必需品。茶的问题,历代来谈及的人颇不少了,而况是中国的特产,中国人知之详矣。至于咖啡,则晓得的人很少,虽然,喝咖啡的人并不少。我现在要讲些咖啡的故事给你听。

咖啡在西洋人的日常生活中,占有极高而重要的地位,犹如我们中国人的吃茶品茶一样成了一种职业,或欣赏,它是和三餐膳食有同样的性质而尤过之。最近,辛克莱路易士的新小说名《生活的艺术》中,写着一个人幻想着要开一只十分完善的旅馆,而对于这咖啡非常的注意,这本小说讲了许许多多关于咖啡的问题。

然而,咖啡之重要可知。惟发现咖啡的人,从未受过人的纪念,而竟咖啡之源,也很少人知道,辛克莱亦有一段文字惋惜到这一层。

咖啡究竟是谁发现的?我看全世界的人惟有有负于这位发现者了。因为实在没有人知道究竟是哪一个清清楚楚确确实实发现了这个魔果的神秘而赐予世人的。但据《茶与咖啡》的商业杂志主笔乌克士先生告诉我们说,咖啡的年纪,至今至少有一千岁了,第一个将它用文字记载下来的,是一个阿剌伯医生名叫雷愁士,在西纪九百年,称作"笨卿"。在古阿剌伯文字中称豆叫"笨",称饮叫"卿","笨卿"者,是可以作为饮料的豆的意思。

至于"咖啡"的名称,乃由阿剌伯和土耳其文而成,土耳其有一种酒名"客味",咖啡二字的声音,便由此而出。许多人以为"咖啡"二字的来由,与今日世界最注目的阿比西尼亚的一个镇市叫"客乏"有关系,其实是误会了。

咖啡,我们现在知道是饮料,但是这不过只有七百年的历史。在七百年前,咖啡最早是视为粮食,后来当作酒看待,又曾经一度权为药品,到末了才真正的用它来做茶饮。

大约在西纪八百年,西洋人大多还在部落时代,他们的饮物,是将熟了的果子、豆麦等,揉成弹形团子,如弹子房里的弹子那般大小,以便带了远行。这种粮食团中便有煨咖啡果的参加。

粮食团进化到面包,人们知道发酵的利用,于是咖啡便也转变了方向,它单独被制成了酒;接着又将干咖啡果子,投入沸水中煎煮作为药料;于是渐渐地改进而致发现了咖啡是最佳的饮料,而不是酒药之类。

有一个传说,从前在沙西里地方有一位博通医药的教士,便是后来摩加地方讲述了许多民间故事的圣人,偶然在一二五八年阿剌伯奥沙勃地方发现了咖啡。其时,他是被充军到这个地方去的,于饿渴中,便将野果采来充代,谁知竟有一种神秘的效能,他于是将这种果子制成饮料,以款待去探望他的人,人人饮了都觉得奇怪。这件事不久传到了摩加,摩加地方就请了他去,后来非但成圣,而且还造了庙宇纪念他。他的名字,是叫西克阿马。

另外又有一个说法,说有一个阿剌伯牧童名喀尔笛,在阿比西尼亚为邻近寺院中的方丈牧山羊,常常他的山羊吃了一种果子后,便十分的活跃,弄得非常难以管理。他去告诉了方丈,方丈是个聪明的人,他便拿这种果子来自己尝尝,惊奇它有极厉害的刺激性。他试着在滚水中煮了,分给他寺院里的和尚们作饮料,使他们不再在念经时打瞌睡。约在西纪一千三百年,寺院中采取咖啡作饮料是非常平凡的一件事了,后来便传布到阿剌伯费力克斯麦加定那与锡兰等处。

饮咖啡的一回事,如今是毫不顾忌的了,而它也曾受过不幸。当一五一一年麦加当局以此物害人非浅,而且已深入到民间了,所以非禁止不可,遂下令禁止。但是,这个到底不像鸦片,鸦片都可以马虎,何况咖啡了。因之不久又取消禁止的明令,仍任人得饮了。不过在一五四二年麦加的咖啡店一律封闭,因为常常闹岔子。至于家饮,仍未禁止。不但此也,在宗教上也引起了极大的争论呢。一五三四年丹麦斯克斯和爱尔帕城迷信地分了一派赞成饮咖啡,一派反对饮咖啡,后来在君士坦丁的回教徒辩论煨咖啡是炭的一种,于是便违反了可兰经的律规了。

同样的争论,曾发生在意大利,因为教会里的人以为这咖啡是出产在回教徒的土地上,不该在基督教国中使用。但是教皇克拉曼德第八大口地尝了咖啡之后,他说:"咦,魔鬼的饮料倒实在不坏,若是让异教徒去专用,未免可惜了。我们不妨玩弄魔鬼一下,把咖啡也受一下洗礼,使之变为真实的基督教徒的饮料。"于是,教皇决定如此,并且自己以身作则,先饮了起来,还要加印盖章地慎重布告大众呢。

一千六百五十年,第一家咖啡店出现于英国,牛津开设者名雅谷白。相继伦敦也开了一家,管理者是一个希腊少年名罗西,而老板是他的东家爱德华先生。爱德华是一个喝咖啡有名的商人,弄得家中常常满了来揩油喝咖啡的朋友,于是不得已命罗西在康山圣密加尔教堂旁边开设这爿咖啡店。

①

---

① 希腊咖啡馆(Antico CaffGreco),1720 年开业,位于罗马西班牙广场康多提大道上。

咖啡的广告，第一次是在一千六百五十七年五月十九日伦敦《民众导报》上出现，文字如下："咖啡是一种非常滋养而益体的饮品，有许多意想不到的效力，可以健脾胃保体温，助消化，增精神，怡心境，除百病，如眼痛、咳嗽、伤风、虚痨、头痛、肿胀、风湿、疽症、瘰疬等。"

凡是新帜一业，自有许多人趋之若鹜，同时便有许多人出而反对，所以立在相反地位的原因，亦无非是"利害"二字而已。于是伦敦的酒店、小吃铺子等，便出而反对，一千六百七十五年英王查理士第二为解决争闹起见，下令将伦敦的咖啡店封闭。但是，这些被称为"一文钱大学"的咖啡店，为了咖啡商的请愿，只关了十一天，又下令恢复了。

其时，人们只要花一文钱多至二文，便可以入店去饮，还有幽默的材料，高深的哲理，以及种种学问可得，再加灯火不取费，新闻纸白阅的好处。有一首诗道：

So great a universitie

I think there ne're was any

In which you may a scholar be

For spending of a penny.

这样伟大的一个大学校，

我想世界上是没有的了。

在这里你可以成一个学者，只花了一辨士。

咖啡店便传遍了全球，伦敦、巴黎、柏林、上海、纽约、东京等各处，无形中，成了民众的俱乐部。许多有名的人物，都是从此造成，例如英国伦敦的安娜皇后咖啡室，当时差不多每天的下午和黄昏可以看见爱迪生、史蒂尔、大凡南脱、卡乘、非力泼等文豪。跛泼亦是一个咖啡店的主顾，他曾在英国有名的小品文杂志《空谈者》《旁观者》上发表过许多关于这些问题的文章，*Rape of the Lock* 这首诗，并且为英国人所讽诵一时。

咖啡发达史

（作者：史炎，原载《妇人画报》，1936年）

咖啡最初的发见，是包含在阿比西尼亚的传说里的。咖啡最初是作为果实吃的一种食物。非洲的名称为"加刺"的一种游牧民族，是非常好战的种族，而在行军之际，携带着一种特殊的食品，这就是捣碎了咖啡而用脂肪凝固起来的东西。这个东西，是充分地可以相当于一天的食粮的。

本来咖啡的果实中含有百分之十四的蛋白质，因此，加以脂肪是成了非常浓厚的食品了。而且 Caffinee 中贵重的刺激物是会给与战士以极度的兴奋与精神力。当时作为食品之用以外，同时又是一种点心。

最初作为饮料的咖啡，是经过一个葡萄酒代用品的过程的。那就是初代的回教徒，为求得被禁的葡萄酒的代用品，而发见了咖啡。咖啡的阿剌伯式称呼的 AIOAI 是对葡萄酒所用的称呼。此后咖啡的饮用，威胁着教会生活而普及了。在教会里，捉住了这一种话的意思而立论，于是咖啡也适用于对葡萄酒的禁会了。

当时，是把熟的果实酸酵了而作成的，它的制法，想来略似葡萄酒。现今"乌贡达"的土人，会用生的咖啡实，与香蕉做成美味的饮料。

一四五○年之顷，雅典的回教法典学者，旅行到阿比西尼亚去而明白了咖啡的效能，利用它可以驱逐睡魔的性质，在托钵僧之间，夜间举行宗教仪式那时候，许可使用它来兴奋精神。此后渐次的在法律家、学生、职人，以及为了避去白天的暑热而在夜里劳动的人群里推度开去了。

一四八○年，咖啡流行到"梅喀"及"梅台那"，于是回教徒之间，造成了可惊的沉溺者，因此，教会方面又以毒害而像如前述的禁止了。

巴黎人费于咖啡的金额是相等于葡萄酒的代价人的。或许你以为是奇特的，然而当时确有这种奇特的事实。托耳古人在结婚时，新娘会有不能缺少咖啡的条件,如果没有的话,在法律上,很可能的承认为离婚的理由之一。

咖啡是魅惑了欧罗巴人的味觉。一五八〇年,"巴拿马"的有名的医者与植物学者,旅行埃及时,创造了许多关于咖啡的有趣的新闻。

德国饮用咖啡是开始于一六七〇年的。不久,就急速地普遍了。然而国王时为了支付外国商人的巨额的金钱而忧郁,于是在一七七〇年,发出了咖啡与啤酒的告论而加禁止。然而咖啡是忍耐了所有的诽谤与苛酷的待遇而发育成长,终于获得德国国民嗜好饮料之一的正式的地位。

咖啡传入澳大利亚之际,是相传有一个罗曼蒂克的故事的。

伦敦咖啡店的发达,是摸索着崎岖的路线而行进着的。特别是在十七世纪以至十八世纪之间的伦敦的咖啡店,是创造了英国文明史上的灿烂光耀的一页。"在俱乐部尚未发达以前,咖啡店的历史是英国的风俗道德、政治的历史。"是有这样一句话。当时有名的文学者是拿咖啡店为根据地的,英国在文学方面杰出的时候,正是咖啡店繁荣的时候。

巴黎是在一六六九年托耳古大使舍利孟作为自己的饮料而传入了咖啡,然而一般市民还不能接受。其后一六七二年,有美洲人伯斯加开始出卖咖啡,他是袋入了壶里而在巴黎的街头叫卖着,不久,这"咖啡咖啡"的精神的叫卖声,大受巴黎人的欢迎。

在一六八九年之顷,适应于法兰西人的好尚在巴黎出现了咖啡店,成了十八世纪的有名的俳优、作家、剧作家、音乐家的集合所,而是真实的文学沙龙(Salon)。即使是一七八九年的动乱时代,人人在自己的桌前痛饮着咖啡而讨论着当前的紧急问题。如果说法兰西有名的艺术家,没有一个不爱好咖啡的话,是并不言之过甚的。而且还有着罄竹难书的传说的逸话。过去这样,目前又是如此,将来亦然。法兰西的咖啡,真是艺术的发酵所。

最后是谈到纽约的咖啡了。这是世界独步的国家,不论是罗曼蒂克的故事,艺术的香气,在这现实的世界里,是掌握了消费量最大的咖啡国的名誉。目前,美国的咖啡,已脱却了单是嗜好品的领域,而成为珍贵的食品之一了。

①

在南美,"敦拉其耳"与"壳龙教"的两大咖啡产地,其产量实占全世界额的七成。爪哇的古典的味觉,是任何地方始终都传持着罢?关于味觉的训练,实是必要的。

从这小小的历史的踪迹上来看,咖啡在欧美发达之际,必定可以看到文化的发达。实在,咖啡是智的生活的中心,是文化的根源呢!

——本文大部取材于日文本三浦义武的《咖啡发达史》

---

① 法国巴黎中央咖啡馆。

阿比西尼亚的咖啡

（作者：蜀山，原载《社会日报》，1936 年）

咖啡虽然被文明的国家认为文明的饮料，献给文明的客人，而不知那正是出产在被文明人所指为最野蛮的阿比西尼亚呢。

咖啡的原名是 Kfaa，是阿比西尼亚的一个省份叫卡法的名称。因为在许多年以前，有些欧洲殖民从卡法省把咖啡种子带到了八爪和西哇。因此，现在这三个地方所产的咖啡竟不能分别了。但是最好的咖啡并不生长在卡法，而是生长在哈拉尔山之间。以往，阿国的人当然是喝咖啡，现在，他们的咖啡卖不掉了，由国家买了汇集起来，他们并没有像巴西那里过剩生产抛入海中以求涨价那种商场常识。

意阿战争之前，许多外国的随军记者都被阿国的外交部长留在家中喝茶，但是茶和咖啡，确是同样东西，外交部长的茶和茶点是很不错的，不过任何客人都没有拭嘴布，外交部长喝完了茶，就顺手把那罩在桌上的白布擦了他的嘴，是最文明的通融办法。

不过外国的记者在喝茶以前，要预先喝过一种搭拉酒，那是阿比西尼亚的最精良饮料，恰和外国人的啤酒一样被珍视，是阿国人高贵的饮料。假使来宾拒绝人家的相劝而不喝，那就是公开得罪敬者的表示。这礼节是使外宾感到很多局促的。

外交部和黑种电报局监督华尔柯，常用咖啡当茶请许多记者，让他好多拍发电讯，使阿国的电报局变成纠纷后的唯一获利机关。每一个字是一先令九便士，那就是偿还咖啡的变相代价，在这一点，阿国的生意经也不见得不会讲哪。

咖啡

（作者：邹敏斋，原载《快乐家庭》，1937 年）

　　看到杯子里的清茶，我会联想到香气浓郁而带有异国风味的咖啡。在我国，咖啡的势力远不及在美国，因为美国人所喝咖啡总数，差不多要占全世界咖啡产量的一半。我国则除极少数人偶然高兴喝这么一杯二杯之外，正不会把它当作茶一般的日常饮料的。虽然上海的霞飞路上很有几家咖啡馆的，但它们并没有什么历史可以和巴黎或伦敦的老咖啡馆交相辉映。所以煮咖啡这件事，似乎仍旧是一种技术，不是我国每一个妇女所能熟谙的。

　　自然，咖啡这样东西，在我国家庭中确是可有可无的东西。笔者绝不愿意提倡咖啡，而使国茶销路蒙受影响。但如果有人喜欢喝咖啡，而不谙煮咖啡的技术时，笔者以为在这儿写上几种煮的方法，是没有什么关系的。况且我国人近来以咖啡待客的不能说没有，那么煮咖啡的方法当然不是没有人所愿意加以研究的。

　　混合咖啡的人好说是一位真正科学家，他混合种种的咖啡实造成调匀、熟透、馨香的饮料，惯常大概在烘烤以前，必须经过他的混合手

续。所以这正和拼酒一样,各人的嗜好不同。咖啡的混合法也不一律。如果不是常喝咖啡的人,也许第一次买的咖啡,正是他所喝不惯的一种。

咖啡又像茶叶,必以新鲜为第一义。当暴露在氲气中以后,咖啡的芳香便消散了。在买咖啡的时候,要不是香气洋溢的,还是不买为妙。近年来咖啡商人已经懂得在烘烤咖啡以后的包装法和保藏法,因此市上的失味咖啡逐渐地淘汰了。

咖啡壶的清洁问题是非常重要的,在使用以前,必须彻底洗濯一次,无论如何不能马虎。壶口最好用特制的大小仿佛的毛刷塞入擦洗。壶边也应洗涤清洁,绝不容有一点咖啡渣滓的存留,因为失去香气而带有恶味的宿余咖啡,准会使新煮的咖啡受到不良影响。聪明的办法是每个月把咖啡壶烧煮一次,壶中先盛满了水,加入半匙苏打,放在火上煮半个钟点,那么壶内所留存的咖啡宿味便完全消灭了。

当煮咖啡的时候,水的分量必须配合准确,用一只八英两的容量的茶杯量水,一只标准茶匙量咖啡,每一杯水和一匙咖啡相配,这是最合标准的量法。如果喜欢浓一点或淡一点,尽可将咖啡增减,务使配合胃口。永远不要变更水量及煎煮的时间,只能变更咖啡的分量,使它适应我们的需要。

注意表上的时刻!煮得太久的咖啡是带苦味的。计算煎煮的时间,一定要和咖啡同水配合的分量一般正确,大概预备两三个人所喝的咖啡,只要煮八分钟到十分钟便可以取饮了。煮咖啡在煮就后应该立刻取饮,冷了再煮的咖啡常使香味减退。喝淡咖啡别有风味,但大多数人总要加一点糖和牛奶的。

普通我们总说"煮咖啡",实在从一粒粒碎屑的咖啡,加了水酿成液汁的饮料,却有三种方法:

泡法 这是最普遍也是多数调制咖啡专家认为最好的方法。咖啡和水接触的时间是很短的,大量的香气和暗红色的苦味已经可以给水提取出来了。有一种泡咖啡的壶用滤纸,有几种泡咖啡的壶只有许多小孔的顶子,然而用了滤纸的效果,可以使咖啡纯净而清洁。先把壶在沸水中浸过,然后将咖啡放到壶的顶子中去,轻轻摇动一番,咖啡便给挤下了。其次将滚烫的开水按照所泡咖啡的比例倒下去,把壶子放在沸水中炖一刻,或放在火焰微弱的灯上,保持壶子温度,但千万不能让它沸滚。经过六七分钟便可以倾饮。咖啡的渣滓应随时弃去。

滤法　先将咖啡盛滤器中,倾水于壶,放在火焰上,当壶中的水沸滚起泡时,可以开始计算时间,大约让它缓缓地滤上八分钟到十分钟便告成功。

煮法　置咖啡于壶中,加入开水,轻轻把壶子摇动,放在火上煮到达沸点时,再把它摇动一次。沸煮五分钟,从火上取下,倾入少许冷开水,使渣滓下沉(假如煮一壶咖啡,大约应倾入冷开水八分之一杯)。把壶子安定地放下几分钟,才能倾饮。

冰咖啡是夏季的好饮料,制法有两种。一,咖啡煮好后倾入玻璃或磁瓶中,待冷,再注入放有冰块的杯子里。二,煮一壶浓咖啡,以两茶匙咖啡配一杯水作为比例,煮就后,趁热倾入放有小冰块的磁器中。

闲话咖啡

(作者:孤云,原载《女铎》,1939年)

现在西风已洗遍了老大的中国,吃咖啡茶的习惯也随西风而流入,可是咖啡的历史和它的生产是怎样的,恐怕有许多人也不大明白,所以我在这里把它的历史和它的生产谈谈,也许是为读者所欢迎的。

咖啡早期的历史在历史上很少记载,直至十五世纪才有记载。据说在十五世纪之前,咖啡已为阿比西尼亚人用作饮料,而阿比西尼亚到现在还是出产咖啡最盛的地方。

至一千四百年咖啡才由某位香客带入阿拉伯,及至今日那香客在叶门之墓已成了历史上引人崇拜之物,但其他邻近的国家却不采用咖啡为饮料。

因为它的用场是用以驱除睡魔
的,回教徒有时作长期的宗教礼拜往
往吃咖啡茶来提起他们的精神,使他
们不觉得昏睡。但严肃的正统派回教
徒却反对以咖啡为饮料,因为他们说,
咖啡是使人麻醉的饮料,所以回教徒
的经典中,也以此为禁品。虽然禁用
的条例是很苛,但吃咖啡茶的习惯却
在阿拉伯人与回教徒中流行很广,而
且还是很迅速的。不久他们就以咖啡
为唯一的饮料,如我们以茶为唯一的
饮料一般的。

Astragalus Boëticus

欧洲人初次饮咖啡是从某一个德国医生学得来的,那医生的旅行
杂记是在一五三七年出版的。

咖啡室的起源

不久咖啡室已在欧洲各国纷纷设立,其盛况一如在阿拉伯一样。
但开设咖啡室时,初时亦遭遇许多困难。在德国有一个时期,咖啡室需
要领执照。在英国则有查理士二世禁止开设咖啡室,据查理士说,咖啡
室是政治运动的中心地,但后来不知道为了什么禁不成功。

英国第一个咖啡室是在伦敦开张,为一个富商所办。那富商的朋
友听见他从东方带了咖啡回来,个个都想到他店里来试一试新的饮料,
他为了自己接应不暇,就在店中另辟一室作为咖啡室,叫他的仆人在室
内招待来客,但来客越来越多,后即改为营业性的咖啡室,这就是英国
开设咖啡室的起源。

当时的咖啡室,不但供给人客咖啡茶与食品,就是宿舍也有设备
的。每一咖啡室都有它的老茶客,每日到来交易,茶客们不但到咖啡室

吃茶、吃点心,并且以这咖啡室为谈话之所,凡讨论文学、科学、宗教与政治等等问题,都在咖啡室中举行,所以欧美各国的咖啡室就等于我国的茶馆,因我国的茶楼也是一般人用来作谈话的所在的。

还有一层,在那个时代,新闻纸是很少的,多数的新闻都是从咖啡室中传来,所以上咖啡室也就是到那里打听消息。在这里我不妨引用马克梨(Macaulay)一段关于咖啡室的谈话,以作引证。

"谈到历史,我们就不能忽略了咖啡室。咖啡室在那时代的确是一种重要的会社,一切舆论与民意都以咖啡室为传达的主要机关……中上的人每日都到咖啡室来听消息,并互相讨论。每一个咖啡室都有一个以上的善于辞令的人,得到听众的佩服,而那种人不久即成为现在的时代新闻记者所谓的报界中人。"

咖啡的出产地

咖啡最初的出产地是阿比西尼亚,因为该地到现在咖啡的生产还是很繁盛,由阿比西尼亚传播到阿拉伯,后继续传播到其它各国。

至十七世纪的末叶,全世界咖啡的供给多数都是从南非洲叶门国而来的。在那个时候,咖啡逐渐移植于爪哇、锡兰,继后又分植于南美洲热带的地方,该地很宜于种植咖啡,所以产量很多,至今日南美洲已成为世界出产咖啡的主要产地了。

凡水分充足,离海面一千至四千尺的热带山坡,终年温度在法伦表六十五度至七十度的地带,都宜种植咖啡。

所以南美洲出产咖啡最多。世界咖啡的供给,约有三分之二是从巴西(Brazie)而来的。哥伦比亚、委内瑞拉(Venezuela)、Equador、秘鲁(Pern)等地亦有大量咖啡出产。玻利维亚与巴拉圭亦有咖啡出产,但产量不多。最著名的莫家(Mocha)咖啡仍是阿拉伯的出产物。阿拉

Dandelion

伯没有伟大的咖啡种植园，多半的咖啡树都是植在农民住居的四周。所以阿拉伯出产的咖啡，多数是供给本地的消耗，多余的才运至七百余英里远的亚典出口，运销国外。

东非洲的垦雅（Kenya）亦是出产咖啡之地，在不久的将来也许垦雅会变成重要的咖啡出产地，但现在英国的咖啡出产地是印度。英国全国消耗咖啡的总额，约百分之八十六是由印度运去。印度的卖索尔、库尔格、马拉巴、尼尔基里等地都是种咖啡之地，而卖索尔却占了主要出产地位。

咖啡名字的起源

"咖啡"（Coffee）这个名词，大概是阿拉伯字而来的，它的意义就是"酒"的解释。又有人说"咖啡"这个名字是地名，即阿比西尼亚的加发（Kaffa）省，因加发出产咖啡最多，而且又是最初的出产地，故后人即以该地名为此种饮料的名称。

咖啡树的形状

咖啡树的高度各各不同，大约由六尺高至三十尺高不等，但为出产咖啡的咖啡树，多修剪至高过人为止。

咖啡树是常绿的灌木植物，叶子光滑，叶长约六寸，宽约二寸半。花为纯白色，芬芳扑鼻。咖啡花多丛生于叶腋间，甚为美丽，但开后不久即凋谢了。咖啡树每年开花两次或三次以上，所以有时在同一棵树上看见了有的开花，有的结果。开花七个月后，果实便已成熟。

咖啡树的果实是一种多汁的浆果，其状与樱桃无异，果实的大小亦几

相同,成熟时,咖啡果实即成深红色。每一个果实里面有两粒种子,种子的外面包以果皮。种子与果皮之间有一柔嫩的保护物,别人称它是"银皮"。种子的形状是半圆形,那平面的有一个 jinxian6de 匍匐状,两种子的平面那一面在果实中式相对的。

咖啡树约种了三年,即能出产咖啡,每树每年出产一磅至五磅为止,咖啡树的寿命为二十年左右。

咖啡的种植法

咖啡树的种植法,有的是从拣选的种子播种出来的,有的是用换植的方法,折枝移植。咖啡树的树苗是不能多受阳光的曝晒,所以咖啡树苗必须要种在其它植物的中央,要受其它植物的阴影遮蔽。咖啡成熟时,或由手摘下,或任它落在地上都可以。

咖啡的制法

咖啡的制法有两种,一种是湿制咖啡,一种是干制咖啡。制干咖啡的方法是非常简单的,因为这是阿拉伯人的土制法。先把咖啡铺在石地上任太阳晒干,干透后即将咖啡的外皮剥去,余留的果肉就是咖啡。湿制法,又有人称之为西印度的制咖啡法,而这一方法在南美洲亦多采用。

大的咖啡公司,是将园田中收获的咖啡由水管输送至水柜,再由水柜输送剥壳的机器中,将咖啡壳剥去;壳剥去后,咖啡果肉和果核仍然被一层薄皮包着,必须要再输送到另一水柜将果肉和果核分开,去外皮时或用耙或用特制的机器,直至把核与皮去清为止。

剥去了外皮之后,即将咖啡果肉晒干,或用蒸汽烘干。干后把咖啡的残余外皮簸去,坏的果肉及杂物则用手拣出。如此即能出售。

平均每一咖啡树每年产纯净咖啡一磅半至二磅,但肥沃之地与栽培得宜的,那就不止此数。

假咖啡

市上出售的咖啡往往有假货混杂,尤其是咖啡粉。假咖啡中,多数混杂红萝卜籽、蒲公英籽、豆、豌豆、菊苣等物制成的。虽然菊苣也许不能称之为假冒品,因为喜欢菊苣的香味的人是很多的。

因为假货太多,所以购者不易察出,即使购买原咖啡亦不能保险不上当。因为有些假咖啡,是将上述的假品磨碎,用机器压成咖啡的形状与大小,然后放在火里烘煎,与原咖啡的颜色一样,买客不仔细,很难分别出来。

咖啡在人的生理上的作用

咖啡是含有兴奋性的饮料,饮了之后使人发生一种兴奋,除去疲倦。饮后可增加心跳的次数,并可以减轻疲倦的感觉,使人能继续做用劳力或劳心的工作。它的生理的作用是全靠它含有的咖啡素,这与茶叶中所含的硷质,或称之为茶素,有同样的作用。咖啡素是醒脑的东西,精神委顿的人吃之,很可以得一时的振作。但多吃咖啡素的人,日久必成癖好,会越饮越多。这自然是于身体有害处的。

咖啡素于儿童更有害处,因为儿童是天生活泼的,故最容易受刺激,身体过分兴奋,则不能使身体得到需要的休息,以修补体内损坏的组织。咖啡素又可以损害儿童的胃口,使他不愿吃牛乳。

咖啡有四种,每种所含的咖啡素的分量不一,有的是完全没有的,其他的最多含百分之二。市上亦有完全抽出咖啡素的咖啡出售,一杯普通的咖啡茶和以牛乳约含一喱咖啡素,但强烈的黑咖啡含量更多。

咖啡叶比较咖啡果实含咖啡素更多,苏门答腊人常以咖啡叶作茶吃。但无论如何,咖啡叶总不及茶或咖啡适口,因为咖啡叶是没有香气的。

咖啡寄情

(作者：孔武，原载《天下》，1940 年)

咖啡，我知道你一定尝过这名字叫做"咖啡"的饮料。而且，我知道你一定很喜欢它，甚至可以说，咖啡已经成为你日常重要的饮品了。或许仍有一些人存着一种甚可笑的偏见，认为饮咖啡是太欧化了，告诉你，最傻的人才会有这个想头的，其实咖啡已经成为世界各地的权威的饮品。咖啡，在炫耀的名贵的大酒店里，它可以卖你五毛钱一杯，而在街头的摊子上，它却可以便宜地卖你两个铜板一杯，你说，咖啡普遍么？吃黑面包的人要喝咖啡，而吃大羊排大牛排亦何尝不饮咖啡呢！

好，你现在可有这样的闲情，听我说说咖啡的逸史么？正如咖啡本身一样，这些逸史怪刺激的，而且怪有趣。也许你会说："噢，这些故事，我听得太多了。"但是，聪明的先生，你可记得"一个有趣味的故事讲述百次也不会令人厌倦"这一句俗谚吗？正如我们听《天方夜谭》或是《聊斋志异》一样，小时候听觉得有趣，大来听依旧觉得有趣，甚而趣味会加厚也不定。那么，你静静地聆听吧，这正是好的时辰呢。窗外正吹着萧萧寒风，夜静的谈述是最亲切不过的呵！

从现在的世纪推上五个世纪，即是十五世纪的时候，我们从一位佚名的阿拉伯作家的原稿里获得一种新奇的智识，这就是正确的种植咖啡的智识。

你一定想知道，最初种植咖啡的地方吧，然而，那地方可太遥远了，它远在非洲。阿剌伯半岛西南边的一个小角落里，就是最初种植咖啡的地方啊。而最初饮咖啡的又是什么人呢？是风头十足的少年绅士么？是淑女么？是贵妇么？你猜不着了，噢，那是僧侣哪。

但是，一件好的东西是不能给一部分人独享的。比方一个漂亮的女人……这例子说出来恐怕会挨骂，还是不说为妙，罪过。总之好的东西是应该献给大家共享的。咖啡也不能破例单给僧侣们独享。不久，在十五世纪的中叶，懂得咖啡的人渐渐多起来了，慢慢地便成了众人的日常嗜好品了。由于一些长途旅行者的需求，和沙漠上的骆驼商队的传递贸易，于是，几乎整个阿剌伯半岛的城市，都建筑起咖啡店来了。

但是在一五一一年至一五三四年这期间，咖啡店可谓遭逢厄运了，在君士坦丁堡等处的咖啡店，像遇着狂暴的飓风一样，坍塌了，倒闭了。而偷喝咖啡的阿剌伯人是要定罪于可兰经的宝剑下的。幸而！这咖啡的黑暗时代并不久，不然，咖啡以后的命运真是大受影响呢。

在十八世纪的德国(这可怕的国家啊!)也曾有过禁饮咖啡的事，因为咖啡使德国人的太太喝得倾家荡产，而姑娘们也宁愿饮咖啡不进天堂，于是当局出了一张告示曰："德国人啊，你们的祖父、父亲喝的是白兰地，像腓特烈大帝一样，他们是皮酒养大的，他们多么欢乐，多么神气，所以要劝大家把咖啡瓶、咖啡罐、咖啡盅，全拿来打粹，庶几德国境内不复有咖啡一物。倘有胆敢试卖咖啡者，定即没收无赦……"禁令虽然出了，而且招贴在每一壁惹人注目的粉墙上，可是，这又有什么用呢？一如二十世纪的美国禁酒令，禁者自禁，饮者自饮，政府当局可奈何？

但是最奇特的也许就是把咖啡拿来当药品用吧，这真有趣不过了，我想你一定不会相信，然而世界上的事，无奇不有，信不信由你。据云，咖啡饮了之后，可使胖人消瘦，而瘦子变胖，岂不奇哉！庾病，牙痛，歇斯底里咖啡也能治！

咖啡杂考

(作者:朱放原,原载《乐观》,1941 年)

在今日，地图上任何一角，差不多都有咖啡店的设立，咖啡已被确认为最好的上等饮品了。这里，让笔者为一些关于咖啡的考证，给爱喝咖啡的读者一个参考。

咖啡树的根源,远在非洲,阿拉伯半岛西南部的一个小角里,便是最初种植咖啡这种植物的地方。据说十五世纪的时候,已经在一个阿拉伯作家的文稿中,发现到种植咖啡的确定方法。

最初尝试咖啡的,只是一小部分的僧侣而已。到了十五世纪中叶,懂得喝咖啡的渐渐地多了起来,而且渐渐地成为许多人的日常嗜好品,也就在这个时期,咖啡店便兴盛起来。由于一般长途旅行者和一般沙漠的骆驼商队的需要,于是所有的阿拉伯的城市,几乎都设立了咖啡店。

---

① 19世纪埃及开罗的咖啡店。

很快,简直像闪电似的,这喝咖啡的风气便使全地球的人都感染着了。咖啡店成为一切游手好闲的人的聚集所了。在那里,他们说着没有价值的闲话,或者是无所谓地,任意的娱乐着,他们中间有官吏、公务员、小商人、水手、航海家、无聊政客、著作家。在咖啡店里,时常充满了扰杂的争论声,和政治上诡秘的阴谋的,大概为了咖啡店里是无拘束的场所吧!于是,当时的谟罕默德的子孙们,遂像铁屑遭遇了磁石似的,一个个被吸引到咖啡店里,而荒废了寺院里的重要的工作。

因为这样,咖啡店触怒了手执《可兰经》的主教们,他们大肆咆哮着:这还成世界么?咖啡店和咖啡遂遭到了不幸的、悲惨的命运了。在一五一一年到一五三四年,真可以说是咖啡的"黑暗时代"。在君士但丁堡等处的咖啡店,像遇了飓风一般地倒闭下来;而喝咖啡的阿拉伯人,都被定罪于可兰经的重创之下。

有种名叫摩卡的咖啡,它是阿拉伯咖啡市场的主要物品,而且保持着专卖二百多年之久。及后,它的产量实在过剩了,便由君士但丁堡找到一条出路,运往意大利去。最初运到意大利的地方是"水之乡"的威尼斯,那时是一六一四年,随着在一六一五年,咖啡闯进罗马京城了。

在过去的巴黎,关于咖啡店的统计,有过一个可惊的数目字,那是十八个一百。这一千八百间咖啡馆不是挤满了整个巴黎市么?而伦敦则更多,在一六七五年时,咖啡店之数目已达三千间了。"所有政治上的阴谋和宗教上的意见,都是以咖啡店作大本营的。"爱德华·福白·鲁滨逊在他的《早期伦敦咖啡店史话》里这样地说着。由此可见,咖啡店是如何重要了。

喝咖啡的风尚又伸展到日耳曼联邦的德意志去了,而且尽可能的伸展着它的势力。十八世纪时,咖啡传到斯堪的纳维亚半岛。在那儿,咖啡的流行,恰好和俄国相反,它成了当地人民的日常的消耗,和将要超过冠军的波兰。就把上海一埠来说吧,咖啡店的数目也不算少了。咖啡对人类的魅力,是如何地厉害啊!

咖啡饮料之趣史

（作者：佚名，原载《东方日报》，1942 年）

　　目前世界各国高尚人士，颇多饮用咖啡，视为酒后餐余之唯一消遣
品。本埠各热闹市区之咖啡室，尤为鳞次比节，触目皆是，每日顾客难

---

① 柏林街头的咖啡馆，摄于 1899 年。

以数计。咖啡之受人欢迎,于此可见。九日《泰晤士报》曾刊载咖啡充作饮料之趣史,颇饶兴趣,兹特译述于后:

上古之时,世界各文明国家人士对于咖啡之食物,尚属茫无所知,更无论用作饮料。根据阿剌伯人狄沙赛之记载,在西历一四七〇年,即希基拉八七五年时,始由阿剌伯酋长雪海伯将咖啡从非洲沿海区域携至亚丁。另一传说则谓携带咖啡至亚丁者,系属阿剌伯酋长阿台拉。依照后一传说,可知咖啡用作饮料之举,早在阿比西尼亚国人士中,风行一时。厥此自阿国运至阿剌伯,再转入土耳其与世界其他各处。

回教国家人士举行宗教仪式时,礼节隆重,为时甚长,故需咖啡以刺激神经,提醒神脑,阻止疲倦。惟回教中之正统派及保守分子,则竭力反对饮用之,因此极端派均视咖啡为麻醉剂,夙为可兰经义所禁止。阿剌伯文字中,代表咖啡之"可华"一字,在古代阿剌伯文学中系指酒类而言,可兰经虽如是规定,而阿剌伯回教徒饮用咖啡之习惯,流传甚广,一如中国人之饮茶,视为不可一日或缺。以后二世纪中,阿剌伯人咖啡均从也门省输出,最享盛名。

①

———————————

① 埃及开罗的露天咖啡馆。

直至十六世纪中叶,土耳其之伊斯坦堡始有咖啡室之开设。该埠人士亦以咖啡为举行宗教仪式之刺激品。回教徒每日前往咖啡室饮用之后,回教教堂又发出命令,禁止教徒入内。于是咖啡室之营业日衰,正统派教徒更怂恿国王对于全国咖啡室课以重税。实行寓禁于征,此辈咖啡室主人受此严重打击,唯有迁往希腊,继续营业。再由希腊人将此习惯,传入西欧。

一六五二年时,希腊人罗沙首在伦敦开设咖啡馆。罗氏初随土耳其商人爱德华充当仆役,每日为其主人煮咖啡以享客,客人饮而嗜之,排夕往饮,爱德华苦之,遂命罗沙设一公共咖啡馆,以免其扰。此咖啡馆设于康希尔之圣密歇尔教堂附近,罗氏在大门上悬一本人之肖像为记,并大书"起首老店,只此一家"八字为号召。

咖啡流入伦敦后不久,又引起同样之困难,及一六七五年,英王查理第二立下手谕,以咖啡能使人民发生特殊感情,反抗政府,爰加以禁止,并课重税。于是私运咖啡之风大盛,数年之后,由南美运入西班牙之可可,亦传至欧洲。咖啡则由土耳其输入,而中国之茶亦由荷兰运至英国。迨至一六九〇年,荷属东印度荷恩开始种植咖啡于巴达维亚,于是爪哇遂产咖啡,更由荷印总督以之运往荷兰,由荷兰国王命人植于阿姆斯特丹之公园中,再传入苏里南。一七二八年以后,西印度群岛亦开始种植,从此逐渐传播于新大陆。目前世界咖啡之产额,以爪哇为最多,赤道附近之地带,传播益广。据最近统计,全世界咖啡供给之大部分产于巴西,而其品质之优良,则以危地马拉所产者为首屈一指云。

咖啡史话

(作者:尉廷,原载《政汇报》,1942年)

从前,当中国的茶初传入欧洲时,西方人曾把茶当做时髦的、珍贵的饮品。而现在从欧洲传到中国来的咖啡,却也变成一种时髦的饮品,在我们日常生活中占了和茶争夺的地位。特别是在这个国际性的上海,在任何的场合里,都会有咖啡的出现。在马路上的面包摊上,你只消花上五六毛钱就可以得到一杯所谓咖啡的咖啡,虽只是清水光汤的,但价钱却很低廉呢!一般时髦一点的人物,喜欢静默的诗人,他们也不去上茶楼,喜欢静坐在小小的咖啡室的一隅,抽着"派翰伯",跟友闲谈,或作静寂的思索。咖啡的香味和色泽,比之茶更富于刺激,更有魅力,咖啡渐渐得到许多人的爱好,不会没有理由的。

咖啡树原来生长在非洲的阿比西尼亚,由阿剌伯人和土耳其人传入欧洲,一六四四年传入法国的马赛。可是除了几个大城市以外,法国大多数人士不受咖啡的诱惑,直到一六四四年,来了一位土耳其大使,经他大吹大擂,咖啡才在宴席上大大地时髦起来。但近代那样的咖啡馆,要到十七世纪中叶才出现,不多时便成了上流社会的人常到的地方,军官、文人、贵妇人和绅士,打听消息的人,寻求机遇的人,有事没事的人全都上咖啡馆来。

头一个欧洲的咖啡馆叫做"绯极尼亚",一六五二年开于伦敦,以后就慢慢□□傲行。各种政党,各种阶级,各种职业界,都有他们自己

①

———————————

① 1652 年开设于伦敦的第一家咖啡馆。

的咖啡馆。威尔咖啡馆非常有名,这是文学家们的,德莱登和其他的朋友常在这里聚会。如果某一个诗人的一首诗在这里得到赞许,担保"推销"容易,在"文坛"上得到好评。

二十年后,法国也开了头一个咖啡馆。差不多在一七二〇年左右,巴黎一城已有三百家上下的咖啡馆,而且还有特别的屋子以备游嬉之用。当时最风行的是打弹子和纸牌,至于吸烟则当时认为太没有礼貌,所以上流社会尚未普遍。我们可以说,咖啡的势力在当时非常之大,普遍于各阶级,其程度比现在还要厉害。在那样的时代,这的确是一种特点。

因为咖啡可以代表一种刺激的,它可以产生一种所谓清醒的醉态。据说福禄特尔就是一位有名的咖啡爱好者,有人说他一天或一夜所饮的咖啡不下五十杯,他如法国大文豪巴尔扎克的喜饮咖啡,也是举世闻名的。这些例子确实是咖啡的幸遇,如果咖啡生而有知,定必曰"三生有幸"!

①　1686 年开张的 Le Procope,是法国巴黎的第一家咖啡馆。

咖啡之与文人结不解缘自有其相当的理由,我们从他们的文章体裁上就可以看出咖啡对于文人的影响。他们的文章富于神经质,透明如镜,感情奋激,发挥过度,正和咖啡的性质相似。

德国又晚了一点,到十八世纪初年才有,但第一个一开头,马上便风行起来,有一个特别有名的,就是那个第一次开的维也纳咖啡馆。可是在德国激烈的抗议也时有所闻,许多丈夫说他们的太太,因喝咖啡而破家荡产,可说许多娘儿们,若是地狱里有咖啡喝,宁愿不进天堂。希尔德斯黑谟地方的政府在一七八〇年发布的一条训谕,劝诫人民不要喝咖啡,可见禁令之严了。

①

可是还有一点让我们记住,咖啡最初也是当药使用的,据说它可以让瘦子长肉、胖子变瘦,还能治瘰疬、牙痛和歇斯脱利症。但另外又有人怀疑,说哈瑶是一个爱咖啡如命的人,终于中了咖啡的毒,浑身溃疡而死。一七一五年,有位医生的论文,证明咖啡促人寿命;还有一位邓肯医生说它不但诱发胃恶和霍乱,还能叫妇人不育,男子阳痿。于是出来了一位辩护人,巴黎医学院院长赫克,他只承认咖啡能轻性欲,使两性关系高尚,使和尚们能守他们的戒律。这样说来,咖啡竟然变成节育剂了,众说纷纭,莫衷一是,究竟孰是? 我也无法断定,这种一本正经的详细解说原不在本文范围,所以就在这儿打住。

———————

① 德国最古老的咖啡馆 Zum Arabischen Coffe Baum(阿拉伯的咖啡树)。

咖啡的历史

（作者:沈浮,原载《永安月刊》,1942 年）

以咖啡作饮料,现在已经很普遍了,一杯在手,确能增加清谈的兴趣。咖啡之成为重要经济产品,其最初历史颇为暧昧,但是有很多臆度的和类似神话的传说。在古代文明各国确不知有咖啡一物。

在沙特西(De Sacy)的《阿拉伯文选》(*Chrestomathie Arabe*)里,有一段阿拉伯的记载,据说咖啡的饮用是在西历一四七〇年以前,某阿拉伯酋长由非洲介绍至东方的;又据载称,咖啡的饮用,在古代已盛行于阿比西尼亚。可知咖啡系由该国经阿比西尼亚人传布至土耳其及世界各地。

虔信的驱睡剂

初时,回教徒在冗长的祈祷中,利用咖啡的驱睡特性以刺激精神。但此种举动会引起正宗派保守分子之反对。在可兰经里,咖啡的饮用,也列为禁例。咖啡在阿拉伯文中称 Qahwa,意与酒同。虽有神罚之恐怖,饮用咖啡的习惯,仍盛行于阿拉伯回教徒间,以致咖啡的种植之在阿拉伯,犹茶之于中国。在起初两世纪,全世界的咖啡供给,几全出自南阿拉伯的也门省,著名的摩卡(Mocha)咖啡即产于此。

土耳其的咖啡室

咖啡的嗜好由阿拉伯逐渐展布,至十六世纪,伊斯坦堡(Istanbul)开始有咖啡室创立。但在该地也引起宗教界的震动。因为咖啡室的兴旺使赴回教堂祈祷的人数大为衰减,教中便亦禁止饮用。甚至教中人请求土王,对于咖啡室征收苛重的营业税。虽然如此,该项营业仍如雨后春笋。当时希腊为土耳其帝国之一部,故关于咖啡的智识系由希腊人传至西方。

到达英伦

其后一百年,咖啡始传入英国。伦敦第一家咖啡室系一个希腊人名罗西(Pasqua Rossi)者设立于一六五二年。罗西系由士麦拿(Smyrna)随土耳其商人爱多亚氏(D. Edwards)来英之仆人,伊常为爱氏烹煮咖啡以飨客。客等得尝异味后,转辗宣扬,以致爱氏宅中,座常为满。爱氏不胜其烦,乃命罗西设立公共咖啡室于圣麦考街(St. Michael's Alley, Cornhill)。罗西悬其照像于门,其后即以英国制售咖啡之第一人自居。

再遭仇视

咖啡之传入英国,也遭遇到在别国所受相同的仇视。在一六七五年却尔斯二世曾以上谕抑制咖啡事业的活动,略谓咖啡室是恶徒聚积之处,他们播散各种恶意的谣言,攻讦朝廷,扰乱社会的安宁。对于此种举动,法理权威的意见是"咖啡的售卖可认为正当的营业,但是以咖啡室的滋蔓煽乱,布散谣言,诽谤大人物而论,咖啡是一样公众的害物",可是,政府乃开始课以重税,结果致成大规模的走私。

三大日常饮料,先后各间数年,联袂传入英国。可可是其中的第一个在欧洲出现,是由南美携来西班牙的;咖啡踵接继至,是由阿拉伯经土耳其而来的;最后一个是茶,由中国经荷兰人的媒介而来的。

欧洲的第一株

直到一六九〇年,咖啡的唯一来源一向是阿拉伯。但是那一年,荷印总督胡恩氏(Van Hoorne),由往来于阿拉伯湾与爪哇间的行商处,获得若干咖啡种子。他将它们种在八打威(Batavia)的花园里,一时异常繁殖,于是大规模的便在爪哇开始了,该地最初所生的咖啡苗,有一株被运返荷兰,赠给荷兰东印度公司的总裁。这一株便被种植于荷兰阿姆斯特丹的植物园内（Botanic Garden at Amsterdam），这是欧洲的第一株咖啡。其种子所长成的幼苗，被移植于苏里南地方（Surinam），该处的大规模种植始于一七一八年。十年后，咖啡树传入西印度群岛，于是此种种植乃逐渐遍布于新大陆。今日，这一棵由爪哇移荷兰的咖啡树的后裔，在美洲所产的咖啡，竟多于其他世界各处。现在，在热带上各已开化的区域，都普遍地种植它。巴西的产量占全世界的一半以上，但是据说瓜地玛拉所产的咖啡，品质最好。

尾声——请饮大麦茶

拉杂写来，已占篇幅不少，读者感觉倦吗？好，来一杯吧。可是在这战乱的年头，这样饮料也贵得多了。你看，有些饮用很盛的地方，因为来源的缺乏，不是已经采用代用品了吗？浦东婆子所卖的焦大麦，不也有相似的味儿吗？让我们来提倡这种消食开胃、健脾利湿的土产吧！

华茶的劲敌——咖啡

（作者：胡孔彰，原载《万象》，1942年）

咖啡树，是一种高约二丈许的热带小灌木，属茜草科，牛皮冻属。叶对生，腋下生花，白色而有浓香。花冠合瓣五裂，如白色小漏斗状。含雄蕊五个，雌蕊一个。雌蕊柱头对裂，是雌雄同花植物。花落结肉质浆果，比胡椒略大一点。果内含种子两枚，干后就是咖啡豆。

咖啡豆经炒焙之后，究成碎粒，略煎后沥去渣滓，加糖调和，变成饮料。

咖啡树在中非、南美、中美、西印度、南洋一带，多有种植。以中美洲的瓜地马拉所产的品质最佳；以巴西国的产量最多，差不多要占全世界的咖啡生产量总数百分之六十五以上。而非洲虽以产咖啡著名，但实际上产量极少。

欧洲人在尚未发现新大陆之前,咖啡就早已成了他们的饮料。当十四世纪,欧洲人冒险进入那"黑人大陆"回来,便带来了那新奇的、黑色苦味的"马卡"(阿比西尼亚语)。待至华茶输入了欧洲,他们尝到了东方异味,虽说博得了他们的赞美和爱好,为了进入先后不同,直到现在,还是喝咖啡的多于喝红茶的。

咖啡之在欧洲,也和茶叶之在东方一样,有着许多名人轶事传诵于人间。像十九世纪的法国作家白柴脱,就是一位嗜饮咖啡的著名人物。他每天须饮四十至六十杯以上的浓咖啡。在他微贱的时候,为了没钱买面包,尽可少吃一点,咖啡却非得喝一个充量。此外德国的铁血宰相俾斯麦,也是位咖啡的嗜饮者。他不论是军事倥偬之际,或是政务纷繁之时,一杯浓黑的咖啡,总是离不了他的左右。

咖啡不仅是一种日常饮料,并且还是一种有用的药用植物。在咖啡子里,提取一种白色的丝状结晶物,叫做咖甜碱,可作急性心脏衰弱、神经痛、水肿症、麻醉性中毒、偏头痛、喘息等病的内服剂。

咖啡是一种含有刺激性的饮料,那浓烈而无含蓄的香味,那苦得非和糖不能入口的苦味,比之于"可以清心"的中国茶,固有雅俗之判。但那金黄的色泽,那触鼻就使人馋涎欲滴的诱惑性的气息,却也不是那"香清味永"的祁门、龙井所可比拟的。因此,咖啡自输入中国以后,虽说最初仅是为一般洋商大贾们所爱好,可是时至今日,爱好的人,却逐渐的增加起来了。

漫谈咖啡

(作者:椿年,原载《申报月刊》,1943 年)

在上海,咖啡室是新兴的事业,饮咖啡是最时髦的消闲,有闲的公子哥儿们高坐在富丽堂皇、具有异国情调的咖啡室中,耳听悠扬袅袅的音乐，口饮馥郁芬芳的咖啡，真有说不尽的愉快。这种愉快，假如没有阿剌伯人的流血的斗争是永远不会享受到的，然而他们在怡情悦性的消闲中，能有几人会想到阿剌伯人曾为咖啡而流血呢？

阿剌伯人和香料有不解缘。在古代，他们握有香料贸易的权利：哈特拉莫（Hadramant）是乳香、没药等芳香性树脂的产地，希腊人、罗马人和埃及人到那儿去采办的络绎不绝。印度和东南亚洲诸岛所产的丁香、檀香、苏木、胡椒、龙涎香以及波斯、西藏所产的麝香，或取道阿剌伯或由阿剌伯人输往欧洲，而东亚诸国的人民也有向他们购取香料的。不独如此，阿剌伯人自己也很爱用香料，例如阿班司（Abbas）朝是阿剌伯文化最灿烂的时期，那时王室举行宴会，必先在客室焚燃龙涎香和枷罗木，与宴的人们，除用麝香和蔷薇水熏染髭须外，在食前食后，还要用很名贵的香水洗手。公元一二五八年，蒙古军的势力伸展到底格里斯河（Tigris R.）畔，攻陷了大食文化的首都报达，把阿班司的宫殿付之一炬，香溢百里。原来这宫殿是用枷罗木、黑檀木和降真木等香木建成的。

十六世纪以后，阿剌伯人的香料贸易的霸权渐渐被东来的欧人所抢夺，他们把东方所产的香料运归欧洲，加以制造，于是泰晤士河和塞纳河畔的女儿们遂获得了高尚的化妆香料。而香料产地东方的贵妇人们倒反以巴黎制造的香水为无上尊贵的化妆品了。从此以后，阿剌伯人在国际政治上、商业上虽都陷入了一蹶不振的境地，但他们又发现了芳香的咖啡，这不独为碧眼黄发的异教徒们增添了芬芳的饮料，更替东方的公子哥儿们找到了消闲的圣品。

关于阿剌伯人发现咖啡和其煮饮的历史，有很多传说。归纳起来，大概咖啡这东西最初产在阿比西尼亚（Abyssinia）地方，到十四世纪初始输入阿剌伯，十六世纪，才被公然采作饮料。其经过的大概情形，可引法人葛莱特（Antoine Galland）著，一六九六年在康尼（Cean）出版的《咖啡的起源和发展》一书中，所引的阿剌伯神学家亚尔健捷利于一五五八年发表的《饮用咖啡的合法的论证》来说明的。

　　十四世纪,咖啡树从阿比西尼亚被移植到叶门(Yemen),十五世纪输入麦加(Mecca)被采用为饮料。十六世纪初,有一部分回教徒把它输往埃及,以开罗(Cairo)为中心,在各教堂中广为应用,采作饮料,叫做"醒睡气"。说也奇怪,那时各地阿剌伯人饮了这种新发现的饮料,竟会精神兴奋,放声歌唱。喧骚乱舞,不理教务。虔诚的回教徒目观这种情况,便群起反对饮用咖啡。他们的理论根据是《可兰经》。《可兰经》第五章第九二、九三两节,严禁教徒们饮酒赌博。饮了咖啡会放声高歌,不理教务,这和饮酒醉了的态度毫无分别,所以《可兰经》中禁酒的规律也应适用于咖啡。爱饮咖啡的人们持着相反的理由,他们以为《可兰经》所禁饮的是酒,酒最初用椰子或枣子,后来用葡萄等果汁,经过发酵的作用而酿成的。咖啡和酒不同,是非常清醒的,饮了精神爽快。在教堂中有许多宗教上的仪式,有时在夜间举行,那时饮些咖啡,精神兴奋,多么有益。所以引用《可兰经》第五章第九二、九三两节经典来禁饮咖啡,实在是违反教义的举动。这理论上的争执,不久便演变

---

① 1910 年的埃及街头。

为行动上的斗争。

　　一五一一年，回教圣地麦加到了两个从波斯来的医生，他们除医学外，又精通修辞、伦理和法学，首先反对饮用咖啡。当时麦加的大法官邬文诺的秘书、哈那斐法学派的领袖丹英附和了这两位医生的主张，去请求麦加太守哈伊尔严禁咖啡。哈伊尔本来就是反对饮用咖啡的，经丹英的请求，立即下令取缔麦加市内卖买和饮用咖啡。他的取缔办法是很严厉的，不但卖买咖啡的商人都遭受笞刑，他们的住宅，都经过最严密的搜查，搜获的咖啡，多集中在麦加市中焚毁，就是饮咖啡的人们，一经查获，即被执行游街示众的处分。这禁令颁布以后，公共场所饮咖啡的虽告绝迹，但私人家庭中饮用咖啡的却反增多了。

①

---

① 1910 年的埃及街头。

在另一方面，哈伊尔又上奏开罗的苏丹，要求正式下令禁绝麦加市内的咖啡市场。苏丹接受了哈伊尔的奏折，遂召集阿剌伯的著名的法学家，商讨办法。商讨的结果，认为咖啡本身并没有什么罪恶，只要不用圣地灵泉的水来煎煮。苏丹把这讨论结果答复了哈伊尔，对禁绝咖啡的要求，没有表示。因此，麦加民众遂得安心地继续饮用咖啡，而哈伊尔本人对卖买和饮用咖啡，也不得不采取比较宽大的态度。一五一二年，开罗苏丹派遣监察官伊玛姆巡视麦加，谴责丹英发动禁饮咖啡的不当。同年麦加太守更迭，继任者柯德尔哈伊是爱饮咖啡的，麦加在他的统治之下，咖啡才成了普及大众的饮料。

一五二六年，阿剌伯学者亚尔拉克到达麦加，游说当局封闭咖啡店，严禁女人沿途兜售咖啡。他以为个人饮用咖啡，虽并无甚么罪恶，但咖啡店的喧闹，却是构成罪恶的渊薮。翌年，他死了，咖啡的流行，依然恢复了旧有的状态。一五三三年，谢富派法学者孙巴第发表一篇论文，阐述咖啡应予禁止的理由。一五三四年，开罗的回教教堂，即以他的论文为题材，召开禁饮咖啡的辩论会，展开了激烈的辩论。这种辩论是很容易激动听众的情绪的，当时有很多听众受到了禁饮派的宣传，遂组织队伍，到市中心实施暴动，摧毁咖啡店，殴打饮咖啡的人们，酿成了流血惨剧。爱饮咖啡的人们，不甘坐视，控诉于当地法官爱理雅斯。爱理雅斯是哈那斐法学派人物，他接受了这控告，就召集开罗的许多法律学者，举行会议，讨论谁曲谁直。结果都认前者的行动是违法的，应予惩戒。原来爱理雅斯是爱好咖啡的，他在自己家中，招待宾客，都爱饮咖啡的。从此以后，当局虽还屡次颁布咖啡的禁令，可是饮咖啡的人们，却逐渐增多，咖啡店的开设，也日渐增加了。

一五三八年某晚，有许多回教徒，在祈祷之后，群集咖啡馆中，畅叙幽情。不料来了许多警察，声称奉上级命令，逮捕饮咖啡的人们。被捕者除被拘禁一宵外，并受朴责。咖啡市场虽经此小小的打击，但二三天后，又恢复了旧有的繁荣。一五四三年，麦加集市有许多回教巡礼者，正值土耳其苏丹禁饮咖啡的命令到达那里，一部分女教徒们遂向当局请愿免禁。结果,当局接受请求,停止执行禁令。于是咖啡店得自由开设,教徒们得公然畅饮咖啡,不再有所顾忌与拘束了。

咖啡经过了这许多波折,被阿剌伯回教徒们认为合法的饮料,一直到十九世纪末年,才有把红茶来代替的。这是十六世纪以前反对饮咖啡的人们所梦想不到的事情。现在且来介绍一些他们以咖啡接待宾客的情形。

最初记述阿剌伯人以咖啡接待宾客的情形的是英国人贝尔掰来夫(William Grand Falgrave)。他于一八六二至六三年间旅行阿剌伯,和纯粹的阿剌伯人很多接触,饱饫当地的风俗习惯。他还到伦敦以后,于一八六五年,著《阿剌伯旅行记》一书问世,其中描写阿剌伯人以咖啡接待宾客,很是生动有趣。他曾经到过阿剌伯北部,和当地的乔夫族相接触。乔夫族之富有者,家屋中有专供招待宾客用的客厅。客厅入口处的对面,有以花岗岩等坚硬石材砌成的小炉一具,小炉的边缘,置有大小不等的铜壶数具,用以煎煮招待宾客的咖啡。小炉的后面,备有黑奴,专司煎煮咖啡和招待宾客的杂务。没有黑奴的人家,这种任务,归主人或他的子弟担任。

①

———————

① 阿拉伯式的咖啡器具。

宾客入门,必口呼阿剌伯神的名字,进入客厅,沉默缓行,除对主人行注目礼外,要和在座的其他人们,说些祝福的话。那时在座的人们无不肃静端坐。宾客祝福完毕,主人起立招待,为其祝福。在座的人们也起立唱和。宾客前进,主人也前进两三步,和宾客行合掌礼,然后互相说些寒暄的话,这是见面礼。见面礼完毕,宾主间乃进入正式的会谈。

宾客就坐,奴隶马上准备咖啡,先把炉火生着,注清水于铜壶,放炉火上煮沸,继从壁龛中取出咖啡豆若干,拣去杂物,置碾臼中碾成赤色粗粉——欧洲人必炒成焦黑色,碾成黑炭状的粗粉,以为这样可以增加馥郁芬芳之气,但失去了咖啡的真味——然后注入炉火上的铜壶中煎煮。另一方面,把印度产的郁金香轻轻捣碎,加入咖啡壶中。煮成后,注入用椰子的内皮制成的滤器内滤去渣滓,倾入杯中,以飨宾客。至于砂糖和牛奶,他们是完全不用的。

奴隶把咖啡递给与饮人们,必先自饮一杯,以示咖啡中并没有毒物,然后依次递给宾客。宾客中如有拒饮者,主人便视为无上的侮辱。一杯既尽,注第二杯。第二杯的顺序,如有特别贵客,则注第三杯第四杯。

以上是贝尔掰来夫所记乔夫族以咖啡接待宾客的情况,也是十九世纪后半叶北部阿剌伯居民的一般情况。至开罗方面的阿剌伯人煮饮咖啡的方法,据英人莱氏(E. W. Lane)所著,一八四八年在伦敦出版的《现代埃及》一书中所载与此略有不同。他们虽也不用砂糖和牛乳,但常以肉豆蔻或乳香加入咖啡中,富有者则更加些龙涎香。加龙涎香的方法,和乔夫族加郁金香的方法相同。相传他们饮了加龙涎香的咖啡,口中馥郁芬芳之气,能持续三个星期之久。龙涎香是古代阿剌伯人最爱好、最重视的香料,《天方夜谭》所记的各种豪华的宴会中所用的香料,大部分就是这种东西。它的输入中国,在唐开元十二年,中国史书上称作龙脑香。

至于咖啡店,据莱氏所记,在人口二十五万的开罗市,竟有千所左右。自午后到傍晚是营业最兴盛的时期,熟客以下层民众和商人为最多。店门外，置有高阁各二三尺，用石或炼瓦砌成的所谓麦斯泰把（阿刺伯语，意即石凳）。屋内也有同样的石凳，熟客们喜欢占据着前者。音乐师、街头卖艺者常出入店中卖艺，每逢节日更为繁盛！麦加方面，据亚尔健捷利的《饮用咖啡的合法性的论证》一书中所载，十六世纪时代，咖啡店已普遍地设立着。店内的陈设和酒店差不多，有男女乐师奏着各种音乐，饮客们做着各种赌博的游戏。这无怪亚尔拉克要认为咖啡店是构成罪恶的渊薮了。

以上所述是阿刺伯人饮用咖啡的起源、纠纷、煎煮的方法，和以咖啡款待宾客的礼节。现在要写些最初咖啡产地叶门种植咖啡的情况和其分布于世界的简史。

关于叶门种植咖啡的情况，最初有所记述的是倪伯尔（Karaten Niebuhr）的《阿刺伯旅行记》。一七六一年，丹麦国王弗利特利五世选拔优秀学者五名，包括植物学家福斯卡尔（Peter Forskal），动物学家克莱满（Christiam Cramer），语言学家爱文（Friedrich Van Haven），画家巴莱斐特（Georg Wilhelm Bourenfeind）和他的随员，测量技师倪伯尔，组织阿刺伯调查团。一行六人于一七六二年九月到达叶门的洛海牙（Lohly）港，登陆视察这土壤肥沃的西南阿刺伯的一角。一七六三年八月，自麻加（Mokha）归国。这是最初莅临阿刺伯的学术调查团，丹麦国王对它的期望是很大的，可惜在旅行途中，除倪伯尔外，都相继死亡。首先是爱文在麻加逝世，其次是福斯卡尔在赴萨那（Sana）途中逝世。在赴印度的船上，巴莱斐特和他的随员相继升天，在归国途中克莱满又瞑目了。所剩者只倪伯尔一人，幸他是个精密的观察者，所著《阿刺伯旅行记》，很多珍贵的记述。他携归的福斯卡尔的遗稿《埃及·阿刺伯植物志》也有很多有价值的记载。这两者，同于一七七五年问世。

倪伯尔等一行目击阿刺伯的咖啡田，有很详细的报告。阿刺伯咖啡产地，在叶门内地平均高度八千英尺的高原地带。那儿的气候是最适宜于耕种咖啡的，其栽培的情况，倪伯尔的旅行记中有过这样的记述：

……圆形剧场形的高高的田地上，满栽着咖啡树。花盛开着，馥郁

314

芬芳。它们大部分都是赖天然雨水来灌溉的,但在一部分地方,筑有贮水池,水从池中涌出,灌溉着高地的咖啡。在日光普遍照射之下,咖啡树都很繁茂。其有人工灌溉的,每年可结实二次,不过果实的品质,较逊于由天然雨水灌溉,每年仅结实一次的。……

那里所产的咖啡豆,都集中在洛海牙、华地达(Hoceida)和麻加三港,输往各地。麻加在当地是最大的港口。埃及、叙利亚、波斯和北非的咖啡商人都来采购,世称麻加咖啡者,原因就在于此。

叶门所产咖啡为西亚及欧洲人所爱好,从十六世纪到十七世纪末的二百年间,独占了世界的咖啡市场。十七世纪末叶,在荷兰人的奖励之下,始由叶门移植于当时的荷兰东印度各地。其中有一部分则移植于当时的荷属东印度各地,其中有一部分则移植于荷兰本国亚麻斯丹特(Amsterdam)的植物园中。同时,法国也获得了咖啡树的苗,在巴黎的植物园中种植着。后更移植于西印度的马丁尼克岛(Maetinique L.),使那儿成了法国所需咖啡的主要供给地。

一七一八年,荷兰人把咖啡从亚麻斯丹特移植到南美圭亚那(Guiana)的苏里南河(Surinom R.)流域。英领牙买加(Jamaica)总督罗斯更把它移植于牙买加。从此以后,南美、中美和西印度一带遂成了广大的咖啡产地,而巴西所产的咖啡,在最近竟获占了世界的首位。南美有名的咖啡产地,除巴西外,还有哥伦比亚(Colombia)、委内瑞拉(Venezuela)、厄瓜多(Ecuador)、秘鲁(Peru)、玻利维亚(Bolivia)和巴拉圭(Paraguay)。西印度各岛产量也多,尤其是海地(Haiti)和牙买加。后者所产的 Blue Mountain Coffee 是和阿剌伯咖啡并称的世界最优良咖啡。中美方面的萨尔瓦多(Salvador)、瓜地马拉(Guatemala)、哥斯达黎加(Costa Rica)、尼加拉瓜(Nicaragua)和墨西哥(Mexico)也是咖啡的主要产地。

此外,印度方面,自葡萄牙人于十七世纪初,把咖啡移植于锡兰(Ceylon)以后,其西南高原地带如卖素儿(Mysore)、马特拉斯(Matras)等区域都成了咖啡的主要产地,所产占全印产额的百分之八六。最近东非垦雅(Kenya)的产量逐年增加,大部分经玛巴萨港(Mombosa)输往各地。非洲本是咖啡的原产地,那里的土壤和气候,是最适宜于种植咖啡的,所以东非的咖啡田,如能好好的栽培着,将来的产量是很可能胜过巴西而占世界的首位的。至于阿剌伯的咖啡产量却在逐年减少,近年来自亚丁湾输往各地的,每年不过四五千吨了。

　　咖啡由阿比西尼亚、阿剌伯移植到世界各地,其经过的路程,已略述如上,可是现在世界各地所种植的咖啡,已很少纯粹的阿比西尼亚或阿剌伯种,因为在这发展的过程中,已经过了多次的改良。最初生植于非洲的咖啡,种类就有二十五种之多,这是包括阿比西尼亚和莫三鼻给(Mozambique)等地的野生咖啡而言的。十六世纪时,咖啡由阿比西尼亚移植到阿剌伯,为西亚与欧洲人所爱用,称傲阿剌伯咖啡。十七世纪末,阿剌伯咖啡被移植到爪哇、锡兰,后来锡兰的咖啡田中,发生了虫灾,蔓延到各地,阿剌伯咖啡大半枯死。继之而起的,是利比亚(Libya)种,这最初产在非洲西岸,后被移植到世界各地,代替了阿剌伯种的地位。它的叶、花和果实,都稍大于阿剌伯种。它在比较低洼的地方,也

①

——————————

①　早期的咖啡豆栈房场景。

316

可种植,而且结实很多,香气也浓,尤称佳种。不过比起阿剌伯种来,还不如远甚,所以阿剌伯咖啡产量虽逐年减少,栽植也较困难,但依然是世界上香味最好的咖啡。

咖啡输入欧洲是从十七世纪开始的,当时最初出现于欧洲的咖啡店在土耳其的君士旦丁(Constantinople)和意大利的威尼斯(Venice)。一五五〇年,咖啡被输入君士旦丁。一六四四年,土耳其的驻法使节把它献给路易十四。那时他还只是个五岁的婴孩,对咖啡未感兴趣,对咖啡的使用,未加鼓励,故咖啡店在法国出现较迟。威尼斯之有咖啡店始于一六四〇年;越十四年后,法国马赛(Marseilles)也出现了咖啡店;一七七〇年巴黎也有咖啡店了,发展很是迅猛,二十年后,全市的咖啡店已多至九百余所。伦敦之有咖啡店,有两个传说:一是英国人所传的,据说一六五二年就有人在伦敦开设咖啡店了;一是法国人的传说,据说一六七二年后,才有人在伦敦设立咖啡店,接着,在很短的时期中,就普及到全英各地,但一度曾被查理二世所封闭。这两个传说,究竟哪一个准确,笔者无可考证,总之,到十八世纪中叶,阿剌伯回教徒的芬芳饮料,已润遍了回教徒的咽喉,不过他们煮饮的方法,和阿剌伯人不同,常在咖啡中加些牛奶和砂糖,失去了咖啡的真味。

咖啡是芬芳的饮料。我国人饮用芬芳的饮料,自古已然,不自咖啡的输入始,处饮茶中加入茉莉花等香料外,又把郁草等香料加入酒中,以增强酒的馥郁芬芳之气。李白有诗云"兰陵美酒郁金香,玉碗盛来琥珀光",便是明证。至于咖啡的输入我国,确切年代,笔者虽无从考证,但咖啡店之普遍设立,则为海禁开放以后的事情,而且输入的咖啡,已非来自阿剌伯,而来自南洋和美洲,煮饮也因袭了英美的方法,失去了咖啡的真味。最近一二年来,对外交通不畅,咖啡输入减少,而各地咖啡店的开设,却反似雨后春笋地兴盛起来,于是狡黠之流遂把黄豆炒焦磨粉,用代咖啡,鱼目混珠,骗人钱财,那真是自鄙无义了。

暹罗咖啡史话

（作者：湄风，原载《南洋报》，1948年）

在暹罗，我们饮咖啡的历史，至多仅约莫是三十年吧。在年纪上了三十岁的人，童年时候，很少是饮过咖啡的，和现下的小孩子居然也嚷着要乌凉，情形迥异了。

似乎在什么书里，曾读到咖啡的起源。说是在亚剌伯，由一个牧马者，看见马吃了咖啡的枝叶，忽然地兴奋起来，他便把咖啡只冲沸水饮了些，知道是含有兴奋性的，于是把它做饮料，然后便传播起来，而至便于整个世界，和我国出产的茶一般地，流传到世界每一个角落。

由读暹罗史而得到一个推测，即是咖啡可能在二三百年前已经流传到暹国。因为那时候，西人已陆续来暹通商，而且法帝路易第十四，说什么要替暹国防范荷兰的势力，还派了一支军旅来暹，这支约四千名额的军人，可能是吃惯咖啡，携带着咖啡来暹的。

便说近世，拉玛皇朝成立以后，定都曼谷，西人来暹也渐多了。而至几十年以后，成立曼谷西人俱乐部，我们可以肯定的说，那俱乐部除绿茵草场开做运动场和跑马场外，在建筑物的里面，当然是咖啡馆了。

在暹罗人方面，第一家咖啡店，似乎是昭披耶喃在五马路设了一家——奴拉星咖啡店。那时"天下升平"，午夜还有人在啜饮，或者那时的高贵的汽车阶级和一些公子王孙，乘着汽车去干一杯。普通的人还很少知道咖啡是什么样的一件东西。

在华侨方面，三十年前，整个曼谷的咖啡店还寥寥可数，而且没有专售咖啡的商店，有些仅是卖点西餐，十五士丁一盘的西餐，全餐最多是一铢；而所谓茶话馆，还很盛行，甚么话梅园、小洞天等，每晚请些唱广府曲的女人在台上唱，饮茶的在台下饮，作周郎的玩赏，兼吃些肉包和酸甜的东西。那时候好饮咖啡和学跳舞的，几被视为是败坏的人物，违反习惯的轻佻子呢。又几年以后,渐渐地有些琼州的同侨创设了咖啡店,这才是正式的咖啡店,这大约是二十多年前的事。

过了些年月,咖啡店渐渐地扩设了,最盛的时期,是在战前,各咖啡店聘女招待款待人客,女人是富诱惑性的,于是乎工商界便趋之若鹜了。咖啡店的设备也日新月异了,饮料和佐饮的物品也增加了,果品也搬到咖啡店的冰橱去。牛油佐香蕉、木瓜、柚子,那些这些,应有尽有。而至于友朋相值,也嚷说到咖啡店谈谈。

一个美国的写作家谈到美国人的生活,他劝美国人每天只好在早晨饮一杯咖啡,最多也不要超过一天两杯,他说咖啡素对于人体是有害的。话虽这样,普通的美国人,我想每天不仅两杯吧? 在曼谷我们似乎整天到晚是叫乌凉饮,也不见得身子会受到如何的伤害!

茶余话咖啡

(作者:丁光宇,原载《京沪周刊》,1948 年)

说出来真有些使人难以置信,数百年前,在西方和近东,有不少人士,为了喝一杯咖啡,被处绞刑,至于罚钱囚禁,更是数见不鲜。他们犯罪的原因,实际倒并不在于咖啡本身,而是他们的君王,雅不欲他们在咖啡店里,公开谈论各种犯禁的事情。但罚钱、囚禁甚至死刑,并不能使一般嗜痂之人,绝足于咖啡之铺。"群居终日,言不及义",其中总不免有愤世疾俗的人们,几杯下肚,牢骚猝发,谈这样,论那样,是非往往由是而生。于是那时各国的当局,索性办得彻底,下一道命令,把他们国境内的咖啡店一例封闭。英王查尔斯第二便是其中的一个。

公开的去处既遭禁阻,人们便偷偷的聚集在私人的家里,"煮咖啡"而"论英雄",为了国家舆情的一致,这种偷喝咖啡的行为总算不在犯法之列。又过了一段长长的时间,咖啡店的禁令才先后被各国取消了。

照现代的标准看来，以前煮咖啡的方法真是差得远啦。你想，扒一大把又苦又涩的东西，放在没盖的锅子里没命的烧，这成什么话？后来，方法总算进步了一点——锅子上加一个盖子，但这也无补于事。

一世纪后，法国人发明了"点滴煮法"和渗滤器，咖啡的香味才算保全了一点。更数百年，苏格兰工程师奈颇（Robert Napier）开始用真空过滤法烧煮咖啡，跟着真空式的咖啡煮器也发明了，咖啡始予人以较好的口味，然虽完美之境，仍然很远。最近，美国标准局（Bureau Standard）把数百种可以用来制造咖啡煮器的金属摄成微影照片（Microphotographs），放在显微镜下，发现每一种金属上，都有状如火山的裂痕或是鳞隙。在这种细小的孔眼中，咖啡油很容易积聚起来，而变成酸臭。当然，用这种烧煮器所煮出来的咖啡，要希望它有完美无疵的味道，断不可能。

经过了长时间的实验，科学家证实玻璃是煮咖啡的最好器材之一，因为玻璃上没有微小的孔眼，让咖啡油积贮在里面而变酸。而且，不像其他许多物资，玻璃不会给与咖啡以任何异样的气味。但这并不是说，要煮一杯可口的咖啡，绝对非用玻璃器不可。最低的限度，你须时时查看咖啡是否洗涤清洁。据统计所得，约百分之五十以上的劣质咖啡是用积有酸化油质的金属壶中煮出来的。再据广泛的家庭调查，在百分之五十二的家庭里，他们所用的金属壶每月中难得洗涤一次以上，而百分之卅二以上的家庭，确是用那种肮脏的金属壶去煮他们的咖啡的。有几位咖啡的专家，他们终其一生，也许从来没有尝到过完美可口的咖啡，因而根本不知道怎样才是美好的咖啡。

数世纪以来，人们知道猛烈地煮沸咖啡是会败坏它的素质的，但说不出所以然。最近科学上所发现的理由是，当咖啡在煮沸的一刹那间，有一种急速的化学反应发生，同时强力的氧化物足以损害咖啡幽芳的香味。科学家也已知道为什么把冷咖啡重新煮热后，品质是从来不会好的，理由是在磨细的咖啡中，五分之一是一种树脂般的蜡质油脂所组成的。这种油脂在平时不溶于水,但当经过冷与重热的变化后,它会溶解在咖啡里,而把咖啡原有的香味损害掉,这还可以说明为什么在同一只咖啡罐中所煮出来的咖啡,第一杯总比第二杯为优良。由此我们可以获得一点秘诀:当咖啡煮好以后,最好立即把咖啡罐移置在低热的石棉板上,使那种沉淀物不会有溶化的机会。

在芝加哥大学的实验室中,测验到一般喝惯咖啡的人,假使在某一个早晨不准他服用,他会立刻感到轻微或严重的头痛,接着就感到心力减退、疲倦、做事无心,这表示缺少了咖啡精(Caffeine)的缘故,幸而咖啡精在咖啡中的含量极少。据纽约大学肯奈(Ralph H. Choney)教授称:一个正常的人,每次饮咖啡一百五十杯以上,才有中咖啡精的危险,所以饮服咖啡之中,中毒之虑,不足挂怀。

虽然如此,人们仍坚称咖啡能使人失眠。但科学告诉我们,则谓这大半属于心理的作用。加利福尼亚大学最近做过许多实验,涉及咖啡精对于睡眠的影响。在学生中分成甲乙两组,甲组学生在临睡前喝咖啡,乙组学生饮牛奶,结果甲组学生大多数患失眠症,而乙组学生则安然入睡。但是假使不使他们知道所有咖啡中的咖啡精已全部提出,而牛奶中反而羼入了这种刺激剂,再使其服用,所得的结果仍与以前相同。由这可以澄清咖啡是没有阻止睡眠的力量的,即使有少许的刺激性,也不过延续二小时而已。

总之,咖啡在人数的享受中已占一崇高的地位,因为它能举你上升,而事后却并不让你下落,它能使你的生命过得更为满意。事实上在人们所知道的各种饮料中,要像咖啡一样具有同等的兴奋力而无副作用的者,除了中国的茶叶,恐怕更寻不出别种来了。

(根据 *Your life* 一九四八年二月号,John E. Gibson 原著)

咖啡店小谈

（作者：李鸿翔，原载《紫罗兰》，1943年）

提起咖啡店，人们就会想到法国，不但它有很多舒适的咖啡店，并且它是欧美第一家咖啡店的发祥地。一六三七年，一个土耳其人带了三袋咖啡来到马赛港，起初卖不出去，后来他照着本国的法子，做成了饮料，在市场附近出售。他宣传他这黑汁不但味道好，而且是很宝贵的激动情欲的药，第一家咖啡店就这样的产生。

但是这黑色饮料的成功并非容易，到了一六七〇年春天，巴黎人第一次尝着咖啡滋味，卖的人是一个亚美尼亚人。妇女们嫌它味苦，男子们仍然喜欢酒，至于一般酒店，更不愿出售这饮料。

直到一六二七年，伦敦路开了一家咖啡店，居然有了不少顾客，从此巴黎才渐渐有小咖啡店产生。到一六八九年，西西里人勃罗可达在法国喜剧场对面开设一家"摩登咖啡店"，装修的富丽堂皇，一时巴黎人趋之若鹜，获利不少。勃罗可达的店走了一百多年的红运，并且给别的咖啡店做了模范。在柏林多半是糕饼店内卖咖啡，店内没有丝毫的快乐空气。一世纪前，伦敦有六千家咖啡店，现在给酒排代替了。北欧斯干地纳维亚诸国也没有咖啡店，在罗马人们多是急急忙忙在咖啡店立着喝一杯就走了，但是在巴黎，咖啡店还包括着店前一部分人行道。德人说过："我到巴黎是为着博物院，但是更为的是这些咖啡店前的大椅，眼望着变化无穷的街上景物，对着左右邻座的不同阶级，很可以体会出法兰西的性质。"

在十八世纪之末，还有所谓"机器的咖啡店"，那儿的桌子腿是空的，通着咖啡的地窖，另有一个桌子可以向地窖内的仆役通话叫咖啡，而咖啡就可以用小托盘由空桌腿内上升。但这法子并不为巴黎人所喜，因为他们喜欢常常同侍者谈天，这么一来，可就不能了。一九三七年的巴黎咖啡店,更是华丽而雅致,比起三百年前的始祖,分明有天渊之别哩!

咖啡杂谈

(作者:漫郎,原载《海报》,1944年)

咖啡树产生于热带地,高二丈许,叶椭圆形,对生,花白而香,生于叶腋,实大如胡椒,焙干研末,可为饮料。欧风东渐,此物输入我华,饮之者,日益众,浸浸成癖好焉。香烈而味苦,饮时需加糖,有专售咖啡之肆,论磅计值。亦有煮成饮料者热售者,称为咖啡馆。今日海上之咖啡馆,几乎鳞次栉比,都市男女,皆竟趋之,以为约晤谈话地,成一时风尚。虽一盏之微,因时值非常,食糖缺乏,往往甚费。

咖啡之效用,与茶同。适度用之,可使精神爽活,祛劳去疲,通小便,增食欲。然用之过度,则精神反觉疲劳。不眠、头晕、心悸等病,由是引起。此为中含咖啡素所致,故医家有取之为利尿及兴奋剂。而文人则视咖啡之与香烟同为恩物,谓能助长文思,一杯在手,"烟士披里纯"即源源而来。然乎否耶,余不得而知。惟知多饮失眠,因神经受刺激而过度兴奋,余有此经验,固事实也。

煮咖啡亦有法。得其法,浓香馥郁,味亦可口。不得其法,则香敛而味淡,入口如苦水。昔老大华舞厅在北四川路时代,主人理维氏,煮咖啡称佳手,有口皆碑,遐迩咸闻。实则煮咖啡并无秘传,皆火候关系。煮时不能使之煮沸,则香气郁而不散,味不变。一沸再沸,则香失变味矣。近煮咖啡有特制之器,玻璃质,作葫芦状。上端置咖啡,下盛水,以酒精燃之,不三分钟,水沸上升,与咖啡末相和,即灭火可饮。其法甚简,惟此器居家不备。余自煮同电炉与铜精镬子,俟水沸,然后注咖啡其中,即已。味固犹是,特觉香气稍迟而已。

咖啡可以冷饮,夏日加冰,即称冰咖啡,为祛暑解渴之无上妙品。

请用
咖啡壶

安小时不过
费银四分

饮时又可加以乳酪,味尤鲜美。但两者皆失咖啡之原有风味。咖啡之美,美在热饮而微苦,冷则逊,甜则薄,到口即咽,一啜十杯,了不知味矣。故余饮咖啡时,喜热而不喜多加糖。咖啡之味,实与烟酒茶等,皆有其味外之味,舌虽能辨,而口笔不能述也。饮咖啡而能不嫌味苦,庶几为咖啡之知味者。或曰:失恋之人,多喜呷苦咖啡,数见于新文艺作家之笔下,此不知何所据而为然。余以为失恋之人,当喝酒,不当饮咖啡。酒能使人醉,醉则睡耳,不作一切想。若饮咖啡,引起失眠症,转辗反侧,不能入梦,必致于穷思极想,种种哀愁气恼事,遂亦缘是而生。愈不得眠,脑海中之思潮,愈起伏汹涌,则其为哀愁气恼亦愈甚。故失恋者之呷苦咖啡,不如以苦酒灌肠为愈也。

咖啡以巴西产为极品,犹锡兰之红茶也。欧战未已,海运阻塞,此品久绝市尘,有之,无非宿年陈货,售价极昂。罐装者,近有"西披西"可饮。咖啡肆,有碾咖啡之机,用电发动,以实投之,瞬息碾为碎末。我入零购之咖啡,皆由此机中碾出之也。每磅约值百金,都不辨为何品。一磅之咖啡,抵咖啡馆之六十杯。买归自煮,无论廉于外售者为多,即以捐税言,一则仅付一次,一则煮成六十杯,即须付六十杯之捐费,此中亦可便宜数百金。惜无人计及之,遂令咖啡馆中,高朋满座,嘈嘈若市。无非学时髦,群务环境优美,其间真为饮咖啡而咖啡者,或竟未之有也。

闻德人最嗜咖啡,一日不饮,即一日不乐。军兴以还,其国以咖啡来源垄断,遂视为无上珍品,非至亲恩友,不肯出其家藏。信若是,则日耳曼民族者,真可谓之咖啡民族也。至于吾国,仅为供都市男女之一种饮料,证以近来售价之昂,亦可谓之消耗品。在穷乡僻壤间,国人对此外来之名物,不宁未曾知其味,抑且不能举其名也。国人之饮料,茶而已矣。实则茶味固不输于咖啡佳也,且国人多有舍咖啡而嗜茶,人超之巨,殊堪惊人。乃国人一意欧化,罔知挽回,异日干戈息,社稷安,流风所发,乡之人竟起效犹,漏卮必甚巨,殊非福国之道也。

吃西菜后,必殿以咖啡,然环顾海上如许西菜馆,佳咖啡绝无仅有,辨其味,不啻苦连煎汁加白糖也。意者,当是以洪炉置水与咖啡,大量煮成之。窃谓转不如泡上好茶叶,以供客饮。如东方食品公司有岩茶,饭后人各一杯,晰醒涤腻,大足称赏。然今之粤式酒家,筵将尽,亦取法乎西,殿以咖啡。咖啡之销路,用是益广,嗜者日众,莫怪售价之奇昂,良有以也。

余历海上咖啡馆殆遍,印象所得,"东亚"、"国际"为最经济而实惠。"七重天"太贵,"起士林"太远,均非余所常趋也。弟弟斯、光明、南京、金谷、新都、静安、皇家、沙利文、金城、大中华、爵士、萝曼、皇后等咸佳。惟"大东"较差,"罗兰"尤甚。售价最廉者,当推"大可乐"与"杰美",杰美每杯售十二金,廉甚。然北四川路之"森永",每杯仅售四元半,可谓廉之尤廉矣。虽江西路小崇明邱福记所售者,无以过之。

刺激的饮料——咖啡

(作者:黄海,原载《力报》,1944年)

喝咖啡的风气原行于西欧各国,近数年来上海也风靡一时。据说,上海人不喝咖啡算不得时髦,咖啡的吃香竟一至于此。咖啡大多产自热带,如巴西、爪哇与委地马拉等,都是咖啡产地。

咖啡的庐山真面目并非赭色的粉末,而是黄豆般大、椭圆、淡黄色的固体——咖啡豆。

电磨研成粉末

咖啡豆经炒熟后,色泽由淡黄转变成赭黑,然后在电磨机中磨成粉末,和水在咖啡壶内滚熟,经过如许手续,固体的咖啡就变成了液质的。咖啡佳美可口与否,须具备下列三要点:第一,配料均匀;第二,炒法好;第三,咖啡豆质地佳。

上海有许多咖啡厂所出品的咖啡,往往不易广销,弊病端在配料与炒法不佳,墨守成法,罔知改良。盖咖啡质地以产地不同而互异,如巴西咖啡性淡和,危地马拉的则较浓厚。聪明的厂商会把他们调和的很均匀,配制成一种没有刺激性的熟咖啡。

焙炉炒豆

炒咖啡豆炉子,俗称焙炉。旧式的用煤炭,新式的则用煤气,上面装有收冷机。咖啡豆炒熟以后,在短时间内就可放在磨豆机内磨研。然而目前上海的咖啡厂用煤气焙咖啡豆的,可说绝无仅有,惟有 CPC 一家而已。

炒一炉咖啡豆,有规定的时间,普通三十五分钟就可炒熟。咖啡豆炒过以后,数量较原来减少二成,因为其中焦烂的必须拣去。

色香味缺一不可

据老于喝咖啡者言:好咖啡须具"色"、"香"、"味"三条件。色彩好坏,要看炒法如何;"香""味"两点,则全赖烹煮是否得法了。

咖啡要保持本来味道,烹煮不可太久,太久不但"咖啡精"要流出,喝了且会刺激神经,晚上睡不成觉。一杯咖啡的标准烹煮法是三勺咖啡、一杯水,滚煮二分钟就可成了,但须滚熟,否则苦而无味。

浩大成本

数年来咖啡价格几度高涨,迄今一斤咖啡已售至二千七百元,平均一斤只能煮咖啡四十杯，每杯的成本为七十元。在咖啡馆还要加上糖、电以及人工等等开销，无怪要卖到二百数十元一杯了。喝咖啡本是骚人墨客的事，然而如今却成了暴发户日常的消费品，这也许是咖啡的悲哀。

我说台湾的咖啡

（作者：李永炘，原载《海潮》，1946年）

咖啡为日常饮料，与茶、可可均为人所爱好。尤以咖啡具有兴奋提神作用，复有强烈芬芳，工作疲劳之后，如能手持一杯，浅斟低酌，惟切勿作牛饮，定能心旷神怡，故文明国家，消耗量日见增加。咖啡，为热带作物之一，我国能种植及生产咖啡之处，除海南岛外，厥为台湾。爰将本人来本省后调查所得，暨参考所收集之资料，就台湾咖啡生产现况略述于后，想亦爱好饮用咖啡之雅士及有志于咖啡工业者之所乐闻欤。

本省栽培之经过，咖啡输入台湾，还在一八八五年前，当时台北市大稻程德龙洋行副经理马歇尔（F. B. Ma shrll），由锡兰岛输入种子，即行提倡并奖励咖啡之种植。其中栽培之经过，举两例说明之：

一，一八八五年，德记洋行副经理，将输入之咖啡种子，委托台北州海山郡冷水坑之游其祥，播种于住宅附近山地。一八八七年定植一千五百株（约三甲地），一八九二年大约收获咖啡豆八石。一九一一年，家仆砍柴，不加注意，一同砍伐，以致绝迹。

二，一八九一年，台北州海山郡三峡座公馆后，二三番陈深埗，从德记洋行取得咖啡种子种植于三峡庄大豹梢楠湖（三井制茶工场东北侧）约有十五甲地，然因高山族之乱事为害，至于放弃。

本省在沦陷时期，日本人在恒春热带植物殖育场、士林园艺试验所、嘉义农业试验支所等地输入世界各地之优良咖啡种苗，从事试验。据多年来研究结果，台湾对于咖啡之栽培，为极有希望之事业。本省光复前全岛人民对于咖啡之栽培，尚感兴趣，然自太平洋战事发生后，此种企业即停止进展，无论已垦或将垦地之咖啡园，多已放弃，或改种其他作物。截至一九四三年止，之成绩如下：

甲、栽培树数一百五十万余株；乙、结实树数六十四万余株；丙、栽培面积八百二十余甲；丁、收获面积三百八十余甲；戊、收获量十万余斤；已、每甲平均收获量二百七十斤；庚、当时市值约值一百万元；申、每百斤平均价格约为九十五元余。

至于本省产地以台东占首位，花莲港次之，台南又次之，余为高雄、台中及新竹居本位。

今年产量：本省自光复以后，无论工矿农林，因接收关系，大多陷于停滞不前状态，咖啡生产事业，自亦遭同一命运。据笔者所知，除本村咖啡店嘉义农场由台湾省农业股份有限公司接改为嘉义咖啡农场，花莲港瑞穗住田咖啡农场由花莲县政府接办外，余如台南斗六郡之图南产业株式会社农场，高雄高山族区域之森永制果株式会社农场，木村咖啡店台东日之出农场，暨蔷薇处湾农场，台东初鹿明治制糖株式会社农场等，似均在监理期中，而未闻有生产计划。依笔者之估计，本省咖啡

①

三门坡林场咖啡育苗圃

---

① 《琼崖绥靖月刊》，1934 年创刊号，第 22 页。

今年产量当在二万斤以下。咖啡在台湾原已成为一种企业,惟迄今弄至如此萎靡不振之地步,实有待于本省企业家及农林业者努力之处正多。

今后之展望:本省除小部分不甚适于咖啡栽植外,台中、台南、台东、高雄、花莲港一带之山地如倾斜在三十度左右,海拔高三百至一千公尺之处,若排水良好,多腐植质表土深之地方,均可大量栽植。咖啡生产之五年推广计划:第一年民国卅六年预计推广种植三百甲,第二年卅七年推广种植六百甲,第三年卅八年推广种植一千二百甲,第四年卅九年推广种植二千四百甲,第五年推广种植三千六百甲,五年共计八千一百甲。六年之后,预计年产咖啡干豆九百五十万公斤,足供本省自给自足而有余,更可输出省外。希望能引起企业家之注意,大量投资,实行农业工业化、机械化,建设台湾一硕大无朋之饮料工厂,而与茶糖工业、凤梨事业并驾齐驱。

卅五年八一三纪念日于红毛埤农场

咖啡杂谈

(作者:张克,原载《机联会刊》,1948 年)

上海人都喜欢喝一杯咖啡,觉得那浓烈的滋味,又苦又甜;那芬芳的香郁,直接到鼻子里。用个小银匙,在杯子中调之,再喝一口,充满着罗曼蒂克情调,真有意思。可是我们要知道,这咖啡是要用本国视为至宝的外汇掉来的。中国即使地大物博,但是咖啡却没有生产的,何况代用品还不会做。

咖啡粉是用咖啡树果子里的核磨成的。在南洋运来的咖啡核,俗称咖啡豆,像大豆大小的一粒,呈着赤褐色,先要经过一道焙烘的手续,这手续非有经验不可。咖啡的好坏除了生产地气候关系产生不同的品种外,最重要是焙烘和冲煎,倘若烘得太过分了,咖啡豆的外部焦黑,冲出来苦而且黑，简直等于吃中药。倘若烘得不透，那咖啡豆内部便还没有烘熟，烹出来的咖啡，便带有青黄色，滋味也带有青草气，有谁要吃吗？

煎咖啡也是要有经验，要恰到好处，所以老咖啡店里的烹咖啡者，其重要简直等于酒菜馆里的大司务。吃熟了他所烹的咖啡，吃人家的，竟有吃不惯之概。因为煮的时间短，或是温度不够，咖啡滋味不肯全部出来。煮的时间太长，或是温度太高，那么又要过浓而成苦汁了。倘若要滋味好，香气又不走漏，到未到沸点，是最好的温度。

咖啡是兴奋剂，刺激性很大。没有吃过香烟的人，倘若在临睡时，吃了枝香烟，便不易入睡。没有咖啡嗜好的人，如若在晚上喝了咖啡，也足以造成失眠的。但是刺激得时间长了，脑筋麻木，也不觉其刺激，完全和香烟一样。

欧美人流传有这样一段故事："一个信心极诚的回教徒，他们要一夜不睡的念经，便向教主默罕默德祷告祈告，希望他能有个方法，不为睡魔所扰。后来他果然梦见了默罕默德说：只要去问牧羊人，执礼求教。牧羊人说：我哪里能知道呢，不过我可以告诉你，我的羊吃了那边小树上的果子之后，便一夜到晚的不想睡觉，像发疯似的。那教徒便去看小树，这便是咖啡树。他采取了几个果子回去，煮了汤吃，果然一夜不想睡觉。和羊一样，这便是人类吃咖啡的起始。"

咖啡树是热带灌木，只有极熟的地方才能生长，我国海南岛的气候，还不够热，所以不能种植。

它的生产地，原来是非洲的阿比西尼亚，尤以加法（Kaffa）省出产的最为精良，咖啡（Caffe）的名称，大致就是从加法转变而来的。现在欧洲最好的咖啡，称为麻却（Mocha），那是阿拉伯麻却省的出品。

首先把咖啡传入欧洲的是荷兰人，他们感觉到咖啡有着诱人的滋味，一定可以成为流行的嗜好品。于是荷兰人一面把它输入欧洲，作为饮料，一面更在他们东印度殖民地的爪哇巴塔维亚试行种植。现在南洋群岛的咖啡，已成为巨大的输出品，这不能不归功于荷兰人的。

荷兰人把咖啡的幼苗，运到荷兰本土去，因为气候太冷，不能不在温室里培养着。内中有一支幼苗，送到巴黎植物园的暖房里，由台克立犹移植到法国的殖民地西印度群岛的马提尼克岛上，造成了现在巨大的财富。

台氏把咖啡幼苗从巴黎运到西印度群岛，中间经过一次惊心动魄的过程。当台氏在航海中，在半途上忽然遇到了逆风，船上所带的淡水，已不足够了，乘客只好大家限制，台氏所带的咖啡苗，当然浇不着水了。台氏只好自己忍着渴，节省出一杯水半杯水浇在幼苗上，这样牺牲自己，居然把这棵咖啡幼苗运到西印度群岛，没有干死，这才成功了现在咖啡国的老祖宗了。

咖啡树有着碧绿的叶子、白色的花朵，那香甜的气氛，引起许多美丽的蝴蝶飞舞着。那咖啡果原本是青色的，成熟之后，鲜红得可爱。采摘下来放在压榨机里，便可以装运出去了。

文艺咖啡馆

竹枝词

（作者：辰桥，原载《申江百咏》，1887 年）

几家番馆掩朱扉，煨鸽牛排不厌肥。
一客一盆凭大嚼，饱来随意饮高酾。

爽翁惠咖啡余误为鼻烟

（作者：樊增祥，原载《樊山续集》卷十，1902 年）

苦说茄菲是淡巴，豆香误尽勇卢家。
也如白雪楼中叟，不识人间有荠茶。

考非

（作者：颐安主人，原载《沪江商业市景词》，1907 年）

考非何物共呼名，市上相传豆制成。
色类沙糖甜带苦，西人每食代茶烹。

咖啡

（作者：朱文炳，原载《海上竹枝词》，1909 年）

大菜先来一味汤，中间看馔辨难详。
补丁代饭休嫌少，吃过咖啡即散场。

临江仙　记情

（作者:潘飞声,原载《民国日报》,1917 年）

第一红楼听雨夜,琴边偷问年华。
画房刚掩绿窗纱,停弦春意懒,侬代脱莲靴。
也许胡床同靠坐,低教蛮语些些。
起来新酌咖啡茶,却防憨婢笑,呼去看唐花。

咖啡

（作者:裘柱常,原载《白露》,1926 年）

今天我知道了淡淡的咖啡——
淡淡的咖啡有使人沉醉的酒意,
一个姑娘把这些轻轻放在我的面前,
啊,上帝哟,我已不能自已!
只是你两眼盈盈的美酒,姑娘,
已使我的灵魂醉倒在白天的梦里。
轻红的咖啡在新月色的电光下,
我喝着,好似吻着了你的唇儿,你!
我喝着,喝着含有苦味的咖啡,
把糖霜调和在杯中,我细细寻味,
连喝了几杯,不知是甜,是苦,是伤心,
只是最后的一滴呀,总觉得无限酸悲。

今天我知道了淡淡的咖啡——

淡淡的咖啡有使人沉醉的酒意。
我带着咖啡的滋味去了,姑娘,
我带着你的容颜,姑娘呀,你!

珈琲店之一角

(作者:田汉,原载《少年中国》,1923 年)

流青的瞳
　　樱红的口
　　　墨黑的发
　　　雪白的手
　　　　白手殷勤斟绿酒
　　青红黑白能几时
　　　绿酒盈杯君莫辞

杂咏加非

(作者:陈寿彭,原载《海军期刊》,1928 年)

一盏加非配酪浆,银匙调试浅深尝。
回甘本自输茶味,茹苦偏因爱药香。
醉后解醒同豆蔻,饮来消食胜槟榔。
诗肠芒角凭谁涤,且吃蛮方厚朴汤。

咖啡店的侍女

（作者：温梓川，原载《咖啡店的侍女》，1930年）

你水盈盈醉人的眼波频送着你青春的烦愁，
你谨慎捧着那玉壶琼浆用着你圆滑的纤手。
呀，仅仅一杯淡淡的红色咖啡，
我已尝得是泪海酸波酿成的苦酒！

咖啡中无端摄入了你的情影，
我也无端地把它灌入了我的回肠，
啊，醉人的苦酒，闷人的苦酒呀！
我已消沉已久的心情竟给你涌起了小小的波浪。

霞飞路咖啡座上

（作者：林庚白，原载《新时代》，1933年）

浣溪纱
雨了残霞分外明，柏油路畔绿盈盈，往来长日汽车声。
破睡咖啡无限意，坠香茉莉可怜生，夜归依旧一灯莹。

Confeserie 咖啡馆感赋

（作者：庚白，原载《长风》，1933年）

咖啡如酒倘浇愁，日夕经过此少留。

惯与白俄为主客,最怜青鸟有沈浮。
忧饥念乱今何世,怀往伤春只一楼。
归向小窗还揽镜,吴霜休更鬓边儿。

旧除夕 Confeserie 咖啡馆作

(作者:庚白,原载《长风》,1933 年)

树影灯光走电车,水仙花畔引杯余。
黄昏自味咖啡好,凄绝琴歌动坐隅。
廿四番风黯黯过,小姑居处近如何?
江流若会诗人意,为我殷勤递眼波。

到咖啡馆之路

(作者:徐迟,原载《矛盾月刊》,1934 年)

到咖啡馆之路
为浓的咖啡而存在的
鲸鱼的黑影底黑暗之路
枫掌铺在到咖啡馆之路
踏在碎杯形的咖啡色之叶
咖啡馆的花格子的窗子
寒风推送的枫叶
一条黑色的丽体黑泥的丽体
黑泥的丽体伏着的路

珈琲女

（作者：黑婴，原载《诗歌月报》,1934 年）

有樱花的味在她
涂红了的嘴唇上,
珈琲女
春天里想回到
明媚的岛国去吗?

回忆着初恋吧?
不然为什么将放的
樱花似的笑了起来?

珈琲女
象征着春天的是
这张林擒色的脸;
我想化作胭脂,
同花一样的在春天里开着。

永远那么缄默着吧,
珈琲女
在黑眼珠子里我捉到
一束深情的辽远的怀恋。

咖啡室

(作者:长发头陀,原载《香海画报》,1939 年)

　　一杯紫液斗芳菲,雅座流苏酒力微。
　　玉乳轻盈增艳丽,涤肠消睡拥佳妃。

　　咖啡室座多精雅,新煮一杯,微添牛乳,精神为之一振,或译作佳妃,亦体已。

光明咖啡座上

(作者:大郎,原载《社会日报》,1940 年)

　　已怜风露立难胜,正好阑干到处凭。
　　椀底咖啡皇似酒,座中客貌冷如僧。
　　渐知哀怨从今始,将有风谣次第乘。
　　过往一年留此会,漫劳归去思腾腾。

雨和咖啡

(作者:玄弓,原载《太平》,1943 年)

　　是星期日下午的雨,
　　把我带到这潮湿的街上来;
　　独自个儿漫步踱着,踱着,
　　让点点的冷雨吻着我的鬓和面。

文具店的橱窗上，
有美丽的圣诞卡向我炫耀；
一个甜蜜却又凄凉的回忆，
轻轻掠过我的心头，
天涯遥隔的爱友呀！
我为你婚后的幸福祝祷。
时而低首踯躅，
时而停足驻留，
走过一条马路又一条马路，
终于踏进这新开的咖啡室。

乳黄的灯光下，
双人座椅上只有
孤独的影子和我；
苦涩的咖啡溶解不了
蜡样凝结的心情，
却嫌音乐太吵，
牛奶无味，
糖太淡！

一九四二·一二·二〇
草于"叶子咖啡"

咖啡座上

（作者：高唐，原载《铁报》，1948 年）

花气烟香互郁蒸，今来静坐对娉婷。
三冬恒似中春暖，一饮能教百虑乘。

341

枉以诗名称跌宕，已专殊色况飞腾。

当时欲说心头事，而我心如录重刑。

从前不习惯吃咖啡，现在每天要吃一杯，有时候拣最冷僻的地方去吃。我们到过一家是林森中路一三二七号白俄开的咖啡室里，我于是想起林庚白的两句诗："惯与白俄为主客，最怜青鸟有沉浮。"你能说这不是好诗吗？

其实那里的咖啡与膳食都不是上品，我欢喜的咖啡，倒是靠近我办事室的西青楼下，与陕西北路的吉士饭店。上面的一首诗是我新近在咖啡座上写的，我不怎么欢喜我的诗，但写出了我近来的一些心曲。

珈琲之果香槟之花

（作者：百乐，原载《申报》，1928 年）

坐在大都会高楼底黑影之下，微弱的阳光渐被科学强烈底电光所淡化，女人底哭声渐起，愉快的乐声达到户外，小小的珈琲店里充满了玫瑰之色，芬馥而浓烈的珈琲之味博达四座，这种别致的"法国艺术空气"，在上海已经渐渐的兴起了。

在珈琲店未兴起于上海之前，Cabarel 底生活已经盛行一时，许多充满了"新鲜之血"的青年们在刻板的工作里逃了出来，都拥进那 Cabaret 光滑的地板上去，做几个钟头或整夜底"狂欢"，直到晨光已照满了纱窗，残余的酒气已渐渐消失的时候，才颠扑着走出那"梦幻之场"而蹈进清晨冷冰冰的街道之中去。

那些"妖艳的蛊惑者"底粉香和汗气或者会沾满了他们底胸襟，过分的香槟或葡萄酒或者会使他们发昏，迷的头脑疼痛若裂，但他们底身边只要有一个钱，或是家里同情人之处所讲的谎话一收成效，他们便又都带了牺牲的精神很勇敢的重复奔进这"医治人生苦闷的天堂里去"。Cabaret 底趣味是"沉醉"和"昏迷"，沉醉于中国圣贤之徒所讲的"北里之乐靡靡之声"里去，无论癫狂愉快的 Foxtrot，或是梦境迷离的 Waltz，都能打消他们底苦闷和牢骚，因为他们是一个"现世纪底孩子"。

Cabaret 生活西洋人看得异常重要，在大战时候都不曾停止，巴黎 Montmartre 不断的 Tango 声中常常夹进日耳曼人雄壮的攻城炮响，成千整万的 Poilu Tommy 或是 Yankee 同法兰西底"路劳蔷薇"拥抱接吻的时候，总常常被悲厉军号同《马赛歌》底送丧曲所抢走军人底灵魂，除了"战争""女人"同"美酒"外还有什么，几杯浓烈的香槟酒便将粉身碎骨的痛苦都一起打消。

> 香槟之花开得真灿烂极了
> 小小的珈琲店
> 二三个知已坐在里面
> 俯视着那洁白磁杯里牛乳和咖啡相激的浪旋
> 举首望着那卷烟里所发出来的薄弱的烟圈
> 醉人的乐声震荡着大家不同情感底心弦

珈琲店底趣味同 Cabaret 略有不同，两个娱乐之地都带反抗的性质，Cabaret 反抗苦闷，珈琲店则反抗无聊。在无聊的时候，跑进珈琲店里去坐这么二三小时，谈天谈地的胡乱说一顿，也是人生快乐之事底峰极。

一个都市能够充满了 Cabarael 同珈琲店，都是文明底代表，有了这两样艺术空气后的城市，才能称为繁华之都。

革命广告

（作者：郁达夫，原载《语丝》，1928 年）

在今天的革命八月八日的这革命日子的革命早晨革命九点钟的革命时候，我在革命《申报》上，看见了一个革命广告。（注）

（注）现在革命最流行，在无论什么名词上面，加上一个"革命"，就

可以出名,如革命文艺,革命早饭,革命午餐,革命大小便之类。所以我也想在这里学学时髦,在无论什么名词之上加以"革命"两字,不过排字房的工人的苦处,我也知道。所以以后若铅字不够的时候,只好以○○来代替"革命"两字。读者见到○○,就如念阿弥陀佛者之默诵佛号一样,但在心里保存一个革命"意德沃罗基"就对了。

这○○广告是在说,上海有一家革命咖啡,在这一○○咖啡里,每可以遇见革命文艺界的○○名人革命鲁迅、革命郁达夫等。

后来经我仔细一问,才知道果真有一位革命同志,棍(滚?)了一位革命女人和几千块革命钱,在开革命咖啡馆。

这一家革命咖啡馆究竟在什么地方,是和哪一位开的,我——这一个不革命的——郁达夫,完全还没有知道。推想起来,大约是另外总有一位革命郁达夫是常在那里进出的。至于鲁迅呢,我只认识一位不革命的老人鲁迅。我有一次也曾和他谈及咖啡馆过的。他的意思是仿佛在劝我不要去进另一阶级的咖啡馆,因为他说:"你若要进去,你须先问一问,'这是第几阶级的?'否则,阶级弄错了,恐怕不大好。"所以,我想老人鲁迅,总也不会在革命咖啡馆里进出,去喝革命咖啡的,因为"老",就是不革命,就是反革命。听说杭州还有一位鲁迅,大约这革命鲁迅,或者也是杭州鲁迅之流罢。

今天看见了这一个革命咖啡的革命广告,心里真有点模糊。不晓得这咖啡究竟是第几阶级的咖啡?更不晓得豪奢放逸的咖啡馆这东西,究竟是"颓废派"呢,或是普列塔,或者是恶伏黑变。至于我这一个不革命的小资产阶级郁达夫呢,身上老在苦没"有"许多的零用钱,"有"的只是"有闲","有闲",失业的"有闲",乃至第几十几 X 的"有闲",所以近来对于奢华费钱的咖啡馆,绝迹不敢进去。闲来无事,只在三个铜元一壶的茶馆里坐坐,倒能够听到许多社会的琐事,和下层职业介绍的情况。

一九二八年八月八日

革命咖啡店

（作者：鲁迅，原载《语丝》，1928年）

革命咖啡店的革命底广告式文字，昨天在报章上看到了，仗着第四个"有闲"，先抄一段在下面："……但是读者们，我却发现了这样一家我们所理想的乐园，我一共去了两次，我在那里遇见了我们今日文艺界上的名人，龚冰庐，鲁迅，郁达夫等。并且认识了孟超，潘汉年，叶灵凤等，他们有的在那里高谈着他们的主张，有的在那里默默沉思，我在那里领会到不少教益呢。……"

遥想洋楼高耸，前临阔街，门口是晶光闪灼的玻璃招牌，楼上是"我们今日文艺界上的名人"，或则高谈，或则沉思，面前是一大杯热气蒸腾的无产阶级咖啡，远处是许许多多"醒醒的农工大众"，他们喝着，想着，谈着，指导着，获得着，那是，倒也实在是"理想的乐园"。

何况既喝咖啡，又领"教益"呢？上海滩上，一举两得的买卖本来多。大如弄几本杂志，便算革命；小如买多少钱书籍，即赠送真丝光袜或请吃冰淇淋——虽然我至今还猜不透那些惠顾的人们，究竟是意在看书呢，还是要穿丝光袜。至于咖啡店，先前只听说不过可以兼看舞女，使女，"以饱眼福"罢了。谁料这回竟是"名人"，给人"教益"，还演"高谈""沉思"种种好玩的把戏，那简直是现实的乐园了。但我又有几句声明——就是：这样的咖啡店里，我没有上去过，那一位作者所"遇见"的，又是别一人。因为：一，我是不喝咖啡的，我总觉得这是洋大人所喝的东西（但这也许是我的"时代错误"），不喜欢，还是绿茶好。二，我要抄"小说旧闻"之类，无暇享受这样乐园的清福。三，这样的乐园，我是不敢上去的，革命文学家，要年青貌美，齿白唇红，如潘汉年叶灵凤辈，这才是天生的文豪，乐园的材料；如我者，在《战线》上就宣布过一条"满口黄牙"的罪状，到那里去高谈，岂不亵渎了"无产阶级文学"么？

还有四,则即使我要上去,也怕走不到,至多,只能在店后门远处彷徨彷徨,嗅嗅咖啡渣的气息罢了。你看这里面不很有些在前线的文豪么,我却是"落伍者",决不会坐在一屋子里的。

以上都是真话。叶灵凤革命艺术家曾经画过我的像,说是躲在酒坛的后面。这事的然否我不谈。现在所要声明的,只是这乐园中我没有去,也不想去,并非躲在咖啡杯后面在骗人。

杭州另外有一个鲁迅时,我登了一篇启事,"革命文学家"就挖苦了。但现在仍要自己出手来做一回,一者因为我不是咖啡,不愿意在革命店里做装点;二是我没有创造社那么阔,有一点事就一个律师,两个律师。

八月十日

无产阶级的咖啡店

(作者:世安,原载《语丝》,1928 年)

听说某社乔迁之后,就在楼上开设咖啡店,好叫一般文豪有一个集合的场所,并聘请了两位美丽的女侍。我没有功夫去瞻仰,但我的友人伯琪是常去的,据说只要出四角小洋的 TIP,就有人来客人的膝上坐一坐,兼做"无产式"的欢谈。但是那些有闲阶级文学家们都看不见一个,时时看见的,倒反是几位无产阶级文学家。

革命文学家们要谋什一之利,以作"革命"经费,便想出这样一种办法,但他们对外人则说这爿咖啡店和他们全无关系,他们只是在楼下卖书罢了。但我的朋友仔细一问那女侍,则说老板就是某某几位,不消说即是鼎鼎大名的革命文学家了。

革命文学家与无产阶级文学家们大概在工作之余,总得要喝咖啡的,不喝则工作必不进步。因此就在马路旁的华屋内,开设这么一爿咖啡店,使得革命的与无产阶级的人,可以在里面"高谈""沉思"。

我想卖咖啡倒不如"挂羊头卖狗肉"的好,比较可以获得"青年"与"金钱"。喝咖啡这一件事,在别人是"有闲阶级"的消遣法,但在革命文学家看来,简直是"无闲阶级"的必需的滋养料了。别人的"趣味"都是低级的,只有他们的趣味是"高级的"。除了某某数人而外,都是"有闲阶级"。实际他们果然是有闲阶级,怎见得呢?他们无闲到替军人卖军械,得了"康密辛",上修善寺去洗温泉,无闲到每天去盯青年妇女的梢,无闲到三角四角的恋爱(这些都是一伙内的人说出来的,不然外人何以会知道),现在更无闲到做咖啡店的老板,无闲到一面拥抱女侍,一面"高谈"或"沉思"了。

"书香铜臭"与"羊头狗肉",正是目前的书店老板与什么家什么家的八字箴言。

一九二八,八,二五

咖啡店里的悲哀

(作者:袁继良,原载《民立学声》,1929 年)

不知怎的,平时不喜饮酒的 L,现在却改变了他以前的态度了!不住底狂饮,直到醉了以后,尤其是白兰地和威士忌,因为它能使他麻醉,把宇宙间一切一切都似秋蝉般的,不声不响了!咖啡店里的侍女,是最能体贴他的心灵,她那副如胡桃般大的眼珠,和樱桃般的小嘴,倘然她的秋波很妩媚地向他脸上瞟了一瞟,立刻会把他的灵魂摄去似的,倒在她的怀中了!在他经济上,本来是很拮据的,但他宁愿向当铺里,当了一件破旧的西装,所得来的钱,尽量的供给咖啡店里的侍女,去做那艳丽入时的服装,这是他所毫不吝惜的。

这天,大约是星期六的下午吧!他在 T 报馆领了四元八角的稿费,于是他又和 K 君到了 SH 咖啡店里去过他们的日常生活——喝白兰地和威士忌了!

"L,你今天在 T 报馆领了多少稿费呀!"K 有所企求似的,很兴奋的问他。

"别说他了吧! 连这个月亭子间的房租都付不清呢! 穷人一辈子是这样穷的,除非地球是方的了!"L 很颓唐似的说着。

"管他的,到咖啡店里痛饮一番再说,……呀,去不得,昨天二房东不是要下逐客令了么? 倘然今天我们不付,那么只好像难民般的,到绿影树下去徘徊,正不知什么地方是我们的归宿,在十字街头踯躅彷徨么?"K 顿时把兴奋的态度变为沉寂忧伤了!

那时 L 也没有像以前的狂热,望着 K 深深的叹了口气,惨然的说着:"那可怎么办,我们要真的睡在绿杨树下了!"

"管他的,明天把我一件西装裤当掉它再说,今天我们还可以去一次呢!"K 想起了在亭子间里的一条西装裤,又兴奋起来了!

这时候已是半夜时分了! 虽然是夏末秋初的时候,但梧桐树上的秋叶,被风吹着已瑟瑟作响,大地上一切一切都似死灰般的沉寂,这时候在 P 街上,偶然的听见汽车呜呜的风驰电掣般的驶过外,其余恐怕就是 L 和 K 那无次序的步伐声了! 他俩还是继续的向他们目的地——S 咖啡店——行进。

"L 先生,这许多日子没有来了! 今天喝威士忌,还是白兰地……" 咖啡店的侍女 C 姑娘这样问 L。

"是啊! 我也这样想,你好么? 一个星期没有见面了! 你的脸庞为什么比以前瘦些了! 生过了病么?"

"不,L 先生,我相信,十分地相信,我的青春已这样底蹉跎了! 而我的悲哀也永远底在我脑海间徘徊着,谁也不能来安慰我心灵底一切,……L 先生吃些什么菜啊!"

"一瓶威士忌,二客辣椒炒猪片,二盆煎牛扒,一客牛尾汤……快些,要热的要辣的。"

"K,C 姑娘的脸蛋儿不差吧! 我来替你介绍好么?"L 笑嘻嘻的向 K 说。那时候 K 把头低着,在想什么似的,在她那副失了光的眼珠里深陷着无限的隐痛和悲哀。

"L先生酒来了,菜也快好了,请再等一刻儿吧?"C姑娘拿了一瓶威士忌放在他俩的台上。

"C姑娘,我替你介绍这位是K先生,在Y大学读书学贯中西,是现代青年作家……"

"这位就是我所久仰的K先生么?失敬,失敬。"

"L兄你说才貌双绝的C姑娘,就是这位么?果真不差。"他们正谈得起劲的时候,菜已烧好了!于是C姑娘又姗姗的进去端了出来。

"L先生菜来了!请用热的。"C姑娘放好了菜,对L这样的说。

"C姑娘也用点吧!好在都是相熟的。别客气,我是最不喜讲客气的,这儿有位置,请坐。"

"L少爷,我没有这样的福气和你们在一块儿畅谈和狂饮,要知道我是咖啡店里的侍女呀!"

"C姑娘你为什么又叫我少爷呢!我不承认的……"

"到这里来的,都不是少爷和公子么?"

"L先生,那么我以后叫你什么呢!我真不懂你们一天到晚沉醉在那黑暗而又荆棘的社会里,你们每次喝一瓶威士忌和白兰地,不觉醉么?到底为什么要喝多量的酒,怕不会刺激你的神经么?唉!这是谁也不会知道的。到底为什么要做平常不愿意做的事情,难道它能麻醉你心灵中一切一切的痛苦么?快乐只有一刻儿的,宇宙间的一切,恐怕就是苦闷、烦恼的象征吧!唉……"C姑娘的神情兴奋极了!几乎她把要发的牢骚统统发出来了!但她却忘记了她热晶晶的泪,已在不住底流着呢!

"C姑娘,别讲这个吧。我们痛饮一杯吧!"L这样的说着。

"L,C姑娘到底有什么伤心事,值得这样的悲伤?"K听了C姑娘的伤心语后,不由得从忧伤而至于同情,由同情而怜悯。他想不到世间还有这样的可怜的女子在呻吟、呐喊呢!他恨不得立时的去表她的同情,可是他自己也知道这是一件太冒昧而又唐突的事呀！于是他把已燃烧的火焰又平静了！

悠悠扬扬的音乐声起了！C姑娘当然是不能例外,去和一个脸庞通红、酒气横冲的水手干那搂腰生活,因为这位舞客的酒实在饮得太过量了,所以他的步伐和音乐是不和调的,只见他俩如蝴蝶般的在花丛中飞舞着,向人类嘲笑。

因为这是末一次交谊舞,所以舞客很是稀少,天空中的月儿和星儿互相辉映着,把大地上照耀得似银灰般的,宇宙间呈现着寂寞、空虚、无聊、凄惨、忧伤,游客们都已散了！但L和K,感着二房东的尊容的可怕,所以不得不逗留在这里过他们的寂寞之夜了！

"L先生,舞客们都已散了！你们也早些回去吧！不然天冷得很呢！外面的风这样大……你不觉得冷么？"

"我愿一辈子的在这样的场所留恋着,C姑娘你叫我到哪里去？可不是叫我到绿杨树下去徘徊么？这我可不愿的呀！我是被社会所卑弃的,因为我没有钱,我是一个可怜的漂泊者。不知哪里是我的去向,更不知哪里是我的归宿,任他这样的去漂泊,如一叶扁舟在无边无际的大海洋中去荡漾,如遇狂风暴雨,不幸的倾覆了！正在不可知的命运中呢！我现在什么都知道了！只有那'死'是人类唯一的正义。是一个被压迫人类的解放者,C姑娘,'死'是伟大的,我的生命之火将爆发了！哈！哈！我……这是我生命中第一次的遭遇呀！"L说着,就在怀里取出一支手枪向自己的脑壳上连放二枪。四周空气沉寂了！惨绿的灯光照耀在L的脸庞上,发现紫灰色。

一切的一切都已似秋蝉般底不声不响了。

"L……L……你期待着吧！这就是人生的结果么？你……竟……这样的去了么？……"C姑娘的呜咽声,冲破了宇宙间的寂静。

六,十一,二九。脱稿于东新楼宿舍

咖啡初味

（作者：罪人，原载《红玫瑰》，1930年）

当上月中旬，我在苏州接到朋友郑君一封信时，我曾默然了多时。因为信上说："老吴沉沦于咖啡店侍女的妖媚中了！退学了，退了保证金，二十元保证金两天就花完了，现在人也失踪了！"

所谓老吴，是郑君的同学。有一次我到上海寄宿在郑君处时，就和老吴相见而相识了。他很年青，照我估计至多不过十八岁，脸部很俊美，两颊的桃色，尤其显示了青春的健康的美，神态活泼而天真。

这样一个青年，不，少年，竟沉沦于咖啡中了，是一件多少令人感慨的事！当时我想，喝咖啡是一件多少普通的事，它不同赌或嫖，怎会沉沦呢？虽然我知道咖啡店里有所谓女招待的。

这一次来上海，因为某种关系不得已在上海多逗留两个星期。寄宿处原在郑君处，不过他近来已和两位同学——卢、吕——搬到北四川路住了。

北四川路是号称神秘之街的，我们又多是青年，卢、吕又是××咖啡馆里老顾客，我又是算客人，这样他们在昨天请我在上海戏院看了第三次的电影《人间天堂》之后，再请我到××咖啡店去作第一次的观光。夜风吹得不很紧，神秘之街已显示出神秘来了。

"弟弟来了！"

郑君刚踏完扶梯，一位年轻的姑娘——这姑娘除了妖媚之外，恕我不作其他的形容——就这样亲密地招呼郑君——我们中最年少的郑就回说着"阿姊"，遂即把右手围上她的肩间。

我作第一次的观光，实在，内部布置一些儿不见雅致，不过于银白的灯光之下，火炉之旁，稍微觉得温暖罢了。

坐下，卢立刻扯上深红色的门帷，那位叫郑"弟弟"的姑娘，坐在吕的膝上要请点此东西。

"四杯威士忌沙达。"卢吩咐。

这饮料我很喜爱,喝着,看看那个已由吕膝上移到卢膝上的姑娘。

"我给介绍,"和我并坐的卢指着我说,"这位是青年作家密司脱霞,这位,"他又指那位姑娘,"是密司黄凤。"

介绍之后,我们当然有些闲谈,不过我是曾经沧海的人了,对年轻的姑娘们实在不再有征逐的意思,淡淡的说了几句之后,就吸着卷烟看她和他们谈笑了。

又来了一位姑娘,当然好事的卢又要介绍我是什么了。

"我给你看一封信!"老卢在皮大衣袋里取出一封信来给坐在我半边的英——新来的那位姑娘——看。

"谁写来的?"

"老吴。"

"阿拉不要看! 他也写过封信给我。"

"怎样说?"郑抢问。

"他说很怀念我,"她说:"两星期之中要到上海来。"

"你怎样写回信给他呢?"卢问。

"谁高兴写信给他! 四分邮票钱阿拉情愿买糖吃。"她说着,显出鄙夷的神气。

我不由得打了个冷噤! 我最近知道老吴的沉沦就为的这位姑娘,他为了她退了学,险些儿遭了不幸回到故乡,他在故乡这样怀念她,而她竟这样。啊,假使我这时有一副有声电影的摄影机,将这些收入给老吴映演,我的可怜的友人也该憬悟了!

朋友,这就是到咖啡店的滋味,你们要尝尝吗?

咖啡店里

（作者：程碧冰，原载《新生命月刊》，1930年）

柯君是上海文人之类的一类人，文人而冠上"上海"两字，这当然是居住在上海地方无疑啦。而同时，所谓文人者，并不是指柯君是如何的有文学的天才，或者，是怎样的对于文学感到兴趣；只是，如别的文学家一般，只要你能够动笔做，而且要多动笔做，这就不问你的作品是怎样的不通，但终能够成为一个文人的，——尤其是上海文人。柯君便是类乎此的一个人。

可是，上海文人并不仅仅只是这一个简单的条件便算是及格了的，这犹之乎上海之不相同于乡间的理由是一样的。例如：看电影啦、交际舞啦、听音乐啦，这些都是上海文人所认为上海所特有的都市文化而要大享受而特享受的，是一切非上海文人所不能懂得的内中玄妙的。柯君是很自惭，因为柯君对于这种都市文化便根本的没有享受过，柯君以文人的名义而冠上"上海"两字实在有些亵渎。

有一天，机会来找着柯君了。当柯君正也是负者徒有虚名的上海文人的名义，在这上海地方写着他的不通的作品的时候，忽然房门外发现一阵扣门的声音，这使柯君不得不搁下笔来，门开后的来客震君和他的妹妹正也是上海文人之类的一流人。于是柯君便以上海文人的资格和这两位同志开始闲谈起来了。

"好耐心，你整天里都是躲在家里作文章，像电影场咖啡店那样的地方近来都没有去过吗？"

寒暄不上几句话，那位震君便这样的说，这倒使柯君不禁汗颜起来了。柯君想，电影场？咖啡店？这些东西地址在什么地方？怎样的走进去法？自己都是完全盲然的不知道，更根本的谈不上去过。休说近来！这教自己如何的回答震君是好呢？

"密司特柯整天的在家里写文章,也是怪闷人的,而且一个人也是寂寞不过,我们还是跑到外面去吃几杯咖啡吧!"

看柯君没有回答,震君的妹妹又杂嘴这般的说,这更使柯君局促地不安了。柯君想,不得了,不得了,自己的冒牌的上海文人的面具将被这位女士所揭破了,这如何是办法呢?果使真的要上咖啡店去,自己的黔驴之技便要献丑起来了,这怎样教自己还维持得了上海文人的党籍呢?

"真的,柯先生穿起外衣来,我们到咖啡店里去坐着谈谈。"震君也在附和他妹妹的提议。

柯君的两颊更加的红润了。柯君原是一个不善于辞令的人,所以只得吞吞吐吐的说:"我们在家里谈不好吗?咖啡店里何必去呢?"

"你此地怪闷人的,去吃杯咖啡,精神也要兴奋一点。"震君的妹妹又在说明要上咖啡店去的理由了。

"闷人吗?我将窗子推开,使空气流通进来。兴奋吗?高粱我有半瓶,我们三人来喝几杯儿吧!"柯君倒也乖巧,他说出这几句话来将震君的妹妹所说的要进咖啡馆的理由推翻。

可是震君却不能任柯君以口舌战胜他的妹妹而不加以援手,于是,他又在张动着嘴说了:"窗子推开来总没有咖啡店里电风扇那样的凉快,而且那里有音乐听、有女招待,比较你此地却是舒服得多了。至于酒,那简直是毒液,这怎么可以饮呢?"

——有音乐听?有女招待?这倒使柯君的心旌不免有点儿动摇了。柯君想,唉,原来如此,震君所以要到咖啡店里去原是为了醉翁之意不在酒呀!柯君倒也想去见见世面。但是,前面已经说过,柯君是从来未曾走进咖啡店去过的人,柯君现在当然不愿在震君的兄妹前来出丑;而且,柯君现在身边还一钱莫名,柯君当然不能学时髦像别的上海文人那样秉着空架子走进咖啡馆去!所以结末柯君仍然是说:"咖啡店里可以不必去吧!"

"只要你讲出可以不必走进咖啡店去的理由来,那么我们到咖啡

354

店里去的意思是可以取消的。"震君的妹妹听了柯君的话便紧凑着这般的说。

……这倒将柯君难倒了,柯君想自己的所以不愿走进咖啡店去,原是为了不愿在震君的兄妹面前来出丑,原是为了自己没有吃咖啡的钱。但这怎样可以对人家说呢?这样的理由只有秘密着不能给人家知道的,这怎么可以告诉他们兄妹俩呢?

"讲不出理由来,那末咖啡店里是非去不行了的。"看着柯君默然的不做声,震君又露出狡黠的微笑这么说了。

"密司特柯赶快穿衣服吧!时候不早了,咖啡店里还有人在约候我们的哩!"震君的妹妹更不取得柯君的同意,便用命令的口吻来强迫柯君了。

但是柯君他虽则不是一个真正的上海文人,他倒也染上了上海文人那样虚伪的习气,因此他又采取了缓兵之计这样说:"改天再去好吧!今天我也和别的朋友有约会的。"

"什么朋友呢?"

"不是文学家那流人,你们是不认识的。"

"那么也没有关系,"震君的妹妹又抢着说:"你留个条子在这里,他来时教他到咖啡店里来找你好了。"

被震君的妹妹攻破了缓兵之计的柯君真是无藏身之地了。柯君想:果使迟几天那总有办法吧!自己可以独自一个人到咖啡店里去学习了吃咖啡的门径,而且也可以典质衣服存几个钱在身上。到那时是可以大踏步地和震君兄妹到咖啡店里去,然而,今天,这如何是好呢?

"我今天特地里来请你,你不去太对不住人了。"震君又这么的说。

"真的。我们今天向书店里拿到三十元稿费,所以预备来请客一下。明天,那我们就要将金钱闭在荷包里去了。"震君的妹妹又这样说明。

"那么你们少用几个钱不好吗?"柯君找到了不进咖啡店去的理由来了。

可是这理由立刻被震君推翻,这使柯君还是不能取得胜利。震君说:"用惯了的,有钱不用那是办不到的事。"

这话柯君也承认是对的,柯君也诚如震君所说,"用惯了的,有钱不用那是办不到的事底一个人"。柯君想想:也好,既然人家愿意请客让自己吃揩油咖啡,那么姑且去尝试一次吧!但是,柯君又想:柯君觉得初次吃咖啡在这震君兄妹面前来出丑,那却是丢脸的事,而且自己还是一个冒牌的上海文人,自己决不能学时髦,像别的上海文人那样任意揩别人之油。所以——柯君仍然是固执着自己的成见说:"改天再去,今天对于你的厚意只有谢谢了。"

"同你讲过,你今天是非去不行的,还要推脱做什么?"

"并不是我故意推脱,实在我今天和朋友有约会的。"

"还要说有朋友,难道不可以留条子给他们的吗?"震君的妹妹不亏为一个懂得战略的女性,她的说话好像机关枪迫击炮的一般,她的言辞射击得使柯君毫无立足之余地了。

"去吧!柯君!"震君也在附和着他的妹妹,拍着柯君的臂膀这样的说道:"今天你到咖啡店里去并不是白坐的。我那位朋友他有一位亲戚在新开书店,你有稿子他是能够替你介绍的。"

这话又是给柯君的一种诱惑了,柯君想:"稿子?""介绍?"这哪里能遇得到的机会呢?是的,做稿子却还容易,可是卖稿子那却困难了,卖给谁呢?谁要呢?书局里吗?月刊杂志社吗?那些地方所谓卖稿子也者是要看作者的名字做水准的,内容底质的方面和技巧他们是不在计较之列,只要你作者的名字能够哄动青年,影响到营业方面,那就不问你的作品是怎样的不通都能够换得生活资料的,否则任你创作的描写是怎样的细腻,叙述是怎样的动人,但结果仍然稿子是被退还,自己绞尽脑血辛辛苦苦作成的文章所收获的代价只是侮辱,柯君真是痛心之极。现在震君兄妹能够请自己去吃咖啡,他们的朋友而且能够替自己的稿子找出路,这那有拒绝的道理呢?这那有不服从的道理呢?然而,柯君并不是一个狃于小利的人。柯君又想,柯君总觉得自己去揩别人的油吃咖啡却是不应当的,别人绞尽脑血做成文章所换得的金钱给自己去吃咖啡那简直是一种罪恶,而且,自己因为不懂得吃咖啡的门径而遗笑于人那更是羞耻,那样一来上海文人的党籍都是不能维持,休说要别人替自己的稿子找出路。所以柯君还是细声的对着震君兄妹说:"你的朋友可以和他来此地坐坐好了,咖啡店里可以不必去。"

"我同你说你不要这样的不开通,你要想在这上海立足,那么咖啡店里是非去不行的。"

"密司脱柯不必替我们省钱,实在一杯咖啡两三角钱就够了。"震君的妹妹更揭破柯君的隐衷。

这样一来柯君倒不好意思再推辞了,于是柯君只得盲目的、被动的,穿上了一件上海文人所不屑穿的竹布长衫,锁好了房门,跟着震君兄妹两人走向咖啡店里去了。

在路上,柯君的心情很是张皇,柯君想:到咖啡店去自己应当格外小心才是呀!喝咖啡先应注意别人怎样的喝法,然后自己再来学法,决不能孟浪从事露出自己的丑态来呀!

待坐在咖啡店里了,柯君是小心翼翼的连手足都齐了痉挛,等到侍女走进前来了,柯君更是低下头去连两耳都发烧起来了。柯君很是后悔,他心里自责似的在说:"错了,错了,自己是不该跟着震君兄妹到咖啡店里来的,到咖啡店里来真是活受罪呀!唉!自己也许有什么错误的举动表现出来了吧!震君兄妹两人背地里果定在暗笑哩!"

柯君这样想着,正是入于盲然的状态中了,忽然又听到了一种尖锐的声音在喊着说:"吃咖啡呀!密司脱柯,你在想什么呀!"

柯君知道是震君的妹妹底声音,于是急忙的恢复了知觉,这时那侍女托着一盘咖啡牛奶之类走来,柯君于是提起精神来,在注意别人关于吃咖啡时所应有的动作。

柯君知道——这是柯君目光从震君兄妹吃咖啡的时候看来的:第一,咖啡要放牛奶;第二,咖啡里要放白糖。然后,再用匙将咖啡牛奶白糖调匀,就这样低下头去饮,小口的饮,用舌尖去舔……

柯君学会吃咖啡了,一杯咖啡饮完以后,柯君想想震君兄妹该付账走了吧! 但是,事实并不是这样,震君兄妹仍然是昂然的高踞在咖啡座的一端。这使柯君有些讶异,于是柯君又记起了,"不错,他们是在约候朋友的。"但是,柯君又想朋友为什么还不来呢? 所以柯君只有爽直的询问他们了。

　　"莫急! 我约他下午五点来的,现在只有四点半。"震君这么的回答。

　　"请坐一会,我去打电话催促一次。"震君的妹妹说后便离开咖啡座了。

　　柯君听了这话倒也信以为真的,柯君于是抬起头来将挂钟望了一会,真的现在只有四点二十五分呢!

　　于是震君便打开话匣子和柯君闲谈一切了,震君说:"等一会儿,这里音乐便要开起来了。"

　　"咖啡店真的也有音乐的吗?"

　　"怎么没有? 只是,是外国音乐,并不像中国音乐那样学狗叫。"

　　这话又是使柯君惭愧到无地可以容身了,柯君想想自己真是落伍极了,音乐? 这又是什么东西呢? 它和自己曾经发生过什么一种关系呢? 难道它也有中国、外国那样国界的区别的吗? 唉! 自己的见闻真是浅薄,自己以一个乡村里的愚民资格跑到这上海来而要挂上"上海文人"那种堂而皇之的金字招牌真是有点煞厌人,自己和这位震君的思想相差真是有几千万里。但是,当他这样想着的时候,忽然震君的妹妹又回到咖啡店里来了,她关照柯君说:"就要来了,我那位朋友。"

　　"是他自己亲自听电话的吗?"震君在询问他的妹妹。妹妹点点头。

　　柯君于是又恢复了他的知觉了,他将自己的衣服打量了一会,觉得自己穿的一件竹布长衫和上海文人的身份有点不适合似的,然而这又有什么办法呢? 果使箱子里有较这件竹布长衫还再漂亮的衣服,柯君哪有不穿在身上来出风头的道理呢? 所以柯君只有将自己的竹布长衫的褶皱整平了一会,坐着在等候震君的朋友底降临了。

十分钟,二十分钟,震君那位朋友还没有降临,震君兄妹也好像有点急似的,柯君想:"不来算了,付清了账走路吧! 何必等那位朋友呢?"

但是,这去留之权完全是操纵在震君兄妹手里,柯君是被人家请客吃咖啡的,当然不能参加自己的意见,所以柯君只有陪着震君兄妹共同坐在咖啡店里在期待着那位不认识的震君的朋友的降临。

又是五分钟十分钟的过去,这时那位朋友还没有来,柯君委实等待不住了,柯君想:今天白花费了许多时间,到这咖啡店里来已有一点多钟了,果使在家中开始创作的话,文字已经写了三千多了呢? 真不合算,于是他又在询问震君了。

"还没有来吗?"

"快了,快了,"震君勉强的这么回答,一壁又回顾着他的妹妹说:"你再打电话去催促一次。"

妹妹听了震君的话又离开咖啡座了,柯君于是很无聊不过的坐在咖啡座上,上海文人之不易做,他是深深地感觉到了。

这时这家咖啡店里果真的将音乐开起来了。音乐? 这是打破了各人内心的寂寞的一种武器,但是柯君他的内心寂寞已筑成了一道坚固的防线,音乐的魔力是无法攻入,柯君只觉得音乐有点乱耳,"啦……啦……啦……"有什么意思呢? 这种音乐也像中国音乐一样的是像狗叫,柯君是这样的想着。

震君看着柯君默然的低下头不作声,他也感觉到了柯君是在想什么了,他于是又向着柯君说:"你在想什么呀! 有什么事件不妨宣布出来吧!"

"没有,没有,我并没有想什么!"

"那末你为什么低下头去不说话呢?"

"我不大喜欢讲话。"

震君听了柯君这话正想要反驳,但是,他的妹妹又走来了,她对着她的哥哥做了一种手势,似乎是说:"已经在想办法了,不必着慌的意思。"

柯君也不知道他们兄妹俩在玩什么把戏,所以只有当作不知道的一般。

"我和你说,你悲观是不可以的。"震君又这样的对着柯君说:"你不会跳舞吧?你学会了跳舞就不悲观了,你就感觉得做人有乐趣了。"

这话真是使柯君感到滑稽了。跳舞?学跳舞?这不是要有时间才能够去学吗?这不是要拿出学费来的吗?柯君真是要气破了肚皮了,自己每天看书,做文章,已是忙碌到不得了;自己现在饭都没有吃,又哪里有时间可以去学跳舞呢?柯君又发现一个理由,自己做上海文人无论如何都是不及格的了。

"真的,我们今天晚上和密司脱柯一同进跳舞场去吧!"

震君的妹妹忽然又发生了这一个奇想。

"我不去,我不去,无论如何我都不去。"柯君急忙的在推辞着。

"你不去也不要紧,我们并不一定要你去啦。"震君说:"只是柯先生咖啡店里你是应当多来坐坐。"

"到这咖啡店里来又有什么意思呢?"

震君的妹妹听了这话冷笑了一声,但震君却一股正经的说:"吃咖啡能够将精神提出来,做文章做不出来的时候是非吃一杯咖啡不可的,它能助长文思。"

这话真是适用也没有了,柯君原是一个上海文人,柯君诚然有许多时候都是文思枯涩做不出来东西,这那有不吃咖啡的必要呢?然而,柯君又觉得自己终究是一个冒牌的上海文人,自己吃一杯咖啡要二三角钱,这尽可以充作一天的食粮了,这于自己的经济力量是担负不起。所以震君的话虽然适用,可是柯君终觉得无论如何自己都不能多到咖啡店里来呀!

"我有的时候独自一个人跑到咖啡店里来,一壁在吃咖啡,一壁在做文章,这真有点情趣呢!"震君忽然又在垂涎柯君。

"咖啡店里也能够做文章的吗?"

"怎么不能,你看,这地方空气多清爽,光线多充足,在这咖啡店里来做文章反没有人来打扰呢。"

"……"

听了震君的话,柯君真是没有话说了,冤枉自己戴上上海文人的名义,自己初次到这咖啡店里就觉得有些不舒服似的,这比较震君的尽情地享受都市文化是有怎样的一种分别呢?柯君于是又默然下去了。

震君也好像说完了话的一般,不再有什么别的话说出来了。

只有震君的妹妹她有几分慌张似的,不知她两次打电话给那位朋友所得结果是些什么。

沉默地过了五分钟。这时咖啡店的门口走出去了一男二女,走进来一位着羽纱长衫的青年人。柯君想:这该是震君所说的那位朋友了吧!但,震君的妹妹回答说:那位朋友是着西装的,而且比较这着羽纱长衫的人要阔得多。

"你那位朋友为什么到现在还不来呢?"

"他距离这里很远,来也没这么快。"

"不必着慌,中国人关于约会这种种事都是要迟到的。"震君的妹妹说。

于是柯君又没有什么话可以说了,震君也好像感觉到柯君有点不耐烦似的,所以只得故意的搜集出许多别的话和柯君谈,柯君也只好和他敷衍着,他心里在想,也许震君现在身边是和自己一样一钱莫名吧,要不然,打了一次两次电话给人家不来还要等待什么呢?也许那位朋友在当衣服给震君想办法了吧!但是,他又觉得这种意想是错误的,人家不是对自己明白的说过了吗?"今天向书局里拿到手三十块钱,所以才特地跑来请客给自己吃咖啡,而且还那样热忱的要求自己到咖啡店里来,这哪有不放一个钱的呢?没有金钱他有这种胆量走进咖啡店里来吗?"

但是,……柯君在反面是不敢想下去了,柯君心里说:"果使震君身边真的一钱莫名,那么,该对自己说好叫自己去想办法啦。"然而,这话怎么可以说出口来呢?说出口来不是轻视了人家吗?人家不是对自己说过:今天向书局拿到手三十块钱吗?……

到了六点钟了,震君兄妹所说的那位朋友还是没有来,柯君于是又询问他们,震君自己也有点着慌了,他这一次是亲自去打电话,只有震君的妹妹低下头来不好意思再多夸口一般,两颊是红红的。

好容易到了六点半钟了,才见着一位穿着整脚西装的青年姗姗的走进咖啡店里来,震君兄妹一见了他,登时又兴奋起来了,他们招待他坐下,又重新吃咖啡,并且给柯君介绍说:"这是密司脱许,这是密司脱柯。"

柯君于是和被称为密司脱许其人者互相的点点头,客套了一阵,那位密司脱许才开口说:"密司脱柯有著作吧! 可否交舍亲新近预备开办的那家书店里出版?"

"没有,没有,无聊得很,现在一点创作欲都没有,什么东西都做不出来。"柯君虚伪的说。这当然是说诳了,其实柯君抽屉里的稿本足能够供应二十打以上的书店的需要,柯君每天都在对着这些稿子叹气、发怒。然而,现在既然人家找上门来,那末自己又不得不搭搭架子了,横竖书贾和上海文人的人格是半斤等于八两,柯君当然不能例外。

又寒暄不上几句话,柯君今天到咖啡店里来的目的算是打达到了,所以他便起身先告辞了。

"再坐一下,莫急,密司脱柯的地址可否给我知道,改天再来拜访。"那位密司脱许又这样的挽留着他。

"那么这样好了,咖啡店里可以不必多坐了,密司脱许和震君兄妹三人再到我的家里去坐一会儿。"

"好的,好的。"密司脱许说。他说后马上伸手将皮夹打开来,取出两张一元的钞票一样大小的印上花花绿绿的字底纸头交给震君说:"哈,稿费你拿去。"

震君接到手这两张一元的钞票,很迅捷地恐被柯君发觉了他的秘密一般的藏在衣袋里,一壁又很骄傲的对着柯君说:"你看看光荣吧!

我拿到稿费了。"柯君这才证实震君兄妹俩所谓拿到手三十块钱稿费也者完全是诳言了,就算两张都是十元的票子吧,不过仅有二十元而已;就算两张都是五元的吧,不过仅有十元而已,又何况柯君眼快已经看着了两张都是一元的呢。所以——柯君只是不愿意揭破别人的伪计,顾着震君的面子一般点点头而已。

又说不上几句话,震君便付清了咖啡店里的账,和密司脱许、妹妹、柯君四人走出咖啡店了。

在路上,震君的妹妹忽然不打自供的对着柯君说:"密司脱柯! 今天若不是密司脱许拿钱来,那末我们人是走不出咖啡店哩!"

"真的,"震君自己也接着他的妹妹的话供招下去,"今天在咖啡店里那一段生活非常紧张的。假使密司脱许不来,那末,我们不客气是要将柯先生的竹布长衫脱下来进当铺的。"

柯君听了这话是不禁栗然起来了,他低下头将自己的竹布长衫打量了一会,他发见了这件竹布长衫已经染了许多洗不掉的油渍,无论如何是当不起钱的,他更不禁打了一个寒噤了。他想:上海文人到底是难做的,自己这个怯懦的人想要做上海文人无论如何都是不能及格的。柯君于是觉得自己的渺小了。

一个咖啡女的自白

(作者:顾凤城,原载《华安》,1933 年)

我来到这里快要一个月了,天哪! 以后的生活怎么过去呢? 我现在已经失掉了一切的自由,我已经不是一个月以前的活泼的小姑娘了。

这喫茶店①,这魔窟,不,是我的牢狱,是我的地狱! 我时时刻刻必

---

① 喫茶店日本到处都有,专售咖啡、啤酒、点心之类,去时有咖啡女前来陪坐,客人随意与之谈笑。

得勉强装着欢笑去迎接客人,我时时刻刻必得勉强的去和客人(有些实在是无赖)谈一些我所不愿意谈的鬼话。而且,更讨厌的,他们都喜欢动手动脚的,我很想骂一声他们是泼皮,是无赖,但是,我有勇气吗?据说他们是出了钱来寻开心的呢!有一般人更讨厌了,问长问短的,必得问我的年龄是几岁,问我嫁了人没有,更有人竟问我愿不愿意嫁给他。吃得醉醺醺的,真是一个无赖呵,直到我的脸红到耳根上了,他还要搂着我吻他呢。他们哪里是来吃茶呢? 他们是来玩女人的,是来发泄他们的变态性欲的呵!

这种生活我怎么再能过去呢? 一个月了,多么长的时间呵! 时间也好像欺负人一样的,在一个月以前,我的生活是多么甜蜜、活泼和富于青春的快乐呵;那时的时间过得只觉太快,而现在呢,时间只是慢慢的在动着,不肯很快的溜过去,真是闷死人了。

真像做梦一般的,我不相信我的青春的生活,我的光辉的富有情趣的生活是结束的如此快哟! 唉,回忆是太甜蜜,而现在是太冷酷了!

这不是仅仅二个月以前的事情么? 我和三郎一同散步到井之头公园,我们坐在那高大的树林子里,望着蔚蓝的天空,红叶一瓣瓣的落在我们的头上,他吻着我的手,吻着我的颊,那时候不知是如何的情态呢。我只记得那时我的面颊完全是发烧的,我的胸口跳动得十分厉害,我是紧紧的握着他的手,我希望他的举动对我再强烈一些也不妨,我对他是多么的感到男性的气概呵!

我们在井之头整整坐了二个多钟头,天渐渐的黑下来了,但是我完全不觉得,当我们快要走出园门的时候,他问我:

"米子,你下个月不是要去当咖啡女了么?"

"是的,但这是我的职业啊,对于我们的爱情是没有妨碍的。"我这样坚决的回答他。

"请你不要忘记我。"他那时的眼睛有些湿了。

"决不的,三郎。傻孩子。"我这样的骂了他一声。

美丽的秋之夕阳快要堕入地平线下去了,我们在那里纪念的井之头的门口分别,我一直望着他的背影完全消失在我的眼底时,我才一个人孤独地回去。三郎,你那时为什么不回过来看我一眼呢? 我是多么喜欢你那对灵活的而又发射出强烈之光的眼睛哟!

我确是爱着三郎,他以一个男性而又很能懂得女子的心理;他走起路来是多么的神气啊,英气勃勃的,无论他握着我的手,或是吻着我的时候,我的心总是跳动着,我的面颊总是红红的,我整个的心灵都沉浸在他男性的英姿中去了!

但是,吃茶店的许多客人,我却十二分的感觉讨厌,他们握我的手,或者强制吻我的时候,对我只有痛恨的感觉。这是我被动的被侮辱的一种反应。那时我只希望三郎能够跑来,假装一个顾客的来吻我,那我的心上不知要感到多么的愉快和兴奋了。

唉,这是我的幻想! 三郎有钱来吃茶店吗? 就说有了钱也没有时间啊! 他也和我一样被人剥夺了整个的自由的人。有钱的人多余的是钱和时间,而我们恰恰缺少这二样。

因为感觉到客人的讨厌,我就更想念三郎,愈想,我的心上就更烦躁起来。因为我在这里的受侮辱,很想三郎能来解救我,但是我知道他是不会来的,万一他真会来了也有什么用呢? 看了不是更使他难过么?

我不是和三郎说过么? 说咖啡女是一种职业,但是我现在对于这种职业起了十二分的怀疑了。职业是应当以智识或劳动去换取相当的报酬的,但我为什么要以面貌和笑容去换钱呢? 这和卖淫女有什么分别呢? 听说咖啡女是很正当的职业,明明不能和卑贱的卖淫女比较的,不过我却对于这种所谓正当的职业抱有十二分的怀疑了。

我本来想不干这个勾当了,因为这种生活对于我的精神上实在是太痛苦了。但是,一想起我的母亲的时候,我又没有勇气了,我为了我的母亲忍受精神上的痛苦吧,可怜她老人家在我八岁的时候就死了我的父亲,现在已经十年了,这整整十年的生活是不容易过的。我本来有个哥哥可以挣钱养活我的母亲,我也不至于出来当咖啡女,不料前年的冬天,为了什么"满洲事变",他竟死在那遥远的异国了。母亲听到了这个消息,哭得死去活来,但有什么用呢? 后来政府给了一个奖章,但那不能当饭吃的啊! 哥哥终于是战死了,永不能回来的了。

讨厌,他们又要叫我出去招呼客人了,而且要叫我特别多拍上一些粉,装饰好看一些,因为今天是礼拜日,客人来得多一些。唉! 这样没有灵魂的生活,什么时候才能离开呢?

香烟与咖啡与夜

(作者:欧碧,原载《申报》,1933 年)

要做作家,第一先得学会抽烟。因为既是作家,就免不了要写文章。可是写文章据说是要灵感的,那末,灵感不来,怎么办呢? 要是你会抽烟的,那就有办法,那办法就是抽烟。在香烟燃着以后,你便可痴呆地望着那一缕缕的烟,袅袅的,于是灵感就来了。灵感一来,你便赶快展开你的原稿纸,于是,写,写,不断地写。一点钟过去了,两点钟过去了,三点钟过去了,你的杰作也就完成了。

要是虽然已过了三个钟点,而你的杰作还未完成的话,那末你可喝咖啡。你知道要自己煮咖啡,是一件比较费事而且费时间的事情,你也知道你的手边并没有小厮或者小婢在等待你的驱使,于是你非想出一个喝咖啡的简易的办法不可。那简易的办法,或者会是预先把咖啡煮好了,冷在那里;或者,要喝热的话,把预先煮好了的安置在热水壶中;或者,甚至连预先煮就的手续也嫌太过麻烦,你会化七八个铜元买好一块"咖啡茶",那你只要有一些开水,一冲就可喝了,而且连糖都不用再加。咖啡一喝,就兴奋起来了,于是又写,写,写。

而且写,一定要在晚上,并一定要在十二点钟以后,因为不到那时你的精神是不会兴奋起来的。写倦了,你就抽烟,喝咖啡;再倦,再抽,再喝。于是四点钟过去了,五点钟过去了,六点钟过去了。在你再不能以烟和咖啡压抑你的眼花、头昏与呵欠的时候,你便把你的自来水笔一丢,而跳上床去,往你的夫人的被里一钻。

第二个晚上到了,一过十二点钟,你又照例兴奋,又照例写,你便那样地度过了许多春的夜,夏的夜,秋的夜,冬的夜。"啊,作家的夜是多么奇怪而神秘啊!"你止不住会这样惊叹着。

哦,作家之夜!

青岛咖啡
——青岛印象之二

(作者:柯灵,原载《申报》,1933 年)

感谢朋友的盛情,他让我也做了一回青岛咖啡座上的贵客。

从汇泉沿马路过去,在相隔不远的清静的海边,傍着疏疏的槐树林子,有一所小小的洋房。每天,夕阳踏着微波退隐以后,那儿就吸引进一批洋装华服的男女。

进去吧! 白衣的侍者含笑相迎,跑过一道甬道,就来到厅上。四壁辉煌的壁画,电灯是白炽的。跳舞厅在正中。再跑出去,濒海的露台,大理石的圆桌,精巧的座位,骄傲的微笑,涂着蔻丹的指甲的□手,高脚杯里胭脂般红的葡萄汁……

露台的石栏外是一片夜的海。

天上正挂着一轮将圆的月亮。

那儿,浪花无休止地飞跃着,跳上沙滩。哗啦——哗啦——每一迭浪打到岸上,就是一道银白的花边,一声神秘的音响。那儿,月光平平地铺在海面,渔船的帆影在远处移转,而另一边闪烁着千万盏闹市的灯火。

呷了一口冷咖啡,心里在想着什么……

前一天自己独自在汇泉饭店吃了一杯冰淇淋,淡淡的,而且粗劣。可是价目是半元。这儿的咖啡多少一杯?

半元。贵吗？不！到那儿去的大老板一定不会吝惜这戋戋之数的。

跳舞厅里奏起了流行的爵士音乐。

白衣的侍者恭敬地来往。刀和叉在音乐里旋律地动着，女人的媚笑，绅士的彬彬有礼的姿态，低低的私语。

朋友跟我谈起闲天来了。

他说，这青岛咖啡是白俄商人开的，每年这儿只做一个夏季的生意（过了夏天他有别的营业），可是能赚得多的钱。他说，汇泉饭店是日本人开的——青岛的经济势力全在日本人手里，许多任务厂也全是他们经营的。有的打起招牌说是中国资本，背地里股东还是日本人……

于是我想起海滨公园相近的"接收纪念亭"来。只要名义上已经"接收"，这当然是丰功伟迹，值得"纪念"的了。况且我们这青岛没给德国的时候，原只是长着一片野草的荒岛啊，现在却已给他们修筑得花团锦簇般的了。

正想着，灯光暗了。

绿纱灯下，一对对搂着的男女，跟着音乐的节奏婆娑起舞。

我望着月亮，望着铺满月光的海，望着跳上沙滩的白浪，望着那幽灵般移动的人影——

乐吧，朋友。趁夜还没有回去，喝尽你杯中的甘酒罢！

咖啡座

（作者：小川，原载《中央日报》，1933 年）

外国人喝咖啡，本来就等于中国人喝茶，只是日常生活中的一件极平凡的事情。但中国人喝咖啡，就多少带有某一种文化的气味了。在中国，"咖啡座"这一类地方几乎都成为都市文明的一种。它的多少，可以说明欧洲文化在当地所播植的程度和势力。比如在南京，咖啡馆就寥寥无几，并且它的情调，如和上海一比，那就真太不够格儿了。

上海咖啡馆喝咖啡，多少是一件风雅的事情，正如以前中国人的上茶馆一样，是一种清闲的行为。中国的新文化运动，还只是一二十年来的事，说到那些艺术家、文学家、音乐家……自然不及外国那样的"多如江鲫"。外国人欢喜上咖啡座喝咖啡的，也不一定限于这些艺术家，就是那些一等的外交家、政治家，也都有上咖啡座的那种风度。但在中国，这种风气还仅限于极少数的通商大埠，而在那些通商大埠上，又仅限于极少数的爱好文艺之徒。所以，我们跑进上海的那些咖啡座里去，除了外国顾客以外，便是以文艺界人物为最多了。

中国人是顶懂得上茶馆艺术的，那些终日无所事事的乡绅们，可以一清早就跑上茶馆，一直坐到黄昏才回家。他们所留恋的，不是茶壶里的水，实在是爱着茶馆里的那种气息吧。上咖啡馆喝咖啡也正就是这样。在咖啡馆里，顶可宝贵的，也就是咖啡馆里那么一份安详的情调，或者你自己心上那么一份微好的心境。在一种浓红的灯光里，在一种安闲的气息里，你和几个朋友坐在一个 Box 里，轻轻的，轻轻的谈着。你的身体那时安放在顶自在的天地中。要是仅仅你一个人，那你占据在一个顶偏僻的角落里。你沉默着，你从你的沉默中，浏览到四周。从每一个人的脸上，你能看到他灵魂里的愉快与骄傲。你在那样"沉着"的气氛中，那样安详的 Atmosphere 里，你可以一尘不染地凝一回神，或者，放肆地对于世间人事作一次澈透的探索。你可以用顶严肃的神情来解开一个结纽，你可以用顶荒唐的心来作一个美丽的淫梦。在那儿，没有谁来打扰你，没有谁来破坏你的空气，你老老实实抓住了你自己的天地，在你那个天地里，有你自己的一切，每一个人从门口奔进来，或者从你身边走过去，你不用得抬一抬头；每一次从隔座发出的笑声，也不用得你去无故吃惊。女人在人家的身边，但女人也在你的心里，每个人都是这个世界的主人，但每个人也都与这世界无与。待你倦了，于是你也悄悄的退出，正如你悄悄的进去，谁也不来注意，谁也没有理会。

论笑之可恶

（作者：林语堂，原载《申报》，1934 年）

这是在咖啡馆中之一夜。原因是雅西新从法国回来，那天晚饭，听他的叔叔祥甫说到霞飞路咖啡馆之清雅有趣，满口称道。自雅西听来，似乎在说巴黎的咖啡馆不好，有点不服，负气约了他的老同学于君连他的叔叔三人同来的。在祥甫口中，雅西之读音，有点特别，由老于听来似乎就是亚赛，而"赛"字又似读平声。他在法国留学之时，曾经把他拼写为 Asen、Asay、Asailles、Asaient 四种，尤其最后两种，是他最得意的。但是自从一位法国女郎呼他为 Assez 以后，他的同学也就呼他为 Assez，也有的转译为中语，呼他为"够了"。再有人转为文言，呼他为"休矣"。也有留英的学生来游巴黎，呼他为"I say"。但是祥甫因为自小呼惯了，还是呼他为阿赛，而"赛"字读平声。雅西也莫奈之何，只说他近来回国了，小名实在不大好听，"雅西"是他的号，然而他的叔叔却仍然认为并无以号呼他侄儿之必要。

他们三人坐在我的靠近一桌上。雅西看见桌上有玻璃面，认为他出洋以后几年中，上海的确进步了，但是他轻易不肯称誉国货。"你看那女子烫的头发，学什么巴黎，不东不西，实在太幽默了。""你也懂得幽默这新名词吗？"老于说。"怎么不懂！在巴黎我也看过几本《论语》……什么东西！中国人哪里懂得幽默！"

祥甫本来也是道学，他一向也反对幽默。但是他反对的不是滑稽，是反对幽默这西洋名词，尤其反对"论语"两字，被现代人拿来当做刊物名称。他说滑稽荒唐是无妨的，文人偶尔做点游戏文字当做消遣，是无妨的。滑稽又在说正经话，又庄又谐，他是反对的。他说比方一人要嫖就得到外头去嫖，跟自己太太还好亲吻非礼吗？你想家里太太也拉胡琴、唱京调、烫头发，打扮的花技招展，成个什么体统呢。他在家中非

370

常严肃正经,浪漫时家中小子是看不见的。所以他向来看《论语》,在家中也是扳起脸孔看的,越看越怒,虽然越怒越看。《论语》一向就是被这派义愤填胸"怒看"的人买完了;老于之辈常是买不到的,或是买得到,也被家里老太爷拿去没收。但是此刻因为雅西反对,他反而要替国货说两句好话了;因为雅西虽然留过学,在他仍然是亚赛而已,而"赛"字是读平声。

"《论语》怎么不好?"祥甫说。这时祥甫老伯是赞成幽默,而雅西反而成道学,这种营垒有点特别。"像拉微巴黎仙才是幽默,才让你笑得不可开交"——这时我正在看一本拉微巴黎仙上的图,一双女人大腿放在面团团富贾的便便大腹上——"那是那样微妙的,轻松的腊丁民族的笑。就如这咖啡馆,叫你坐上不快活。我在巴黎时,在咖啡馆,一坐就可以坐半天。也不知怎,叫你觉得在腊丁胡子之下露齿一笑是应该的。我们中国人胡子就留得不好,中国人的笑也是可恶的。"

祥甫是有胡子的,听到此话,猛然瞥他一眼。老于看见情形不妙,赶紧用话撇开。

"雅西,巴黎我是没有见过的,霞飞路上法国胡子,我也看过不少,这也不可概乎言之。我倒不觉得怎样。笑一笑,也不见得西洋便怎样高明,中国便怎样可恶。《论语》二十八期也译过一篇不知谁做的《学究与贼》法国幽默,看来还不同《笑林广记》一样。你们一塌括子道学而已。"

"你记错了。那是三十期《论语》上登过的,不是二十八期吧?"刚从法国留学回来之雅西说,"我是由欧回来在法国邮船公司博德士船上读到的。"

"你们都不是,《学究与贼》是二十六期,十月一日出版的。那日我正有事到无锡去,在车上买到的,明明是十月一日,我还能记错吗?"

我饮了一大杯咖啡而去。心里想着二十八?二十六?三十?实在记不清,况且二十六期是否十月一日出版,也不甚了了。回到家中,找存书,遍翻不得,二十七至三十期皆有,都不见有那篇《学究与贼》。偏偏二十六期缺了。打电话问时代公司，请即刻派人送一本二十六期来。时代的人慌忙，以为二十六期出了什么祸。我说："没有什么，我神经错乱而已，反对的人都把期目记清了，我反已记不得。但愿天下人都反对幽默。"

"什么!?"是电话上惊皇的来声。

"即刻把二十六期差人寄来。"我戛然把电话挂上。

东京咖啡馆的回忆

（作者：盛马良，原载《华安》，1934年）

回忆，真仿佛梦影里的残霞。从南国渐飘来轻柔的春风，是几度了啊？东京的银闸，又在飘着樱花的歌声吗？

银闸是使得我留恋的，那儿，还残映着逝去的春梦……

在东京，春天是没有读书的心绪的，加着自处不断地回忆着故乡的梦，异国情调，够使我感到深深地苦闷哟。

——真苦闷：

——到咖啡馆去快乐一下吧！支那的孩子！

咖啡馆里有着美丽的日本姑娘的，温柔地，去麻醉一下自家的灵魂吧！而况春天的月儿是那么地明媚呵！

在春夜温柔的月光下，凄清地举起浓郁的咖啡狂饮，一杯，一杯……

咖啡女的软软的发丝，系着一朵白色的花，在轻风中微微地飘，旋着笑涡儿，拿着一杯咖啡按在我的唇边，那么温柔地……

——年轻的支那先生！饮吧！

——先生，支那地方，是比我们日本更加美丽吧！

——姑娘，不用提了吧，提起了支那我就……我就很悲伤……

我醉了呢。——心儿中的哀愁，仿佛吹散了的云影似缥缈。

——但是,先生,支那不是你的故国吗?

——我的故国,但是那儿我是有着不少伤心的往事呵!

于是沉默了,年轻的姑娘,温柔地倚在我的怀里,我凝视着她的轻软的发丝,浅浅的涡儿……

她唱起西条八十的诗,诗的声浪击着我的灵魂。

我深感到温柔的意味,在月光的影中,我们两个影子淡淡地浸在梦里。

她唱着,在深静的春夜,感到了淡淡地哀愁。

——姑娘,你怎的哭了呢?

我轻抚着她的发丝,用着软的手帕拭着她酸楚的泪痕。

她是悲哀地告诉我:她是一个十七岁的姑娘呀!——有着美丽的青春,美丽的甜梦……

去年春天,在这儿来了一个美丽的青年,她是热烈地待他,就这样热烈地爱了啊!那年青人是温柔的,抚着她的发丝,抚着她的青春。

在樱花微笑的影里,在春月朦胧的影里,一对温柔的影是浸在甜蜜的梦里,唱起西条八十的歌曲。

年青人是温柔地睡在姑娘裸着的腿上,梦想着那么粉红色的梦呢。

但是,狂风吹散了他俩甜蜜的梦,她的爱人,却被帝国主义送到支那的东北三省去牺牲了,在去年——亲爱的,别了! 是不是还有相见的时期呢?

悲伤的别离呵。——去了,辽远地去了。

就是这样一别,年青人就埋骨异乡了吧,永远地音信沉沉。

悲哀的情绪,轻敲着二个失意的人的心扉呵!

深夜,我悲哀地走了,拖着那悲哀的影子。年青人真经不起这强烈的刺激呵!

——再会吧! 姑娘,我可要请问你的姓名呢!

——静子。

春夜的月光,照着辽远的树影,照着年青人的梦……

如今春天又到了，往事只有悲痛的回忆作为逝去的影痕吧！——春天的日光仍然是这么地明媚呵！是不是还照着东京咖啡馆中年青失意的姑娘的影儿呢！

……

灵魂之所在的咖啡室

（作者：戈宝权，原载《时代漫画》，1934 年）

马德里有一家《太阳报》（*EL SOL*），是西班牙的大日报，创始于一九一七年，创办人为 D. Nicolas M. urgoiti。在这家报馆中有一间美丽的咖啡室，供接待宾客及馆中同事之用，四壁都是壁画。壁画中画有五十九位欧洲古今的名人，有王者，有文学家，有科学家和艺术家。每一个人都能表现出他自身的个性和神情，于此亦可知作者之苦心了。

我们无由知道作画的原意，据我们看，以一家报馆的咖啡室，装上这样生动的壁画，实在或是馆员进餐时，回忆到这万世不朽的、人类文化之所寄的往古，顿起追崇向上之心，就好像时时刻刻能表现出这家报馆的灵魂之所在，和具着进展的愿望；回顾着我国的报馆，只有与叹而已。家叔公振，去岁赴西参加世界新闻会议时，十一月十日游于此，蒙馆中饷以酒食，并赠此壁画样张，现即介绍于此。原样仅有人名，现为读者便利起见，加以国籍、生卒年月和简短的介绍，有几个人一时未能查出，只好残缺了。

（1）Dickens（1812—1870），迭更斯，英国小说家，著有《双城记》《圣诞述异》《块肉余生述》等书。

（2）Hernan Cortes（1845—1549），科德斯，西军人，征服墨西哥者。

（3）Mignel Angelo（1475—1564），米启安格罗，意大利画家，有名画《最后之审判》。[①]

（4）Darwin（1809—1882），达尔文，英生物学家，著有《进化论》[②]。

（5）Spencer（1820—1902），斯宾塞，英大哲学家。

（6）Perez Galdos（1845—?），加尔道斯，西小说家。

（7）Quevedo（1580—1645），揆未多，西诗人及讽刺文作家[③]。

（8）Dostoevsky（1821—1881），杜斯道易夫斯基，俄小说家，有《罪与罚》《卡拉马佐夫兄弟》等名著。

（9）Jorge Manrique（1440?—1478），曼立克，西诗人。

（10）Maquiavelo（1469—1527），马基雅弗利，意政治家，著有《王者》一书。

（11）Schopenhauer（1768—1860），叔本华，德哲学家，提倡厌世哲学。

（12）Nietzsche（1844—1900），尼采，德哲学家，倡超人哲学。

（13）Tolstoi（1828—1910），托尔斯泰，俄小说家，提倡博爱及无抵抗主义，有名著《复活》《战争与和平》等。

（14）Voltaire（1694—1778），伏尔泰，法著作家，文笔讽刺。

（15）Kant（1724—1804），康德，德哲学家，提倡实验主义。

---

① 米开朗基罗·博那罗蒂（Michelangelo Buonarroti）。

② 此处戈宝权原文中误为《天演论》，为赫胥黎之作。

③ 弗朗西斯科·德·克维多（Francisco Gomez de Quevedo y Villegas 1580—1645）。

（16）Beethoven（1770—1827），贝多芬，德音乐家，作《月光曲》，最伟大之杰作为《第九交响乐》。

（17）Rousseau（1712—1778），卢梭，法哲学家，倡民约说，有名著《爱弥儿》《忏悔录》等书。

（18）El Greco（1545？—1570），格莱梭，克里地画家、建筑家及雕刻家①。

（19）Moliere（1622—1673），莫里哀，法戏剧家。

（20）Vasco da Gama（1460—1524），迦玛，葡航海家，经过好望角，发见至印度之航路。

（21）Velazquez（1599—1660），魏拉斯刻司，西画家。

---

① 埃尔·格列柯（El Greco，1514—1614）。

（22）Goethe（1749—1832），歌德，德大诗人，有名著《浮士德》《少年维特之烦恼》等书。

（23）Victor Hugo（1802—1885），嚣俄，法小说家，有名著《孤星泪》①。

（24）Napoleon（1769—1821），拿破仑，曾为法皇，全欧之霸主。

（25）Prim（1841—1870），布利姆，西军人及政治家。

（26）Esopo（620—560 B. C.），西人，有《伊索寓言》一书传留于世，垂诵千古。

（27）Pi y Margallo

（28）Wagner（1813—1883），华格涅，德大音乐家，有大歌剧 Tanhauser。

（29）Saavedra（1547—1616），西万提斯，西小说家，著有《吉诃德先生》。

（30）Goya（1746—1828），哥雅，西画家。

（31）Ibsen（1823—1906），易卜生，挪威戏剧家，有名著《拉娜》。

（32）Larra（1809—1837），拉剌，西讽刺文作家。

（33）San juaneda la Cruzo

（34）Panta Teresao

（35）Fray Luis de Granada（1504—1588），拉拉那达，西教士。

---

① 　维克多·雨果（Victor Hugo，1802—1885）。

（36） Garibaldi（1807—1882），加里波的，意爱国志士。

（37） Rnbea Dario

（38） Arquimedes（287—212 B. C.），阿基米得，西人，发明几何学。

（39） Alfonso X，西王。

（40） Pasteur（1822—1895），巴士特，法生物学家，发现细菌。

（41） Maragall

（42） Michel Servet（1511—1553），塞尔维，西物理学家。

（43） Oscar Wilde（1856—1905），王尔德，英小说家，倡唯美主义，有名著《莎乐美》。

（44） Galileo（1564—1642），加利略，意天文学家及物理学家。

（45） Shakespeare（1564—1616），莎士比亚，英大戏剧家。

（46） Verlaine（1844—1896）凡伦，法象征派诗人[①]。

（47） Julius Caesar（100—44 B. C.），凯撒，罗马大帝。

（48） Cleopatra（69—30 B. C.），可里奥潘屈拉，貌甚美，十七岁时即埃及女皇。

（49） Lop de V ga（1562—1635），洛贝，西戏剧家[②]。

---

① 保尔·魏尔伦（Paul Verlaine）。

② 洛佩·德·维加（Lope de Vega y Carpio）。

（50）Lamartine（1790—1869），拉马丁，法诗人。

（51）Pascal（1623—1662），巴斯卡，法宗教哲学家及数学家。

（52）Socrates（470—400 B. C.），苏格拉底，希大哲学家。

（53）Dante（1265—1322），但丁，意大诗人，有名著《神曲》。

（54）Gradenal Cisnerane

（55）Danton（1759—1795），但东，法大革命时之革命家。

（56）Galderan de le Barca（1600—1681），加尔台龙，西诗人[1]。

（57）Baudelaire（1821—1866），鲍特莱尔，法象征派诗人。

（58）T. Gant er（1811—1872），哥底叶，法诗人。

（59）Balazc（1799—1850），巴尔扎克，法小说家，有名著《人之喜剧》。

咖啡

（*作者：鼎乐，原载《南风》，1934 年*）

每天都在俱乐部里饮一杯咖啡，似乎咖啡已成了我生命上一种不可缺少的需要。不知我者以为我是受了咖啡毒，如某种少爷、小姐般不能戒去香烟和香水一样。真是十分对不起爱让我至无所不能的良友

---

[1]　加尔德龙（Pedro Calderon DeIabarca，1600—1681）。

们。他们和她们存着"你是我们的小弟弟"般爱护我的行李来劝告我"乐！这是不对的，咖啡有害于你的身体"。他们还以为我因功课迫而用咖啡来解决眠魔。怪不得他们屡屡对我说："用功不求太猛，但求有恒。"他们是错了，但是我却不敢在疼爱我的他们和她们面前造出半点不是小弟弟般神气来，只有唯唯听命，"下次再不饮了"地答应。

我之每日饮一杯咖啡并不是来驱逐我底眠魔。先说俱乐部里的咖啡，它是罐头品，没有半点功效。不特不能驱散眠魔，它反使人分外眼倦，怎似香港或南洋底"黑咖啡"地有效？南洋的咖啡店是遍地林立，因为咖啡的价值很廉，所以南洋华侨的唯一饮品是以咖啡来代替菊花、龙井。言归正传，我既然不是因不欲眠而饮咖啡，也不是有如幽默的文人、清逸的美术家般以咖啡为艺术的嗜好；更不是仿摹颓废派文学家以兴奋品刺激精神来产生千古不朽之作，其实何苦来要尝这一杯有毒的咖啡？

我饮咖啡是来纪念我永世不忘的 C。

还记得清清楚楚，在离别前一晚，C 和我在幽暗的路上踯躅着。

"C！我们的幸福告一段落，此后不知何日再能和你在一处长谈了。日子越久越对你依依不舍，不如早些忍着痛苦分别了。C 呀！我奢望你遇到一个比我更好、更爱你的人，使你更快乐更幸福。"

"桑，我有说不尽的话想对你说，但细想一想，还是不多说免你伤心。你不要如此地悲观了。我恨我自己，恨我自己在你平静的心田中涌起了无限波浪。我害了你，我因爱你而害了你。桑！若果你是爱我的，就请你不要因失了我而悲哀。若果可能把我忘记就把我忘记了。你的前途正是无可限量，不要因我而牺牲了你的幸福和光明。"

"我也不愿用我心里欲说的话来使你更伤心。我深知你不准我因你之故而脱离了家庭。你爱我太深了！我感谢你。我永远不会把你忘记的。"

"我知道。我也永远不会忘记你。我每日饮一杯咖啡来纪念你，来祝福你永远健康，在人生途上开着幸福之花，就请你每日饮一杯咖啡来纪念我们过往之情。"

所以我每日，不论下着大雨，打着大风，必要饮了一杯咖啡方安适。

每当客散房空，余留的只有欢笑的回音，散乱的桌椅，和孤单的我；当看完了一首悲惨的、有点和我相同的命运的故事；当明月照耀着在寒风中飞舞的杨柳，使人回想起过往的青春；C 的面貌、举动、言语就一一地在我脑中、眼中、心中浮起来，她嘱咐我要纪念她就饮咖啡的一句话在我耳中响着。于是我就带着情感的兴奋去痛饮那种有毒的咖啡。

我尝着甜的咖啡，正如她给我的爱一样地甜蜜，黑黑苦苦，又正如我们命运的象征。把过去了底爱的生活思索一回，不觉如饮了醉人的酒般安适畅快。

恍惚间在咖啡中看见一对晶莹的眼睛，深深地望我一下。晶莹的眼睛中充满了甜蜜的笑意，谢我对于她的未曾遗忘。一天一天的过去了，每日在俱乐部饮一杯咖啡，咖啡已成了我生命上不可缺少的一部分。

十二月三十日于荣光堂

喝着咖啡的时候

（作者：流冰，原载《中国文学》，1934 年）

"困人的春天呵。"

说着，便想起咖啡来了。

于是，在一个小小的 CAFÉ 中，自个儿坐在铺着雪一般的白布的小圆桌旁，把右脚叠在左腿上，红色的领带前面，安放着黑色的咖啡，咖啡旁边伺候着比桌布更白的牛乳，比牛乳更白的方块糖。指头夹着一支Capstan，白色的烟圈上升着，放在天花板上，眼前朦胧着，朦胧着。这儿，便展开了整个的人生啦。

咖啡是黑色的，人生是咖啡色的呵！

人们爱喝咖啡,可是没有人爱纯真的咖啡,咖啡的本色是黑的,咖啡的味道是苦的。

用银色的小匙搅漾着,盛一匙送到嘴里去。

咖啡的味道是苦的! 苦到和她的红唇一样。

咖啡色的黑露茜呵!

椰子岛上的夏夜,天空和咖啡一般。在椰子树下的咖啡座上,我第一次遇着她。

头发是黑色的,卷在头后,夏夜的晚服是黑色的,袜是黑色的,鞋是黑的,夜间的脸色也是微黑的。

黑的女神啊!

便楞住在她面上了,黑珠子,桃乐丝德莉奥一样的黑珠子,却配着克莱拉宝的眉毛。红的唇,高高的鼻子,史璜生的面孔。

有趣的哪。我想着,她可走过来啦。

"对不住,烟盒忘记了。"像黑夜里的四弦琴一样的声调。

便掏出银色的烟盒,送一支过去。

"Capstan,吸烟的味道倒是相同的哪。"红的嘴唇露出雪一般的牙齿啦。

"那么,便坐在一块儿吸吸相同的烟味吧。"

说着,便"擦"一声,烟蒂染得火红了。一同坐下来,把隔座的咖啡搬过来了。

"夜是美丽的呵!"坐下来,便这么开始第一句话。

"美丽的夜间应当喝杯浓色的咖啡。"喷出一缕烟后,她正经地说。

"对啦! 一杯浓色的咖啡,一罐 Capstan,咖啡是刺激的,Capstan 的烟圈会把回忆画在椰子树上。"

"你哪里来的这么一张会说话的嘴呵?"手背托着下巴,望着我笑了。

我也笑了。

我说:"你的咖啡加点牛乳吗?"

"不用。"

"糖块吧?"

"我不吃糖。"桃乐丝德莉奥的黑眸子尽望着我笑。

"奇怪的女人哪!"心里想着,便说:

"咖啡的本身是苦的呵!"

"这才是够味的刺激呢! 你看,天空不是黑色的吗? 人生不就是苦的吗? 何必掺上别的东西去呢?"

"天空是黑色的,可是加上几盏星星便更加美丽了;人生是苦的,可是,应当加一点人生的'香料'呵! 正如这一杯咖啡,你得加上一点牛乳或块糖,它便变成甜蜜的饮料了。"

"你这张嘴呵! 快挨过来,说一声'NO'。"

于是,便挨过去,轻轻地"NO"! 把嘴唇呶得高高地。

迅速地,便送了一个吻。

咖啡一样的红嘴唇呵!

"等我摘到了人生的香料再在咖啡上加点牛乳或是糖块吧! 现在得走了。"

"那么,留个地址吧。"

"何必呢? 这里不是很有意思的地方吗? 你只要记着黑露茜这个名字便好啦!"

说完,便在黑夜中消失了。

黑的晚服,黑的眸子,黑的咖啡,黑露茜……

呵! Black rose! Black rose! 黑露茜呵!

第二个夜里:

"再去喝一杯浓色的咖啡吧!"从影戏院里出来,对着挂在胳膊上的黑露茜说。

她:点了点头。

对坐在小桌子旁边,桌上放着两杯黑的咖啡。我默默地吸着 Capstan,让烟圈回忆着戏院里的眼珠子。黑露茜把牛乳倒在黑色的咖啡里去了,黑的咖啡变了颜色啦,再加上一块块的糖,咖啡便甜蜜起来了。

"人生的香料找到了吗?"

"早就找到啦。"

"哪里?"

"在你的大眼珠子里,在你的嘴里,在你的微笑中呵!"

"真的?"

"真的!"

便送过第二个吻去。

"咖啡加了牛乳啦。"

"没有糖块哪。"

可是,我心里那么想着:

人生的香料,咖啡的糖块,苦的唇,甜的唇,我做了她"人生"中的"香料"呵!

从此便不见啦。

黑露茜!黑露茜!

白色的烟圈从指缝中上升着,望着黑色的咖啡,咖啡色的黑露茜呵!

把牛乳慢慢掺到黑色的咖啡中去。

把糖块轻轻浸到黑色的咖啡中去。

咖啡是甜蜜的,甜蜜得像她的红唇。

喝着咖啡的时候,心里又想起黑露茜。

人生的香料……甜的红唇……

黑露茜呵!……

二十三,三,七夜

咖啡店中

（作者：慕曦，原载《新世界》，1937年）

不知道从什么时候起，我便把他的名字忘记了。但是他的面貌和举止，像天天见着似的，怪熟的在我的脑海里洄漩着，所以当我们邂逅在静安寺路上的时候，彼此都很惊讶的睁圆了眼睛，沉默着。

"喂！老朋友，你什么时候到上海来的？"终竟是耐不住寂寞这样的问了。

"啊，到上海来差不多一个月哪！你现在民生公司吗？"他因为看见了我胸前佩戴着的菱形的"民生"徽章。

"是的。你一向的事体倒干得写意吗？哈哈！我的记性真坏，你的名字我总想不起来哪！"我尽量的想在我不健全的记忆里找出此人的姓名。但是可怜的很，一点儿头绪都没有。

"不错。这也怪不得，我们阔别将近十年，连一封信都没有写过，那当然也不大记得了。"他微微的笑了一下，才继续说道："我就是十年前在F城同学的张二本啊！"

"啊！是的。"于是，我便忆起十年前在F城同学的时候，他还只十三岁，但是人却像十来岁的小孩子一般，一对圆大的眼睛，转动的非常灵活；无论是同学们和他开玩笑，或者是在体育场踢小皮球被跌了，他总爱哭，而且像女孩子一样的呜呜的哭；所以同学们便给他一个美丽的绰号，"可怜的小秋香"。

可惜，我们只做了一年的同学，他便奉了父亲的嘱咐，同姨夫一块儿到南洋群岛去了。四年后，我也亡命到了H镇，遇着一位他的表哥，才知道他一礼拜前由马六甲转到广州来了。那时，我也曾给他写过几封信去。大概是绿衣使者误投，或者是失掉了，永远是石沉大海，终归没有得着他的片纸只字。我又离开了H镇，做天涯沦落之客去了。

光阴荏苒,逝者如斯,又是五年后在上海的今天,我们得在静安寺路上邂逅相逢,真是三生有幸,喜出望外了。

啊!他现在是更加有趣了:灵活的小眼睛,仍旧是左旋右转着,健美的面庞上,仍旧是笑容可掬,只是在前额上添了几条风霜的皱纹,比以前苍老了一半。

我们踱进了一爿咖啡店,他用着宽广的见解和大方的口吻为我述着他艰辛的过去。后来,才谈到他目下的环境和目的。

他说,他初到南洋的时候,每逢更深夜静、月朗如画的当儿,总不免会想到祖国的凄凉。后来他转到了香港,便坚定了意志,愿以身许国,永远为我们同胞争求幸福而抗斗,而牺牲!所以他最后很悲愤的向我说道:"朋友!我们是有作为的青年,以往的,我们是不说了。目下,大家都应该用着我们坚决的意志和铁的手膀去抓回我们已失去了的幸福!你瞧,朋友,上海这个地方,不尽都成了外国人的租借地吗?还有东北四省,也被日本人整块的强占去了。而且,还连二接三的换来了悲惨的屠杀案件。我们是中国人,而且创造未来幸福的是全赖着了我们,所以,我们都应该来牺牲了我们的沸腾的鲜血,将敌人一刀一刀的杀尽杀绝!"他说到这里,眼珠里浸满了泪水,长叹了一声说道:"总之,朋友!你当永远记着,'努力吧!胜利终归是我们的'!"他一气喝完了三杯啤酒,很愤恨的紧握着我的手,说道:"朋友!我们就此告别。以后,前线再见吧!"说完了,他便径自往外走去。待我赶上去,已不见他的踪影了。

现在,我转到四川已是数月了。昨天,接着他从前线寄来的一封信,他说他真痛快,现在他是畅遂心愿的整天整夜的在吸饮着倭奴们的鲜血了。

啊!啊!二本!亲爱的战士们!祝你们努力,最后的胜利,终归是我们的!

高等咖啡室一小时

(作者:杨进,原载《小说月报》,1943 年)

自从半年前发了跳舞狂,在两只无力的肩上负上了重重的债务以后,便把家眷带进京来,过那从前吃后空的生活,绝足不入舞场一步。

这期间,首都的舞场曾在当轴的明令下停止过营业,其后又在同一当轴的明令下改为"高等咖啡室"了。关于这,我在报上看到过,在朋友的谈话中也听到过。我想去见识见识这个新鲜的玩意儿,却因在前吃后空的经济压迫下转不过气来,终于没有去。

三月三十日,首都的天气分外明朗。和一个朋友从白露州吃茶回来,行经新亚,广告板上的八个美术字映入了我的眼帘,"庆祝还都,茶卖半价"。

"这倒便宜。"不自禁地吐出了这句话来。

"上去坐会吧,反正回去也是无聊。"朋友觉察了我的心意。

两个人拖着沉重的脚步,让检查员搜过了身体,便一级级地走上楼梯。

瞥头就在电话间前碰见了以前最"热络"的陈××。她一见了我,便按住电话听筒,娇笑着向我招呼:"杨先生,半年弗看见哉,今朝啥个风吹侬到格浪来格?"

"你如?"

不自然的笑,不自然的答复,足不停步地跨进了门去。

改为"高等咖啡室"的舞场中,长列的座位已由几块屏风隔成一间间小室。我们任意进去了一间小室,叫了两杯清茶,便相对坐下,却故意让我座位后的屏风遮断了我和她的视线。

洋琴鬼在奏着幽美的音乐,舞女们在竞显着她们的妖艳。我默默地想想两个人花了不满五块钱的费用,却兼饱了耳眼两福,今天总算给我贪到便宜了。

谁知仆欧们却不容我尽打这样的如意算盘,他们竟上来搭讪起来。

"两位先生清坐着太无聊了,阿要叫个舞女跳跳?"

"不","不",我和朋友不约而同地答复他们。

"难得玩一两次算得了什么呢!"其中有一个说完了这句话,便把嘴巴靠近了我的耳朵,轻声轻气地说:"喂,陈××是这里的第一块牌子,我来替你们介绍,包你称心满意。"

"我一向认识,用不到你来介绍。"我的脸上飞起了一阵红云,有些恼怒了。

"认识更好了,她现在正空着。"他竟忍受了我的恼怒,径自转过头去向对方招呼:"喂,陈××,坐台子!"

虽然我仍想大声说"不",但终于没有说出口来,会被她在背后骂我一声:"杨某现在蹩脚了。"

陈××果然来了,满面笑容,不问是哪一个叫的台子,一屁股便在我的身旁坐下。仆欧便跟着问我要什么酒。

"我不懂高等咖啡室的规矩,你代我叫吧。"我想从她所叫的酒上,试探她对于我的所谓"交情"。

可是她只是笑,没有答复。

"合欢酒好了,大家欢喜欢喜。"仆欧满面奸笑。

合欢酒?价目单上标的不是一百元吗?我发了一怔,便抢着说:"白兰地!"把他的提议打了一个对折。

陈××的笑容一收,但立刻就恢复了原状。

久别重逢,照理应有满肚子的话倾吐出来,但我只是涨红着脸,感到局促不安,让那杯白兰地静放在半个桂圆壳大小的高脚玻璃杯中,却不停地喝着那杯"清茶",猛吸着我的"福乐临",想不到半年前在舞女群中东冲西撞的健将,今天竟会胆怯了起来。

三个人一语不发地默坐着,让六只眼睛向着舞池呆望,这种沉闷的空气不是坐台子时所应有的,于是从记忆上搜出些往事,作为断断续续的谈话的资料。

洋琴鬼在奏着优美的音乐,一对对的舞伴正在按着节拍,在舞池中翩翩回旋,我的脚也不由自主地拍着地板,发出"壳——壳——"的声音。

但看看自己身上那件满是油渍的袍子,想着脚上那双到处龟裂的皮鞋,便把刚提起的舞兴立刻全部压抑了下去。

可是坐台子而不跳舞,也不是舞场中的正常状态。舞女"坐冷台子"固然要被姊妹讪笑,舞客做"瘟生"也难免要被人骂一声"吃豆腐"。

为了顾全她的面子,为了向别的舞客和舞女们表示我决不是一个"吃豆腐"的"瘟生",终于不顾自己褴褛的衣衫、破旧的皮鞋,怀着局促不安的心绪,移动生疏错乱的脚步,和她跳了一只"华而滋",一只"满场飞"。在移着"满场飞"的步子时,她低下头来看我的皮鞋,我的脸上又飞起了一阵红云。在舞池中她娇声嗔意地向我说:"太太管得格样紧?半年里佛踏进舞场一步!"

"太太管不了我,管住我的是钱!"我坦白地答复她。

"佛要紧,唔没铜钱我借拨侬,停会开张支票拨侬阿好?"

倘若我真是个"瘟生",也许会感谢她的厚意,以为她确是一个深于恩义的女子;但我却明白,她所说的那张支票,上面还省略了两个字:"空头!"

但总算是承她看在过去"交情"的份上,没有因为我把仆欧的提议打了个对折而向我动气,也没有因为我的衣衫褴褛、皮鞋破旧把我轻蔑,反而不顾高贵的绅士们的再三催促,陪我们实实足足坐上了一个钟头。

在她向我们道歉了一声而转到别张台子上去以后,我便把其中所带的七张"拾块头"抽出了一张,把其余的交给了仆欧。一刻儿,仆欧的盘中送来了一张五十元的舞票,一张"五块头"和两张单钞。我收回那张"五元头",便向那杯原封不动的白兰地告了别,和我的朋友走下楼来。

一踏上马路,生活的黑影立刻就惊醒了我。

"五十元! 这一小时的所费,不是要抵我两夜绞尽脑汁的苦工吗? 况且这笔款子又是妻在回乡时交给我作为五天内的伙食费的? 噢,噢,刚才的局促不安,不就是这个生活的黑影在捣鬼吗?"

想到了五天的伙食问题,便厚着脸皮向我的朋友先借了五张"十块头"。

为了贪便宜,反增加了我五十元的债务! 永别了,高等咖啡室!

咖啡与雅扇

(作者:甘贝,原载《新都周刊》,1943 年)

咖啡

莫说喝咖啡是小道,一颗小小的咖啡豆,在国际贸易上大有地位。至于每天离不了咖啡的人,统计起来更着实可观。据战前的估计,美国人每年每人大概要消耗咖啡十一到十二磅,仅次于挪威、瑞典和荷兰人而已。德国人每年每人为六磅至七磅,法兰西人五磅。英国人、加拿大人和澳洲人,因为喝茶的习惯深,平均每年每人的消耗量不过一磅。世界上喝咖啡最厉害的要算荷兰人,每年每人非有十四五磅咖啡,是过不来生活的。

美亚两洲都产咖啡,尤以巴西的产量为最多,占着全世界总产量百分之七十。那里植有三十万万棵咖啡树,占了四百多万英亩的地区。自一九三四年二月以来,因为产量过剩,为防止"谷贱伤农"起见,政府下了一条命令,索性把多下来的咖啡豆,一起倾入大海! (目下喝着"洋房牌"或 S. W. 咖啡的朋友们作何感想?)

最近狮峰新龙井已上市,一杯在手,两腋生风;细品慢啜,别有佳趣。可是欲求茶叶色香味三者恰到好处,对于调处手法,亦颇有值得研究者。像泥炉竹炭、紫砂壶、细磁杯,和蟹眼般的沸水等,都是烹茶的要素。喝咖啡,也何独不然。

随吃随做,水量适宜,这是煮咖啡时第一应注意之点。复热的咖啡其味必变。煮咖啡时通常用金属壶,其实不甚好。因为肉眼看上去很平滑的金属片在在显微镜下却有许多罅隙,陈腐和起了化学作用的咖啡气息,使新煮的咖啡变味。最好用玻璃或磁制的,否则每天使用前,须用上好肥皂洗涤清净,晾干再用。

煮咖啡的时间不宜过久,咖啡又要拣新鲜的。如用滤沸式壶时,大概沸煮五分钟已足。要知道煮咖啡不像炖蹄髈,火候一过,其味必苦,喝的时候虽然拼命加糖,也已无济于事了。

雅扇

假如每把扇子都像扬州小调所唱"一把扇子七寸长,一人扇风二人凉"句中的标准尺寸,那没在夏天四个人坐下来喝茶清谈时,合起来便隐约有二尺八寸高似的小竹子可看了!这是扇骨竹做的第一雅处。

立夏节左右,天气一热,心中似乎感觉得手中要预备那一件拂暑的"七寸长"了。于是买个扇面,黏着小红纸签儿,什么"敬求墨宝……法绘,赐乎××"等写上几句公式鬼话,连着润笔(注意必须先惠,这是书画家胜过写文章的人的地方)托熟人或交由笺扇庄代送。在一个月之后,如果那位书画家不是像枫叶般颜色的话,配上骨子,准可放在手中,随心所欲的摇弄。如此书画双绝,堪称雅之又雅。

虽然也有人在扇面上贴过三票——当票、钞票、邮票之类,究属喜弄,太不雅观,仿效者少,难以流传。差不多几个朋友在一起时,大家拿出扇子来"雅"赏时,字的方面总是含有"清虚尤水竹,幽静若春兰"一类滥调的气息。画则非仿石涛,便师云林,至若无量寿佛相、古装束仕女等已属少数。

三年前,友人赵三看见我所用以拂暑的那柄二尺大扇,好像两朵白壁,未经招贴,心中未免不然。便磨浓了墨,把扇抢去,为我题了《乌盆记》中"家住南阳城关外……"一段词儿。他虽是排难解纷中人,却写得一手好字。我觉得比任何堆砌刻划,而毫无情趣的所谓"雅"品文字,要高得万倍。

穿无领黑拷绸衫裤的朋友们,六月里所拿的大油纸折扇,有长至尺半者,纸色也好像枫叶,上面用彩色勾成白无常鬼、黑无常鬼或目连救母、十八层地狱等种种可怕场面。走起路来好像摆开八字步的"高登"。穿黑长衫时,斜插在颈项里,又有些像大街上的"宋公明"大爷,这种扇子谅来谁也不能称之为雅。

然而竹骨纸面,其形色制作怕不和《红楼梦》中晴雯所撕的一样?雅之谜欤?

咖啡馆之夜

(作者:金丁,原载《吾友》,1943年)

进咖啡馆差不多谁全喜欢,尤以漂泊人为甚,冬天喜欢去,夏天更喜欢去,又便宜,又舒适,与汽车阶级上海滨不同。钱多的时候来瓶啤酒,钱少的时候弄杯咖啡,醉翁之意不在酒,也不敢说是在乎山水之间也,这不过有点爱菊成癖的劲头。

听戏爱听自己会的,看电影爱看自己没看过的,吃咖啡则不然,去过的地方也好,没去的地方也好。记得我有一次到咖啡馆去,看见一位姑娘和我绝交的爱人长得差不多,本来该有一种憎恶的心理,然而却相反的愈发显得亲近起来,一举一动,都觉得与往日不同。于是我又爱上了她,这爱当然与往日的不同,而且她是一个异国人,所以可说是比较纯洁的(其实爱的本质是纯洁的)。出于内心不愿再有什么冒犯。

这样,差不多我就每天都去,去的时间一长,自然就熟习起来。有一天她忽然问起我:"先生,恕我冒昧的来问你,虽然我们已经很熟习,但还没有谈过什么话,你究竟做什么事情,差不多每天都要来?"

这问话本来很平常,不过多少有些唐突,那么我回答时也要费一点思索。

"难道你今天很清闲吗?"我问。

"是的,"她凝视着我答,"这几天来都不怎么忙,又因为下雨。"

"那么,你可以坐下来谈谈吗?"我说着把椅子拿了拿。她就不客气的说:"我看你的颜色很不好。"

"谢谢你为我担心,"我说,燃着一支烟,"我是漂泊的人,没有职业,什么也没有。"

她苦涩的微笑一下说:"我不该问你。"

"没有关系,既然肯问我,我倒也喜欢和你谈谈,不过以前我看你总没有一刻站住脚的功夫。"

"是,我们的忙,真是一件无可奈何的事情,不过我并不抱怨。"

"那么你的忙是有所为的。"

"说起来话是很长的。"她低着头凝视着烟缸儿,不由得也拿起了一枝香烟,我立刻给她擦着一支火柴,她摇摇头说,"谢谢,我不会。"

"不会?"我说,立刻我便对她心情有一丝明瞭,"那么你的话可以说给我听听吗?"

"可以是可以,"她用明亮的眸子望望我,"而且我愿意说,因为已经淤在胸中一个很长的时期了。不过,不知道先生欢喜不欢喜听。"

"假如你愿意说的话,我自然愿意听。"

"本来我是先问先生的,因为我看到你表情动作异于来到我们这里吃茶的其他客人,但是,我在未说之先有一个条件,不知道你肯不肯答应,就是我说完了我所要说的话,你必须把你所要说的话说给我听。"

"这是很容易做到的!"我说,"你说吧。"

于是她寻视一下四周,又看看脚前的芭蕉,动一动衣裳和身子,拿起一支烟点着了,却不吸,好像在整理她的记忆。

"我虽然生在世上的时间很短,但是,我已觉得相当的长了。我们本是鹿儿岛的人,后来因为经商移居到东京,后来也就算东京的人了。我生在东京,却长在台北(台湾北部),我非常喜欢那里的风景,我爱看椰子树,更爱吃椰子和香蕉,每天我都要吃,不吃饭似乎也可以。我在那里读书,觉得非常快活,我的心像树木花草一样,永远碧油油的。在我高等刚毕业的时候,我认识了一个英俊的少年,你不必问他的名字,他也是东京人。他父亲是个从军的画家,于是他也就非常喜欢画。我坐在椰子树下,他曾为我画过像,这像是我最宝贵的东西。后来,他到了入伍年龄,便回国去,我们的初恋,无形中告一个段落。虽然有信,但是因为环境的关系,也就不能写得太多。当时我就想回国去找他,可巧,那时候父亲母亲因为职业的关系,也要回国去。但,当我们到了东京的时候,听说他已经开到中国来,但是,我怎能相信呢?于是,打听,寻找。有一次我到车站去接一个朋友,恰巧遇见他,他向我招招手,我本想跑过去,然而却立在那里不动。立刻他随着队伍开往下关去了。我觉得是个梦,在他走了以后,我也醒来了,于是我想我为什么不到中国去找他呢?爱情的魔力太伟大了,我加入了妇女报国会,加入后防妇女会,然而,总没有到中国来的机会。于是,我想自己为什么不能到中国来,恰巧有几个朋友要来中国,父母不知道我为什么,也就答应了。但,到中国不多天,便接到父亲死了的可怕消息,于是在痛苦之中,更增加了我努力干下去的决心。我进过被服工厂,进过交通公司,进过银行,当过看护,我想在一批批伤兵里如果能突然的发现他,不是更快乐,爱情不是更坚固吗?可惜,这都是梦想,只得独自在痛苦中打发日子。有一天……"她说到这里停住了,看看我的表情如何,我没有动,只静的听着。

"有一天,正是大雨倾盆之夜,我接到由东京传来的消息,说是他死了……"她说到这里,又轻轻地停住了。并不抬起头,但是空气立刻像铅一样沉重。这是一个最紧张的刹那,我想说两句话,但是我说什么呢?

"他死了,"她又沉痛的接着说,"他是战死的,死的时候非常光荣……"忽然的抬起头来,眸子里充溢了晶莹的泪水,嘴上泛起一丝微笑。然而,立刻这笑就消失了。"我还有什么?我什么也没有了……"

我怜爱的说:"你便辞掉了职业,想回国去……"

"是,"她望望我说,"我想你是懂得的,然而,因了种种关系,我也不能回国去,所以,我只得暂时留在这里……"

"唉……"我只会叹一口气。

"对不起,你的咖啡都冷了。"

"没关系,我要的就是冷咖啡。"

"那么,"她拿白绢的手绢擦擦眼睛说,"请先生说你所要说的话吧!希望我对于你没有什么影响……"

"是,"我说,"我一定像你所想象的那样,我爱喝咖啡,我更爱在这里坐,我只要坐在这里,就觉得快活。我从很小便离开家,无形我也就没有了家,我当工人,睡过湿暗的地下室,我进过公司,进过军队,吃过苦,但是,我也享受过,我有过爱人。然而,我们因为一点误会便绝交了,在痛苦之余,便各处去跑,我眼睛里充满了光明、希望。不过,慢慢光明与希望都黯淡了,只得暂时去寻找安慰,一天,两天,我走到这里就不想动了……"

"难道说这里有安慰你的东西和人儿不行?"

"是的。"

"你肯说吗?"

"就是你。"

"这真奇怪了,我不知道我怎样能安慰你。"

"虽然你是异国人,但是你的面庞动作都像从前我的爱人。"

"啊?"她惊奇的,然后又痛苦的

说,"真可怜哪。"

"谢谢你。"

"不,我们是同病相怜的人……"

"不过,"我说,"我在我故事上并没有细腻的描写……"

"这已经很够了,让我知道的愈多,我的心愈会疲乏的……你的心情我已经明白了,我的心情……"

"自然我也懂得。"我说。

"好,"她说,"你赶快吃了你的咖啡去吧,天已经不早了,明天我们再谈……"

"但是,"我说,"明天我们已经不能再见面了……"

"啊?"她惊奇的问。

"我去了也不觉得遗憾……"我说,"不过这是你赐予我的。"

"到哪里去? 为什么?"

"恕我不告诉你,这是在命运上已经规定好的。"

"那么……以后我们……"

"不必去想,"我说,"谢谢你,我们现在就别了吧……"我付了钱,跟跄的向外走,当我偷看她时,她仍站在那里呆呆的发怔,心里立刻泛起一股心酸。

细雨濛濛,街上的霓虹灯已经都熄灭了,一家舞场里正放送着《晚安,亲爱的》。

第二天,我便离开了这个都市七百里地了。

咖啡与写作

(作者:弓月,原载《海报》,1943 年)

因为生活指数急激上涨,于是不得不多兼一点事情,以裕收入。除了每天晚上,从十点起,开始的夜生活,到了终了的时候,总是在天明前四五点钟光景,踏着晓风残月,安步当车地归去来兮。可是回到家里,未必一定立刻就睡;睡了下去以后,又未必一定睡得着。所以平均每天只有六小时的睡眠,因为到正午的时光,无论如何得起来,饭后需要到另外一处办公去。

午后办公的所在,本来是需要全天去应卯的,因为当局的谅解,知道我隔夜是要到天亮才能睡觉,更兼介绍的人"牌头"甚硬,打狗要看主人面,他们当然不和我为难了。而且那边的事情,实在也是清闲的很,平均,大约两三天才有一件"稿"要"办",平日不过是捺捺印章而已。可是我却利用那个时间里写作,因为我家庭的开支,每个月却要收入两千元,才能够敷衍,而两边的薪水合并起来,不过一千三四百元,其余的六七百元"赤字预算",便要靠写作来填补啦。所以白天是写,晚上也是写,镇天的笔不停挥,没有娱乐,没有消遣,每天睡觉,起来,像是骡子牵着那样地,在过着刻板的生活,唯一的大事,便是写!写!

五点钟散值,回到家里,从傍晚到夜里九点为止,在这个时间里,可以假寐片刻,以补上午睡眠的不足。但是有时身子虽然极度疲倦,可是脑子却偏偏清醒白醒的,转辗反侧,不能入睡。转瞬之间,又已九点钟了,只得摒挡着起来,而晚间的事情,却是需要精神去应付的,于是便要煮两杯咖啡来喝。果然咖啡的刺激,特别灵验,直到天亮,还是精神抖擞。我喝咖啡,大约有一年多了,现在每磅的价格,已涨至四十元,可是我却还是需要去喝它,喝它的目的,只是一个字,便是"写"!

咖啡尘影

(作者:谢天申,原载《新都周刊》,1943 年)

咖啡的气息,缠绕着萍飘行脚,大概已有七八个寒暑。我何时喝上咖啡,怎样会把它嗜好如命,诚如对自己怎样长大一样的模糊,不能清楚。

童年，只觉得咖啡苦涩，索然无味，对它并不引起好感。可是，年事稍长，灵感体味到人世间甘苦，常在咖啡气息中消磨一些心思，去找寻人生真谛，于此苦涩的咖啡的味质，仿佛变成了醇香的甜汁，淡泊的印感染上鲜明的知觉，我是爱啜咖啡的。

七八年前，无聊的时候，只不过藉咖啡来解慰自己。然而在七八年后，竟与它结下不解之缘。不论南国北地，暑天寒夜，得意或潦倒，都与它形影相随。韶光易逝，岁月不居，在这七八年咖啡味的生涯中，人事浮沉，都使我有着可歌可泣的旧事。幻梦的旧事，随着咖啡的气氲飘得远远，走得远远了。

我记得，一九三六年冬开始集体咖啡生涯，只有两三个知己。我们啜饮咖啡的共通观点，在于花薄薄的钱来排遣空闲的晚间。到了后来，这三数个人的偶然约会成为十数人的集体生活，好像在茫茫无际的天地里，建立一个小小的部落。

每晚到了相近时间(大约九点钟光景)，同志们不约而同来到咖啡室。静悄地，我们展开咖啡的序幕，轻松的从潘金莲与西门庆的一切，漫谈到阮玲玉的自杀；又从老子的学说、但丁的诗，转向鲁迅先生的阿Q典型上，或是张资平恋爱小说中主角性格的分析。这种如宇宙经纬广阔，又如蚂蚁般渺小的无边际流动性的古今琐谈，某一个人所知道的，并不稀罕传播到在座每个人的脑海。往往，因为蚯蚓有没有心脏问题，也会惹起一场剧烈辩争，弄得辩论者赤了脸，不欢而散。可是第二天，大家毫不介意的又凑在一起。在这无阶级成见的小集团里，有的是基督的忠实教徒，有的是释迦牟尼的虔诚儿孙，虽然因派别观感难免常起争执，可是感情还相当融洽。

一九三八年春天，我们的小团体起了变化：诚和桢兄弟俩奉父命回到北平去。动身的前夕，我们曾举行一个"道别会"，也没有什么仪式，只是比较平时多了几道点心，算是饯别的款待。

诚的爱人和桢的未婚妻都出席参加道别会，当我们把谈资集中在惜别的话题时，她俩沉默无声低了头，眼眶是红了。我们平素谈风的豪兴,仿佛在那夜遭受一场暴风雨,无声无色,彼此怀着一颗凄冷的心,除了谈些关于北平古刹的胜境以外,旁的一切已是隔绝了。

咖啡室门前,我们依依不舍道着珍重前程,伤心地紧握着手,洒泪挥别了。大约是一星期后,便接获诚的信说,桢抵步翌晚不幸沾恙。这消息传来,使我们一群人万分惆怅,而默祷他早日健康。再隔了两个礼拜,又一封快信来了,啊,桢已不治身故。这无异又是晴天霹雳,惜别时刹那的印象仍在,接踵却来了噩耗,短短的三个星期中,桢永缺了我们,回到虚无的世界去!

我们的咖啡会特地暂停三天,以示追悼这身已埋黄土的知音。此后,维持咖啡会生命的经济发生恐慌,可是处于势难瓦解的情形下,于是想出一个变通办法,就是自备咖啡,长期烹调于连发家中,实行"不求人"主义。我们在咖啡室度着的咖啡会生涯,于此告一段落。

小小的斗室,展开集团咖啡的后期生涯,这期间要算最短促,只有八个月。从那时起,我们才领略到咖啡的真味,几个人穷的时候,便讨论怎样接济咖啡经济来源的问题。曾有一个时期,几个嗜好文艺同志,在深夜里埋头写稿,来帮衬咖啡的经费。在这八个月中才有艺术风味而淡泊的咖啡生涯里,发生一桩悲剧:岚和霞,在这个小小的会中混识了。这也可说是机缘,岚本是个穷书生,满腹经纶,在我们一群人中,他的学问要算首屈一指,然而他的命生不长,一向度着潦倒生活;可是霞的家境很好,对岚的才学异常赏识,常痛惜岚不幸的遭遇。基于这个小小的机缘,两人的感情慢慢地在每夜咖啡会中建筑起来,两个月后,两人友谊已超越寻常阶段。每夜散席后,岚陪伴着霞归家,已成为责任。我们知道,霞常以金钱去调剂岚的贫困,无疑地,这种"雪中送炭"的现象,颇令我们相处的人十分快慰。

然而,好景不常,霞与岚的关系给家庭知道,势利目光下的洞察穷与富是隔着一条鸿沟,于是不久后,迅速地霞被配给一家富室。因此,遂燃起了不幸的导火线。霞竭力反对父母代订的婚事,曾和家人吵闹了许多次。她对我们表示过,要是不能和岚结婚,惟有牺牲了自己。

有一夜,大概是霞订婚前半月,在连发家中,霞与岚抱头痛哭了一晚,我们劝慰他俩一番,暗地怜悯世间这对不幸的人无可挽救的遭遇。从那夜起,霞便不来参会了。不久,报上载着霞的自杀新闻,她终于在旧礼教束缚之下,殉情轻生,岚亦因此刺激成为神经病者。

霞是死了。曾相处一起的几个人,具了献花一束,悲痛地赶到万国公墓去,沉默致哀于她的墓前。目睹见那一抔黄土,触景伤情,昏厥地上……后来,在医院里调疗一个多月,身体才得复原。

一九四〇年中秋节,皎圆明月下,黄浦江畔外滩公园上,我们咖啡会举行闭幕。银光泄地,江中海水澎湃汹涌,大自然的景色与人生的对照,更增添我们满胸愁忧,彼此互祝前程光明,举觞痛饮,直到月挂树梢,凄然而散。

这漫长四年多的集团咖啡生涯,瞬息成为我们历史陈迹的一页。近年生涯萍飘,在香江与琇,在金陵和芳,在青岛和燕,曾藉了杯中缘而度过多少甜蜜。

近来,偶尔孤啜,无聊心情时撩起可歌泣如幻梦底旧事,啊!旧时的一切,已随着杯中气氲飘得远远,禁不住底依稀回忆,会轻轻牵动漂泊者的愁怀。

咖啡座

(作者:英苇,原载《杂志》,1943 年)

一

"你不要老是板着那副脸,尽可向谁都露着笑,这才能使别人对你高兴!"

当我还没有到什么"咖啡馆"里来的时候,介绍我进去做事的翠屏姐,老是这样叮咛着我,然而母亲的一张愁苦的面影,老是压在我心上,我可实在笑不出来。但是翠屏姐说："做这事情,人家说起来,比舞女好得多啊!"

"什么?我是用劳力来挣钱的!"我心里很不高兴。

翠屏姐却笑了一笑:"我知道你又不高兴了,这又有什么呢?多笑几笑又不损失什么的,你做惯了就会知道的。"

我第一天到那还没有装修好的"梅兰咖啡馆"去见吴经理的时候,吴经理两只眼睛盯住了我,上下打量着,一边说:"嗯……嗯……好的,不过本来进我们这里是要经过训练的,现在我们咖啡馆就要开门了,人数还缺,好得你是翠屏介绍来的,她是个招待能手,你可以跟她学习学习待人接物,最要紧的是要和气,不要老这么板着脸,现在起,你每月十块钱的薪水,你好好的做吧!"

"十块钱?"我惊奇地问。

"是的,我们这一行职员的薪金差不多只有这一点,我们是靠小账的。"

我很不服气,十块钱一月,我家里住的阁楼每月却要出三十块钱哩。这怎么成?我正想再问下去,在一旁的翠屏拉了我下去,吴经理笑嘻嘻地向坐在沙发上瘦得像山羊脸似的中年汉子说:"老李,你瞧这一个怎么样?翠屏真有手段,介绍来的人挺漂亮的,听说这还是一个中学生哩……"

这时候,我气恼极了,翠屏姐拉着我走到外面时,我简直闹着不愿意干这劳什子了,十块钱可用什么呢?而且我见了吴经理鬼鬼祟祟的神气,真讨厌极了。翠屏姐却说:"你忍耐一点,十块钱本来算不得什么,这一行生意可不是靠薪金的,就是吴经理自己也至多拿三四十块钱一个月,我们都是靠客人给的小账,普通的一成头小账,上至股东经理,下至拉门的小郎都有份,但是客人往往还有小小账与客姆赏,那就好了,平均起来一个拉门小郎也有六七百块钱可拿到,你拿一千块钱一个月是稳有的。我做过的地方很多,当然不会骗你,就说罢,你要是拿不到这一点小账,他们这偌大开支的咖啡馆没有这些生意做到,可也撑不住了。"

"这许多人分拆,还能得到你说的数目吗?"

"当然喽!我以前做过的那一家,每天小账的收入,什么加一小账、衣帽费、小小账,总有一二万块钱,还有厨房间里卖出去的残余菜肴、空酒瓶的瓶盖,名目是很多的,都归在小账里,分拆起来跟薪水算,大约一个月二块钱薪水,有半厘可拆,所以拉门的小郎一个月只有二三块钱,拆起小账来可也不少了。要是你做得好,升上去,就是增加你小账应得的成数,所以你正不必计较这些。譬如我,本来是在'新园林'里做的,这里吴经理要开'梅兰咖啡',就来请我,答应我拿五厘小账,我才肯来到这儿来。如果你做得好,就不愁他们不加你的成数,他们正怕你给别家挖了去哩!"

二

新上的油漆味怪刺鼻的,使人嗅到了兜心里觉得难过。大餐堂已涂得花花绿绿,十分富丽。但是吴经理说,这仅是古代皇宫式的设计,太单调了,应当渗和些西洋的现代式风味才好,所以每天还在那儿指手画脚地跟那个矮小的工程师商议改革。工程师好像已是不耐烦这些了,在经理室向吴经理说:"吴先生,这笔生意我明说是没有什么好处的。当初时候,是你自己要做这仿古型的,我打了样给你瞧,这一间餐厅的油漆装修,只有拿你十五万元。大门口做好了,你要改一改样,我可就损失了好几千块钱,我也不计较。现在餐厅再要改,我可亏本不了,你这里全部工程只有七十万元,不是夸口,上海哪一家有名的跳舞厅餐馆不是我做的,几百万元的大工程做了尚且没有改……"

"唉,当初我跟你说的,典型式古的,但是格局要新,这叫做新旧合璧。你懂不懂?因为到我们这里来的客人都是高尚的,他们眼睛挺厉害,见识多,你不弄一点新鲜玩意儿,可就抓不住他们的兴趣呀!现在还来得及改。"我吴经理又指着桌上的图样说:"这儿你可以挂一盏圆灯,那里装一条霓虹灯管,但不要装得给人瞧得出,光线从墙壁里透出来才好,所以天花板上还要加一圈遮掩灯管的地方,要多少钱,那可以加的。老实说,只要做得好,代价倒不在乎。”

“不!我宁可大家讲好了再做,这一次我用去了多少东西,账要照开的,因为原料天天在涨,我可不能再包了。”

“算就是了,装修好看是最要紧的。限你五天完工。”

工程师刚才点着头出去,那个山羊脸似的老李已和一群不相识的男子进来,一路指指点点,在谈论着装潢得好坏。翠屏姐跟我说,那山羊脸是这儿的大股东,但是我见了他老是对我张开满口金牙笑的形状,实是惹气。见了他来,我就躲到后面小间里去,让翠屏姐一个人去端茶。我躺在椅子上,随手拾起当天报纸来看,只见报上登满了咖啡的广告,什么“皇后”“大中华”“萝蕾”“叶子”“夜巴黎”“阿拉伯”,算起就有十多家。而翠屏姐说,现在正在筹备中的也有五六家,这里虽然还没有装修妥当,报上却已登了大广告:

上海第一流高尚食府

梅兰咖啡馆

西菜粤菜	咖啡茶点	冷气开放	女侍娇艳
音乐动人	灯光柔美	情调温和	天上人间

本月廿日开幕

恭请袁康亭先生揭幕

李莉华小姐剪彩

特设文艺沙龙

每日下午二时至五时

我看到“女侍娇艳”四个字,觉得异常刺目,我又想到怪不得吴经理当初要挑选人样漂亮,对我们穿的制服设计要费尽心计,翠屏姐也要我时常挂上笑容。正想到这里,翠屏姐忽然进来:“你好自在,原来独个儿在这里看报!”

“你瞧去!报上登的是什么样儿?”我把报纸丢过去。

翠屏姐拾来看了一会,笑道:"这有什么? 我可瞧不出来啊,这不是规规矩矩的吗? 好了,我的小姐,你别再无端使气了。"

　　静下来,隔室的说话很清楚地流过来,起先是个陌生人的声音:"我说开咖啡馆也不见得是什么好生意,就说你们费掉的装修费已有七十万,拿这笔钱去囤货,究竟涨得快,二三个月过后,已经很可观了。又何必忙得这样,生意好不好可还没把握。"

　　"你不知道,上海现在的咖啡馆为什么这样多? 那就是为了利息好啊!"这是吴经理的声音:"譬如拿最硬的广告生意咖啡来说,普通人家一杯咖啡从十七元到五十元,现在都用市上货多的C．P．C,一磅散装的仅一百廿元,但是卖价就要看你的装修派头了。像DDS就是头等价十五元,装修简陋的就只卖一半价钱,而且装修益华贵,就是咖啡蹩脚,或者掺一点焦黄豆粉,也是没有关系,究竟吃客是外行多。"

　　"小吴说得对,上海人是有这时髦脾气的,所以装饰是第一,气派要大,这可不能马虎。"这是另一个人的声音。

　　"还有一点,就是我们做咖啡馆最重要的部分是仓库,这里面尽可以藏上数十万元的海味饮料,甚至火柴、草纸都可以囤,老实说要比上栈房稳妥得多。说起来,我们是正当营业用的,有谁可以讲一句话,而且利息到底厚,西菜粤菜都可以打到五六分利息。现在上海的吃食馆子,哪一家不挣钱? 老李,你说是不是?"吴经理又说上了一大套。

"对! 当时我觉得开一爿咖啡馆,要费上二百万资本,实在不合算,可是仔细想来,这一行的确可以做一下,现在上海有钱的人多,开出来只要你噱头足,生意是没有问题的……"

"而且我们这咖啡馆实在是餐馆、咖啡店、舞场三者兼而有之,因为喝咖啡三个字时髦,就说它是咖啡馆,上海人喜欢的是新鲜。"

"小吴真想得透……"

"还有宣传方面也要紧,所以我预定每天下午二时到五时,开一个文艺沙龙,还想请几个歌星来唱一下,这样准会使一群人轰动起来。"吴经理是懂得宣传术的。

"哈哈! 也亏你想得到。"

我明白了,所谓咖啡馆就是这么一套。

三

昏黯的灯光下,浓郁的醇酒与咖啡味洋溢在空间,混合着从麦克风里传播出来的淫靡的歌声,这里有的是一张张不同的脸,每天到了下午一时过后,四下座位里就坐满了人。我时常怀疑着,上海的物价这样高,有的肚子都没法塞饱,怎么这里竟有这许多人来,闲散地喝着。这里的人是跟着时间而有不同的,下午一时后,来的人最杂,一杯咖啡几块蛋糕的所谓"广告生意"占据大半,而且多得是谈生意经做交易办交涉的,他们把这里当作茶馆与交易所了。显然的,吴经理的所谓"文艺沙龙",一点文艺的气息都没有,因为我在这时间中,从来没有见到过什么书呆子坐在那儿发痴。他们的谈话大都是:"侬放得漂亮,迭桩事体马马虎虎过得去……"

"喂,大华牌子,二六五怎样了?"

"消治龙片子正缺货,你不出这价钱,怎……"

这样嘈杂的声音,要到傍晚七时后才平静下去,那时才显出诗一般的异样底神秘情调来。

火车座里装满了成双的影子,在喁喁絮语。火车座是最受欢迎的,这里火车座的座位又装得特别高,间隔了人们的视线。也就是所谓带点神秘性的地方。这里的老顾客中,有几个特出的人物。一个看起来有五十多岁的老头儿,有人认识他,是民康银行的经理,他常在晚上十时后,带了一个摩登少女来,奇怪的是那女的每次总换了一张面孔,而且必喝大量的威士忌酒,非到有些醉意是不走的。一餐所费至少在五百元以上,给起额外小账来,也是挺阔气的。还有一个奇怪的青年,修饰得非常漂亮,每天独自先来,呆在墙角的那一处火车座里,要了一杯咖啡,慢慢地呷着。停一会来了一个少妇,便跟他在一起谈笑,于是乎什么最贵的东西都喊着要了,到付账的时候,总是那少妇给钱的。瞧他们亲热的情形似乎像情侣,但是年龄似乎不大配,我问过翠屏姐,她反说我少见多怪。

　　电影明星陈曼燕也是常来的,她每次来,总有不同的男子伴着她。浪漫的红舞女黄慧丽,她每次来的时候,手臂总吊在不同的男子底手臂上,据说,什么名伶与社会闻人的手臂给她吊的可真不少。综合了这许多不同的典型人物,我每天像躲在万花筒边望着。

　　翠屏姐一副应酬的手腕和一双妖媚得会说话的眼睛,简直把所有的顾客都惹得疯狂了,吴经理就为了这缘故升她做“能勃温”。到了月底,她的小账能拆到二千多元了。咖啡馆的一月营业数目,自然在百万元以上。但是吴经理还不满意,在设法挖隔壁的房屋,要扩大范围,他说:“要是再给我三间房屋,和前面的一片空地,至少我的生意可以多做一倍,空房屋可以装成‘并蒂座’,一间间的小房间,完全隔离,装成欧洲古代的寝宫模样,空场地可以用竹篱与松树,点缀成东方古典美的园景。一边是夜花园,一边是并蒂座,这二下噱头至少又可以轰动一下。”后来隔壁的房屋虽然没有给他挖到,可是他终于在沪西觅到了场地,又开了一家“夜都会咖啡馆”。那里是专做夜生意的,过了午夜,才开始热闹。所以每天晚上这里打烊后,翠屏姐老是由吴经理或是李老板喊得去,尤其是“老李”,好像跟翠屏姐很亲热,我可不懂,翠屏姐为什么要跟这老头子接近！

四

在小报上时常可以发现翠屏姐的名字，我去问她，她老是回道："小报上的话，你去相信？"

然而翠屏姐的态度的确大变了，白天在咖啡馆里老是不管事，只是跑来跑去玩着，谁也不敢说她的不是，就是吴经理也奉承她。她的服饰也豪华起来了，手指上还戴起钻戒来。她哪儿来这许多钱？这一天我就跟着她上"夜都会咖啡馆"去，时间已是很晚了，坐上三轮车，好一会的才到了沪西，马路上是死样的沉积，可是一进了"夜都会"，就飘来了一串甜蜜的歌声。外面空场上，四周围着矮竹篱，在篱门上挂着一盏四方灯，射出淡绿色的微弱的光芒，一旁的小松树在夜空里婆婆地摇摆着，就在这昏暗的世界里，小台子分散在四周，只见一对对的人影，伏在那里，像幽灵似的发出微微的细语。

吴经理的手腕的确不错，他在这里把所有的卖价抬上一倍，一杯咖啡照他定价只要十四元，但是他想出了许多名目加上去，这样至少要合到三十元一杯。来的客人倒也不少，张张是熟悉的面孔。我正在看和想的时候，吴经理忽然走过来，笑嘻嘻地："你一个人在这儿看什么，别人家一对对的……"

"谁……"我底心跳着，挣脱吴经理的手。

"我们在这儿谈谈又不妨，喔……"

"二点到五点的文艺沙龙，请你来唱歌，你看怎样？你唱的歌真唱得不错。"

"谁高兴，去请别人好了，我又不是什么明星，我只知道做我的事，别的我可不来！"

"这就是我提拔你啊？"吴经理的话是怪甜蜜的，"你且坐下来，我们好好谈一谈。"

"有话说好了，何必定要我坐在一起！"

"这一来你就就没有翠屏伶俐了,怪不得李先生要喜欢她,我是因为你长得标致,又会唱歌,我想只要约几个写文章的来多捧捧你,包你红起来!"

我不做声,独自踅到小松树边去,吴经理想拉我时,我早已一闪,跑到竹篱角里去了。转了弯,正想从小径里到屋里去时,却撞见了翠屏姐倒在"老李"的怀中,"老李"像猎狗似的偎着她的脸。这算什么一回事?

我恐怕惊动了他们俩,便又退回去,只见吴经理在那边又拉住了一个年青的姑娘,我还听得见他在说:"你坐下来谈谈,我因为你长得标致,又会唱歌,我想只要约会几个写文章的来捧你一下,包你就红起来。"

……

茶·咖啡·及其他

(作者:林维新,原载《沙漠画报》,1943 年)

年纪小的时候,最喜欢偷看祖父喝茶。这种情景,在我脑海中到现在还不曾磨灭。祖父每次把茶泡好了,杯子端在手里,总不立刻就喝,必须拿近鼻子,左右移动,约过三两分钟,才喝完了它。起初我看了,颇觉得有点奇异,后来才晓这样做就在闻嗅茶的气味,据说这是懂得喝茶的人的做法。但是,每次看见祖父所表现的神气,那种坚持镇静、全副精神集中于一杯茶的表情,我同弟妹只得在旁边偷偷地发笑了。祖父平常没有其他嗜好,独对于茶这东西,似乎非喝不可,而且喝得特别讲究,平日对此项的消费可说是最多的了。早晚饭后、友朋来访之时、举饮聚谈,这是他平生认为最快乐的事情。有时半夜三更,还听见他老人家煮水泡茶的声音。奇怪的是,祖父所喝的茶,都要亲自泡制,就连提壶取水,以至添油生火,也全是一人包办。在我想,泡茶也应有点技术。

听会喝茶的人讲,茶量的多寡、时间之久暂与茶的气味颇有关系。这或许是祖父喜欢亲自动手的一个原因。另一个原因,是关于祖父个人的品德:他老人家一生心地光明,主张公道,从来很少差遣仆人。年纪六十多岁,洗脸水都还亲自拿用的,当然他平日唯一的嗜好品,更非亲自出动不可了。家里客厅的桌上,放着一副茶器,这是他老人家的心爱之物,也是他认为最珍贵的东西。有一次烧水的汽炉发生了毛病,老人家居然弄得连吃饭都忘掉了。

我的家里,除祖父嗜茶外,其次就是母亲之嗜好咖啡,真可谓"无独有偶"。母亲爱好咖啡的程度,表面上虽不如祖父之爱茶,实际上则或过之。六七年前,我在北京读书的时候,有一次恰巧因事到天津,顺道买了两盒咖啡糖(是外国铺子做的,据说南方买不到这类东西),寄回家去,母亲接到时,真是喜出望外,来信连连称赞这糖是如何如何的好,如何如何的适合口味。她一直舍不得多吃,到我回南方的时候,咖啡糖还剩一大半盒,同时我又随身带了两盒回来,这,真又带给母亲意料不到的喜悦了。

母亲几乎天天要喝咖啡茶。据她说,喝了就觉得爽快,不喝呢,有时候连小事情都办不成。我们很知道她这种癖好,去年特地由这边寄回去一大盒。这咖啡在此地算是极平常的食品,价格低廉,随处都可购得。但母亲接到时,却绝口称善,说她从来未喝过这样好的咖啡。这使我们觉得有点稀奇了。

到过南洋的人,不学喝茶,也须学吃咖啡。因为这两种都是这里的特产,也是日常最普通的饮料。尤其是在气候炎热的时候,一杯冰茶或咖啡,不仅解渴而已,还可以使你精神兴奋起来,减除全身的疲劳状态。在这里生长的侨胞,几与咖啡结不解缘,他们的咖啡茶,做得非常的浓,说是这样喝才能过瘾。我一生对于刺激品都很少尝过,就连茶及咖啡也不大爱喝。记得那年南下之时,船中仆役每日午后送来咖啡一杯、饼干一块,当时因没有别种东西好吃,只得勉强吃完它,但是这时,却弄得我整半个月晚上不能好睡,奇怪的是那时自己都还不晓得是咖啡在作崇。迨至踏进南洋岛上，非茶便是咖啡，街上路旁开设的茶室咖啡馆，看来比随便甚么都多。二位亲友，一位批发茶叶，一位经营咖啡，在南洋都有数十年的历史了。平日过从，提起的就是茶叶咖啡子。讲的无非是咖啡话，连味道都嗅的有点自然了。简直是叫我步祖父和母亲之后尘。是的，我爱茶，我也喜欢咖啡，不过茶和咖啡在我眼里却不仅是饮料而已。

离开故乡以后，几年之中家庭所生之变故，确是一言难尽。我们南下不到三个月，便已接到祖父病重的消息，过不了多少日子，父亲又来信说祖父已辞世了，这使我们何等的悲痛伤怀：我们真想走上祖父的安葬地，痛哭一番，但是天涯远隔，事实上这种愿望是不会立刻实现的。父亲来信常常提及，说祖父死后，家里冷静的多，从前的茶友，几已绝迹，夜里沉寂无声，再也听不到提壶灌水的音息了。母亲年来受尽磨折，精神体力，大不如前，我们写信时常提起寄咖啡的事，她回信屡次感叹着："已非再喝咖啡茶的时候了。"信中句句勉我们为事业前途努力，并盼望早日回国一晤为快。

晚上，月亮照得特别光明。我们坐在院子里谈话，仆人端出咖啡茶来，二妹将母亲的话重复一遍，彼此的眼泪几已夺眶而出了。二妹建议请母亲到南洋来，可以畅饮一番，三妹说倒不如设法继续寄回去，我顺嘴回应："茶怎么样？"于是大家又想起茶的事情了。

喫咖啡

(作者：湖上散人，原载《繁华报》，1944 年)

香港与桂林、重庆飞机通航之日，在桂在蜀，都有来路货上等好咖啡喫。余在蜀中，一日，甲君自桂林来，余访之于旅舍。

甲君曰："代乙君从香港带来不少东西，皮鞋、手表、羊毛衫外加巧格力、可可、咖啡。"盖事前有人为乙君带到桂林来，由甲君继续带入蜀境。乙君是余与甲君极熟之友,余因曰:"我们将其咖啡罐先打开来取些尝尝,譬如吃茶。"甲君曰:"好,不先吃他,太便宜了他。"

但旅舍中不备煮咖啡器物,且无方糖。因命茶房取两只饭碗来买一包蔗糖来,提一壶沸水来,即以咖啡倾于饭碗中,加入普通白蔗糖,用沸水冲饮。咖啡味道,根本冲不出来,饮之,如略带苦味之糖汤,相与大笑。

乙君既得甲君送去之物,一日语甲君与余曰:"今天星期日,到我家里来,煮咖啡给你们喫。"

乙君备有煮器,郑重其事,大惊小怪,亲自煮咖啡。余狂饮三四玻璃杯。乙君曰:"不得此种好咖啡吃久矣。"复曰:"可惜路上给人偷去了些,开罐觉原罐不该如此分量少。"

余与甲君相视而笑。乙君亦笑曰:"这贼必定就是你们。"因告以沸水煮咖啡加白糖大喫事。乙君恨恨曰:"早知如此,不该请你们来喫,不该如此性急,白白糟蹋了好东西。"

咖啡之颂

(作者:洛川,原载《太平洋周报》,1944 年)

物价直线的上涨,人们在生活的低气压下喘着气,相对的,欢乐的声音,却洋溢着世界。在老早以前,我们已经听入口商人在唤着,纯粹的 CPC 咖啡快绝迹了,囤积者把这醇厚的上品消化剂,当珠玉般珍藏着,在稀少和珍贵的夸耀下,于是咖啡座越开越多了。品咖啡已成了海上的风气,因为有钱的人,为了要舒适地消磨他们有闲的时光,为了需要这褐色的浓咖啡汁,来消化他们饱满的胃囊和过多的胃酸,他们都投入了这风气的狂烈漩涡里。畸形发展的咖啡座,并没有提高喝咖啡的情趣,经营者只在装饰上做工夫,他们浪费了呃大量金钱在那庸俗艺术的装饰上、毫无训练的歌唱女郎身上、低级趣味的爵士音乐上,咖啡本身的品质却低落了,变成淡而无味代用品的混合饮料。正如一些徒具空名作家们的文章和闻人们的演说内容,空虚无物,而且带着变了质的味道,可是他们还顶着 CPC 老牌咖啡的广告作用在出卖着。而一般喝咖啡的人们,也只剩下大部分暴发富的官商阶级、粗俗的单帮贩子、捐客、舞女、善于在暗路揩油的税务机关的小职员、交易所抢帽子的小投机家、游手好闲的少爷小姐、中上级公务员和秘密工作人员了。于是这种本来非常平民化的饮料,如今已经成为互相夸耀奢侈浪费的时髦物品,而且加上了享乐的气息。他们的目的,在极度的精神刺激上,用咖啡代替舞场的饮料,混在女人堆里,用淫荡的爵士旋律,佐替那变味的咖啡。听吧!谈交易生意的言语,说肉麻爱情的小调,谈秘密贿赂的情报,在咖啡座上飞腾着,飞腾着……

呵!我们底咖啡座股东老板发财了,咖啡座一家一家的骤增起来,三四个朋友花上千元喝一次咖啡,在物价膨胀刺激的今日,已不算得稀奇了。可是在千百家中外奇异名称漂亮的咖啡店之下,你显然可以分出他们的流品来。

如果你是一个虚荣感的人,希望周旋在达宦贵人之间,或者你带了最出色漂亮的太太或女友,希望她们出现于这豪华的地方显出你的风光,或者你是豪富者,为了在你的朋友之间,表示你的尊贵和阔绰,你一定会拣选 DDS、高塔夜总会、Park Hotel 安凯第,或者七重天之类的地方的。因为那里都属于价目惊人的一流。可是,前四家比较更有着高贵感。现在,我浮雕着几个断片底景色,唤起你对咖啡座留恋底记忆吧!

第一景

外面下着微雨,空气是忧郁的,用红绿金色彩漆,描绘着图案花纹的屋顶上,悬着工笔仕女绘的薄纱宫灯,这种纯粹中国古代宫殿建筑的装饰,会引起你邃远的怀古之思。两壁间,雕刻着盘坐的古铜佛像下,放出静谧的灯光,静穆而庄严,使每个座客的心情,也和冥目跌坐的佛像一样冷静下去。靠门隔洋酒柜台一角的高圆凳上,正坐着一个卷曲着头发的外国诗人，倾听着钢琴、梵娥铃和手风琴合奏着苏格兰的民谣曲。一位披着红夜礼服的外国小姐，倚着钢琴边独唱，不久，乐队奏起华尔斯曲来，几个带着女客的男宾，开始在那有着两根支柱如古希腊戏台式的小方舞池中，跳起舞来。蓄着棕色头发矮小拉手风琴的乐师，时时微笑地冲在他们面前有劲的奏着。华尔斯的尾声沉寂下去了。

突然，Spot Light 很亮的射着，一个半裸蛇一般的罗宋女郎，披着面纱，出来跳古印度舞了。洁白底肌肤，充满着性感的诱惑力，投射在每一个宾客的神经、系统上，他们虽然仍文质彬彬绅士风的坐着，但他们发亮的眼睛里，冒着火热的光芒。

那个长发诗人，于是在 Box 柜上，一口气喝完一杯白马威士忌了。

①

第二景

在幽幽的灯光下，这火车座的角落里，路娜的脸，几乎偎在那男子

---

① 20 世纪 40 年代上海白俄酒吧中的场景。

的怀里了。她微笑着,默默地,竟无一语,好像她优美教养的心灵,凝结在肖邦小夜曲的旋律里。

她的情感是高音符的,都从第五线谱上,忽然的坠落下来,红润可爱的脸色,简直使那男子的情绪不安起来。"路娜!路娜!"他轻喊着。

白色织着标识的小台子上,陈列着瓷器的小牛乳杯及盛着太古糖的银盏,发出忧郁的光,咖啡喝剩一半凉在杯里,上等奶油制成甜蜜的蛋糕,都和那男子的心一样,沉默落在他们相对的脸上。

舞池里没有人下去,大家只是静静地谈话,适合于那幽雅的空气。男子在想着圣处女感情的变化,而路娜却在幻想着今晚疯狂的探试了。

第三景

充满了嘈杂底欢笑,在弥漫着烟草的雾气,麦酒强烈的香味混合在空气里。

乐台上,奏着疯狂的曲子,兴奋着每对舞伴的步伐。街头、夜深沉了。咖啡座也把厚厚的窗帘放下,遮住透露到外面去的光。

子夜时,由舞场散下来的客人更多了,充满在这小夜总会式的咖啡座里。

麦克风响了。

"请刘玲小姐唱苏州夜曲!"

在凌乱的掌声里,各色奇奇怪怪的男女们又挤在一起跳着。

麦克风又响了。

"现在爱伦小姐表演吉卜西之夜!"人们疯狂着,忘了时间,忘了生命的疲乏,欢乐随着夜沉下去……沉下去……

第四景

吃茶店的小纸灯笼亮着,Radio 的音乐,从那竹篱植着小松树的门幛子里传出来。

人影幢幢。

女人的哗笑,隐约地落在街心。

一杯价廉物美微温的咖啡,伴着你的,还有一支撩起你绮思的异国情歌啊!

第五景

悬着菊花图案窗帘的小玻璃窗外,Cafe 的标识,在黯淡的门口灯光下闪着诱惑的眼,斯拉夫民族的乐曲,不时飘在外面寒冷的风里。窗帘上,有乐师的影子摇摆着。

"来杯伏卡酒吧",罗宋姑娘坐在你的怀里狂笑,她们多肉的大腿,使你有着重压与灼热之感。

那个喝得半醉唱着俄国民歌的老头儿,已经被一个犹太女孩子逗引地忘记牛排和板烟的滋味了。

吉卜西女郎杂在一群互相笑骂着的年青无赖汉中,用扑克牌卜他们的幸福。

但醉了的人们,有的已在楼上做着荒唐底梦。

都在杂乱烟雾空气喧哗着,这里,有文艺家、平民诗人、斯拉夫的将军、画人、戏剧家,讨论他们所进行得意洋洋的情事;也有失恋者,孤独地以别人的欢乐和苦汁的咖啡来浇愁。

中外人群,都在这夜之熔炉中,燃烧他的精力与时间。

Cafe 的门外,有白发褴褛的俄国乞丐,持着一份夜报唤着:"卡柴特! 卡柴特!"

现在,一切景色都在你幻想里飘过去了吧。从这块,你可以体味到每个不同咖啡店的风景线。但是我再用纯洁性来对一切咖啡店作一个批判吧。像 DD 斯、华懋、都会、国际、安凯第、维多利亚等处的咖啡座,是幽雅高贵而有着纯西洋风格的;而沙利文、起士林、凯士令、飞达、集美、大光明,则是午间用咖啡消遣的谈话所在;价钱更实惠的,还有大可乐,那块楼上有着画廊任你舒坐浏览,只要你是爱好艺术而喜幽静的人。其次斜对面的 Queen,北四川路的森永、东京堂,以及许多日本吃茶店,也是喝咖啡的便宜处。

霞飞路的"君士坦丁堡",那是一家具有俄国历史性的咖啡馆;"文艺复兴"更和中国文化界有过密切因缘,上海冒险家的乐园里,不是有着它的名字吗? 那是往昔文化人日常的去处。

其次,康乐、静安、新都、大中华、罗兰、万寿山、爵士、皇后、金谷、金门、罗曼……等等都全是道地国人喝咖啡的集中地了,有几家虽有幽雅的装饰,优美底音乐,可惜竟被一班舞女、冒充文雅的下流人物、庸俗的商人、中等的暴发户们破坏它们底情操了。有几家却含着夜总会的意味,可以在爵士旋律中起舞。但是他们的咖啡,都惊人地超越了他们的价钱几倍,有的比那华贵第一流咖啡底价钱还贵。你应该随着你底性格与嗜好以及袋里的金钱来选择你的去处才是。

①

---

① 近代上海华懋饭店。

如果你是非常爱咖啡的客人却又没有钱的话,也许有很多弄堂露天咖啡座足供你流连,你可以欣赏那些街头来往人物的脸,或者和摊贩们聊天,你才会惊奇你这个薪金阶级的收入比起他们来实在太可怜了。他们一天最好的收入,可以做那上流咖啡座的座上客,而你只有做街头咖啡座的品味者了。

夜深了,窗外已没有行人。

忽然,我好像是在一个乡村里的晚上,外面风吹着树叶沙沙作响,窗下有虫鸣,陈设简单的木屋里,火油灯发着淡黄色柔和的光,时钟滴答滴答地走着。我喝着妻在小泥炉上自己煮的咖啡,静听着她诵普希金的诗集。

一切平静,安谧,十年前愉快的日子,又重浮在我的梦里。

呵!我在做梦吗?

我回顾四壁是凄凉的,只有自己的影子映着,妻和孩子的鼾声微响着,他们睡得很宁静。

我的咖啡之颂该写完了。

可是,我的身边只有一杯淡开水。

一九四四,春暮

咖啡馆服务半月记

(作者:金羽,原载《人人周刊》,1945 年)

原来的职业因为抗战胜利,终于宣告解散了。经过友人的介绍,我又进了一家新开的咖啡馆任职。开始,我觉得自己太幸福了,没有尝到"失业"的滋味,而且据说待遇相当好,在"生活"的前提下,我丝毫不考虑到其他的问题。家里父亲来信虽然对着我"新的职业"同"旧的"一样不满意,认为"不正当"。然而我却只想到咖啡馆究竟还不是一个十足堕落的去处,而且靠着我以往的坚定的意志,自信绝不会和他们同流合污。

职业固定了,对着自己的前途我预先拟定了理想的计划。介绍人告诉我工作时间是下午二时到十一时,而且仅担任文书方面的职务。于是我预算着上午空暇时间的利用,去做我高兴做的工作。我想,我多花一些功夫在一个新近参加的业余剧团里,我预算着利用工作时间的空暇阅读书籍,或者写一些感想之类的文字。

然而"理想"有时固然可以成为事实,有时也不免化为泡影。

当我"就任"以后,第一件打破我"理想之境"的是:从此我失了"身体的自由"。老板假了"人用的少,大家可以多拿些钱"的"美意",叫我除了原定工作之外又兼了许多其他职务。工作时间从上午十时起至次日上午一时,有时也许是二时,三时,甚至于四时。每天我拖着一个疲乏的身体,走过阒无人影的马路上,一盏盏惨淡的街灯投下孤单的影子。有时碰巧还逢着"武装同志",于是这一夜,警察局将充我的"临时宿舍",在里面打一个盹,到早晨五点钟才可以回家。

我的脸一天天在消瘦下去,上午增多几小时睡眠时间,补偿不了继续不断的过度工作的疲劳,我感觉到仅仅十余天的时间已增加我生命史上数年的岁月。

有时我在赶完一件工作留下一部分时间来想看一份报纸或者一本书,而乐队的"伴奏"又撩乱了暂时沉静的心,使我无法再继续一个字;有时提起了笔想写一些什么,但别的事又打断了我的"灵感",简直叫人啼笑皆非。再别说有时间去做我自己高兴做的事情,就是抽出一部分时间去理发也困难!

假如说"生活"的意义仅限于"吃饭",那么"人"将成一架机器。而"人"有时也并不完全靠着"物资"来生活下去的,一部分还须有"精神"的补充。

虽然半个月度过去了,但是我对着周围的一切却还是这样的不熟识,无论"人"与"物",好像同我是在两个世界里,我们中间相隔得这么远。

我惧怕着"夜"的来临,因魑魅们大多是仗着"黑暗"出动的,满屋子黑压压挤足了人,他们是在"享受",是在"狂欢",慢慢的我只感觉到音乐的恐怖性,我感觉到在绿色的霓虹灯蠕动着的只是僮僮的鬼影。

假如有"公事"偶然在他们中间通过,你可以比较清楚些看到这些人物的轮廓:大都是所谓"高等华人",还有一部分辛苦八年的"高级志士",但更有许多"盟军",正由我们的"女同胞"在殷勤地"招待"着他们,或者伴舞,或者偎依在他们的怀里,他们在做"公平"的"交易"。我的心开始发抖,像留下一个不易磨灭黑影,我感觉到自己像受着极大的侮辱……

我想离开这个职业,然而社会上失业的人群却一天天上增加,要找到一个职业是何等困难,使我不敢想离开后为"生活"压迫的痛苦,我还得继续地忍受下去!

啊! 中国青年的苦闷!

一九四五,十,十八

CAFE 抒情

(作者:麦基尼,原载《和平日报》,1946 年)

在大城市里,哪一个地方没有咖啡店设立着呢? 我们竟然可以说,没有咖啡店的城市,是不成其为城市的。

若干年来,对于咖啡店的酷爱便和对于抽板烟、跳舞、看电影的酷爱连在一起,不可分离。这几种嗜好在自己的生活中,已经紧紧的胶在一片,没有了它们,几乎要达到不能生活下去的程度了。

还用我来跟你细述其中的滋味么? 在一个薄暮黄昏,夕阳剩下最后一抹玫瑰红的颜色。是夏日,然而有微醺的南风。在这迷人的景色里,斜靠在山边一家静寂的、布置舒适的小咖啡店底角落里一张藤沙发上,抽着一斗板烟,桌上一壶黑咖啡,窗外垂着一些葡萄藤,空气里夹着一些晚香玉的香味。看着烟斗中的白烟缭绕,啜吸一口黑色的微有苦味的流汁,你将感到说不出的满足。

咖啡店的情趣便是如许地浓厚的、生活的享受中,这又是另一面。抒情的,使人感到无限的愉悦的去处,有着无限风情的一个节目。咖啡店中那黑白色大方格的桌布,配着美女身上的柠檬黄的旗袍,显得如是地明快。

一个美丽的夏日,座中没有一个皱眉的人,看碧绿色的水、蔚蓝的长空,一朵白云在飘逸地散步,偶尔挂在远山的峰颠上,拖住了,江中不是有人鱼在戏水吗?那些被激溅起的浪花,起着白色的泡沫,恋女在轻盈浅笑了,以鼻音微哼着一支圆舞曲,时而和你细语绵绵,这种情景,也是海边咖啡店中所特有的。

咖啡店的情趣是多面的,咖啡店的设计也是多面的,这是一种专门的"艺术",一家设计精致的咖啡店,会使常去的人不忍离去。从前,在那个海边的岛上,我们一群酷爱坐咖啡店的朋友们常常在一家地窖中的咖啡座里聊天。我们研究到各人理想中的咖啡店设计,一位爱写新感觉派诗的诗人朋友,他发表他的意见,说他的咖啡店设计是作为"沙丁鱼罐"式的,店名便叫"沙丁鱼罐"咖啡店。店内的房子设计是狭窄的椭圆形,便如一个沙丁鱼罐,室内散着沙丁鱼的腥味,灯光是黯青色的;顾客们限于诗人、画家、小说家、新闻记者和舞女等等,店主人有权拒绝这几种人以外的顾客入座,以保持着那些有怪癖的沙龙气味,而所供应的也单是黑咖啡和沙丁鱼三文治而已。

这个设计是一般人所认为怪诞的,然而我们都十分赞成,那是多么有风味的一家咖啡店设计啊!

而另一位诗人的意见,则是要开设一家海轮式的咖啡座,一切都设计得如在轮船上的一样,侍者们都穿上水手的服装,店主人打扮成一个船长,窗子都是圆形的船窗,壁画则是大海洋上的风景,他甚至主张弄一点音响效果,使顾客们都像听到轮船在航行时所发出的轮机声和海洋上波涛撞击船声所发出的浪声。可能的话,他还想把地板弄得有点撼动,像轮船航行在海上一样,甚至使顾客们有晕船的感觉。

其他的朋友们都各有些离奇古怪的设计,那时候,令我们感到无限的快乐,使我们永不会忘记那个名为"聪明人"的咖啡店。假使你在那岛上生活过,我相信你一定也不会把它忘记。

在那地方,还有几家设计在尖沙咀的宁谧的街道上的几家咖啡店,那也是使我未能忘怀的,尤其是汉口道上一家俄国咖啡馆。主人是白俄的贵族,所制的点心是岛上有名的。那地方很静,设置也很有异国的情调,我在那里消磨去了不少的黄昏。

在重庆,据说是个不卖咖啡的城市,咖啡店的名字似乎是不存在的,然而咖啡店形式的店子却普遍地开设着的。以我的意见,觉得几家稍微有名的都设计得相当俗气,人们在无可奈何的心境下在那里麕集着,和 COFFEE 本来的情趣大不相同了。

什么时候,才有一家合乎理想的咖啡店出现呢?等着吧,那是我梦中不忘的一件事,总有那个日子,我会以店主人的身份,欢迎你到我那家会使你感到无比舒畅的咖啡店中消磨去一个永昼,使你的精神得到恬逸和安适。

饮咖啡

(作者:方君,原载《申报》,1946 年)

是日下午,还不到三点钟,我和比我年青的从叔走进一家大建筑的地窖里,拣上"聪明人"①最左的一个沙发座,各人要了一杯咖啡,我三年多来第一次尝到它了。

以前虽然在饥饿线上徘徊,在战争当中能吃饱的时候可以说没曾有过,但对于咖啡还是常常有得到嘴的。第一固然是自己喜欢,其次是

---

① 香港德辅道中一咖啡店名。

朋友常常请吃。朋友请吃自己不用花钱,自己喜欢便要从口粮上面省下三个铜子来了(马路旁以前三个铜子一杯的咖啡)。虽则比不上朋友请吃的来得可口,却也慰情聊胜于无,也总好过"过屠门而大嚼"吧。

不想咖啡也会绝了"种",给拿炒黑豆粉来冒充,饮起来又苦又涩,简直和饮"王老吉"苦茶没有异样。而且"聪明人"又换了招牌,到那儿去说不定还要担上些惊恐。我因此对那地方疏远了好几年,其实呢,在不知死所的地方去把残喘苟延,想饮咖啡的念头也不由得你去转一下了。

咖啡的本质当然是苦的。在以前,好多年的以前,我流浪在上海的神秘之街的时期,就常常去喝苦咖啡,要从它的苦涩之中领略到人生的滋味。但炒黑豆粉没有这种苦涩的隽永的,犹之"王老吉"的苦茶,你却不能尝到如咖啡中的苦涩。所以,我当时就象征此味是咖啡,也惟有喝咖啡的人才能领略到人生的真趣。因此,我就以为人生的真趣惟咖啡可以象征,而咖啡便成了都市文化的产物了。

不幸我对于咖啡有好几年的绝缘,而人也就被投掷到一个深渊冰窖去,几乎不得超生。

今日它又和我结缘,总算是世界人道与公理得到伸张,教我困在黑暗里的人见到了国旗,见到了天日!于是我对于那位穿白衣黑裤而扎着裤管的仆欧送来的那杯咖啡特别的珍视了。

对着摆在我的面前的那杯咖啡,我出神了,眼望着,凝眼的望着,喜爱着,心里孜孜地喜爱着,面上展出我多年来未曾展过的笑容,苍老枯瘦的脸皮,嘴角只这么挂着的一圈,便可以现出我衷怀是如何地快慰了。我忘了形,我的心、口和眼睛实然只有在面前那杯咖啡的上面。

咖啡提起了我病里的精神,也充沛了我病里的体力,在我饮了那杯咖啡的时候。我似乎已不是在病中了,当我饮完了那杯咖啡。我奇怪起来,对咖啡的空杯闪出怀疑的眼光,但显然我是因它而有了奕奕的神气。但我的病是不曾好的,一杯咖啡怎能医得我的病来,只是故友重逢,郁结了好久的心情给打开些罢了。

我打算再来一杯,然而我的从叔却偏要我用些"西饼"。我不能推却,啃了一口蛋糕,蛋糕的软嫩香甜,可说另是一种人生的况味。

　　不过,蛋糕这种人生的况味我是不必去理解的,同时也不想去理解。因为,蛋糕般的人生我是过去了;而且,很早就过去了,现在的,原只有"王老吉"般的人生,却想从"王老吉"里再尝一尝咖啡底苦涩的隽永的滋味。

　　我终于又要了一杯咖啡,人立刻更是悠悠然,甚么也忘记了。

在咖啡店里

(作者:关山月,原载《如梦令》,关山月著)

　　和朋友在咖啡店里撩闲天。

　　不知甚么时候,弧光灯亮起来了。一支调子急促的乐曲代替了刚才的"华尔兹"。在我们旁边,刚才将背脊懒懒地抵在沙发垫子上的,那些看起来非常悠闲的座客们,现在便有几个走过去围着圆形的舞池。

　　"要表演了。"我的朋友说。

　　"哦!要表演了。"

　　我们都知道所谓"表演"是怎样的玩艺。人们对于看过二遍以上的玩艺总是会兴致大减的。我们都坐着没有动,看看各式各样的蠕动的背脊,好像也没有什么不耐烦。一会儿音乐停歇下来了,各式各样的背脊便改换了另一个阵容,接着是照例的鼓掌和照例的"恩各"——却是用一种敷衍似的冷淡的神情打人丛中被撒出来——于是继续着那支刚才停歇下来的急促的乐曲……

　　再一会,各式各样的蠕动的背脊,都从弧光灯所画下界限的前线撤退回来了,零零落落地。绚烂后归于平淡,现在那些重新将背脊抵上沙发垫子的座客们,再听一支离开了原来的旋律的狐步舞曲,便都有一种饱餐以后的倦慵的神情。

"你不喜欢看表演吗?"我的朋友问。

"唔——看厌了……"

我们抽着烟,喝着已经冲淡了的红茶。我们的谈话也变得如同这红茶一样味道了。这时候有一个女人经过我们的座位,我的朋友指着那背影说:"这就是刚才表演的女郎!"

那女郎走过去坐在离开我们三四步靠近的座位上,我只能看到她的背影。那座位上本来坐着两个容光焕发的绅士,他们还有一个好像是舞女的女伴。那卖艺女郎这时候下了装,穿着一件杏黄色薄绸旗袍,鬓边簪着紫花。她说话的声音是急促的,微微沙哑的磁性的声音,好像刚才那剧烈的运动还不曾使她恢复正常的呼吸,然而她却在竭力装出一种温柔的安静的姿势来。绅士模样的男子说着说着,好像高兴起来了,其中一个便站起身来招呼仆欧要啤酒。

"不要啤酒! 不要啤酒……"卖艺的女郎说。

她摇摇手示意走过来的仆欧,掉换了另一种饮料。在她转身摇手的时候,我这才看清她的面貌:脂粉涂得很均匀;眉毛斜画着,直至鬓角;那眼睑是亮亮的……这些凑合在一起确乎不能说她难看,然而很奇怪,看起来总好像有一点不大调和的感觉,令人无端想起"聊斋"中那个接头换体的荒唐的故事。似乎这样的面貌和她那孩子一般的肢体无论如何是不相配合的。

她已经回转头去了。她燃起一支烟,以消遣的姿势向面前喷吐出一个连接一个的圆圈,有如互相勾连的玉色九连环。她也随口喷出轻轻的笑和一些听不清楚的言语。刚才孤独着的绅士中的一个,也不再支颐默坐了——他看起来至少要比半点钟之前要年轻了十岁。

"你认识这女人吗?"我的朋友说,而且笑了一笑。

我摇摇头。不过很奇怪,我觉得仿佛在什么地方确实看见过她的。我一处一处追想那地方,总是找不到同样的影子。我们四周的座位却渐渐空旷起来了,那音乐也就瞌睡似的失去了精神……

我们付了账出来,在衣帽间里拿雨衣。我们来的时候已经下雨的。

424

小木柜面前挤了许多人,我在人丛中又看到比我们先走一步的那两位绅士,以及他们的女伴。那卖艺女郎的声音却是电话间里面。

"大姐吗?我是小凤……我告诉你,今天晚上我们要跳通宵去,你别等门了……"

我忽然想起了这个小凤——我确实是认识过她的。

十年前,当我们还抱着讲义夹和洋装书,做着镀金镀银的美梦的时候,我们中有若干不安分的同学,已经带着他们的洋装书,偷偷地跑北四川路几家舞厅。虽然不算不安分,但也坐不住图书馆和实验室的我们有几个,逢到星期尾偶而也跟着他们跑,渐渐对于狐步舞之类仿佛也就比微积分更加熟悉了一点。这么着,我们这些初出茅庐的年轻人之间,便有一个在那青春的游戏中获得了出众的成绩。

那同学是广西人,学校的撑杆跳选手,家里颇有田产,生得也英俊漂亮。他之获得出众的成绩是理所当然的,因为他具备着在青春的游戏中一切优越的条件。他有一天忽然表示要请几个熟人吃午饭了。一个休假日的早晨,"地方暂时保守秘密,"他说,"现在就走罢。"

四五个被邀的客人便跟着走。他并不把大家引往那些常去的菜馆或小酒店,却走进一家住宅中来了。他一走上那吱吱发叫的扶梯,便去敲着厢房门。

"阿凤!……阿凤!……"

我们谁也不认识阿凤,但是一开门便谁都认识了。她是我们常去的一家舞厅的舞女。

"客人都来了,你还在睡觉吗?"我们的同学打着哈哈。他模仿着从美国电影里学来的姿势,用英语向大家介绍道:"现在我给诸位介绍我的未婚妻——不,我的太太——阿凤小姐!"

四五个人都哈哈笑起来了。这介绍在我们是意外的,然而也非常高兴。这时候从门外奔进来一个七八岁的小姑娘,发上缀着大红蝴蝶结。一位善说俏皮话的同学便向男女主角打趣了起来。

"这是你们的结晶品吗?"

阿凤笑着赶过来，啐了一声，招呼那女孩子。

"这是我的小妹妹……小凤，叫人呀！……何先生，许先生，徐先生……"

"慢来，慢来，"到了那位善说俏皮话的同学他拦住道："小凤，你叫他什么?"他所指的就是当时那位满面春风的男主角。小姑娘的黑眼珠翻了翻，清清楚楚地说道："姊夫。"

"那么叫我呢?"

"徐先生。"

"不，你叫我大叔——"

男女主角都不依，笑着赶过来了。有人说应该让小凤自由发表意见，大家不许代她出主意。

"我叫你阿哥。"小凤想了想说。

这一天以后我们都喜欢了这个女孩子，而且因为时常去他们那里撩天的缘故，不久大家和小凤便也混得非常熟悉了。星期日我们常常带她上公园或者电影院——当时正是秀兰邓波儿最最走红的时代，我们为她取了一个英文名字叫"秀兰"，时常叫着玩。那位善说俏皮话的同学呢，则叫她"小 Darling"。

那一对年轻男女同居不到几个月，就碰到"八一三"战事。男的断绝了家庭汇款，生活拮据起来，终于女的重新去当了舞女。再是几个月以后，听说一场吵架，他们又无条件的分手了。那男主角后来听说是向他的家庭忏悔去的，原来他的汇款中断并非因为战事，不过是他的家庭对于这门户不当的结合的严酷的示威……

忘记那头发上缀着个大红蝴蝶结的蹦蹦跳跳的影子，已经快十年了，不是听见刚才的电话，大概我再也不会想起小凤这个名字来的罢?

这么想的时候，我和我的朋友已经穿好雨衣，走到马路上来了。灯光朦胧，马路上仍旧下着如烟如雾的细雨。我听见一行人的脚步声，打从我们后面走近来，斜斜越过亮晃晃的马路。当他们越过马路的时候，那卖艺女回头向我们注视了一眼。她自然不会认识我的，我知道。她也许在觉得又一个男人傻得可笑罢？但是我却忽而又想起了那个大红蝴蝶结。

"这样的身材，戴上蝴蝶结倒比较调和一点罢？"我想道。

三十五年七月

咖啡缘

（作者：周南，原载《东南风》，1947年）

在海宁路的一个角落里，有一家小咖啡店，虽然地方很小，可是却布置得非常幽美宜人。

门口的柜台上坐着一位年轻的姑娘，虽然没有羞花闭月之貌，可是却长得面目清秀，尤其是那对水汪汪的眸子，像天上的星星一样可爱。

有一天，夜黑，我带着疲倦的身子经过了海宁路，发现了这家咖啡店。我便走进去，里面静悄悄的，只见坐在柜台的那位姑娘手里拿着一本小说书，我甚奇怪的问道："这里的生意为什么这样清淡？"

"先生，已经是快要打烊的时候，客人自然少了。"

她说着微笑着，可是回眸一笑，却增了无限的妩媚。

从此我差不多每天到了夜里，总是要到这咖啡店里去喝一杯咖啡，这已经成一种习惯。倒并不是因为迷恋这位小姐，我只觉得她很可爱。

起初，这位姑娘只是坐在柜台上不声不响的，有时候默默的在看书，后来日子多了，也就渐渐熟悉起来。从她的谈话中，我知道她的名字叫金花，今年才十九岁呢。本来她在一个中学里念书，当她十二岁的那年，父亲逝世了，她并没有哥哥和姐姐，只有一个比她小五岁的弟弟。以后母子相依为命。开设咖啡店，还是去年的事。她自己便掌柜台兼招待了。自从我知道她的身世之后，我对她非常同情。时间过得很快，我在这小咖啡店喝咖啡已经有半年的时间了。其后中间有一个时期，我曾经离开了上海，暌隔了又有半年之久。

当我回到上海的时候，已经是秋天的时候，我还是很惦记金花，无论如何，她所留给我的印象太深了。我回到了上海第一件事，便是走到那小咖啡馆去看金花，可是却已经是人去楼空。

那儿已经不再是咖啡店，而是一家糖果店。我问糖果店里的人，从前咖啡店的那家人家现在在哪里呢？他们都不知道，我又问起金花的下落，他只知道金花已嫁给一个空军，那空军是咖啡店里的老顾客，天天总是孵在这儿，他们结婚还是半年前的事。自从金花结婚之后，自然不愿再为炉边艳花，所以把这家店面也顶出，以后那位空军便把她的母亲和弟弟都接到他家里去……

我听了这话，不禁怅然，大有旧地重游已面目全非之慨！

咖啡馆内

（作者：毛毅，原载《申报》，1948 年）

新近曾到纽约的一家小咖啡馆内闲坐，来了一个漂亮的女郎，堂倌头儿把她安置在我的隔壁的台子。我打量起这个新来者，她所穿的是每一个人的太太都喜欢穿的衣服。在豆腐干大小的舞池的那一边，我注意到一个整洁的绅士正在分享我的对那个女郎的关切。当她朝他那一边望去的时候，他对她笑了起来。那个"无主的"女士也向他回笑。那绅士站起身来，走出到账房间去。片刻之后他又回来了，手中拿了一束玻璃纸包裹的兰花。这个伪君子在一张菜单的反面写了一些东西，然后差一个堂倌把菜单和兰花一仝送给那女士。她读了菜单反面的字句之后，对发件者传过去一阵允诺的微笑。于是，那绅士走向她的台子来，鞠躬如也，自我介绍一番，便坐了下来。我听到他对她说："独个儿吃饭是没有多大兴味的。你允许我点一些酒吗？"我看到堂倌头儿伺候着这一对，等了一会，就走开去了。"我在城中看见过你多次"，男的继续说。女的微笑起来。堂倌拿了酒来，拔去塞子。"一九二六年酿造的",男的说。乐队奏起乐来,那绅士站了起来,又是鞠躬如也,征询他的女侣是否愿意跳舞。我承认他俩在舞池中是很好的一对。在我出去的时候,我掠过堂倌头儿。"这是怎么回事?"我对他说道,"你看到刚才发生的事情吧?"

他微笑起来。"这件事进行了长久了。"他说,"那位绅士是柯定顿先生,在过去的十一年中,每逢到十月里的这一天的晚上,他和那位女士便到这个咖啡馆来,重复的表演相同的一幕。自从他在一九三六年第一次在这里看中了她,他们就一直如此做。他俩总是定好同一的台子。有一次,我问他这是甚么道理。他告诉我说这使他们两人都得以保持年青。""那位女士是谁?"我问道。堂倌头儿裂开了嘴巴:"她就是柯定顿夫人。"

在"壶型"咖啡室看上流人的生活

(作者:金泰钧,原载《和平日报》,1948 年)

英国绅士喝午后茶的时候。

上海,这时候,才能算上流社会底生活开端。

戏剧家、小说家,你们想找寻一些上流人的生活材料么? 你们想瞧瞧富商的私底下面谱么? 你们要认识掌握中国三分之一 D. D. T. 的大囤积户么? ……

在"喝午后茶"的时候,你们可以到南京西路一家贵族派的咖啡店坐坐,那地方如同一扇窗,可以看到他们糜烂生活底角落——

充满了"奶油泡芙"的奶香,蛋糕上是笑靥的花朵,这家位在家庭化电影院通道旁的咖啡店,在近黄昏时,方才是最忙碌的时候。壁上是茫色的粉漆,画的是树桠,和一片片的叶子;铃兰型的红绿纸,灯罩挂在天花板下,在"放倒底壶"型的店里,通过了"壶颈"就开朗成了他们的小天地。

通道旁的沙发椅上，是一个风尘里混了十年的女人，她正同着女伴在"摆架子"。面前的咖啡温度，依温度表上水银柱来说，已经降落到零点，可是并没有呷上一口，不时把粉盒拿出来，照着镜儿，扑着粉，遮住了眼角一丝皱纹。

　　在围着方桌，这是和豪门资本合流底一个大商人为中心的谈话，他是胜利后的"暴发户"，是依靠着"动用公款"底资金起家的。旁边是他的情妇，一个画着眉毛的"明星"，她原是重庆"四小名旦"之一，在一次演过了话剧，异想天开，想在舞场里跳起草裙舞来，舞没有跳成，她成了名女人。

　　这桌上，有结汇几万美金的进出口商，有"竹"头简的公务员，也有靠"虚设"着字号，骗取着配给纱布为活的客串商人。

　　你可悄悄的听他们的谈话：

　　"你在动那个女人的脑筋。"

　　"你说是住华懋的女星，还是汇中的坤伶?"

　　靠墙的沙发椅上，是个"运输"商人，从内地横越驼峰山，他就是往来加尔加答和重庆间的贸易商，现今，他还是干着同样行当，不过改走了广州路线。他正挽着一个红舞星胳膊，悄悄地在她耳朵里安排着傍晚到夜间的节目的。一个才从大学出身的年轻人，过来鞠了一下躬说："经理，这趟你派我做什么?"

　　那贸易商皱了眉，好像讨厌他的闯入，打扰着他的情话时，"你坐下"，手指点着对面的坐位。

　　接着贸易商说："你抛开一下在商学院读的簿记学和商法吧，这次，你替我带×亿的现款到广州去，逢到检查时，你说，这是××字号的，就通过了。"再说："肺病特效药，这里市价看着高，你叫穗庄×先生，运一批来好了。"

　　另一桌上，一个才下飞机，还不曾回家的地产商，正约着他亲戚在谈着苦衷："我不能够回家，你替我想个方法吧，我同那混血种女打字员交了朋友之后，竟弃不了她，竟跟住了我，要求正式结婚，不然，要告我，说我什末什末罪名，我无法，就伴她一同上香港，在那边结了婚，把她安置在香港后，再回来。这总不是办法，还是你到我家里去，游说着我家里的妻子，让我办过离婚手续，我好把打字员从香港带回家。"

假使再轮过去，另一桌也是男和女，似乎在这里谈话的，不是有着女伴，就是依女人为谈话的资料。你们要知道，假使在写字间或是在机关去拜访他们的话，都是个个神气活现，戴起着假的面具，满口都是正经的话。这里是轻松的插曲，一个个任性的说话，恢复他们原始的、单纯的、性的欲望，他们用尽方法去赚着钱，整日、整月、整年的作费在女人的纠缠上……

是茶舞开始时间，这里就逐渐疏散了，那个风尘里打滚的女人，又有了新的临时"情郎"，一同出去了。那桌上高谈阔论最热闹的一桌，一椿煞风景的突发事件使绅士们有着遗憾，那富翁的妻子赶来了，把他的情妇打了二个耳光；生了双胞胎的女星也神色自若，并没有闹起来，忍着性的退出了圈子。这当然在咖啡店里是椿大事，一时大家的谈话焦点，集中在这件事情上。再说贸易商拖着舞女出去时，他心里已经把刚运来的肺病特效药的利润加了一下，不由脸露笑容，他想："这西药真是热门货，一个人只要生了这种病，要好总要买一百瓶以上，再没有比它畅销的一本万利的西药了。"地产商还是不敢回家，他想在华贵的饭店开一个房间，邀几个朋友，赌着"罗宋"来消磨着夜间。

你想知道一些上流商人的生活么？每天可以上这"壶型"咖啡室去，日复一日，他们追逐着，谈论着，总是一个固定的题目：女人，女人，还是"女人"。

后　　记

　　这本书,主要收录了自 1887 年至 1949 年间刊载于各报纸杂志、书籍上的与咖啡有关的文章,其中 20 年代收录了 28 篇,30 年代收录了 78 篇,40 年代收录了 61 篇,按照内容的不同分别辑为"海上咖啡馆""域外咖啡馆""春宵咖啡馆""印象咖啡馆"和"文艺咖啡馆"五个部分。

　　"海上咖啡馆"所选之文多与上海的咖啡馆有关,或忆故旧,如 1944 年史蟫的《文艺咖啡》,董乐山的《在旧上海喝咖啡》;或述前情,如 1928 年黄震遐的《流寓上海的俄罗斯人》;或直面现实,如天壤的《寺西咖啡馆》等。

　　"域外咖啡馆"所选之文多与中国人旅居海外所游历的咖啡馆有关,或猎奇,如 1937 年詹纯舰的《无人招待之咖啡店》;或追忆,如 1937 年邵洵美的《别离咖啡馆》;或纪实,如 1921 年秋燐的《维也纳之战后观》,1929 年刘海粟的《巴黎的咖啡馆》等。

　　"春宵咖啡馆"所选之文多与"咖啡美人"有关,如 1946 年高飞的《白相犹太人开的咖啡馆》、燹山的《神秘的咖啡馆》,1935 年吉云的《日本咖啡馆的奇观》等。

　　"印象咖啡馆"所选之文多与咖啡源流、咖啡栽培、咖啡历史有关,如 1932 年谢富兰的《国际的珈啡贸易》,1931 年烟雨的《咖啡漫话》,1935 年陈惠夫的《咖啡》等。

　　"文艺咖啡馆"所选之文多为当时文人所写的与咖啡有关的散文、诗歌、短篇小说、报告文学等作品,如 1926 年裘柱常的《咖啡》,1928 年鲁迅的《革命咖啡店》、世安的《无产阶级咖啡店》,1933 年顾凤城的

《一个咖啡女的自白》,1934 年林语堂的《论笑之可恶》、戈宝权的《灵魂之所在的咖啡室》,1946 年关山月的《在咖啡店里》等。

本书收录之文的选择标准有二:文献性和可读性。文献性是指本书所选之文皆有明确出处,可提供进一步研究、探讨的借鉴,具有长期使用、参考的价值。可读性是指本书所选之文皆富有文采,具有阅读和欣赏的价值。

在编录这些文字的过程中,深切感受到文中所附赠的各种回忆,逝去的、现在的,齐齐涌来,热闹中的苍凉。而那些曾经在夜里写下这些咖啡文字的人,在此刻,依然闪耀着星星微光。

我想将这些深埋于岁月之中的故事呈现于世人。

在心变得越来越坚硬的这个时代,真正具有终极意义的词语不多,比如爱、自由、善良、宽恕、失去……生命的归宿,都存在于这些词语中,没有例外。所以我相信,总会有那么一个时刻,一个人和一段文字相遇,被改变,被找到。

孙 莺

2019 年 12 月 31 日